Neuropsicologia do
comprometimento cognitivo

Neuropsicologia do comprometimento cognitivo

Uma abordagem desenvolvimental de avaliação e intervenção

Holly A. Tuokko
Colette M. Smart

Título original em inglês: Neuropsychology of Cognitive Decline: A Developmental Approach to Assessment and Intervention
Copyright © 2018 The Guilford Press. A Division of Guilford Publications, Inc. Todos os direitos reservados.
Publicado mediante acordo com The Guilford Press.

Esta publicação contempla as regras do Novo Acordo Ortográfico da Língua Portuguesa.

Editora gestora: Sônia Midori Fujiyoshi
Editora: Cristiana Gonzaga S. Corrêa

Tradução: Luiz Euclydes Trindade Frazão Filho
Consultoria científica: Antonio de Pádua Serafim
　　　　　　　　　　　Diretor Técnico de Saúde do Serviço de Psicologia e Neuropsicologia e do Núcleo Forense do Instituto de Psiquiatria do Hospital das Clínicas da Faculdade de Medicina da Universidade de São Paulo (IPq-HCFMUSP). Professor Colaborador do Departamento de Psiquiatria da FMUSP. Professor do Programa de Neurociências e Comportamento do Instituto de Psicologia da Universidade de São Paulo (IPUSP).
Projeto gráfico: Departamento Editorial da Editora Manole
Diagramação: Elisabeth Miyuki Fucuda
Capa: Departamento de Arte da Editora Manole

CIP-BRASIL. CATALOGAÇÃO NA PUBLICAÇÃO
SINDICATO NACIONAL DOS EDITORES DE LIVROS, RJ

T838n

　　Tuokko, Holly A.
　　Neuropsicologia do comprometimento cognitivo : uma abordagem desenvolvimental de avaliação e intervenção / Holly A. Tuokko, Colette M. Smart ; tradução Luiz Frazão. - 1. ed. - Barueri [SP] : Manole, 2020.

　　Tradução de: Neuropsychology of cognitive decline : a developmental approach assessment and intervention
　　Inclui bibliografia
　　ISBN 9788520459386

　　1. Neuropsicologia. 2. Envelhecimento. 3. Cognição - Fatores etários. 4. Cognição em idosos. I. Smart, Colette M. II. Frazão, Luiz. III. Título.

20-62884　　　　　　　　　　　　　　　　CDD: 618.97689
　　　　　　　　　　　　　　　　　　　　CDU: 616.89-008.46

Meri Gleice Rodrigues de Souza - Bibliotecária CRB-7/6439

Todos os direitos reservados.
Nenhuma parte deste livro poderá ser reproduzida, por qualquer processo, sem a permissão expressa dos editores.
É proibida a reprodução por fotocópia.

A Editora Manole é filiada à ABDR – Associação Brasileira de Direitos Reprográficos

Edição – 2020

Editora Manole Ltda.
Av. Ceci, 672 – Tamboré
06460-120 – Barueri – SP – Brasil
Tel.: (11) 4196-6000
www.manole.com.br
https://atendimento.manole.com.br/

Impresso no Brasil
Printed in Brazil

Durante o processo de edição desta obra, foram tomados todos os cuidados para assegurar a publicação de informações precisas e de práticas geralmente aceitas. Do mesmo modo, foram empregados todos os esforços para garantir a autorização das imagens aqui reproduzidas. Caso algum autor sinta-se prejudicado, favor entrar em contato com a editora.

Os autores e os editores eximem-se da responsabilidade por quaisquer erros ou omissões ou por quaisquer consequências decorrentes da aplicação das informações presentes nesta obra. É responsabilidade do profissional, com base em sua experiência e conhecimento, determinar a aplicabilidade das informações em cada situação.

Editora Manole

Agradecimentos

Refletindo sobre uma longa carreira, consigo identificar algumas pessoas-chave que influenciaram a sua trajetória. Os Drs. Otfried e Louis Costa foram os mentores acadêmicos no campo da neuropsicologia, porém, muito mais na condição de orientadores profissionais. Mal eu sabia durante o meu curso de pós-graduação que seguiria a carreira de uma verdadeira cientista clínica. As minhas experiências interdisciplinares na Clinic for Alzheimer Disease and Related Disorders sob a orientação da Dra. B. Lynn Beattie e as minhas experiências na área de assistência comunitária abriram-me os olhos para os diferentes subconjuntos de clientela com os quais um neuropsicólogo pode ter contato. Combinadas ao engajamento na liderança ativa de grandes projetos de pesquisa epidemiológica, como o Canadian Study of Health and Aging e o Canadian Longitudinal Study on Aging, essas experiências reforçaram para mim as diversas maneiras pelas quais aprendemos sobre o nosso tema e como essas diferentes formas de aprendizado influenciam o nosso modo de pensar sobre a pesquisa e a prática clínica. Ao longo de minha carreira, sempre cultivei uma paixão por entender a experiência dos idosos, que começou com meus avós e me foi muito útil para cuidar de meus próprios pais. A todas aquelas pessoas que vieram antes, e a Holly Williams, que ajudou na elaboração do texto, sou eternamente grata.

– H.A.T.

No intuito de agradecer aos mais velhos, sou grata a muitos mentores e colaboradores que participaram da minha trajetória de desenvolvimento, especialmente os Drs. Joseph Giacino, Laura Rabin e Sid Segalowitz – digo, sinceramente, que a minha carreira não seria o que é hoje sem o apoio de vocês. Agradeço aos meus maravilhosos colegas do setor de neuropsicologia clínica da University of Victoria, em particular, a Holly, pela sua tutoria e amizade – sem a qual a oportunidade de colaborar neste livro não teria sido possível. Desejo agradecer também aos membros da minha equipe de pesquisa, a SMARTLab. A curiosidade, o entusiasmo e o humor de vocês foi uma verdadeira fonte de inspiração, e foi uma alegria prestar-lhes apoio em suas trajetórias acadêmicas. Escrever um livro pode ser um esforço estressante que demanda tempo. Agradeço a Kayla e Barb por me recepcionarem em minhas idas a Moontide Farm como escritora, oferecendo a paz e a solitude tão necessárias ao trabalho. Agradeço também a JaBig, que forneceu a trilha sonora para as muitas maratonas de elaboração de texto necessárias para a conclusão dos trabalhos. Beneficiei-me também do confiável apoio de familiares e amigos, numerosos demais para citar – vocês sabem a quem me refiro. E por fim, mas não menos importante, agradeço à minha avó, Catherine, uma espécie de forasteira na trajetória do declínio cognitivo. Você é a pessoa que, de certa forma, despertou primeiro o meu interesse por estudar o envelhecimento e trabalhar profissionalmente com idosos, incutindo em mim uma admiração pelos muitos benefícios das relações intergeracionais, que continuam sendo o fundamento da minha vida hoje.

– C.M.S.

Juntas, desejamos agradecer aos muitos idosos e suas famílias, aos quais tivemos o prazer de atender ao longo dos anos. As experiências com vocês não apenas alimentaram a nossa busca pelo conhecimento, mas também moldaram a maneira como vivemos e amamos. Agradecemos também aos muitos estudantes de graduação e pós-graduação que ensinamos e orientamos aos longos dos anos, que nos mantiveram alertas e tornaram nossas respectivas trajetórias memoráveis e recompensadoras.

As autoras

Holly A. Tuokko, PhD, neuropsicóloga clínica, é professora de psicologia e membro do corpo docente de pós-graduação do Clinical Psychology Training Program (Programa de Treinamento em Psicologia Clínica), da University of Victoria, British Columbia, Canadá, onde também atua como pesquisadora associada do Institute on Aging and Lifelong Health. Antes de ingressar na University of Victoria, a Dra. Tuokko trabalhou como psicóloga supervisora na Clinic for Alzheimer Disease and Related Disorders, do UBC Hospital, integrando uma equipe de assistência de saúde mental geriátrica. A autora coordenou o componente neuropsicológico do Canadian Study of Health and Aging e alcançou o *status* de pesquisadora sênior conferido pelos Canadian Institutes of Health Research no período de 2002-2007 por um programa de pesquisa sobre saúde mental e envelhecimento, incluindo a evolução dos transtornos cognitivos. A Dra. Tuokko conduziu o tema Saúde Psicológica para o Canadian Longitudinal Study of Aging desde a sua implantação até o ano de 2017.

Colette M. Smart, PhD, neuropsicóloga clínica, é professora associada de psicologia e membro do corpo docente de pós-graduação do Clinical Psychology Training Program (Programa de Treinamento em Psicologia Clínica) da University of Victoria, British Columbia, Canadá, onde atua também como pesquisadora associada do Institute on Aging and Lifelong Health. Anteriormente, a Dra. Smart fez parte de uma equipe como neuropsicóloga e médica-pesquisadora do Johnson Rehabilitation Institute e do Neuroscience Institute, ambos associados ao JFK Medical Center, em Edison, New Jersey, EUA. Suas pesquisas atuais integram seu conhecimento sobre envelhecimento e demência aos princípios e práticas da neurorreabilitação. A Dra. Smart é membro-chave da Subjective Cognitive Decline Initiative, um grupo de trabalho internacional formado por médicos-pesquisadores, no qual ela se concentra na função dos testes cognitivo-experimentais na detecção do declínio cognitivo subjetivo, bem como nas intervenções não farmacológicas, como o treinamento da atenção plena (*mindfulness*).

Sumário

Agradecimentos V
As autoras VII
Sumário IX

Parte I
Visão geral do declínio cognitivo em uma fase mais avançada da vida

CAPÍTULO 1
Introdução ao estudo do comprometimento cognitivo 3

CAPÍTULO 2
Fatores de proteção contra o declínio cognitivo 18

CAPÍTULO 3
Fatores preditivos do declínio cognitivo 36

Parte II
Estratégias de avaliação do declínio cognitivo em uma fase avançada da vida

CAPÍTULO 4
Abordagem integrativa de avaliação do desenvolvimento 55

CAPÍTULO 5
Declínio cognitivo normal decorrente da idade 93

CAPÍTULO 6
Declínio cognitivo subjetivo 116

CAPÍTULO 7
Comprometimento cognitivo leve 143

CAPÍTULO 8
Demência. 167

Parte III
Intervenções de declínio cognitivo em uma fase mais avançada da vida

CAPÍTULO 9
Abordagem integrativa e de desenvolvimento da intervenção . . 205

CAPÍTULO 10
Intervenções farmacológicas 232

CAPÍTULO 11
Intervenções cognitivas e comportamentais. 263

CAPÍTULO 12
Intervenções psicológicas. 312

Referências 355
Índice remissivo 423

Parte I
Visão geral do declínio cognitivo em uma fase mais avançada da vida

CAPÍTULO 1

Introdução ao estudo do comprometimento cognitivo

O funcionamento cognitivo e suas alterações associadas à idade são assunto de interesse para profissionais de saúde e pesquisadores há mais de um século. Na segunda metade do século XIX, os primeiros pesquisadores da "ciência da vida mental", como a psicologia, identificaram aspectos da cognição, entre os quais a memória e o raciocínio, e buscaram novos métodos na tentativa de entender sua estrutura e funções (James, 1890). Isso levou a pesquisas subsequentes sobre a maneira como as funções cognitivas diferem de acordo com a idade à medida que as pessoas envelhecem.

A partir deste cenário, principia as primeiras associações entre envelhecimento e os déficits que afetam a cognição, e, no início de 1910, Gaetano Perusini, colega de Alois Alzheimer, publicou um documento intitulado "Clinically and Histologically Peculiar Mental Disorders of Old Age" (Transtornos mentais clínicos e histológicos peculiares da idade avançada) (Perusini, 1910). Desde então, os pesquisadores têm demonstrado intenso interesse em compreender a natureza e o desenvolvimento da cognição, estudando o envelhecimento saudável, e os profissionais de saúde buscam maneiras de identificar, controlar e, em última análise, remediar os possíveis déficits cognitivos associados ao envelhecimento. Somente nos últimos 25 anos essas linhas de investigação anteriormente distintas se encontraram, mediante a clara articulação das conexões entre os processos biológicos, psicológicos e sociológicos envolvidos na relação com o envelhecimento. Do ponto de vista biológico, tornou-se cada vez mais evidente, especialmente com o advento das técnicas de neuroimagem e mapeamento genético, que as alterações no processamento cognitivo associados à idade podem estar relacionadas a modificações das condições de saúde, as quais, por sua vez, podem ter relação com alterações da função cerebral. Da mesma forma, ficou cada vez mais claro que as mudanças das funções cognitivas e os déficits da cognição associados à idade influenciam o comportamento cotidiano e as funções sociais necessárias ao engajamento e à adaptação às modificações do ambiente em que a pessoa vive. Essas percepções, consideradas em conjunto com o que hoje é reconhecido como o envelhecimento da população mundial (Nações Unidas, 2013), contribuem para a importância do conhecimento das influências exercidas sobre as trajetórias do declínio cognitivo.

A realidade populacional dos países desenvolvidos está mudando, visto que as pessoas estão vivendo cada vez mais e as taxas de natalidade estão caindo. Estima-se que, até 2050, a proporção de idosos na população dos países desenvolvidos será superior a 25% e a de crianças com menos de 15 anos totalizará apenas 16% da população (Cohen, 2003). Muitos idosos serão beneficiados e poderão aproveitar as oportunidades que lhes serão apresentadas à medida que a estrutura da sociedade mudar. Entretanto, a prevalência de transtornos que afetam as funções cognitivas aumenta de forma acentuada com a idade, de tal modo que aproximadamente 65% das pessoas com mais de 85 anos poderão apresentar alguma forma de comprometimento cognitivo (Graham et al., 1997). Metade dessas pessoas demonstrará um acentuado declínio cognitivo que interferirá significativamente em suas vidas diárias (p. ex., diagnóstico de demência ou transtorno neurocognitivo [TNC] importante), a um custo muito alto para os indivíduos afetados, suas famílias e a sociedade.

Baseado no atual conhecimento da doença de Alzheimer (DA), a forma mais prevalente de demência, o processo neurodegenerativo subjacente pode permanecer por anos, se não décadas, antes que as manifestações comportamentais e cognitivas se tornem aparentes (Bookheimer et al., 2000; Braak e Braak, 1998). Embora seja possível identificar características do comprometimento cognitivo leve (CCL), foram observadas diversas trajetórias diferentes para pacientes com CCL que parecem ser influenciadas por fatores protetores ou agravantes. Além disso, é de consenso geral que algum grau de declínio cognitivo ocorre em razão do processo de envelhecimento, dificultando a identificação inicial do declínio cognitivo associado a processos patológicos subjacentes, bem como a previsão das trajetórias e do grau de comprometimento.

Neste livro, é feita uma abordagem neuropsicológica aplicada que integra os princípios e as práticas da neuropsicologia clínica às pesquisas da neurociência básica e cognitiva e do desenvolvimento do ciclo de vida. São identificadas e sintetizadas as pesquisas que abordam os muitos fatores que afetam as trajetórias do declínio cognitivo e oferecem orientação prática para aqueles que exercem uma função clínica ou de pesquisa com idosos. Esta primeira seção do livro tem por objetivo examinar as abordagens de estudo do declínio cognitivo em uma idade mais avançada e os fatores que parecem proteger ou agravar esse declínio. Desse modo, tais fatores que demonstraram ser, ou prometem ser, modificáveis serão identificados. Neste capítulo especificamente, são descritas as abordagens adotadas para o estudo do declínio cognitivo em um estágio mais avançado da vida, com especial atenção às alterações cognitivas associadas ao processo de envelhecimento (i. e., o envelhecimento cognitivo) e às alterações cognitivas que refletem transtornos associados à idade (i. e., TNC).

Primeiro, são brevemente descritas as informações relativas ao conceito de envelhecimento cognitivo estudado em idosos com bom funcionamento cognitivo e distinguíveis daqueles que demonstram comprometimento cognitivo. Em seguida, são apresentados e analisados os conceitos relevantes para a detecção e a evolução de transtornos que afetam as funções cognitivas na idade adulta mais avançada.

Abordagens ao estudo do declínio cognitivo em idosos com bom funcionamento cognitivo

Envelhecimento cognitivo

Muitas décadas de pesquisas concentraram-se nas relações entre os diferentes aspectos da cognição (p. ex., memória, inteligência) e o envelhecimento. Desse modo, fazem-se distinções entre os diferentes tipos de processos cognitivos e a maneira como as alterações desses processos, observadas com a idade, têm sido investigadas. Por exemplo, estabeleceu-se a distinção entre múltiplas formas de memória: sistemas de memória (declarativa *versus* não declarativa; episódica *versus* semântica) e tarefas de memória (explícita *versus* implícita). Da mesma forma, geralmente se fazem distinções entre dois componentes da inteligência: cristalizado (ou conhecimento) e fluido (ou solução de problemas).

As pesquisas sobre o envelhecimento cognitivo identificaram uma série de fatores que influenciam a interpretação dos resultados dessas pesquisas e extraem conclusões simples sobre as associações entre a idade e diversos aspectos do desafio cognitivo. Esses fatores incluem as características dos métodos de pesquisa utilizados para a condução dos estudos, como o formato de pesquisa (p. ex., transversal ou longitudinal) e a seleção da amostra (i. e., as características dos participantes do estudo) (Campbell e Stanley, 1963). Os estudos transversais comparam grupos de indivíduos de diferentes idades em um determinado momento, podendo ser vulneráveis aos efeitos da coorte. Ou seja, as diferenças observadas entre os grupos etários podem estar relacionadas ao momento da história em que a pessoa nasceu e não indicar diferenças relacionadas à idade propriamente dita. Por outro lado, os estudos longitudinais, aqueles que acompanham um único grupo no decorrer do tempo para mensurar as alterações relacionadas à idade, são particularmente suscetíveis aos efeitos práticos (ou seja, os efeitos da exposição repetida às medidas utilizadas para avaliar as funções cognitivas ao longo do tempo) e ao abandono seletivo. O abandono seletivo denota a possibilidade de que as pessoas que se retiram do estudo ou se perdem durante o acompanhamento sejam aquelas que demonstram baixo desempenho na realização das tarefas cognitivas em razão de baixa motivação ou doença. A amostra remanescente, então, possui características diferentes da amostra original, o que pode limitar a interpretação dos achados. A seleção da amostra pode também afetar os achados observados nessas populações específicas (p. ex., aqueles que apresentam melhores condições de saúde; aqueles com situação socioeconômica mais elevada; ou aqueles que seguem um estilo de vida ativo), as quais podem apresentar melhores resultados nas avaliações da função cognitiva. Isso pode afetar os achados dos estudos transversais, se os grupos de diferentes idades diferirem também em outros aspectos. Dito isso, formatos de pesquisa mais sofisticados e técnicas de análise de dados que levam em consideração essas preocupações estão sendo empregados com mais frequência; evidências convergentes sugerem que o comprometimento de várias tarefas cognitivas, como aspectos específicos do funcionamento da memória, da velocidade de processamento e das funções executivas, é característico de idosos. O tempo exato em que esse declínio tem início e a natureza das condições que aceleram ou atenuam a taxa de declínio continuam a ser assuntos de debate.

Abordagens teóricas ao estudo do envelhecimento cognitivo

Várias teorias que diferem quanto à ênfase já foram propostas para explicar as alterações observadas no desempenho cognitivo ao longo do tempo (ver Craik e Salthouse, 2008, ou Park e Schwarz, 2000). Aqui, serão resumidamente destacadas algumas perspectivas básicas e apresentados os trabalhos mais recentes que buscam uma explicação integrada e coerente do envelhecimento cognitivo.

Abordagem do processamento da informação

Grande parte dos trabalhos iniciais no campo do envelhecimento cognitivo originou-se da abordagem do processamento da informação que enfatiza os tipos de processamento envolvidos na realização de uma tarefa cognitiva. Esse modelo utiliza uma metáfora computadorizada em que as informações são inseridas no sistema, transformadas, depois armazenadas de diversas maneiras e posteriormente recuperadas. Por exemplo, uma série de processos influencia a capacidade de recuperação de uma informação específica. A maneira como a informação inicial foi codificada ou obtida, armazenada ou retida e recuperada é vista como um componente separado do processo de recuperação. As tarefas podem ser elaboradas de tal maneira que o desempenho em cada componente possa ser examinado e a fonte dos problemas de recuperação possa ser confirmada. Décadas de pesquisas sobre o envelhecimento cognitivo a partir dessa perspectiva renderam importantes distinções em termos de "se" e "como" o envelhecimento afeta os processos cognitivos componentes (p. ex., atenção, memória, processamento visuoespacial e funções executivas). Além disso, outros processos cognitivos mais generalizados foram propostos como capazes de justificar, ou explicar, a relação observada entre a idade e o desempenho nesses processos cognitivos componentes. Talvez a proposta mais proeminente nesse sentido seja a de que a desaceleração generalizada da velocidade de processamento possa explicar as áreas observadas de declínio relacionado à idade (Salthouse, 1992, 1996, 1997). Por essa perspectiva, as operações cognitivas básicas são processadas de forma demasiadamente lenta para permitir o desenvolvimento eficiente de processos de nível mais elevado. Entretanto, os achados de pesquisa acumulados deixam claro também que os diferentes domínios da cognição podem alterar-se diferencialmente em nível intra e interindividual (Mungas et al., 2010; Van Pettern et al., 2004).

Diferenças intraindividuais

Embora grande parte das pesquisas no campo do envelhecimento cognitivo tenha examinado as diferenças e semelhanças interindividuais entre pessoas de diferentes idades, o estudo das variações do funcionamento cognitivo das pessoas em diferentes ocasiões (ou da variabilidade intraindividual) tem recebido muita atenção nos últimos anos. Existem hoje consideráveis evidências de que a variabilidade cognitiva intraindividual pode ser considerada como uma fonte sistemática de diferenças individuais e tem um valor preditivo importante para os resultados relevantes do envelhecimento (Martin e Hofer, 2004). Por exemplo, Hultsch, Strauss, Hunter e MacDonald (2008) observaram que a variabilidade intraindividual, ou as inconsistências de desempenho no decorrer de períodos relativamente curtos, é caracteristicamente considerada mais proeminente em crianças e idosos. Além disso, os autores observaram que a variabilidade intraindividual é um bom indicador do envelhecimento cognitivo e que essa variabilidade parece ser acentuada em idosos com um transtorno cognitivo, como a demência, por exemplo, e que pode ser indicativa de múltiplos resultados, nem todos mal-adaptados.

Abordagens contextuais

Essas abordagens sugerem que as diferenças de idade no funcionamento cognitivo podem ser determinadas, ou significativamente influenciadas, por outras características do indivíduo, como atitudes, interesses e contexto social. São abordagens que enfatizam o envelhecimento como um processo dinâmico de adaptação, que leva em consideração tanto os ganhos (p. ex., experiência) como as perdas (p. ex., desaceleração da velocidade de processamento) vivenciados no decorrer do processo de envelhecimento. Um exemplo de abordagem contextual é o modelo de otimização seletiva com compensação proposto por Baltes e Baltes (1990). Esse modelo propõe que, à medida que as pessoas envelhecem, elas restringem seletivamente as atividades em que se engajam, baseadas na importância e relevância pessoais, a fim de manter um nível ótimo de funcionamento. Além disso, elas podem também utilizar estratégias de compensação para vencer quaisquer limitações ou desafios experimentados. Essa abordagem situa o desempenho cognitivo no contexto mais amplo da escolha pessoal e da motivação, reconhecendo que as pessoas se adaptam ativamente às circunstâncias mutáveis, inclusive a mudanças no funcionamento físico/biológico.

Outra abordagem teórica que apresenta a motivação pessoal como um elemento central para o entendimento do declínio cognitivo associado ao envelhecimento é a teoria da seletividade socioemocional de Carstensen (1993). Essa teoria propõe que, à medida que as pessoas envelhecem, suas motivações passam da busca do conhecimento (p. ex., jovens) à busca da satisfação emocional (p. ex., idosos). Sugere-se que essa mudança ocorre em resposta à mudança percebida do horizonte temporal (i. e., o tempo é percebido como restrito). As pessoas passam a demonstrar menos interesse pela aquisição de conhecimento e habilidades e se voltam mais para os aspectos emocionais da vida. Propõe-se que essa mudança de motivação tem consequências para o desempenho cognitivo na medida em que os recursos cognitivos (p. ex., atenção e capacidade de memória) são seletivamente dedicados à busca de informações que melhorem o humor atual das pessoas e sua satisfação com a vida.

Abordagens biológicas

Essas abordagens defendem que o declínio cognitivo decorre de alterações biológicas sofridas por todos os seres vivos com a idade. Com a crescente disponibilidade de técnicas de neuroimagem, como tomografia computadorizada (TC), ressonância magnética (RM), tomografia computadorizada por emissão de fóton único (SPECT), tomografia por emissão de pósitrons (PET), ressonância magnética funcional (RMf), magnetoencefalografia e espectroscopia no infravermelho próximo (NIRS), o declínio das habilidades cognitivas tem sido claramente associado a alterações estruturais (p. ex., formação de placas e emaranhados, morte celular e atrofia), bioquímicas (p.ex., níveis reduzidos de neurotransmissores, como a acetilcolina) e funcionais (p. ex., áreas de ativação) que ocorrem no cérebro. Muitas teorias já foram propostas para explicar as alterações biológicas típicas do processo de envelhecimento (p. ex., teorias do envelhecimento, teorias celulares, teorias da morte celular programada), embora nenhuma ofereça uma explicação abrangente de todas as alterações observadas associadas à idade. No entanto, o foco aqui serão algumas teorias de base biológica relevantes para a análise das trajetórias do declínio cognitivo em uma fase mais avançada da vida.

Embora o envelhecimento tenha sido associado a alterações que ocorrem em muitos aspectos da função cerebral, os lobos frontais têm sido objeto de particular atenção na medida em que parecem mais vulneráveis ao avanço da idade (Raz e Rodrigue, 2006; Raz, Rodrigue, Kennedy e Acker, 2007; West, 1996). Os lobos frontais estão associados às funções executivas, ou aqueles processos associados ao gerenciamento, regulação e controle de outros processos cognitivos complexos (Elliott, 2003), incluindo a memória de trabalho, o raciocínio, a flexibilização das tarefas e a solução de problemas (Monsell, 2003), bem como ao planejamento e à execução de tarefas (Chan, Shum, Toulopoulou e Chen, 2008).

A hipótese do envelhecimento frontal sugere que a redução seletiva da função do lobo frontal está por trás do declínio dos processos cognitivos associados ao envelhecimento (Dempster, 1992; Hartley, 1993; West, 1996). Embora haja respaldo a essa posição, as regiões não frontais sofrem reduções funcionais semelhantes, e diversos estudos associam alterações cognitivas específicas relacionadas à idade (p. ex., memória) a alterações estruturais ocorridas em várias regiões do cérebro. Além disso, adultos mais jovens e idosos demonstram diferenças nos padrões de ativação regional do cérebro em resposta às tarefas cognitivas. Por exemplo, os idosos podem demonstrar uma ativação frontal bilateral em resposta a tarefas que ensejam a ativação unilateral em adultos mais jovens (Grady, 2012; Grady, McIntosh, Rajah, Beig e Craik, 1999). Embora fosse considerado inicialmente que essa ativação contralateral pudesse abalar a função cognitiva e fosse a fonte de alguns déficits cognitivos observados com o envelhecimento, achados mais recentes sugerem que esse recrutamento contralateral sustenta as funções cognitivas e serve de função compensatória.

A capacidade de reserva cerebral (CRC) é um modelo que sugere que o comprometimento funcional ocorre quando é alcançado um limite absoluto ou limiar de dano neural. As diferenças individuais na CRC explicam por que os sintomas clínicos se manifestam mais cedo em algumas pessoas. O mesmo grau de dano neural, portanto, pode resultar na manifestação de sintomas clínicos em uma pessoa com baixa CRC, mas não em alguém com mais CRC. Esse modelo recebeu apoio substancial, sugerindo a existência de fatores que podem aumentar a CRC e, desse modo, exercer um "efeito protetor" contra a expressão do comprometimento cognitivo. O próximo capítulo tratará de alguns desses fatores.

O modelo da CRC tem limitações. Stern (2002), portanto, sugeriu o modelo da reserva cognitiva, o qual considera como fundamental para a expressão dos sintomas clínicos o grau de eficácia com que os paradigmas cognitivos são utilizados para resolver um problema. Não existe um único limiar absoluto de dano neural além do qual ocorre o comprometimento. Em vez disso, as estruturas ou redes cerebrais normalmente não invocadas são ativadas para compensar os distúrbios neurais. As pessoas com maior reserva cognitiva invocam essas vias neurais alternativas com mais eficácia para realizar a tarefa cognitiva ou funcional em questão.

Esses processos compensatórios indicam que há plasticidade tanto nas alterações cerebrais como no comportamento no decorrer de todo o processo de envelhecimento. Essa neuroplasticidade, ou alterações estruturais e funcionais do cérebro, decorre de interações entre o cérebro e o comportamento. Além disso, sabe-se agora que as células-tronco neurais persistem no cérebro adulto e que novos neurônios podem ser gerados ao longo da vida. Esses achados emergentes em relação à capacidade do cérebro de alterar-se e adaptar-se respaldam o argumento de que a compensação comportamental é possível e pode até alterar a estrutura subjacente e a função de regiões do cérebro.

Abordagens integrativas

O modelo biopsicossocial (Engel, 2012), originalmente proposto em 1977, apresenta uma ampla estrutura holística para a conceitualização dos múltiplos fatores determinantes de condições ou situações complexas (p. ex., manifestação clínica do declínio cognitivo). Esse modelo sugere que os fatores biológicos (p. ex., genética, funcionamento físico e condições clínicas), psicológicos (p. ex., pensamentos, emoções e comportamentos) e sociais (p. ex., socioeconômicos, socioambientais e culturais) interagem e influenciam o desenvolvimento e o comportamento de cada indivíduo. Embora geralmente aceito e aplicado em muitos contextos, esse modelo é dominante no estudo do desenvolvimento e envelhecimento humano (Whitbourne, Whitbourne e Konnert, 2015). As relativas influências dos fatores biológicos, psicológicos e sociais são levadas em consideração, reconhecendo-se que o envelhecimento é complexo e não se manifesta como uma trajetória simples e linear no decorrer da vida. Essa ênfase no desenvolvimento assume uma perspectiva vitalícia, reconhecendo que o desenvolvimento é (1) multidirecional (envolve tanto o crescimento como o declínio); (2) plástico, na medida em que o aprendizado pode ocorrer em qualquer ponto do ciclo de vida; e (3) influenciado por uma ampla variedade de forças (p. ex., o tempo histórico e a cultura em que pessoa está envelhecendo) (Baltes, 1987).

Mais recentemente, sobretudo em resposta à disponibilidade de técnicas de neuroimagem capazes de detalhar como as funções e estruturas do cérebro mudam com a idade, tem-se reconhecido a necessidade de abordagens integrativas específicas para o estudo do envelhecimento cognitivo (Hofer e Alwin, 2008). Associar essas informações às décadas de pesquisas que têm caracterizado a natureza do envelhecimento cognitivo e os fatores que o influenciam é o desafio complexo enfrentado pelo crescente campo da neurociência cognitiva. Essas teorias emergentes são necessariamente interdisciplinares e incorporam uma gama de fatores biológicos e neurofisiológicos a outras informações extraídas de trabalhos anteriores sobre os processos compensatórios do cérebro e ao longo do engajamento cognitivo que influencia o envelhecimento cerebral.

A teoria do *scaffolding* compensatório do envelhecimento e da cognição (STAC; Park e Reuter-Lorenz, 2009; Reuter-Lorenz e Park, 2014) é um desses modelos integrativos. O modelo leva em consideração as seguintes observações oriundas da neurociência cognitiva e das pesquisas realizadas sobre o envelhecimento: as funções cognitivas e as estruturas neurais demonstram significativo declínio com a idade avançada; a atividade funcional do cérebro aumenta com a idade, especialmente no córtex frontal, podendo indicar o recrutamento de vias neurais alternativas para compensar o acúmulo de alterações neurais relacionadas à idade (i. e., *scaffolding* compensatório); o *scaffolding* é a dinâmica do cérebro, a resposta normal aos desafios, em qualquer idade, e pode ser inteiramente limitado pela presença de patologia significativa (p. ex., sequelas patológicas decorrentes de DA); e a atividade cognitiva, como o engajamento em experiências estimulantes, promove o *scaffolding*.

O modelo STAC foi revisado (STAC-r) em 2014, passando a considerar fatores relacionados ao curso de vida (ou seja, o acúmulo de experiências) e ao ciclo de vida (condições vivenciadas pelo indivíduo do nascimento até a morte) que melhoram ou exaurem os recursos neurais. Isso permite que a influência de fatores positivos (p. ex., realização educacional, engajamento intelectual) e negativos (p. ex., estresse emocional ou ambiental) extrínsecos ao cérebro contribuam para o processo de *scaffolding* neural. Esses fatores de proteção e risco serão abordados mais adiante nesta seção. Com a inclusão desses fatores no modelo STAC-r, a estrutura e as funções do cérebro podem mudar em qualquer das duas direções (i. e., de ganhos ou perdas) em função da plasticidade, do desenvolvimento e das influências do curso de vida.

Evolução dos transtornos que afetam as funções cognitivas na idade avançada

Embora o processo de envelhecimento envolva inerentemente algum grau de declínio cognitivo, a identificação dos transtornos de cognição e a intervenção nesses distúrbios têm merecido a atenção de muitos profissionais de saúde (p. ex., neuropsicólogos clínicos, geriatras e psiquiatras geriatras) que tratam de idosos. O modelo biopsicossocial (já descrito), amplamente adotado na prática clínica, fornece a estrutura para obtenção das informações essenciais necessárias para um diagnóstico preciso e para a identificação de vias de intervenção eficazes. A ênfase nas perspectivas biopsicossocial e do ciclo de vida no estudo do desenvolvimento adulto e do envelhecimento (Whitbourne et al., 2015) estende-se à prática clínica da avaliação e da intervenção neuropsicológica geriátrica (Clare e Woods, 2004; Puente e McCaffrey, 1992). Como muitos fatores além da presença de processos biológicos patológicos podem afetar o funcionamento cognitivo, é imperativo que pesquisadores e profissionais de saúde conheçam as complexas características do processo de envelhecimento e as vulnerabilidades relacionadas à idade que podem influenciar o processo de avaliação (American Psychological Association, 2012).

O processo de identificação do comprometimento cognitivo depende inerentemente do conhecimento do que tipifica o declínio cognitivo normal. O Capítulo 5 aborda os muitos fatores que podem influenciar o declínio cognitivo. Como se pode observar aqui, os profissionais de saúde têm se beneficiado e adotado métodos oriundos das teorias do envelhecimento cognitivo, empregando-os em um contexto clínico. A aplicação desses métodos e técnicas no ambiente clínico tem servido tanto para prestar esclarecimentos como para gerar controvérsias em relação à maneira como o funcionamento cognitivo e a patologia estão relacionados. Certamente, as distinções descritivas no que tange aos padrões e ao progresso das alterações cognitivas relacionadas a diferentes patologias subjacentes foram o foco de grande parte das pesquisas que, por sua vez, têm resultado em uma melhor prática clínica. Entretanto, nem sempre existe uma correspondência estreita entre a patologia subjacente e os sintomas cognitivos (Riley, Snowdon, Desrosiers e Markesbery, 2005). Essa condição atesta a complexidade do processo de envelhecimento, bem como a necessidade de constantes pesquisas e do desenvolvimento de teorias para esclarecer os fatores envolvidos. Ou seja, é necessário continuar buscando entender os fatores que expõem os indivíduos a maior risco de declínio cognitivo (ver Cap. 3) ou têm caráter protetor contra o declínio cognitivo (ver Cap. 2). A maneira como esses fatores estão relacionados ao processo patológico subjacente, ou talvez o modifiquem, ainda não está totalmente definida.

Há mais de meio século, pesquisadores e profissionais de saúde sugerem e avaliam maneiras de classificar o comprometimento cognitivo que se manifesta em uma fase avançada da vida. As alterações cognitivas e comportamentais podem ser os primeiros indícios de um processo patológico subjacente, e é possível que o processo patológico em si não seja facilmente identificado em vida. Por necessidade, então, essas classificações geralmente são baseadas em uma série de déficits cognitivos e comportamentais adquiridos (i. e., representam um declínio em relação a um nível de funcionamento alcançado em ocasião anterior) supostamente ligados a uma etiologia subjacente específica. Por exemplo, a *Classificação Internacional de Doenças – 10ª edição – Modificação clínica* de 2015 (2015 CID-10-MC; World Health Organization, 2015) contém códigos diagnósticos para diversas formas de demência no âmbito das doenças do sistema nervoso (p. ex., demência com corpos de Lewy [DCL], DA) ou dos transtornos mentais, comportamentais e de neurodesenvolvimento (p. ex., demência inespecífica, demência não classificada em outras fontes).

A quinta edição do *Manual Diagnóstico e Estatístico de Transtornos Mentais* (DSM-5; American Psychiatric Association, 2013) identifica doze subtipos etiológicos diferentes de TNC importantes (incluindo distúrbios anteriormente mencionados como demências) e leves, levando em consideração a possível existência de outros subtipos etiológicos. Os subtipos etiológicos mais comuns incluem DA, degeneração demência frontotemporal (DFT), DCL e demência vascular (Dva). Vale notar que a DFT foi caracterizada como um espectro de doenças que inclui distúrbios de comportamento e linguagem, podendo incluir alterações que afetam basicamente os movimentos, como esclerose lateral amiotrófica (ELA), síndrome da degeneração corticobasal (SDCB) e paralisia supranuclear progressiva (PSP), em cujo caso o comprometimento cognitivo pode ocorrer em graus variáveis (*www.theaftd.org/understandingftd/ftd-overview*). O curso do desenvolvimento e os padrões de déficit cognitivo e comportamental associados a esses subtipos etiológicos podem ser úteis para distingui-los, especialmente no que diz respeito aos TNC mais importantes, e serão abordados no Capítulo 8.

A distinção entre as formas importantes e leves de TNC é inerentemente arbitrária e baseia-se sobretudo na gravidade dos déficits cognitivos e no grau em que esses déficits interferem na capacidade de independência na realização das atividades diárias. Ou seja, considera-se que os TNC importantes e leves existem em um espectro do comprometimento cognitivo e funcional. A identificação dos TNC leves, como condições distintas do declínio cognitivo típico associado à idade, e a classificação dos TNC leves em subtipos etiológicos podem ser bastante desafiadoras. As tentativas iniciais de desenvolver maneiras de classificar as formas leves de comprometimento cognitivo são consideradas insuficientes para justificar um diagnóstico de demência (ver Tuokko e Hultsch, 2006a) e limitadas como medida preditiva de declínio cognitivo continuado à demência. Entretanto, o interesse pelas classificações que abrangem as formas mais brandas de comprometimento cognitivo permanece. Tais formas podem ou não ser preditivas do declínio cognitivo continuado que reflete formas específicas de patologia subjacente e, até mesmo, resultados insatisfatórios. Quando a identificação de formas mais brandas de comprometimento cognitivo é considerada descritiva (em oposição à identificação prescritiva do declínio futuro), as estratégias de avaliação e intervenção podem ter como foco as necessidades funcionais, sociais e assistenciais específicas do indivíduo (Tuokko e Hultsch, 2006b). A importância das intervenções destinadas a otimizar o funcionamento e o bem-estar do indivíduo, bem como minimizar o risco associado à incapacidade existente é evidente, e a base de evidência tem crescido na última década. A orientação para os profissionais de saúde sobre as questões de avaliação e intervenção será abordada em detalhes nos Capítulos 6 (sobre o declínio cognitivo subjetivo [DCS]) e 7 (sobre o comprometimento cognitivo leve [CCL]). As estratégias de intervenção relevantes durante as trajetórias do declínio cognitivo (i. e., envelhecimento normal, DCS, CCL, demência) são abordadas nos Capítulos 9-12.

O contexto atual

A essa altura da trajetória de desenvolvimento do conhecimento sobre o declínio cognitivo em uma fase avançada da vida, o desafio é coletar informações obtidas por meio de diversas linhas de pesquisa para aplicação no contexto clínico. Certamente, nos últimos anos, em especial com o advento das técnicas de neuroimagem, a relação entre as alterações nas funções cognitivas associadas à idade, os transtornos de cognição relacionados à idade, as alterações do estado de saúde e as alterações ocorridas no cérebro estão sendo articulados com clareza cada vez mais. Da mesma forma, o conhecimento sobre como as alterações das funções cognitivas associadas à idade e dos transtornos de cognição interagem com os comportamentos do dia a dia, bem como as funções sociais necessárias ao engajamento e à adaptação às mudanças no ambiente em que a pessoa vive, está aumentando e influenciando a maneira e o momento de intervir com a finalidade de elevar ou melhorar o nível de funcionamento cognitivo, emocional e comportamental de uma pessoa.

Os objetivos deste livro consistem em fornecer um resumo das pesquisas realizadas até o momento que abordam os muitos fatores que afetam as trajetórias do declínio cognitivo, bem como oferecer orientação prática àqueles que trabalham em uma função clínica ou de pesquisa com idosos visando a aumentar ou melhorar o nível atual de funcionamento cognitivo, emocional e comportamental desses pacientes. De acordo com essa abordagem aplicada, são apresentados apêndices com exemplares das ferramentas a serem utilizadas por profissionais de saúde e estudantes para a coleta das informações pertinentes. Reconhece-se que o foco e a natureza das estratégias de avaliação e intervenção podem diferir entre aqueles que demonstram declínio cognitivo típico e aqueles que já manifestam alguma forma de comprometimento cognitivo. Reconhece-se também que a preocupação subjetiva em relação ao declínio cognitivo e as formas leves de comprometimento cognitivo podem ou não indicar uma trajetória de crescente gravidade do comprometimento cognitivo que reflete um processo patológico progressivo subjacente. Ou seja, não há uma única trajetória de declínio cognitivo em uma idade avançada, mas muitas. Vários fatores influenciam essas trajetórias – alguns que aumentam a probabilidade de maior declínio e outros que parecem servir de proteção contra esse declínio. A importância de tais fatores pode ocorrer em diversos momentos, ou no decorrer da vida, podendo variar de acordo com o contexto histórico e cultural.

A Figura 1.1 ilustra a estrutura adotada neste livro para examinar as trajetórias do declínio cognitivo em uma fase avançada da vida. Uma trajetória hipotética do comprometimento cognitivo a partir do declínio cognitivo que caracteriza o comprometimento cognitivo relacionado à idade até o estado de demência (curva descendente espessa), passando pelo DCS e pelo DCL, encontra-se descrita na parte superior da figura. Embora esta realmente possa ser a trajetória percorrida por alguns, outros podem demonstrar um declínio contínuo relativamente pequeno ou, até mesmo, melhora das funções cognitivas no decorrer do tempo (linhas finas). A trajetória dos indicativos de declínio de uma pessoa ocorre ao longo do tempo dentro de um contexto histórico e cultural (antecedentes na seção superior). O contexto histórico refere-se ao tempo histórico em que a pessoa vive, bem como aos antecedentes históricos do indivíduo (p. ex., histórico clínico, social e educacional).

Na primeira seção deste livro, são examinados os fatores preditivos ou protetores do comprometimento cognitivo observados em diversos pontos da trajetória hipotética do declínio cognitivo. Os objetivos e métodos de avaliação (primeira faixa horizontal sombreada), intervenção (segunda faixa horizontal mais clara) e suportes ambientais adequados (faixa horizontal inferior) podem ou não ser semelhantes em diferentes pontos na trajetória. Na parte final do livro, os objetivos e métodos de avaliação, bem como as estratégias de intervenção, são articulados em relação às condições identificáveis ao longo da trajetória do declínio cognitivo. O intenso estudo do comprometimento cognitivo relacionado à idade contribui para o desenvolvimento de teorias e para a caracterização do declínio cognitivo relacionado

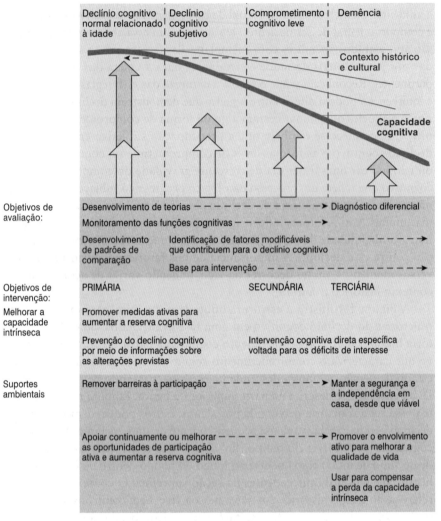

Figura 1.1 Trajetórias do declínio cognitivo.

à idade como padrão de comparação para ser utilizado na identificação do comprometimento cognitivo. A avaliação contínua é crucial para o monitoramento das alterações a partir do momento em que o comprometimento se torna evidente para fins diagnósticos e para a identificação de oportunidades de intervenção ou modificação dos fatores que possam estar contribuindo para o declínio contínuo. Demonstra-se que as intervenções e os suportes ambientais podem ser benéficos para melhorar a função cognitiva atual e/ou evitar maior comprometimento ou, pelo menos, desacelerar a sua taxa de evolução (setas verticais que opõem resistência ao declínio cognitivo). Essas intervenções e suportes dizem respeito a idosos saudáveis e àqueles com DCS nos quais o objetivo básico é evitar a manifestação da doença (prevenção primária), bem como a pessoas que já apresentam comprometimento cognitivo manifesto (i.e., CCL), nas quais o objetivo é desacelerar a taxa de evolução do declínio (prevenção secundária), ou a pessoas com comprometimento cognitivo significativo, como demência (prevenção terciária), em cujo caso o objetivo básico é minimizar a incapacidade funcional e, também, desacelerar a taxa de evolução do declínio.

Resumo e considerações finais

Neste capítulo, foram revisadas algumas abordagens inspiradoras ao estudo do envelhecimento cognitivo vivenciado por idosos saudáveis e foi apresentada uma estrutura de abordagem integrada para o exame das alterações cognitivas relacionadas à idade observadas ao longo de décadas de pesquisas. Observaram-se algumas das ressalvas associadas a este trabalho no que tange à evolução dos conceitos e métodos que podem influenciar o grau de tipicidade dessas alterações observadas. Apresentou-se o conceito de comprometimento cognitivo no contexto dos processos patológicos subjacentes associados à idade que podem se apresentar com diferentes perfis cognitivos. No entanto, vale ressaltar que, do ponto de vista individual, a identificação e a predição daqueles que serão invariavelmente diagnosticados com um transtorno de cognição não é uma tarefa nada simples. Foram mencionados os fatores que podem influenciar a manifestação das alterações cognitivas, supondo-se ou não a presença de patologia subjacente. Esses fatores serão abordados em detalhes nos dois capítulos seguintes.

CAPÍTULO 2

Fatores de proteção contra o declínio cognitivo

Por meio do estudo do envelhecimento cognitivo e dos transtornos neurocognitivos, identificou-se uma série de fatores ou situações que parecem influenciar positivamente ou preservar as funções cognitivas. No início, observaram-se associações entre o nível de funcionamento cognitivo e as atividades inerentes ao estilo de vida sugestivas da existência de um efeito protetor sobre a cognição. Mais recentemente, a influência positiva desses fatores tem sido atribuída ao seu impacto no cérebro, seja diretamente, pela estrutura ou funções cerebrais alteradas, ou indiretamente, pela maior capacidade de envolvimento nos processos compensatórios (Reuter-Lorenz e Park, 2014). Além disso, está cada vez mais claro que muitos desses fatores são modificáveis por meio de intervenção. Alguns tipos de intervenção serão abordados mais adiante neste livro. Neste capítulo, serão examinados alguns dos fatores associados ao melhor funcionamento cognitivo ou ao menor declínio da cognição: realização educacional, multilinguismo, interação social, atividades cognitivas complexas, atividade física e nutrição. Quando possível, essas associações serão comentadas em relação ao envelhecimento cognitivo no contexto do envelhecimento saudável e dos transtornos neurocognitivos (TNC). Para os propósitos dessas discussões, o conceito de declínio cognitivo refere-se à taxa, ou velocidade, de alteração das funções cognitivas que ocorrem ao longo do tempo. Tais fatores de proteção supostamente associados ao estilo de vida serão discutidos à luz do entendimento de que os comportamentos adotados pelas pessoas provavelmente têm consequências biológicas e vice-versa. Esses mecanismos biológicos sugeridos serão ressaltados antes do resumo do capítulo.

Escolaridade

As associações entre o nível educacional e as funções cognitivas foram documentadas em amostras de idosos com e sem demência. Entre os pacientes não dementes, os idosos com alto grau de escolaridade parecem viver mais e demonstrar menos declínio cognitivo à medida que envelhecem. Além disso, as pessoas com nível de escolaridade mais elevado demonstram menos probabilidade de desenvolver demência, especialmente doença de Alzheimer e demência vascular (DA e Dva) (Meng e D'Arcy, 2012). Existem pesquisas substanciais sobre cada uma dessas associações observadas, as quais serão resumidamente abordadas.

Envelhecimento cognitivo

A associação entre o nível educacional elevado e o declínio cognitivo reduzido foi observada em vários estudos que utilizaram diversas medidas da função cognitiva, inclusive aquelas que fornecem um escore geral ou global que reflete o estado cognitivo (p. ex., o Mini-Mental State Examination – MMSE [Miniexame do Estado Mental]; Farmer, Kittner, Rae, Bartko e Regier, 1995) ou medidas de domínios mais específicos, como lembrança verbal, memória de reconhecimento (Colsher e Wallace, 1991) ou memória não verbal (Le Carret, Lafont, Mayo e Fabrigoule, 2003). Normalmente, esses estudos acompanham os participantes por vários anos e classificam o seu grau de escolaridade em categorias (p. ex., menos de 12 anos de estudo *versus* 12 ou mais anos de estudo – White et al., 1994; menos de 6 anos de estudo *versus* aqueles com 6 ou mais anos de estudo – Le Carret et al., 2003). Alguns estudos examinaram também amostras de pacientes com alto grau de escolaridade (p. ex., com curso superior), demonstrando que aqueles com nível de escolaridade mais alto apresentavam menores taxas de declínio cognitivo (Lee, Buring, Cook e Grodstein, 2006).

Entretanto, nem todos os estudos encontraram associação entre o nível educacional e o declínio cognitivo. Já foi sugerido que a maior parte da literatura que demonstra essa associação foi conduzida utilizando dois momentos (i. e., momento basal e o segundo momento). Quando a pesquisa foi conduzida utilizando vários momentos, essa associação não foi observada com tanta frequência como quando foram utilizados dois momentos (Wilson et al., 2009). Isso não quer dizer que não haja associação entre o nível educacional e o nível de funcionamento cognitivo, uma vez que essa forte relação foi demonstrada repetidamente em estudos transversais. Ao contrário, os dados longitudinais sugerem que a educação tem pouca ou nenhuma associação com a taxa de alteração da cognição (i. e., a inclinação da curva de declínio cognitivo; Christensen et al., 2001). Deve-se observar que as medidas

das funções cognitivas utilizadas em diferentes estudos podem influenciar esses achados e que o nível educacional pode estar mais relacionada ao declínio em algumas medidas ou domínios de cognição do que em outras. Da mesma forma, a maneira como a escolaridade é medida (p. ex., anos de escolaridade) pressupõe a equivalência da qualidade educacional entre as pessoas, o que é improvável. A incorporação de alguma medida de qualidade educacional pode influenciar positivamente o declínio cognitivo (Manly, Byrd, Touradji, Sanchez e Stern, 2004).

Comprometimento cognitivo

Sattler, Toro, Schönknecht e Schröder (2012) também observaram associação entre educação e comprometimento cognitivo leve (CCL), quando os participantes do grupo controle do estudo prospectivo sobre desenvolvimento adulto e envelhecimento demonstraram grau de escolaridade mais elevado do que os pacientes com CCL ou DA. Entretanto, em uma revisão sistemática dos fatores preditivos de demência no CCL, o nível educacional não pareceu predizer, na maioria dos estudos que examinaram essa relação, aqueles indivíduos cujo declínio cognitivo evoluiria para demência (Cooper, Sommerlad, Lyketsos e Livingston, 2015).

O respaldo à observação de que as pessoas com grau de escolaridade mais elevado têm menos probabilidade de desenvolver demência provém de muitos estudos epidemiológicos realizados em todo o mundo (Meng e D'Arcy, 2012; Sharp e Gatz, 2011). Assim como na literatura sobre o envelhecimento cognitivo, esses estudos normalmente classificaram escolaridade em categorias e demonstraram associação entre o nível de escolaridade e diagnóstico de demência em amostras populacionais muito grandes. Naqueles com nível mais elevado de escolaridade, o diagnóstico de demência foi menos frequente. Aqueles com nível de escolaridade mais baixo apresentaram maior risco de serem diagnosticados com demência, e a magnitude desse risco aumentado variou de acordo com o estudo (Sharp e Gatz, 2011). Por exemplo, observou-se risco quatro vezes maior de diagnóstico de DA para indivíduos com menos de 7 anos de escolaridade no Canadian Study of Health and Aging (Canadian Study of Health and Aging Working Group, 1994). Para obter essa estimativa, 258 casos clinicamente confirmados de DA foram comparados com 535 casos determinados de forma clínica como cognitivamente intactos e correlacionados com os casos de DA quanto a idade, região geográfica de residência e institucionalização.

Assim como com a literatura sobre envelhecimento cognitivo, nem todos os estudos demonstraram associação entre o nível educacional e o diagnóstico de demência (Fratiglioni, 1993; Sharp e Gatz, 2011). Sharp e Gatz (2011) observaram que o respaldo para a relação entre educação e demência foi evidenciado com mais frequência nos estudos realizados em regiões desenvolvidas do mundo do que naqueles conduzidos em regiões em desenvolvimento. De modo geral, os autores concluíram que a relação entre educação e demência é mais consistente nos casos em que "o nível educacional reflete capacidade intelectual, não um privilégio" (p. 300).

A associação entre o nível educacional e a trajetória do declínio cognitivo entre aqueles diagnosticados com demência também foi investigada. Talvez surpreendentemente, muitos estudos observaram uma taxa acelerada de declínio cognitivo associada a nível mais elevado de realização educacional (Andel, Vigen, Mack, Clark e Gatz, 2006; Meng e D'Arcy, 2012; Stern, Albert, Tang e Tsai, 1999; Teri, McCurry, Edland, Kukull e Larson, 1995; Wilson et al., 2004). Foi esse declínio acelerado após o diagnóstico de DA, considerado em conjunto com o efeito de "proteção" observado do nível educacional para o diagnóstico inicial de demência, que ensejou as proposições de que pessoas com reserva cognitiva mais elevada (com o nível educacional como instrumento ou fonte para tal) demonstram maior capacidade de tolerância às patologias cerebrais, e que os déficits cognitivos são detectados mais tarde nesses indivíduos do que naqueles com menor reserva cognitiva. Ou seja, aqueles com maior reserva cognitiva manifestam a presença de patologia cerebral importante no diagnóstico e não conseguem manter o funcionamento comportamental. Consequentemente, o declínio pós-diagnóstico é rápido (Stern, 2002). Pesquisas subsequentes com emprego de técnicas de neuroimagem geralmente respaldam essa posição (Stern, 2012), embora muitas sobre os mecanismos neurais subjacentes ainda estejam por ser definidas.

Multilinguismo

Assim como ocorre com as pesquisas sobre o nível educacional, foram documentadas associações entre as práticas linguísticas (monolíngues, bilíngues ou multilíngues) e as funções cognitivas nas amostras de idosos não demenciados, bem como daqueles com comprometimento cognitivo, inclusive demência. Em termos específicos, as amostras de indivíduos sem demência demonstraram que o desempenho de idosos que falam mais de uma língua foi superior ao de seus equivalentes monolíngues na execução de tarefas cognitivas. Além disso, comparando pessoas monolíngues àquelas que falam duas ou mais línguas, estas demonstraram menor probabilidade de desenvolver comprometimento cognitivo sem demência (Bialystok, Craik, Binns, Ossher e Freedman, 2014; Ossher, Bialystok, Craik, Murphy e Troyer, 2013; Perquin et al., 2013; Zahodne, Schofield, Farrell, Stern e Manly, 2014) ou com demência (Alladi et al., 2013; Bialystok, Craik e Freedman, 2007; Freedman et al., 2014; Liu, Yip, Fan e Meguro, 2012), especialmente DA. Há um crescente número de pesquisas que examinam cada uma dessas associações observadas, as quais serão aqui resumidamente abordadas. Deve-se notar que nem todos os estudos encontram tais associações (Clare et al., 2014); obviamente, trata-se de uma área ainda sob intenso escrutínio.

Envelhecimento cognitivo

A associação entre multilinguismo e função cognitiva foi observada em apenas alguns estudos até o momento. Em uma amostra transversal representativa de idosos israelenses, Kave, Eyal, Shorek e Cohen-Mansfield (2008) observaram que o desempenho em dois instrumentos de triagem cognitiva diferia de acordo com o número de línguas faladas – duas, três ou mais. Esses efeitos foram observados mesmo quando fatores como idade, escolaridade, gênero, local de nascimento e idade por ocasião da imigração foram levados em consideração. Além disso, esses resultados se confirmaram para uma subamostra de idosos sem nenhuma educação formal. Subsequentemente, o efeito do multilinguismo sobre o desempenho cognitivo em uma fase mais avançada da vida foi examinado na coorte de nascimento de Lothian (Deary et al., 2007), na qual foi possível controlar as diferenças iniciais da inteligência na infância (Bak, Nissan, Allerhand e Deary, 2014). O bilinguismo, independentemente de fatores como inteligência na infância, gênero, condição socioeconômica e imigração, foi notável sobretudo para a avaliação de aspectos como leitura, fluência verbal e inteligência geral. Como demonstrado no estudo realizado por Kave et al. (2008), o domínio de três ou mais línguas produziu efeitos mais fortes do que o domínio de duas. Aqueles com um QI mais alto na infância pareceram beneficiar-se mais da aquisição precoce de uma segunda língua, enquanto aqueles com um QI mais baixo na infância beneficiaram-se mais da aquisição tardia. Poucas diferenças foram observadas entre pessoas bilíngues que faziam uso ativo de ambas as línguas e aquelas que em ocasiões raras utilizavam a sua segunda língua, possivelmente em virtude da baixa frequência de uso geral desta. Os autores especularam que a aquisição de uma segunda língua pode deixar traços cognitivos duradouros, independentemente do uso subsequente.

Comprometimento cognitivo

O respaldo à observação de que as pessoas que falam mais línguas têm menos probabilidade de desenvolver comprometimento cognitivo, sem demência, provém de estudos conduzidos em países nos quais é comum o uso de múltiplas línguas. Em um estudo canadense, Ossher et al. (2013) examinaram o efeito do bilinguismo sobre a idade na ocasião do diagnóstico em pessoas classificadas com CCL amnéstico de domínio único ($n = 29$ monolíngues, 19 bilíngues) ou de múltiplos domínios ($n = 22$ monolíngues, 21 bilíngues) utilizando os seguintes critérios: reclamações em relação à memória recente, comprometimento da memória objetiva para idade, função cognitiva geral normal, atividades diárias normais e ausência de demência ou outra condição clínica ou psiquiátrica significativa que pudesse justificar o comprometimento da memória (Petersen, 2004). Essas pessoas foram questionadas também quanto às suas práticas linguísticas. Observou-se um efeito de interação nos casos em que a idade mais avançada por ocasião do diagnóstico em indivíduos bilíngues foi evidenciada somente para aqueles classificados com comprometimento cognitivo leve amnéstico de domínio único.

Em outro estudo realizado por essa equipe canadense de pesquisa, Bialystok et al. (2014) relataram que as pessoas bilíngues ($n = 36$) com diagnóstico de CCL pelos critérios de Albert et al. (2011) eram mais velhas do que indivíduos monolíngues com condições comparáveis ($n = 38$) tanto em termos da idade de manifestação dos sintomas como da data da primeira consulta médica. Esse achado não poderia ser atribuído a outras variáveis relacionadas ao estilo de vida, como alimentação, atividades sociais ou atividade física, tabagismo ou consumo de álcool. Os participantes bilíngues do estudo falavam duas ou mais línguas fluentemente, pelo menos uma vez por semana, desde o início da idade adulta. Todos os participantes eram proficientes em inglês, mas falavam várias outras línguas (e, portanto, não representavam qualquer grupo sociocultural específico). Quanto às avaliações do funcionamento cognitivo, as amostras de pacientes monolíngues e bilíngues não diferiram, apesar das diferenças de idade, indicando que os pacientes bilíngues não esperavam mais tempo para buscar um diagnóstico. Esses pesquisadores não observaram quaisquer diferenças na taxa de declínio cognitivo entre indivíduos monolíngues e bilíngues em três ocasiões durante um período de aproximadamente 1 ano.

Luxemburgo tem três línguas oficiais, e o seu povo geralmente passa de uma língua a outra. Como parte do estudo prospectivo de coorte (MemoVie) sobre o envelhecimento cognitivo e a demência em Luxemburgo (Perquin et al., 2012), utilizou-se um formato retrospectivo de caso-controle aninhado para examinar as relações entre o comprometimento cognitivo e o multilinguismo. Os voluntários não demenciados com idade acima de 65 anos foram classificados como portadores de comprometimento cognitivo ($n = 44$) ou como cognitivamente intactos ($n = 188$) e questionados sobre suas práticas linguísticas. Após os devidos ajustes por escolaridade e idade, observou-se um risco mais baixo de comprometimento cognitivo naqueles que praticavam mais de duas línguas. O fato de falar três ou mais línguas foi associado a um efeito protetor sete vezes maior. Nesse estudo, os efeitos da prática concomitante de várias línguas sobre a cognição foram examinados, mas a prática concomitante mais intensa não demonstrou maior proteção em relação ao número de línguas faladas ao longo da vida. A aquisição de mais de duas línguas em uma fase precoce da vida demonstrou resultar em efeito protetor mais evidente sobre a cognição em uma idade mais avançada.

Em 2007, Bialystok et al. relataram que pacientes canadenses bilíngues com demência ($n = 93$) demonstravam um retardo de 4 anos e 1 mês na manifestação dos sintomas em relação aos pacientes monolíngues ($n = 91$) após o controle por gênero, realização educacional e condição ocupacional. Níveis comparáveis de comprometimento cognitivo foram evidenciados na consulta inicial. Os participantes bilíngues desse estudo haviam falado duas ou mais línguas com regularidade e proficiência durante a maior parte da vida adulta. A grande maioria desses pacientes foi diagnosticada com DA (132/184).

Posteriormente, esse mesmo grupo canadense de pesquisadores publicou resultados semelhantes indicando que os pacientes bilíngues com provável DA relataram a manifestação dos sintomas 5 anos e 1 mês mais tarde e foram diagnosticados 4 anos e 3 meses depois que os monolíngues (Craik, Bialystok e Freedman, 2010). Essa condição foi replicada por esse grupo em 2014 (Bialystok et al., 2014). Nesses dois estudos posteriores, os grupos linguísticos mostraram-se equivalentes nas avaliações das funções cognitivas (p. ex., medidas das funções executivas) e os retardos observados não foram atribuídos a outras possíveis variáveis, como diferenças de nível de escolaridade, condição de imigração, nível ocupacional ou gênero. Outro grupo canadense de pesquisadores examinou inicialmente a idade de manifestação dos sintomas e a idade na ocasião do diagnóstico de DA em pacientes monolíngues e multilíngues que frequentavam uma clínica de memória em Montreal, e depois examinaram aqueles que eram bilíngues inglês-francês não imigrantes (Chertkow et al., 2010). Um efeito protetor pequeno, mas significativo, foi observado naqueles que falavam mais de duas línguas. Entretanto, o grupo bilíngue não imigrante não demonstrou nenhum benefício em relação à idade que tinham na época da manifestação dos sintomas ou do diagnóstico. Os pesquisadores examinaram um subgrupo imigrante bilíngue que demonstrou um retardo de 5 anos no diagnóstico de DA.

Em um grande estudo ($n = 648$) de casos de pessoas com demência na Índia, Alladi et al. (2013) observaram que pacientes bilíngues desenvolviam demência 4 anos e 5 meses mais tarde que pacientes monolíngues, independentemente de escolaridade, ocupação, gênero e residência em zona urbana ou rural. Esse efeito foi observado em diversas formas de demência, incluindo DA, doença demência frontotemporal e Dva, bem como em pacientes analfabetos. Não se observou nenhum benefício adicional pelos pacientes falarem mais de duas línguas.

Poucos estudos longitudinais foram conduzidos até o momento para determinar se a taxa de declínio de pacientes bilíngues difere daquela de pacientes monolíngues. Bialystok et al. (2014) não observaram quaisquer diferenças na taxa de declínio cognitivo nas avaliações das funções executivas entre os pacientes canadenses monolíngues e bilíngues com DA em três ocasiões durante um período de aproximadamente 1 ano.

Atividades cognitivas de lazer

Na última década, cresceram as evidências de que a participação em diversas atividades que envolvem a estimulação cognitiva pode reduzir o risco de comprometimento cognitivo, inclusive demência. Por exemplo, já foi sugerido que os ambientes complexos de lazer e trabalho facilitam a manutenção da cognição até a velhice (Andel, Kåreholt, Parker, Thorslund e Gatz, 2007; Schooler, Mulatu e Oates, 2004). Alguns estudos observaram que as altas exigências no trabalho estão associadas a menor risco de comprometimento cognitivo (Bosma et al., 2003). Da mesma forma, alguns estudos relataram que a complexidade da ocupação primária no decorrer da vida parece reduzir o risco ou retardar a manifestação da DA (Andel et al., 2005; Stern et al., 1995), após a qual é possível observar um acelerado declínio cognitivo (Andel, Vigen, Mack, Clark e Gatz, 2006), de acordo com a hipótese da reserva cognitiva de Stern (2002). Além disso, foi demonstrado que a prática mais frequente de atividades cognitivas de lazer está associada a declínio cognitivo reduzido em idosos não dementes (Bosma et al., 2002; Hultsch, Hertzog, Small e Dixon, 1999). Vale ressaltar ainda que as pessoas que se engajam em mais atividades cognitivas de lazer têm menos probabilidade de desenvolver CCL ou demência, particularmente DA (Leung e Lam, 2007; Sattler et al., 2012). Há um grande número de pesquisas que examinam tais associações, as quais serão abordadas aqui de forma resumida.

Envelhecimento cognitivo

Em 1999, Hultsch et al. descreveram relação entre as alterações intelectualmente correlatas (p. ex., *hobbies*) e as alterações ocorridas no funcionamento cognitivo em uma amostra de 250 adultos de meia-idade e idosos avaliados três vezes ao longo de 6 anos. Da mesma forma, Bosma et al. (2002) acompanharam 830 adultos de meia-idade e idosos durante 3 anos e observaram que aqueles que participavam de mais atividades mentais eram menos propensos a demonstrar declínio cognitivo. Além disso, aqueles com o melhor desempenho basal nas avaliações cognitivas demonstraram maior probabilidade de aumentar o número de atividades em que se engajavam nesse mesmo período. Outros estudos levaram em consideração as funções sensoriais ao examinar as relações entre as atividades gerais inerentes ao estilo de vida e o funcionamento cognitivo em domínios específicos (p. ex., velocidade de processamento, fluência verbal) e demonstraram que as atividades decorrentes do estilo de vida estavam relacionadas a domínios cognitivos específicos (Ghisletta, Bickel e Lovden, 2006; Newson e Kemps, 2005). Mais recentemente, Wilson et al. (2013) relataram associação entre a atividade cognitiva mais frequente (p. ex., ler livros, visitar biblioteca, escrever cartas) ao longo da vida e o declínio cognitivo mais lento em uma idade mais avançada. Essa associação continuou evidente, independentemente das condições neuropáticas comuns vivenciadas pelos idosos saudáveis.

Comprometimento cognitivo

Observou-se também associação entre a atividade cognitiva de lazer e o CCL, na qual as pessoas cognitivamente ativas demonstraram risco reduzido de serem identificadas com CCL (Sattler et al., 2012; Schroder et al., 1998; Verghese et al., 2006; Wang et al., 2006). Em uma coorte prospectiva realizada com 437 pessoas acima de 75 anos que viviam na comunidade, Verghese et al. (2006) observaram risco mais baixo de desenvolvimento de CCL amnéstico associado a níveis elevados ou moderados de participação em atividades cognitivas. Os tipos de atividades cognitivas de lazer relatados pelos participantes desse estudo incluíam leitura, escrita, palavras cruzadas, jogos de tabuleiro e cartas, discussão em grupo ou tocar música. A associação observada permaneceu acentuada mesmo após o controle por idade, gênero, nível de escolaridade, presença de doença crônica, presença de depressão e estado cognitivo basal.

Em um grande estudo prospectivo com idosos realizado em comunidades de Chongqing, na China, uma associação entre o desenvolvimento de comprometimento cognitivo em pessoas acima de 55 anos e 13 atividades cognitivas de lazer foi investigada por um período de 5 anos (Wang et al., 2006). A leitura e os jogos de tabuleiro, como mahjong ou xadrez, bem como os jogos de cartas, como pôquer, foram associados a risco reduzido de o indivíduo ser identificado com comprometimento cognitivo. Além disso, ver televisão foi associado a maior risco de comprometimento cognitivo.

Em outro estudo, Sattler et al. (2012) examinaram 321 pessoas no limite basal e 12 anos mais tarde, quando os participantes tinham por volta de 70 anos. Os tipos de atividades cognitivas de lazer examinados nesse estudo incluíram a leitura de livros, revistas e jornais, a solução de palavras cruzadas e a participação em cursos e treinamentos profissionais. A associação entre os altos níveis de atividades cognitivas de lazer e o risco reduzido de CCL, como definida pelos critérios de declínio cognitivo associado ao envelhecimento (Schroder et al., 1998), foi observada e permaneceu acentuada mesmo após o controle dos níveis por realização educacional e condição socioeconômica.

Associação entre a participação em atividades cognitivas de lazer e o risco reduzido de desenvolvimento de demência foi observada repetidamente em estudos epidemiológicos de larga escala e em estudos de coorte e caso controle (Karp et al., 2006; Leung e Lam, 2007; Scarmeas, Levy, Tang, Manly e Stern, 2001; Stern e Munn, 2010; Verghese et al., 2003; Wang, Karp, Winblad e Fratiglioni, 2002; Wilson et al., 2002). As atividades cognitivas de lazer já foram definidas de várias maneiras, e a maioria dos pesquisadores relata que somente os altos níveis de participação nesse tipo de atividade demonstraram estar associados a risco reduzido de demência. Alguns relataram que o maior benefício é observado em participantes que, além da alta participação em atividades cognitivas de lazer, engajam-se também em altos níveis de atividades físicas e sociais (Karp et al., 2006). Stern e Munn (2010) observaram que, quando a participação nas atividades cognitivas de lazer ocorria na meia-idade ou em idade avançada, havia risco reduzido de DA e outras demências. Além disso, observaram que algumas atividades (p. ex., leitura) podem ser mais protetoras do que outras.

Interação social

Como evidenciado na seção anterior, muitas atividades cognitivas de lazer podem incluir um componente social (p. ex., envolver interações com outras pessoas), e existem pesquisas substanciais que respaldam impacto positivo do engajamento/participação social em uma série de fenômenos relacionados à saúde, incluindo o envelhecimento cognitivo saudável. Além disso, observou-se que as pessoas mais engajadas em atividades sociais têm menos probabilidade de desenvolver comprometimento cognitivo ou demência (Amieva et al., 2010; Leung e Lam, 2007; Sattler et al., 2002). Aqui, serão resumidamente abordadas algumas das pesquisas que examinaram a associação entre fatores socioambientais e saúde cognitiva.

Envelhecimento cognitivo

Redes sociais, engajamento social, apoio social, contato social e atividades sociais são todos termos usados no estudo do ambiente social (Pillai e Verghese, 2009). O estado civil, o número e a frequência de contatos sociais, a satisfação com as relações e a percepção da qualidade do apoio constituem maneiras de caracterizar o ambiente social de uma pessoa. Uma associação entre alta frequência de apoio emocional e melhor função cognitiva foi observada em idosos saudáveis (Seeman, Lusignolo, Albert e Berkman, 2001). Além disso, associação positiva entre os laços sociais e a manutenção da função cognitiva foi observada em um estudo longitudinal realizado com idosos na Espanha (Zunzunegui, Alvarado, Del Ser e Otero, 2003). Ao examinar as trajetórias conjuntas da função cognitiva, dos laços sociais e do engajamento social nesse estudo longitudinal, observou-se que níveis mais elevados de laços e engajamento familiares estavam associados a melhores condições das funções cognitivas até aproximadamente os 80 anos de idade (Beland, Zunzunegui, Alvarado, Otero e Del Ser, 2005). Observou-se também melhor funcionamento cognitivo nas mulheres que tinham amigos do que naquelas que não os tinham.

Comprometimento cognitivo

Uma série de estudos examinou as relações entre os fatores socioambientais e o comprometimento cognitivo, incluindo demência (Pillai e Verghese, 2009). Por exemplo, em uma grande coorte prospectiva realizada com mulheres mais velhas, as maiores redes sociais foram associadas a risco mais baixo de incidência de demência no decorrer de 4 anos (Crooks, Lubben, Petitti, Little e Chiu, 2008). Outro grande estudo epidemiológico prospectivo demonstrou que os idosos que se sentiam muito satisfeitos com sua rede social apresentavam risco reduzido de desenvolver demência de 5 a 15 anos mais tarde (Amieva et al., 2010).

Atividade física

Nas duas últimas décadas, tornou-se cada vez mais evidente que a prática de atividade física e/ou exercícios tem muitos benefícios para a saúde. A atividade física é uma área em que as pesquisas passaram da observação de associações às intervenções, em que o impacto do aumento da atividade física nas funções cognitivas e cerebrais tem sido estudado. Segue-se aqui um breve resumo desse grande campo da literatura, com comentários sobre algumas associações observadas até agora.

Envelhecimento cognitivo

As associações entre atividade física e funcionamento cognitivo foram observadas por meio de estudos transversais e longitudinais com idosos saudáveis (Denkinger, Nikolaus, Denkinger e Lukas, 2012; Leung e Lam, 2007). Os altos níveis de atividade física em longo prazo (p. ex., 10 a 15 anos) demonstraram reduzir em até 20% o risco de declínio cognitivo (Weuve et al., 2004). Em uma amostra prospectiva de idosos residentes na zona rural, a prática de exercícios autorrelatada demonstrou ser protetora contra o declínio cognitivo ao longo de 2 anos. Em um período de 10 anos, as associações entre a duração e a intensidade do exercício demonstraram ter efeitos independentes sobre o grau de declínio cognitivo observado em homens idosos e saudáveis (van Gelder et al., 2004). Além disso, observou-se que as taxas de prevalência de atividade física em uma fase precoce da vida (entre 15 e 25 anos) estão associadas à melhor função cognitiva em homens idosos, mas não nas mulheres (Dik, Deeg, Visser e Jonker, 2003).

Comprometimento cognitivo

A atividade física também demonstrou, repetidamente, reduzir o risco de comprometimento cognitivo e demência (Denkinger et al., 2012; Leung e Lam, 2007). Dados do Canadian Longitudinal Study on Aging, um grande estudo epidemiológico sobre a prevalência de demência, associou tanto o exercício autorrelatado (Lindsay et al., 2002) como a atividade física (Laurin, Verreault, Lindsay, MacPherson e Rockwood, 2001) a risco reduzido de comprometimento com e sem demência. Outro respaldo ao aparente efeito protetivo da atividade física contra o comprometimento cognitivo, inclusive demência, provêm do Honolulu Asia Aging Study (Abbott et al., 2004), do Mayo Clinic Study of Aging (Geda et al., 2010) e de muitos outros estudos epidemiológicos prospectivos incluídos em uma metanálise conduzida por Hamer e Chida (2009). A partir dessa metanálise, os autores relataram que os altos níveis de atividade física reduzem o risco de DA em até 45% e, de forma mais geral, de demência em 28%. Nenhuma redução associada ao risco de doença de Parkinson (DP) foi observada. Além das associações entre atividade física e demência observadas em uma fase mais avançada da vida, os níveis autorrelatados de atividade física na adolescência, na juventude e na meia-idade demonstraram também relação inversa com a incidência de demência em uma idade mais avançada (Fritsch et al., 2005; Middleton, Barnes, Lui e Yaffe, 2010; Rovio et al., 2005).

Nutrição

Há décadas, estuda-se a associação entre os suplementos alimentares e o envelhecimento cognitivo, com uma mudança de foco mais recente para o exame dos efeitos sinergísticos de alimentos e nutrientes consumidos juntos em padrões alimentares saudáveis. Assim como as pesquisas sobre a atividade física e as funções cognitivas, as pesquisas sobre os suplementos nutricionais e os padrões alimentares passou da observação das associações com as funções cognitivas aos estudos de intervenção. Aqui, serão resumidas e comentadas algumas das associações observadas até o momento.

Envelhecimento e comprometimento cognitivo

Muitos estudos examinaram as associações das funções cognitivas com nutrientes específicos, como o folato (Araujo, Martel, Borges, Araujo e Keating, 2015), os ácidos graxos ômega-3 (Jiao et al., 2014; Kroger et al., 2009) e diversos antioxidantes, como a vitamina C, a vitamina E, o betacaroteno, a luteína, os flavonoides e as lignanas (Nooyens et al., 2015). Da mesma forma, foram observadas associações entre os níveis de glicose no sangue, a carga glicêmica dos alimentos e o desempenho cognitivo (Seetharaman et al., 2015). Embora tenha sido demonstrado algum apoio às associações entre os níveis mais elevados desses nutrientes e uma melhor função cognitiva ou um risco reduzido de comprometimento cognitivo ou demência (Roberts et al., 2010; Shea e Remington, 2015), um maior respaldo está surgindo para os efeitos combinados, como os padrões alimentares saudáveis (Shea e Remington, 2015; van de Rest, Berendsen, Haveman-Nies e de Groot, 2015). Especificamente, o padrão alimentar conhecido como dieta mediterrânea (DiMe) tem estado sob análise em razão de seus muitos benefícios para a saúde (Sofi, Abbate, Gensini e Casini, 2010). Esse padrão de dieta é típico das populações que vivem na bacia do Mediterrâneo e permaneceu relativamente constante ao longo do tempo. A dieta consiste na alta ingestão de azeite de oliva como a principal fonte de gordura, no alto consumo de alimentos de origem vegetal, como frutas frescas ou secas, verduras, legumes e cereais, na ingestão moderada de peixes, na ingestão baixa a moderada de laticínios e na baixa ingestão de carnes ou aves. O uso de muitos condimentos e especiarias e a ingestão regular, mas em quantidades baixas a moderadas, de vinho durante as refeições também são característicos desse padrão alimentar. Muitos dos nutrientes estudados individualmente estão presentes nessa dieta.

As evidências extraídas dos estudos epidemiológicos indicam que a maior adesão à DiMe está associada a menor declínio cognitivo e/ou risco reduzido de demência, inclusive DA (Feart, Samieri e Barberger-Gateau, 2015; Hardman, Kennedy, Macpherson, Scholey e Pipingas, 2016; Lourida et al., 2013; Shea e Remington, 2015; van de Rest et al., 2015). Entretanto, parece também que os benefícios podem não ser tão aparentes em algumas populações como em outras (Feart et al., 2015). É possível que a adesão a esse tipo de padrão alimentar em longo prazo seja necessária para que se possam observar os efeitos protetores ou que a adesão à DiMe possa fazer parte de um estilo de vida mais saudável, em geral, podendo estar associada a níveis mais elevados de escolaridade ou condição socioeconômica (Feart et al., 2015).

Outros padrões alimentares, como a Dietary Approach to Stop Hypertension (DASH), demonstraram ter muitos benefícios para a saúde (Tangney, 2014). Assim como a DiMe, a DASH consiste em alto consumo de frutas, verduras, oleaginosas/sementes/legumes, laticínios com baixo ou nenhum teor de gordura, além da ingestão de carnes magras/peixes/aves e baixo consumo de doces, gorduras saturadas e sódio. A principal diferença entre a DASH e a DiMe é o uso quase exclusivo do azeite de oliva e o consumo regular do vinho nas refeições na DiMe (Tangney, 2014). Além disso, o foco da DASH nos laticínios com baixo ou nenhum teor de gordura provém das diferenças dos tipos de práticas de fabricação de laticínios nas diversas partes do mundo (Hoffman e Gerber, 2013). Em estudos observacionais de larga escala, observou-se associação entre a adesão à DASH e as taxas reduzidas de alteração das funções cognitivas (Norton et al., 2012; Tangney, 2014; Wengreen et al., 2013).

Avaliação da literatura disponível

Embora haja crescentes evidências que respaldam os efeitos protetivos de cada uma dessas atividades, algumas preocupações foram levantadas em relação à maneira como esses fatores foram estudados. A maioria desses estudos é de natureza observacional e está sujeita a vieses, como viés de seleção e viés de sobrevivência (Stern e Munn, 2010). Em cada área, os problemas de avaliação foram identificados como causa de preocupação. Por exemplo, a maioria dessas pesquisas depende do autorrelato sobre o engajamento nas atividades, que pode não ser preciso, sobretudo quando as pessoas são solicitadas a recordar-se de atividades de um passado remoto (Miller, Taler, Davidson e Messier, 2012). Além disso, o número e os tipos de atividades incluídos na avaliação de fatores como as atividades físicas e de lazer são restritos, podendo subestimar o nível de participação de alguns (Leung e Lam, 2007; Miller et al., 2012). Outra questão da avaliação é que os fatores controlados nas análises diferem entre os estudos, e alguns fatores potencialmente importantes, como o funcionamento sensorial, raras vezes são considerados. A maneira como tais fatores foram operacionalizados também foi identificada como causa de preocupação. Para exemplificar, os estudos diferem quanto à maneira como definem educação, e o nível ou os anos de estudos podem ter significados diferentes nas diversas culturas ou coortes (Sharp e Gatz, 2011). Os estudos nutricionais diferem em relação à quantificação do grau de adesão ao padrão alimentar em questão, ao tempo de duração da adesão aos padrões alimentares e ao momento da vida em que essas associações foram medidas. Da mesma forma, é difícil mensurar a complexidade do trabalho, da atividade de lazer ou do engajamento social, e a maioria dessas atividades envolve diversos fatores (p. ex., cognitivos, sociais e físicos). Embora alguns pesquisadores tenham tentado analisar esses elementos separadamente (Karp et al., 2006; McDowell, Xi, Lindsay e Tierney, 2007; Reed et al., 2011), os elementos podem, na verdade, estar entrelaçados de maneira insolúvel e ser altamente interdependentes.

O elemento comum entre essas atividades parece ser o engajamento no aprendizado complexo e contínuo, o que resulta no enriquecimento do ambiente intelectual e/ou social. A participação em atividades estimulantes pode estar associada também à sensação de domínio e autoeficácia, a qual, por sua vez, serve de motivação para o engajamento contínuo. Certamente, sabe-se que, na infância, a realização educacional é influenciada por muitos fatores, como a condição socioeconômica dos pais e as influências socioemocionais, bem como por fatores biológicos e de saúde (p. ex., genes e ambientes pré, peri e pós-natal) (Sharp e Gatz, 2011). Na idade adulta, a realização educacional é preditiva da ocupação, da condição socioeconômica, do ambiente de vida e da probabilidade de engajamento em atividades de lazer estimulantes. Aqueles com um nível de escolaridade mais alto, condição socioeconômica mais elevada ou maior grau de participação social têm mais probabilidade de adotar comportamentos saudáveis, como a prática de exercícios regulares e dietas nutritivas. Talvez existam características ou traços pessoais subjacentes associados à busca de um maior engajamento em atividades de aprendizado complexo e contínuo. Em uma revisão sistemática que examinou entre quinze estudos o papel da personalidade em relação à demência em uma idade avançada, concluiu-se que a consciência estava associada a um risco reduzido, e a neurose, a um risco elevado. Os achados em relação à receptividade foram provisórios (Low, Harrison e Lackersteen, 2013). Outros domínios da personalidade examinados nessa revisão, como a extroversão e a introversão, não pareceram estar associados à demência em uma fase avançada da vida.

A explicação apresentada com mais frequência por esses estudos para a associação observada entre esses fatores relacionados ao estilo de vida e à função cognitiva em uma fase avançada da vida é a hipótese da reserva cognitiva (Stern, 2002, 2012). Essa hipótese sugere que as estruturas ou redes cerebrais compensam ativamente os distúrbios neurais, invocando processos cognitivos ou estratégias cognitivas compensatórias relacionadas ao nível geral de funcionamento cognitivo. O engajamento no aprendizado complexo e contínuo associado a diversos fatores do estilo de vida ou às experiências de vida resulta em maior reserva cognitiva. As pessoas com alta reserva cognitiva podem utilizar essas estratégias compensatórias para manter o seu funcionamento, apesar dos possíveis distúrbios subjacentes do funcionamento neural dentro do cérebro. Ou seja, as pessoas com alta reserva cognitiva conseguem tolerar mais os danos neurais antes que haja impacto em seu desempenho na execução de outras tarefas ou atividades do dia a dia. Desse modo, os sintomas indicativos de patologia cerebral subjacente surgirão mais tarde nas pessoas com alta reserva cognitiva do que naquelas com baixa reserva. Embora a natureza dos mecanismos neurais subjacentes a essa reserva cognitiva seja, até o momento, desconhecida (Stern, 2012), esse é o foco de grande parte das pesquisas neurocognitivas atuais (Gold, Johnson e Powell, 2013; Gold, Kim, Johnson, Kryscio e Smith, 2013; Schweizer, Ware, Fischer, Craik e Bialystok, 2012).

Vários mecanismos biológicos podem estar associados aos efeitos protetivos observados por meio de alguns desses fatores do estilo de vida que afetam a saúde geral e cognitiva. Esses mecanismos incluem as vias vasculares, antioxidantes e anti-inflamatórias, sabidamente associadas a danos neurais (Frisardi et al., 2010). Por exemplo, a atividade física melhora o fluxo sanguíneo cerebral e o fornecimento de oxigênio, ao mesmo tempo em que reduz o acúmulo das proteínas oxidantes ou radicais livres (Hamer e Chida, 2009; Leung e Lam, 2007). Da mesma forma, os alimentos essenciais da DiMe e da DASH são ricos em agentes antioxidantes e anti-inflamatórios e estão associados a colesterol reduzido e lipoproteínas de baixa densidade (Feart et al., 2015).

Os fatores protetivos do declínio cognitivo normalmente têm sido identificados por meio de estudos transversais e correlacionais. Os achados dos estudos sobre o impacto da educação, do multilinguismo, das atividades cognitivas de lazer, da interação social, da atividade física e da nutrição no funcionamento cognitivo sugerem que essas inter-relações são complexas e que o funcionamento cognitivo em uma fase avançada da vida pode ser influenciado pelas experiências vivenciadas no decorrer da vida. As trajetórias do declínio cognitivo, portanto, são influenciadas pela composição biológica intrínseca do indivíduo e pelas interações com as exposições ambientais ao longo da vida. Essas interações podem ser sinergísticas ou antagonísticas. As consequentes trajetórias do declínio cognitivo em uma fase avançada da vida provavelmente apresentam ampla variação de pessoa para pessoa, podendo depender, pelo menos em parte, da trajetória do desenvolvimento cognitivo da pessoa antes do início do declínio.

Com o reconhecimento de que o engajamento ativo em comportamentos inerentes ao estilo de vida pode proteger contra o declínio cognitivo, estudos longitudinais de intervenção encontram-se atualmente em curso. Esses estudos examinarão até que ponto os fatores modificáveis, como atividade física e ingestão nutricional, podem alterar o envelhecimento cognitivo. Muitos desses estudos (Morris et al., 2015) são direcionados a idosos saudáveis e têm duração relativamente curta. Essas pesquisas fornecerão informações importantes sobre a viabilidade da modificação da cognição em uma fase avançada da vida. Além disso, será importante determinar o impacto das intervenções de diferentes tipos, durações e intensidades sobre os diversos aspectos do funcionamento cognitivo. Os formatos ou estudos de caso-controle randomizados fornecerão informações adicionais sobre as conexões causais entre os fatores de proteção e o funcionamento cognitivo.

A seleção de métodos confiáveis para avaliar as alterações cognitivas em intervalos relativamente curtos será importante nesse contexto. A dependência do autorrelato do engajamento em atividades cognitivamente estimulantes ou das breves avaliações de rastreamento da cognição pode não fornecer informações suficientes sobre o possível impacto benéfico das intervenções nas funções cognitivas. Os avanços tecnológicos podem viabilizar, mais do que no passado, a coleta de dados cognitivos abrangentes e confiáveis.

Tão ou mais importante é determinar as consequências cognitivas dos comportamentos de longo prazo ou das intervenções realizadas em fase inicial ou intermediária da idade adulta ou, até mesmo, na infância. A observação de que os fatores modificáveis, como o nível educacional e a proficiência multilíngue, parecem exercer uma função protetiva contra o declínio cognitivo em uma fase avançada da vida pode ensejar mudanças nas políticas sociais no sentido de promover estas ou outras atividades benéficas. Entretanto, até o momento, as associações permanecem como observações e ainda não são totalmente conhecidas.

Implicações para a prática clínica

Talvez uma das mensagens mais importantes para a prática clínica oriunda dessa breve análise dos fatores de proteção da saúde cognitiva seja a consideração do papel que a reserva cognitiva pode desempenhar no caso clínico. É essencial investigar os indicadores da reserva cognitiva (p. ex., realização educacional ou profissional) que podem influenciar a interpretação do desempenho no teste cognitivo. Deve-se ter em mente que a detecção do declínio cognitivo em pessoas com alta reserva cognitiva pode ser um desafio (Stern, 2012). Além disso, a reserva cognitiva pode afetar a taxa de declínio cognitivo após o diagnóstico e o grau de eficácia das intervenções. Outra mensagem importante é que os fatores relacionados ao estilo de vida podem afetar a saúde cognitiva, e embora não seja possível preceituar exatamente o que cada pessoa precisa para manter a sua saúde cognitiva, está relativamente claro que praticar exercícios, seguir uma dieta saudável e manter-se cognitiva e socialmente ativo são medidas benéficas.

Resumo e considerações finais

Essa breve visão geral mostra que várias atividades que fazem parte do estilo de vida estão associadas ao melhor funcionamento cognitivo em uma fase avançada da vida. Do ponto de vista do desenvolvimento, parece que as experiências vivenciadas no decorrer da vida podem beneficiar as funções cognitivas em uma idade mais avançada. Mesmo nessa fase avançada, os benefícios da participação em atividades física e cognitivamente estimulantes foram observados. Isso sugere que a influência destes, e possivelmente de outros fatores não é estática, podendo mudar ao longo da vida de uma pessoa, dependendo do grau de exposição e das atividades.

Apesar dos desafios associados ao estudo dos efeitos protetivos dos comportamentos inerentes ao estilo de vida de longo prazo sobre as funções cognitivas em uma fase mais avançada da vida, essa posição é cada vez mais defendida por vários setores e disciplinas. O que falta ser totalmente compreendido é até que ponto esses fatores podem modificar o envelhecimento cognitivo e o tempo de exposição a esses fatores (i. e., quando no curso da vida) que afetam as funções cognitivas em uma fase avançada da vida. Por exemplo, as associações entre os comportamentos adotados nas fases inicial e intermediária da vida adulta e o estado cognitivo no final da vida adulta foram observadas, mas ainda não são totalmente conhecidas (Borghesani et al., 2012; Ihle et al., 2015). Na última década, houve uma mudança da observação das associações para as pesquisas de intervenção, na qual os tipos, a duração e a intensidade de exposição podem ser definidos de forma mais clara. Espera-se que, sob essas condições mais controladas, as dificuldades em estudar as inter-relações entre esses fatores relacionados ao estilo de vida e à saúde cognitiva sejam superadas.

CAPÍTULO 3

Fatores preditivos do declínio cognitivo

Vários fatores, identificados por meio de estudo do envelhecimento cognitivo e dos distúrbios neurocognitivos, influenciam negativamente ou exaurem os recursos cognitivos e apresentam-se como fatores de risco para o declínio cognitivo acelerado ou o desenvolvimento do comprometimento cognitivo, inclusive demência. Como observado no Capítulo 2, a identificação dos fatores de risco provém de estudos observacionais em que idosos saudáveis ou aqueles com alguma evidência de comprometimento cognitivo são acompanhados ao longo do tempo. Já foram sugeridos mecanismos biológicos subjacentes que afetam a função cerebral diretamente, por meio da estrutura ou das funções cerebrais alteradas, ou indiretamente, pela capacidade reduzida de engajamento em processos compensatórios. Como mostrado no capítulo anterior, pelo menos alguns desses fatores de risco são modificáveis e pelo menos alguns dos fatores de risco identificados são também fatores de proteção. Aqui serão examinados alguns dos fatores mais notáveis associados ao declínio cognitivo ou ao desenvolvimento do comprometimento cognitivo, inclusive demência.

O funcionamento cognitivo pode ser influenciado negativamente por muitas condições clínicas e tratamentos para condições médicas subjacentes (Armstrong e Morrow, 2010; Tarter, Butters e Beers, 2001). Por exemplo, o comprometimento cognitivo pode ocorrer junto com tratamentos de câncer, como radioterapia, quimioterapia ou terapia hormonal (Janelsins, Kesler, Ahles e Morrow, 2014), bem como com outras condições neurológicas, como esclerose múltipla (Amato, Zipli e Portaccio, 2006) ou condições neuropsiquiátricas, como esquizofrenia (Irani, Kalkstein, Moberg e Moberg, 2011; Rajji, Miranda e Mulsant, 2014; Rajji e Mulsant, 2008; Rajji et al., 2013; Shah, Qureshi, Jawaid e Schulz, 2012). Esses tipos de distúrbios normalmente são excluídos das pesquisas sobre demência. É possível que o comprometimento cognitivo associado a pelo menos alguns desses distúrbios clínicos predisponha as pessoas a um declínio cognitivo posterior ou ao desenvolvimento de uma condição neurodegenerativa, como doença de Alzheimer (DA). Essa distinção entre o comprometimento cognitivo associado a uma condição clínica específica e o comprometimento cognitivo no contexto de uma patologia neurodegenerativa subjacente, como aquele observado na DA, é importante ao se considerar os fatores de risco do declínio cognitivo. Embora muitos estudos se concentrem em uma única forma de demência como resultado de interesse (p. ex., DA), outros consideram todas as causas de demência que possam refletir diferentes processos patológicos subjacentes.

No início deste capítulo, serão brevemente comentadas algumas situações notáveis em relação aos fatores de proteção discutidos no Capítulo 2, nas quais o aspecto negativo do fator caracterizou-se claramente por impor maior risco de declínio cognitivo: o baixo grau de escolaridade e o isolamento social. No restante deste capítulo, o foco estará essencialmente nos fatores biomédicos associados ao desenvolvimento de distúrbios neurocognitivos degenerativos. Para os fins dessas discussões, o conceito de declínio cognitivo refere-se a alterações das funções cognitivas que ocorrem ao longo do tempo, enquanto o comprometimento cognitivo denota qualquer transtorno neurocognitivo, inclusive demências degenerativas.

Educação

Embora os altos níveis de escolaridade tenham demonstrado exercer um efeito protetivo contra o declínio cognitivo e o desenvolvimento do comprometimento cognitivo, alguns pesquisadores têm enfatizado a importância dos baixos níveis de escolaridade como um fator de risco para o declínio e o comprometimento cognitivos. Esse achado foi demonstrado em uma metanálise conduzida por Caamano-Isorna, Corral, Montes-Martinez e Takkouche (2006), que observaram que a educação como fator de risco para a DA atendia aos critérios de causalidade de Bradford-Hill. De acordo com esses critérios, o risco de um diagnóstico de DA é mais alto em pessoas com baixo nível educacional do que naquelas com um nível de escolaridade mais elevado, e o risco aumenta quando o nível educacional diminui. Essa observação foi documentada longitudinalmente, com o emprego de diferentes métodos e o estudo de muitas populações internacionais diversas.

Isolamento social

Ao contrário dos estudos que demonstram que as pessoas mais engajadas socialmente têm menos probabilidade de apresentar comprometimento cognitivo ou demência, outros enfatizam a importância da associação entre a ausência de laços sociais ou o isolamento social e o risco de declínio cognitivo acelerado ou comprometimento cognitivo (Bassuk, Glass e Berkman, 1999; Berkman, Glass, Brissette e Seeman, 2000; Fratiglioni, Wang, Ericsson, Maytan e Winblad, 2000; Kuiper et al., 2015; Saczynski et al., 2006). Por exemplo, no grande Kungsholmen Project, uma coorte com membros da comunidade acompanhada por 3 anos, Fratiglioni et al. (2000) observaram que as pessoas que moravam sozinhas e aquelas que não tinham amigos ou família corriam mais risco de desenvolver demência. Ao combinar três variáveis de redes sociais diferentes (i. e., ser casado e morar com alguém; ter contato diário ou semanal satisfatório com filhos; ter contato diário ou semanal satisfatório com parentes/amigos), uma rede social limitada aumentou em 60% o risco de diagnóstico de demência. Em uma recente metanálise, as pessoas com contato social menos frequente, aquelas com menor participação em atividades sociais e aquelas que relataram sentimentos de solidão demonstraram mais probabilidade de desenvolver demência (Kuiper et al., 2015). Além disso, os resultados dessa revisão concluíram que os baixos níveis de interação social estão mais associados ao desenvolvimento de demência do que o tamanho ou a satisfação com as redes sociais. O interessante é que a relação entre o isolamento social e o risco de demência pode ser bidirecional. Por exemplo, já se levantou a hipótese de que, dado o longo curso do declínio cognitivo aparente antes de um diagnóstico de demência, o isolamento social poderia ser uma consequência comportamental do processo patológico subjacente (Amieva et al., 2010). Aliás, a redução da participação social da meia-idade à idade avançada demonstrou estar associada ao risco de demência (Saczynski et al., 2006).

Saúde e fatores clínicos

Várias condições clínicas demonstraram estar associadas ao aumento do risco de declínio cognitivo ou de desenvolvimento do comprometimento cognitivo. Muitas dessas condições constituem fatores de risco também para doenças cerebrovasculares, possivelmente associadas a demência vascular (Dva) e DA (Collins e Kenny, 2007).

Tabagismo

Os achados dos estudos iniciais de caso-controle e coorte prospectiva sobre a relação entre o tabagismo e o risco de demência foram contraditórios (Almeida, Hulse, Lawrence e Flicker, 2002). Foi sugerido que esses achados conflitantes podem ser o resultado de mortalidade concorrente: os fumantes podem correr mais risco de desenvolver demência, mas morrem antes que isso possa acontecer (Cooper et al., 2015). Entretanto, a maioria dos estudos recentes constatou que os fumantes atuais estão mais sujeitos a desenvolver demência (Deckers et al., 2015), e uma metanálise de estudos prospectivos constatou que o tabagismo atual estava associado a um risco 59% maior de desenvolvimento de DA (Peters et al., 2008). Além disso, postulou-se que o uso da nicotina para fins medicinais pode ser prejudicial para idosos com risco de transtornos neurológicos (Swan e Lessov-Schlaggar, 2007). Embora o tabagismo tenha surgido como um fator de risco para pessoas com manifestação de demência até os 87 anos, este não foi o caso para aqueles acima de 87 anos (Ganguli et al., 2015). Da mesma forma, o tabagismo atual não parece aumentar o risco de desenvolvimento de demência em pessoas com comprometimento cognitivo leve (CCL) (Cooper et al., 2015), e o fumo não parece estar associado ao declínio cognitivo em pessoas diagnosticadas com demência (Blom, Emmelot-Vonk e Koek, 2013). Existem poucas evidências de respaldo à associação entre a prática do tabagismo no passado e o risco de declínio cognitivo ou demência. Já foi sugerido que a prática atual do tabagismo pode produzir efeitos por meio de processos vasculares ou inflamatórios ou aumentar o estresse oxidativo, os quais podem afetar negativamente o funcionamento cognitivo (Swan e Lessov-Schlaggar, 2007).

Diabetes

O respaldo à relação entre o diabetes melito (dependente de insulina e não dependente de insulina) e o subsequente desenvolvimento de demência foram observados em vários estudos (Chatterjee et al. 2016; Cooper et al., 2015; Patterson, Feightner, Garcia e MacKnight, 2007; Tschanz, Norton, Zandi e Lyketsos, 2013). Esse risco elevado foi observado no Canadian Study of Health and Aging, um grande estudo epidemiológico longitudinal nacional sobre a demência no Canadá, em que o diabetes melito do tipo 2 em níveis basais foi associado a um maior risco de comprometimento cognitivo vascular (CCV; sem demência) e a Dva 5 anos mais tarde (MacKnight, Rockwood, Awalt e McDowell, 2002). Em estudos mais recentes, pessoas com diabetes e CCL apresentaram risco elevado de desenvolver demência (DA ou demência por qualquer causa) no decorrer do tempo (Li et al., 2011, 2012; Xu et al., 2010). Além disso, pessoas com glicemia alterada (i. e., glicose de jejum alterada), diagnosticadas ou não com diabetes, demonstraram maior probabilidade de serem diagnosticadas com demência depois de 2 anos do que aquelas com CCL e níveis glicêmicos normais (Morris, Vidoni, Honea e Burns, 2014). Foi demonstrado também que as pessoas em tratamento de diabetes eram menos propensas a desenvolver demência do que aquelas não tratadas (Li et al., 2011).

Pressão arterial

A relação entre a pressão arterial e a alteração das funções cognitivas é estudada há muitos anos e parece ser bastante complexa. Tanto a hipertensão como a hipotensão foram associadas ao desenvolvimento de comprometimento cognitivo e demência. A hipertensão antiga ou a pressão arterial medida na meia-idade (i. e., entre 40 e 64 anos) demonstrou estar relacionada ao declínio cognitivo e a maior risco de demência em uma idade avançada (Collins e Kenny, 2007; Power et al., 2011; Qiu, Winblad e Fratiglioni, 2005; Whitmer, Sidney, Selby, Johnston e Yaffe, 2005). Entretanto, nenhuma relação clara foi demonstrada entre a hipertensão e o desenvolvimento de demência a partir do CCL (Cooper et al., 2015). O controle com medicamentos anti-hipertensivos na meia-idade pode atenuar qualquer risco elevado de demência em uma fase mais avançada da vida, e determinados compostos podem ter propriedades neuroprotetoras além de sua influência sobre a pressão arterial (Kennelly e Collins, 2012). Observou-se que, em uma idade mais avançada, a hipertensão está associada a um maior risco de demência em alguns (Deckers et al., 2015), mas não na maioria, dos estudos longitudinais (Kennelly e Collins, 2012; Power et al., 2011). Entretanto, a hipotensão ou pressão arterial baixa (Collins e Kenny, 2007; Kennelly e Collins, 2012; Power et al., 2011; Qiu, von Strauss, Fastbom, Winblad e Fratiglioni, 2003) pode ser um fator de risco de demência e DA em uma fase avançada da vida. Ao que parece, os valores da pressão arterial diminuem nos anos que precedem a manifestação da DA e continuam a alterar-se à medida que a doença evolui (Razay, Williams, King, Smith e Wilcock, 2009). Além disso, os valores elevados e baixos da pressão arterial parecem ter relação com um declínio cognitivo mais rápido em pessoas com DA (Razay et al., 2009). A hipotensão ortostática, ou rápida queda da pressão arterial na posição em pé, também foi associada ao declínio cognitivo e à demência (Kennelly e Collins, 2012) e é prevalente em pessoas com demência, especialmente naquelas com demência com corpos de Lewy (DCL) e doença de Parkinson (DP) (Collins e Kenny, 2007). Entretanto, há uma considerável controvérsia em relação a esses achados (Sambati, Calandra-Buonaura, Poda, Guaraldi e Cortelli, 2014). A pressão arterial alta que começa na meia-idade pode estar relacionada a lesões na massa branca e ao risco de acidente vascular cerebral, e tanto a hipertensão como a hipotensão podem ter relação com uma baixa perfusão cerebral (i. e., baixo fluxo sanguíneo para o cérebro) que desencadeia alterações cerebrais prejudiciais à saúde do cérebro (Collins e Kenny, 2007; Kennelly e Collins, 2012).

Obesidade

Vários estudos examinaram a obesidade como um fator de risco para o desenvolvimento de demência. Embora os achados variem entre os estudos, em uma metanálise, concluiu-se que a obesidade na meia-idade aumentava o risco de demência em 60% (Barnes e Yaffe, 2011). Os efeitos da obesidade provavelmente estão inter-relacionados com outros fatores de risco cerebrovascular, como hipertensão e diabetes (Deckers et al., 2015).

Colesterol/Hiperlipidemia

Os achados de vários estudos estabelecem uma relação entre os altos níveis de colesterol e o risco elevado de desenvolvimento de demência por qualquer causa e DA (Deckers et al., 2015; Patterson et al., 2007; Toro et al., 2014). As metanálises dos achados de estudos prospectivos realizados concluíram que o colesterol alto na meia-idade aumenta o risco de demência (Anstey, Lipnicki e Low, 2008), com um risco 54% maior em idosos com colesterol alto (Anstey, Cherbuin e Herath, 2013). Além disso, observou-se associação entre as proteínas lipídicas de baixa densidade e taxa mais acelerada de declínio cognitivo em pessoas com demência (Blom et al., 2013).

Sintomas ou transtornos neuropsiquiátricos

O exame dos transtornos psiquiátricos como fatores de risco para o comprometimento cognitivo, inclusive demência, concentra-se essencialmente na depressão como responsável pelo aumento do risco de desenvolvimento de DA. As revisões sistemáticas e metanálises que examinaram vários estudos concluíram consistentemente que um histórico de depressão aumenta o risco de desenvolvimento de demência por qualquer causa ou de DA em uma fase avançada da vida (da Silva, Gonçalves-Pereira, Xavier e Mukaetova-Ladinska, 2013; Deckers et al., 2015; Diniz, Butters, Albert, Dew e Reynolds, 2013; Jorm, 2001; Ownby, Crocco, Acevedo, John e Loewenstein, 2006). Além disso, existem fortes evidências de que os sintomas mais depressivos são preditivos de desenvolvimento de demência por qualquer causa em pessoas com qualquer tipo de CCL (Cooper et al., 2015). Duas hipóteses foram sugeridas para explicar essa associação: ou a associação da depressão ao desenvolvimento de demência é um reflexo de uma resposta emocional ao diagnóstico de demência, ou a depressão é, em si, uma fase prodrômica da demência. O respaldo a essa primeira hipótese é limitado, visto que a depressão foi observada muitos anos antes da manifestação da demência (da Silva et al., 2013). Embora ambos os distúrbios tenham sido relacionados a fatores etiológicos comuns, como inflamação e alterações vasculares (da Silva et al., 2013), ainda não está claro se essas condições são manifestações do mesmo processo patológico subjacente. Mesmo na ausência de demência, as anomalias de estrutura e função do cérebro são aparentes em pessoas com histórico de depressão. Essas alterações da função cerebral podem afetar negativamente a reserva cognitiva de pessoas com depressão, aumentando, desse modo, a suscetibilidade à manifestação de sintomas de demência (da Silva et al., 2013). Da mesma forma, os transtornos no contato social ou outras alterações no estilo de vida que possam ocorrer juntamente com a depressão também podem contribuir para as complexas interações entre esses distúrbios. Já foi sugerido um modelo de múltiplas vias (Butters et al., 2008) que aborda a maneira como as alterações cerebrais observadas na depressão podem interagir com a patologia que promove as manifestações clínicas da DA.

Embora algumas outras condições neuropsiquiátricas tenham sido examinadas como fatores de risco para demência, as evidências até o momento são escassas. De cinco estudos incluídos na revisão sistemática conduzida por da Silva et al. (2013), todos constataram maior risco de desenvolvimento de demência ou DA para pacientes com transtorno bipolar. Algumas evidências respaldam a presença de sintomas neuropsiquiátricos em pessoas com qualquer tipo de CCL como fator preditivo da progressão de demência por qualquer causa (Cooper et al., 2015; Edwards, Spira, Barnes e Yaffe, 2009). Uma coorte realizada com veteranos de guerra, predominantemente do sexo masculino, relatou que o transtorno de estresse pós-traumático estava associado a aumento duas vezes maior do risco de desenvolvimento de demência, mesmo depois que aqueles com histórico de lesão cerebral, abuso de substâncias químicas ou depressão clínica foram excluídos das análises (Yaffe et al., 2010). Entretanto, os estudos que examinaram os sintomas de apatia e ansiedade em pessoas com CCL como fatores preditivos de demência incidental demonstraram achados inconsistentes (Cooper et al., 2015).

Causas potencialmente reversíveis de comprometimento cognitivo

Várias condições agudas podem resultar em alterações transitórias ou mais persistentes da função cognitiva em idosos, entre as quais, diversas deficiências de vitamina (p. ex., B12), desequilíbrios hormonais (p. ex., níveis reduzidos de testosterona) e distúrbios da tireoide (Simmons, Hartmann e DeJoseph, 2011). Muitas dessas condições são tratáveis e poderiam reduzir secundariamente as queixas cognitivas (e qualquer comprometimento cognitivo correlato) do idoso. Um exame abrangente de demência reversível também pode revelar causas mais malignas do transtorno cognitivo, como HIV/AIDS ou neurossífilis (Simmons et al., 2011). As infecções do trato urinário são uma causa comum de deterioração cognitiva em idosos; entretanto, essas condições geralmente provocam sintomas cognitivos e neurocomportamentais mais pronunciados (i. e., delírio), em cujo caso o paciente necessitaria de uma assistência médica mais urgente do que aquela prestada em um ambiente tipicamente ambulatorial (McConnell, 2014).

A idade também aumenta a probabilidade de condições clínicas crônicas, podendo responder, pelo menos em parte, pelo endosso relativamente elevado de queixas cognitivas em amostras populacionais típicas de idosos (Cooper et al., 2011; Jonker, Geerlings e Schmand, 2000; Slavin et al., 2010). Algumas condições a que o profissional de saúde deve estar particularmente atento são dor crônica (Allaz e Cedraschi, 2015; Gibson, 2015; Goesling, Clauw e Hassett, 2013), sono e distúrbios metabólicos, como nível desregulado de açúcar no sangue (McConnell, 2014) e fatores de risco vascular não controlados, como hipertensão e hipercolesterolemia (Sahathevan, Brodtmann e Donnan, 2011). O controle adequado dessas condições poderia melhorar a condição cognitiva atual percebida (e real) do idoso. Além disso, determinadas condições, como dor crônica, podem envolver o uso de medicamentos que, embora aliviem os sintomas da dor, podem produzir efeitos iatrogênicos sobre a cognição.

Outros fatores de risco clínico identificados

As evidências de uma série de possíveis fatores de risco para o desenvolvimento de demência continuam a crescer, mas, até o momento, os achados são mistos ou contraditórios. Embora em alguns estudos o traumatismo craniano tenha sido associado a um risco mais elevado de desenvolvimento de demência (Gardner et al., 2014; Perry et al., 2016; Plassman et al., 2000), nenhuma associação foi encontrada em outros estudos (Lindsay et al., 2002). Os estudos sobre lesões na cabeça diferem em relação à maneira como as lesões são caracterizadas (p. ex., gravidade, localização da lesão e idade de manifestação dos sintomas) e ao modo como são feitos os diagnósticos de demência. As lesões na cabeça de gravidade significativa provavelmente estão associadas a algum grau de comprometimento cognitivo, enquanto um diagnóstico de demência normalmente implica um curso progressivo de declínio. A exposição a neurotoxinas também pode afetar negativamente a função cerebral, e alguns estudos observaram maior risco de desenvolvimento de DA após a exposição a desfolhantes e fumigantes (Hayden et al., 2010; Tyas, Manfreda, Strain e Montgomery, 2001). Embora uma revisão sistemática do efeito do uso de benzodiazepínicos e do desenvolvimento de demência tenha revelado resultados mistos (Verdoux, Lagnaoui e Begaud, 2005), pesquisas mais recentes identificaram um risco elevado que é maior para o uso prolongado de benzodiazepínicos (Billioti de Gage et al., 2014). Os níveis de hormônios sexuais (p. ex., estrogênio, progesterona, androgênio) demonstram relações complexas com as funções cognitivas (Carcaillon et al., 2014; Hsu et al., 2015; Maki, 2012; Xing, Qin, Li, Jia, e Jia, 2013), e nenhuma conclusão sólida foi extraída até o momento. A disfunção renal surgiu como um novo possível fator de risco (Bugnicourt, Godefroy, Chillon, Choukroun e Massy, 2013; Murray et al.; 2016; Seliger, Wendell, Waldstein, Ferrucci e Zonderman, 2015), e os resultados de uma metanálise indicam que a disfunção renal está associada a um aumento de 39% do risco de comprometimento cognitivo (Etgen, Chonchol, Forstl e Sander, 2012). Várias formas de cardiopatia foram relacionadas ao declínio cognitivo e a um risco elevado de demência (Deckers et al.; 2015), com um risco 36% maior de demência em pessoas com fibrilação atrial (Kalantarian, Stern, Mansour e Ruskin, 2013). Como observado anteriormente, os efeitos das cardiopatias provavelmente estão inter-relacionados com outros fatores de risco vascular, como hipertensão, obesidade e diabetes (Deckers et al., 2015; Jefferson et al., 2015).

Fatores genéticos

Uma série de genes associados à demência foi identificada (Tab. 3.1), e há um grande número de pesquisas em curso para identificar genes adicionais de fatores de risco ou genes causadores de doenças (Gatz, Jang, Karlsson e Pedersen, 2014; Padilla e Isaacson, 2011). A maioria dessas pesquisas tem como alvo a DA, mas as influências genéticas sobre outras formas de demência também estão sendo estudadas. Aqui, serão mencionados alguns desses trabalhos, reconhecendo que tal campo é relativamente novo e segue em franco crescimento. Atualizações recentes estão disponíveis em *www.alzforum.org* ou por meio do U.S. National Human Genome Research Institute.

Os três genes associados ao início precoce de DA familiar (Tab. 3.1) são causadores e compartilham uma via patogênica comum que leva à produção anormal da proteína beta-amiloide. Várias mutações foram identificadas nesses genes e estão ligadas à DA. Na DA de início tardio, a contribuição genética ocorre em função da suscetibilidade genética, e a associação mais forte foi observada com o alelo ε4 do gene da apolipoproteína E (*APOE*) (Gatz et al., 2014). Os indivíduos homozigotos (dois) para os alelos ε4 apresentam um risco de 5 a 15 vezes maior de DA, enquanto os indivíduos heterozigotos (apenas um) para os alelos ε4 apresentam um risco de 2 a 3 vezes maior de desenvolver DA (Matthews, 2010). Além disso, o fato de possuir um ou mais alelos ε4 parece predispor aquelas pessoas que sofrem lesões na cabeça a um risco mais elevado de desenvolver a patologia da DA (Mauri et al., 2006; Padilla e Isaacson, 2011). Embora a associação entre o alelo ε4 da *APOE* e a DA tenha sido replicada muitas vezes, o mecanismo patológico exato ainda não é totalmente conhecido.

Tabela 3.1   Genes associados à demência

Distúrbio neurodegenerativo	Genes identificados	% de casos registrados
DA		
Manifestação precoce (antes dos 65 anos)	Proteína precursora de amiloide (PPA)ᵃ	60% familiares; 13% autossômicos dominantes; 10-15% de manifestação precoce familiar
	Presenilina 1	30-70% de manifestação precoce familiar
	Presenilina 2	1% de manifestação precoce familiar
Manifestação tardia (após 65 anos)	APOE	20-50% de manifestação tardia
	Receptor L relacionado à sortilina	
	Clusterina	
DFT	Proteína tau associada aos microtúbulos	5-10% familiares
	Granulina	
	Gene da proteína 2B modificadora da cromatina	
	Gene da proteína que contém vasopressina	
Doenças priônicas humanas (p. ex., doença de Creutzfeldt-Jakob; síndrome de Gerstmann-Sträussler-Scheinker)	Gene da proteína príon	15% (autossômicos dominantes familiares)

ᵃImportante em todas as formas de DA.

Outros genes continuam a ser identificados como possíveis modificadores da suscetibilidade à DA ou da idade de manifestação da doença, mas nenhum demonstrou associação tão forte à DA como aqueles da idade, do gênero, do histórico familiar e da condição da *APOE* (Gatz et al., 2014). Isso sugere que a DA envolve considerável heterogeneidade genética, o que tem levado os pesquisadores a considerar os efeitos aditivos e interativos de múltiplos genes. Além disso, a interação entre a condição genética e as influências ambientais está despontando como uma importante linha de investigação em relação à DA. Os mecanismos epigenéticos são reguladores biológicos da expressão genética (ou expressão gênica). Estabeleceram-se relações entre as alterações epigenéticas e uma série de processos patológicos, incluindo doenças neurodegenerativas, como a DA. Postulou-se que muitos mecanismos epigenéticos são desencadeados por fatores ambientais inerentes ao estilo de vida (Nicolia, Lucarelli e Fuso, 2015). Foi sugerido também que os fatores ambientais (p. ex., metais pesados, citocinas ou fatores alimentares) vivenciados no início da vida podem levar a alterações na expressão genética, imediatamente ou muito mais tarde no decorrer da vida, em resposta a um desencadeador secundário (Lahiri, Maloney, Basha, Ge e Zawia, 2007). A maneira como esses fatores biológicos e do estilo de vida interagem no sentido de influenciar a saúde cognitiva em uma fase avançada da vida é o assunto de grande parte das pesquisas biomédicas atuais.

Na degeneração demência frontotemporal (DFT), um padrão de herança autossômica dominante foi identificado em aproximadamente 10% dos casos, enquanto outros 30 a 40% dos casos apresentam um histórico familiar de diagnóstico correlato sem uma conexão genética clara (Padilla e Isaacson, 2011). As variantes da DFT parecem diferir quanto à influência genética, com a variante comportamental demonstrando a associação familiar mais forte, e a variante semântica, a menos forte (Rohrer et al., 2009). Pelo menos quatro mutações genéticas foram identificadas (ver Tab. 3.1) (Padilla e Isaacson, 2011; Rabinovici e Miller, 2010) em relação à DFT.

Outras formas mais raras de demência também foram identificadas como atribuídas a mutações do gene da proteína príon (p. ex., doença de Creutzfeldt-Jakob; Qina et al., 2014). As doenças causadas por príons podem manifestar-se de diversas maneiras, como demência rapidamente progressiva com mioclonia na doença de Creutzfeldt-Jakob ou ataxia lentamente progressiva seguida pela manifestação tardia de demência na síndrome de Gerstmann-Sträussler-Scheinker.

Apesar da contínua busca por ligações genéticas com diversas formas de demência, essas relações não são diretas e objetivas, e o teste de suscetibilidade genética atualmente tem valor diagnóstico limitado, razão pela qual em geral não é incentivado (Padilla e Isaacson, 2011). Algumas pesquisas sugerem que a resposta aos agentes farmacológicos pode variar, dependendo da presença de genes específicos. Até o momento, a maior parte desse trabalho está sendo conduzida em relação ao alelo ε4 da *APOE* (p. ex., carreadores do alelo ε4 positivo ou ε4 negativo); esses estudos farmacogenéticos têm por objetivo identificar aqueles pacientes que possam responder melhor a determinadas terapias (p. ex., inibidores da colinesterase, agentes sensibilizadores da insulina). Além disso, alguns estudos constataram que as diferenças na presença do alelo ε4 da *APOE* (i. e., positivo ou negativo) também podem influenciar a eficácia das intervenções farmacológicas para evitar a demência incidente. Por exemplo, naqueles que estão tomando estatinas, o risco de desenvolver demência foi reduzido em até 56%, mesmo em pessoas com o alelo ε4 de alto risco (Haag, Hofman, Koudstaal, Stricker e Breteler, 2009).

Bioidade e biomarcadores

A bioidade é um conceito que se refere ao funcionamento dos sistemas e processos fisiológicos no corpo como um indicador do estado de desenvolvimento que pode estar relacionado a decréscimos da saúde e ao declínio cognitivo (DeCarlo, Tuokko, Williams, Dixon e MacDonald, 2014). Além das diversas condições clínicas já identificadas como fatores de risco para o declínio cognitivo, o estado geral da saúde avaliada pelo acúmulo de déficits de saúde está relacionado ao risco neurodegenerativo (Song, Mitnitski e Rockwood, 2010, 2011). O funcionamento fisiológico comprometido (p. ex., resistência enfraquecida, déficits sensoriais, massa corporal) demonstrou estar associado ao declínio cognitivo no decorrer do tempo (MacDonald, DeCarlo e Dixon, 2011; MacDonald, Dixon, Cohen e Hazlitt, 2004). Embora seja importante levar em consideração esses marcadores indiretos, os marcadores que refletem os processos biológicos subjacentes essenciais envolvidos na evolução do declínio cognitivo também estão sendo identificados. Especificamente, foram identificados marcadores biológicos que podem aparecer em momento precoce no curso do desenvolvimento dos transtornos neurocognitivos e estão sendo visados como essenciais para o entendimento e, possivelmente, a prevenção da neurodegeneração. Vários desses marcadores estão surgindo na área. Entretanto, somente dois processos influentes que demonstraram ter ligação com muitos distúrbios relacionados à idade, inclusive aqueles que afetam a cognição, serão mencionados resumidamente aqui: a inflamação e o estresse oxidativo. Os importantes papéis desempenhados por outros fatores biológicos, notadamente a saúde vascular e a genética, foram identificados em seção prévia neste capítulo.

A inflamação – resposta do sistema imunológico a estímulos prejudiciais – é um processo adaptativo e promotor da saúde. Esse processo adaptativo pode ser prejudicado durante o envelhecimento, resultando em inflamação crônica que pode levar à degeneração tecidual e ser prejudicial (Franceschi e Campisi, 2014). Essa "inflamação" é um fator de risco significativo para muitos distúrbios diferentes relacionados ao envelhecimento, incluindo os processos neurodegenerativos. Embora a etiologia da inflamação continue amplamente desconhecida, as intervenções que alteram a dinâmica da inflamação crônica são promissoras para o controle e a prevenção de muitas condições. As aspirinas e as estatinas de baixa dosagem já estão sendo usadas dessa maneira.

A teoria do estresse oxidativo do envelhecimento se baseia na premissa de que as moléculas existentes no interior das células reagem ao oxigênio, causando efeitos nocivos ao funcionamento celular. O nível de estresse oxidativo é o equilíbrio entre a geração de oxidantes e a defesa oxidante. O estresse oxidativo tem sido associado a muitos distúrbios relacionados à idade, como diabetes e distúrbios neurodegenerativos. Além disso, o estresse oxidativo pode estar envolvido no desencadeamento ou na propagação de respostas inflamatórias associadas ao declínio cognitivo ou à neurodegeneração (DeCarlo et al., 2014).

Avaliação da literatura disponível

Como em qualquer área de pesquisa, os estudos constantes desta revisão são limitados em diversos aspectos. Quando possível, incluímos metanálises ou revisões sistemáticas que combinam achados de estudos para fornecer um panorama abrangente de determinada área. A maioria dessas revisões incluiu estudos de caso-controle e estudos de coorte prospectivos. Entretanto, em alguns casos, não é possível localizar as revisões, de modo que os achados relatados podem estar relacionados aos resultados de um único estudo. Essas evidências permanecem inconclusivas, podendo surgir achados contraditórios na literatura. Nos estudos revisados, há diferença no modo como o declínio cognitivo, o comprometimento cognitivo ou o estado de demência foram operacionalizados. Essas diferenças, bem como as amostras estudadas e a maneira como os fatores de risco foram mensurados, podem contribuir para a falta de progresso rumo a um consenso em relação a alguns fatores de risco.

Embora vários fatores de risco individuais tenham sido identificados, observou-se também que vários tipos de déficit de saúde, quando combinados, podem produzir efeito sobre as funções cognitivas (Song et al., 2010, 2011). Por exemplo, a obesidade, o diabetes e a dislipidemia combinados são conhecidos como síndrome metabólica (SMet), que está associada a um maior risco de comprometimento cognitivo e demência (Kim e Feldman, 2015). Os fatores de risco podem, na verdade, ser cumulativos, como sugerido por Song et al. (Mitnitski, Song e Rockwood, 2012, 2013; Song et al., 2011), ou interagir de formas sinergísticas ou antagônicas (Deckers et al., 2015). Certamente, ao que parece, o alelo ε4 do gene da *APOE* pode influenciar a resposta a outros fatores de risco (p. ex., lesões na cabeça) (Padilla e Isaacson, 2011). Além disso, vários genes parecem estar envolvidos na DA e outras demências, podendo interagir. A interação entre a condição genética e as influências ambientais na expressão do declínio e comprometimento cognitivos também é uma área emergente de estudo no âmbito da epigenética.

Estão surgindo vários outros biomarcadores promissores, além dos genes que, quando combinados com outras informações, podem levar a novas vias para a identificação precoce de condições antes que o impacto no funcionamento cognitivo seja aparente (DeCarlo et al., 2014). Certamente, existem evidências de que a manifestação de alguns transtornos neurocognitivos possa ocorrer 10 ou mais anos antes dos primeiros sinais clínicos (Thorvaldsson et al., 2011). Alguns desses biomarcadores podem ligar-se a vias subjacentes a múltiplos distúrbios (p. ex., saúde vascular, inflamação, estresse oxidativo). A partir do momento em que esses biomarcadores estiverem disponíveis, será possível recrutar os participantes para estudo com base no estágio do processo patológico, e não na manifestação clínica (Cooper et al., 2015).

Até o momento, as pesquisas longitudinais sobre as alterações cognitivas ao longo do tempo têm sido conduzidas por meio de estudos observacionais em larga escala, dos quais alguns têm como objetivo básico a evolução da cognição ao longo do tempo, outros, o impacto dos processos patológicos na cognição, e há aqueles ainda que examinam as alterações em um largo espectro de domínios da saúde, incluindo a cognição. Necessariamente, a profundidade da mensuração no domínio cognitivo é diferente entre esses tipos de estudos longitudinais. Existem iniciativas atualmente em curso (Piccinin e Hofer, 2008) destinadas a facilitar a integração e sintetizar as informações disponíveis nos diferentes estudos e domínios (p. ex., cognição, saúde, tipos de exposição relacionados ao estilo de vida). Esse tipo de pesquisa envolve, necessariamente, a colaboração interdisciplinar e o emprego de métodos e procedimentos estatísticos que facilitam as análises comparativas dos conjuntos de dados. Será importante, sobretudo, desvendar as magnitudes relativas do impacto que os processos patológicos, os fatores sociais e as atividades em que as pessoas se engajam produzem nas trajetórias do declínio cognitivo. Existem também pesquisas longitudinais em menor escala sobre as relações entre as funções cognitivas e as estruturas e funções fisiológicas subjacentes, que estão surgindo e contribuindo com informações vitais para a neuropsicologia do envelhecimento. A conceitualização do envelhecimento como um processo biológico que pode ser identificado por meio dos biomarcadores, e não da cronologia (p. ex., bioidade) sugere que podem estar ocorrendo mudanças de paradigma. A partir do momento em que houver biomarcadores confiáveis disponíveis, será possível recrutar os participantes para estudo com base na função biológica, e não na idade cronológica e na manifestação clínica. A emergente área da epigenética também tem esclarecido as formas como as interações entre os genes e as influências ambientais podem se manifestar na expressão do declínio e comprometimento cognitivos.

Esses estudos apontam para o desenvolvimento de teorias (p. ex., reserva cognitiva; teoria do desdobramento do envelhecimento cognitivo) que servirão para explicar ou predizer as relações entre esses domínios. Além disso, há um reconhecimento cada vez maior de que estão começando a ser disponibilizados métodos para a identificação e o monitoramento de alterações intraindividuais (ou seja, dentro da pessoa) no funcionamento cognitivo. As informações obtidas a partir do emprego desses métodos complementarão as evidências existentes extraídas do estudo das diferenças entre as pessoas (p. ex., grupos etários). Embora forneça valiosos esclarecimentos sobre as alterações ocorridas ao longo do tempo, grande parte dessas pesquisas continua a ser de natureza correlacional. A demonstração de que as alterações no funcionamento cognitivo estão temporalmente relacionadas a alterações ocorridas no estado de saúde ou na função cerebral fornecerá a tão necessária evidência de respaldo ao desenvolvimento das teorias integradas.

Implicações para a prática clínica

A mensagem mais importante para a prática clínica oriunda desta revisão é a de que várias condições clínicas podem aumentar o risco de declínio cognitivo e o desenvolvimento de transtornos neurocognitivos. Vários grupos de pesquisa diferentes estão em vias de desenvolver ferramentas para a avaliação do risco de desenvolvimento de DA (Anstey et al., 2013; Barnes, Cenzer, Yaffe, Ritchie e Lee, 2014; Barnes et al., 2009; Lee, Ritchie, Yaffe, Stijacic Cenzer e Barnes, 2014; Mitnitski et al., 2013; Song et al., 2011) ou demência com base nos fatores de risco. Os mecanismos biológicos subjacentes ainda não são totalmente conhecidos, e os exames genéticos e de outros biomarcadores geralmente não são recomendados para a prática clínica de rotina. Entretanto, muitos dos fatores de risco identificados são modificáveis por meio do controle clínico adequado (p. ex., hipertensão) ou de mudanças no estilo de vida (p. ex., tabagismo).

É importante investigar e determinar se esses fatores de risco estão sendo bem controlados. A adesão aos medicamentos pode reduzir o risco de declínio cognitivo futuro (p. ex., hipertensão). Vale notar que condições clínicas aparentemente independentes podem interagir ou ter efeitos cumulativos no decorrer do tempo. Além disso, parece que o estado de saúde na meia-idade é muito importante para a saúde cognitiva em uma idade mais avançada. Já foi sugerido que, nessa fase, a intervenção preventiva poderá ser mais eficaz (Deckers et al., 2015), e alguns projetos já começaram a ter por objetivo os fatores de risco modificáveis na meia-idade (*www.inmindd.eu*).

Resumo e considerações finais

Esta revisão mostra que muitos fatores podem aumentar o risco de declínio ou de comprometimento cognitivo em uma fase mais avançada da vida. Embora o foco tenha sido alguns dos distúrbios clínicos e mecanismos biológicos supostamente subjacentes ao seu impacto na cognição por alterações cerebrais, está claro também que esses processos biológicos influenciam e são influenciados pelo ambiente. Além disso, aparentemente, o impacto desses riscos pode ser cumulativo durante o ciclo de vida, podendo interagir de modo a apresentar-se como declínio cognitivo ou como transtorno neurocognitivo manifestado em uma fase mais avançada da vida.

Parte II

Estratégias de avaliação do declínio cognitivo em uma fase avançada da vida

CAPÍTULO 4

Abordagem integrativa de avaliação do desenvolvimento

Esta parte do livro concentra-se na avaliação do declínio cognitivo em idosos. Cada capítulo aborda questões de interesse para a caracterização do funcionamento cognitivo em diferentes pontos ou estágios de uma trajetória de desenvolvimento (ver Tab. 4.1) – especificamente, do declínio cognitivo normal (Cap. 5), do declínio cognitivo subjetivo (DCS) (Cap. 6), do comprometimento cognitivo leve (CCL) (Cap. 7) e da demência (Cap. 8). Essas manifestações clínicas são tratadas separadamente para fins de clareza e conveniência, e para o reconhecimento de que as alterações no funcionamento cognitivo podem ou não ser preditivas de declínio cognitivo crescente. Dito isso, muitas formas de demência caracterizadas por um comprometimento cognitivo relativamente importante são de natureza progressiva e demonstram crescentes dificuldades cognitivas antes de um diagnóstico de demência. Certamente, grande parte do foco no DCS e no CCL tem ocorrido em condições prodrômicas que se acredita sinalizar a manifestação de condições neurodegenerativas, como doença de Alzheimer (DA). Embora, em muitos casos, essa trajetória de desenvolvimento seja evidente, não é muito clara a questão de como, no início da trajetória, estabelecer a distinção entre aqueles casos que demonstrarão ou não alterações cognitivas progressivas ao longo do tempo.

Cada capítulo da Parte II fornece informações específicas relevantes para a avaliação do funcionamento cognitivo em um determinado estágio de declínio cognitivo. Em cada caso, no entanto, é fundamental um processo integrativo, abrangente, de avaliação do declínio cognitivo em uma abordagem neuropsicológica aplicada (Potter e Attix, 2006). É o que acontece quando a avaliação é feita essencialmente para fins diagnósticos, ou quando o objetivo é a intervenção. Este capítulo apresenta uma visão geral desse processo de avaliação, e as questões específicas podem ser revistas individualmente nos capítulos que se seguem. É abordada uma série de considerações éticas especiais ao avaliar idosos, as quais também podem ser revistas dentro do con-

Tabela 4.1 Características pertinentes a trajetória/estágio de declínio/comprometimento cognitivo

Estágio de declínio/comprometimento cognitivo	Características
Envelhecimento normal	Pequenos lapsos cognitivos (p. ex., encontrar palavras) dentro do escopo e grau de importância da condição de outros idosos com perfil demográfico similar
DCS	Preocupação importante com o significado de pequenos lapsos cognitivos
CCL	Comprometimento cognitivo além do envelhecimento normal (p. ex., >1,5 *DP* abaixo do desempenho de equivalentes com características demográficas semelhantes), enquanto o desempenho de atividades instrumentais da vida diária permanece inalterado; inclui os pródromos da DA e outras demências (p. ex., comprometimento cognitivo vascular [CCV])
Demência (diversos tipos)	Comprometimento cognitivo substancialmente abaixo do envelhecimento normal (i. e., >2 *DP* abaixo dos equivalentes) com comprometimento do desempenho de uma ou mais atividades instrumentais da vida diária

texto dos capítulos individuais. Explora-se também a ampliação do papel da tecnologia na avaliação cognitiva e descreve-se o uso dessas tecnologias no monitoramento do declínio cognitivo típico ou na identificação e no monitoramento do comprometimento cognitivo em uma fase mais avançada da vida.

A abordagem de avaliação está de acordo com as diretrizes da American Psychological Association (2012) para a avaliação das alterações cognitivas relacionadas à idade. Essas diretrizes recomendam 14 condutas profissionais específicas para promover a proficiência e a competência na avaliação das alterações cognitivas relacionadas à idade:

1. Os psicólogos que conduzem as avaliações de demência e alterações cognitivas relacionadas à idade estão familiarizados com a nomenclatura diagnóstica prevalente e os critérios diagnósticos específicos.
2. Os psicólogos adquirem competência especializada em avaliação e intervenção com idosos.
3. Os psicólogos estão cientes das questões especiais que envolvem o consentimento informado em populações cognitivamente comprometidas.

4. Os psicólogos buscam e prestam consulta adequada durante a condução das avaliações de demência e alterações cognitivas relacionadas à idade.
5. Os psicólogos estão cientes das perspectivas culturais e dos vieses pessoais e sociais, bem como do engajamento na prática não discriminatória.
6. Os psicólogos esforçam-se para obter todas as informações adequadas à condução de uma avaliação de demência e alterações cognitivas relacionadas à idade, incluindo o histórico clínico pertinente e a comunicação com os respectivos profissionais de saúde.
7. Os psicólogos conduzem uma entrevista clínica como parte da avaliação.
8. Os psicólogos estão cientes de que os testes psicológicos e neuropsicológicos padronizados são ferramentas importantes na avaliação de demência e alterações cognitivas relacionadas à idade.
9. Ao avaliar as alterações cognitivas e comportamentais nas pessoas, os psicólogos tentam estimar as capacidades pré-mórbidas.
10. Os psicólogos são sensíveis a limitações e fontes de variabilidade e erro no desempenho psicométrico, bem como às fontes de erro na tomada de decisão diagnóstica.
11. Os psicólogos fazem uso adequado de dados longitudinais.
12. Os psicólogos reconhecem que a prática de fornecer *feedback* construtivo e prestar apoio e orientação, bem como de manter uma aliança terapêutica, podem ser partes importantes do processo de avaliação.
13. Como parte do processo de avaliação, os psicólogos recomendam apropriadamente as intervenções disponíveis para pessoas com comprometimento cognitivo e seus cuidadores.
14. Os psicólogos estão cientes de que a avaliação completa de possível demência é um processo holístico interdisciplinar que envolve outros profissionais de saúde. Os psicólogos respeitam outros pontos de vista e abordagens profissionais. Eles se comunicam e efetuam os encaminhamentos adequados de modo a apoiar a integração de toda a gama de informações para decidir questões relacionadas a diagnóstico, nível de gravidade e elementos do plano de tratamento.

Para fins de contextualização da seguinte discussão, começa-se com um estudo de caso ilustrativo.

> Deborah é uma mulher branca, destra, de 66 anos, com mestrado em biblioteconomia, que foi encaminhada por seu médico de família para avaliação de algumas mudanças de comportamento observadas por familiares. A própria Deborah está disposta a cooperar com a avaliação, mas não se sente diferente de quaisquer de seus amigos.

Deborah trabalhou como bibliotecária de uma universidade até aposentar-se aos 65 anos. Ela relatou que estava "pronta para se aposentar" por considerar extremamente estressante e cansativa a constante mudança das demandas tecnológicas no ambiente de trabalho. Seu marido, com quem viveu por 35 anos, morrera havia 3 anos, vítima de um ataque cardíaco fulminante após um período prolongado de invalidez, durante o qual Deborah lhe prestou substancial apoio físico e emocional diário. Sua filha, Sandra, acompanhou-a na avaliação e relatou que sua mãe se tornara cada vez mais esquecida e temperamental nos últimos 1 a 2 anos. Ela estava preocupada com o fato de sua mãe parecer cansar-se com facilidade e ter perdido o interesse por seus *hobbies* (p. ex., pintura, ioga e reuniões com amigos em uma cafeteria e nas aulas do centro recreativo).

Deborah tem um histórico de depressão pós-parto. Ela participou de uma espécie de "terapia da conversa" na época (há 30 anos), mas não se submeteu a qualquer outra forma de terapia ou tratamento para depressão. Ela toma medicamentos para controle da hipertensão arterial e dor artrítica. A paciente sofreu repetidas quedas nos últimos 4 meses, o que resultou em hematomas e constrangimentos, mas não houve fraturas ósseas e, apesar das intensas investigações, não foi identificada nenhuma causa para as quedas frequentes. Relatou estar muito menos ativa fisicamente, o que a incomoda, uma vez que apreciava muito as suas caminhadas diárias de 5 km.

Deborah afirma sentir-se solitária desde que sua filha se mudou para o outro lado do país, e que aguarda ansiosamente suas visitas (uma vez a cada 4 a 6 meses). Deborah é filha de mãe solteira e cresceu em condições de relativa pobreza. Sua mãe era muito jovem quando ela nasceu, e sua vida doméstica era instável, com frequentes mudanças para novas localidades em busca de oportunidades de emprego. Há muitos anos, Deborah perdeu contato com sua mãe, que, nesse ínterim, acabou falecendo. Ela diz sentir-se culpada por não ter se empenhado mais em ter uma boa convivência com a mãe. Ela se considera uma boa mãe para a sua filha, e afirma que gostaria de participar mais da vida da filha do que é atualmente possível.

Este estudo de caso ilustra a riqueza e a complexidade de se trabalhar com idosos. Embora este livro se concentre nas trajetórias do declínio cognitivo em uma idade mais avançada da vida, nota-se que, na realidade, a função atual dos idosos é influenciada por trajetórias que recuam no tempo à época do nascimento e do desenvolvimento inicial da pessoa. Embora eles possam ser objeto de atenção de um neuropsicólogo preocupado com o declínio cognitivo, os idosos trazem uma vida inteira de experiências capazes de afetar o estado em que eles se apresentam atualmente, como vínculos em uma fase inicial da vida, relações interpessoais, atuação profissional e valores e crenças essenciais. Um idoso é um conjunto de muitas forças em movimento através do tempo de desenvolvimento, e ele exerce influência e é igualmente afetado pelo seu ambiente.

Abordagem neuropsicológica aplicada à avaliação

A avaliação neuropsicológica é um processo holístico e integrativo por meio do qual os resultados dos testes são coletados e interpretados dentro de uma estrutura biopsicossocial. Como evidencia esse estudo de caso, muitos fatores intrínsecos e extrínsecos à pessoa podem contribuir para a condição clínica de um idoso. As experiências vivenciadas na fase inicial da vida, as relações interpessoais e as exposições ambientais em diversos momentos do ciclo de vida influenciam a trajetória de desenvolvimento pessoal, e esses diversos determinantes da função cognitiva devem ser levados em consideração no processo de avaliação. A natureza e o conteúdo da avaliação provavelmente variam de acordo com a finalidade principal da avaliação (p. ex., diagnóstico, monitoramento ou intervenção) e o grau de comprometimento cognitivo presente. Entretanto, na maioria dos casos, é necessária uma avaliação abrangente.

Coleta de informações contextuais

Assim como a função cognitiva é determinada por múltiplos fatores, as informações são coletadas por meio de diversos métodos (p. ex., entrevistas, testes, observação) e, possivelmente, a partir de várias fontes diferentes (p. ex., a pessoa avaliada, membros da família ou amigos da pessoa). É importante determinar a razão para o encaminhamento a partir da perspectiva do agente responsável pelo encaminhamento, da pessoa avaliada e de um informante colaborador (p. ex., membros da família ou amigos da pessoa), se houver. Como é mostrado nos capítulos a seguir (p. ex., Cap. 6), a percepção do tipo e do progresso das alterações cognitivas pode fornecer informações úteis para a distinção entre as condições. São coletadas as informações necessárias sobre o nível anterior de funcionamento da pessoa (i. e., cognitivo, social, ocupacional e clínico), o seu funcionamento sensorial atual (p. ex., visão, audição, funções motoras) e a presença de quaisquer doenças e distúrbios comórbidos. A coleta dessas informações é importante porque a presença de disfunção em diversos sistemas do corpo (p. ex., pulmonar, renal, hepático) pode influenciar adversamente o funcionamento cognitivo (Armstrong e Morrow, 2010; Tarter et al., 2001; ver amostra de domínios e perguntas de entrevista no Apêndice 4.1).

No caso de idosos, o impacto da saúde física na cognição é complexo e multifatorial. Existem diversas vias pelas quais a saúde física pode ter relação com o funcionamento cognitivo. Primeiro, os distúrbios presentes em determinadas condições clínicas (p. ex., diabetes, dor crônica, insônia) podem causar oscilações transitórias no desempenho cognitivo (Zhou et al., 2014). Segundo, os chamados fatores de risco vascular (p. ex., hipertensão, hipercolesterolemia, diabetes tipo II) podem constituir uma importante fonte de comprometimento cognitivo em idosos. As evidências sugerem que as doenças vasculares estão rapidamente se tornando o segundo fator etiológico importante de demência, depois da DA (Alzheimer's Association, n.d.; Skrobot et al., 2017). Considerando-se que esses fatores de risco vascular são modificáveis, a manutenção da saúde vascular é fundamental. Terceiro, os medicamentos para determinadas condições clínicas podem produzir efeitos iatrogênicos na função cognitiva, como sonolência ou fadiga. Quarto, o estresse crônico demonstrou criar *imunossenescência*, ou envelhecimento acelerado do sistema imunológico. Os trabalhos iniciais realizados no campo da psiconeuroimunologia demonstraram que os idosos que foram cuidadores continuaram a demonstrar imunossenescência durante meses, e até mesmo anos, após o falecimento da pessoa assistida (Graham, Christian e Kiecolt-Glaser, 2006). Por fim, lidar com problemas crônicos de saúde em qualquer idade pode implicar um ônus psicológico, inclusive depressão e ansiedade. No caso de idosos, especificamente, esses sintomas psicológicos podem afetar adversamente a cognição, bem como a qualidade de vida em geral (Lockwood, Alexopoulos, Kakuma e Van Gorp, 2000).

Sempre que possível, devem-se obter os prontuários médicos que contêm os resultados de exames de análises clínicas e imagem. Essas informações contextuais são essenciais para a interpretação do perfil de vantagens e desvantagens obtidas mediante a administração de medidas padronizadas do funcionamento cognitivo. A aplicação das melhores normas disponíveis ajuda a determinar se existem quaisquer áreas de comprometimento identificáveis (esse assunto será abordado de forma mais detalhada no Cap. 5). Todas essas informações, então, são integradas por uma pessoa que possua conhecimento especializado sobre o desenvolvimento adulto e o processo de envelhecimento, incluindo aspectos clínicos do envelhecimento, psicopatologia e neuropatologia em idosos (i. e., uma avaliação neuropsicológica abrangente) (Attix e Welsh-Bohmer, 2006; American Psychological Association, 2014; McGuire, 2009; Russo, Bush e Rasin-Waters, 2013b).

Grande parte das informações históricas e contextuais pode ser obtida por meio de entrevista clínica com a pessoa e a corroboração de um informante conhecedor do assunto, sempre que possível (American Psychological Association, 2012). A entrevista com o participante da avaliação oferece aos profissionais de saúde a oportunidade de observar comportamentos e familiarizar-se com as características da pessoa. A entrevista de um informante conhecedor do assunto pode esclarecer o funcionamento diário do paciente e fornecer informações sobre o início e o curso das alterações cognitivas e comportamentais. Existe uma série de ferramentas clínicas estruturadas para auxiliar na coleta dessas informações históricas e contextuais. O Apêndice 4.1 contém uma amostra dos domínios e perguntas de entrevista.

Se Deborah e sua filha fossem entrevistadas separadamente, seria possível notar que seus relatos diferem. Embora os relatos sejam de que Deborah se mostra pouco preocupada com o seu funcionamento cognitivo, em um questionamento mais detalhado, ela é capaz de compartilhar informações adicionais sobre as alterações observadas em seu funcionamento cognitivo e em suas atividades diárias. Ela pode revelar também algumas razões para as alterações nos níveis de atividade física (p. ex., dor residual resultante de quedas, temor de reincidência de lesões, efeitos medicamentosos). A filha de Deborah é capaz de expressar claramente os tipos de alterações cognitivas que observou em sua mãe e descrever a sequência do surgimento dessas alterações. Informações adicionais sobre as alterações de humor e comportamento de Deborah também podem estar prestes a ser disponibilizadas. Por exemplo, é possível que, em virtude de sua infância instável, ela sempre tenha se mostrado bastante ansiosa e temerosa, e que essa apreensão tenha sido agravada pela cascata de alterações associadas à idade por ela vivenciadas (p. ex., tempo prolongado cuidando do marido, aposentadoria, distância física de sua filha).

Mensuração direta da cognição

Deve-se considerar uma série de fatores ao selecionar medidas para avaliar os domínios cognitivos mais importantes. Pode ser necessário conduzir uma avaliação dentro de ampla variedade de domínios cognitivos (ver amostra de domínios e uma tabela de interpretação no Apêndice 4.2), e, dependendo da situação, realizar a uma avaliação profunda dentro de um ou mais domínios. Por exemplo, múltiplas formas de memória podem ser avaliadas e afetadas em maior ou menor grau. Da mesma forma, as funções executivas são numerosas e podem ser avaliadas de diversas maneiras. Embora existam muitas medidas disponíveis (Lezak, Howieson, Loring, Hannay e Fisher, 2004; Strauss, Sherman e Spreen, 2006), é importante selecionar aquelas que são cronológica e culturalmente adequadas, que possuam propriedades psicométricas aceitáveis e dados normativos relevantes para a pessoa que está sendo avaliada. Somente com um padrão de comparação adequado o profissional de saúde pode determinar com segurança os níveis de comprometimento. Sempre que possível, é importante também selecionar medidas sem efeitos mínimos ou máximos e aquelas sensíveis a mudanças, visto que, possivelmente, serão necessárias avaliações sequenciais para o monitoramento das alterações ao longo do tempo.

Tradicionalmente, as avaliações neuropsicológicas envolvem a administração face a face de medidas destinadas a refletir componentes específicos do funcionamento cognitivo. Essas medidas são baseadas em teoria e já demonstraram ser sensíveis à função cerebral em populações neurológicas. Essas medidas quase sempre eram desenvolvidas inicialmente com a finalidade de abordar uma área de interesse específica para uso com uma determinada população neurológica. Medidas individuais podem ser combinadas de modo a criar uma bateria de medidas destinadas a lidar com múltiplos domínios de interesse. Essa abordagem oferece flexibilidade e permite que o profissional de saúde faça combinações peculiares de medidas para resolver questões clínicas específicas. Uma das limitações dessa abordagem é que os dados normativos para cada medida podem ser oriundos de populações que diferem acentuadamente umas das outras. Isso pode levar a verdadeiros desafios quando se trata de fazer interpretações e comparações dos níveis de comprometimento entre as medidas. Em alguns casos, as medidas selecionadas têm sido combinadas em uma bateria fixa, e os dados normativos são coletados, permitindo, desse modo, comparações diretas entre as medidas dentro da bateria. Essas baterias podem ser bastante abrangentes, enquanto outras baterias simplificadas são projetadas como ferramentas para o rastreio do comprometimento cognitivo. Algumas dessas medidas simplificadas avaliam resumidamente múltiplos domínios, de modo que as comparações diretas conormatizadas entre os domínios possam ser efetuadas com relativa rapidez. Entretanto, poucas ferramentas de rastreio são suficientemente abrangentes ou sensíveis para detectar comprometimentos cognitivos sutis e, por essa razão, não devem ser as únicas medidas de cognição utilizadas no contexto da tomada de decisões diagnósticas.

Se o perfil de funcionamento cognitivo descrito no Apêndice 4.2 fosse o de Deborah, ela demonstraria comprometimento de memória relativamente circunscrito. Se esse padrão de comprometimento fosse evidente em uma série de medidas de memória semelhantes, isso poderia aumentar a convicção de que se trata de uma área de deficiência para Deborah. O foco seria a maneira como ela desempenhou as tarefas (p. ex., estava totalmente comprometida ou não estava inclinada a se empenhar muito nas tarefas?). A tarefa seguinte consistiria em determinar por que ela pode estar enfrentando essas dificuldades (p. ex., em relação a uma mudança de medicamentos ou posteriormente a uma queda). Nesse caso, as informações sobre a velocidade de manifestação e a duração dos sintomas serão fundamentais para uma definição. Se não houver nenhuma razão clínica identificável para essas alterações, será necessário abordar as circunstâncias sociais e situacionais, bem como as questões relacionadas ao humor.

Além das medidas cognitivas, é importante avaliar uma gama de condições capazes de afetar o funcionamento cognitivo. As medidas do estado de humor (ver amostras de domínios no Apêndice 4.2) e da personalidade podem ser relevantes em muitos casos. A seleção dos instrumentos relevantes para idosos é importante, uma vez que muitas medidas de personalidade fornecem poucos dados normativos para essa população. Algumas medidas específicas de depressão (p. ex., Geriatric Depression Scale [Escala de Depressão Geriátrica]; Brink et al., 1982) e ansiedade (p. ex., Geriatric Anxiety Scale [Escala de Ansiedade Geriátrica]; Segal, June, Payne, Coolige e Yochim, 2010) foram desenvolvidas para uso com idosos, uma vez que a forma de expressão dos sintomas nesses pacientes pode diferir de sua expressão em adultos mais jovens. Como observado em relação a Deborah, durante toda a avaliação, muitas informações podem ser obtidas observando-se a maneira como a pessoa desempenha uma tarefa ou responde à situação de teste. Essas informações também podem ser integradas ao processo de avaliação geral.

Questões de diversidade

Outras considerações práticas no processo de avaliação incluem a diversidade dos clientes participantes do processo de avaliação. Questões como a diversidade linguística e cultural, bem como as diferenças de perfil educacional, são preocupações comuns no processo de avaliação, e os profissionais de saúde precisam estar atentos à melhor maneira de abordá-las. Existe uma literatura vibrante sobre essas questões no campo da neuropsicologia (Ardila, 2005; Pedraza e Mungas, 2008). Como os vieses educacionais, linguísticos e culturais podem levar à identificação errônea de transtornos neurocognitivos (TNC) (McCurry et al., 2001), é preciso conhecer as nuances culturais e as influências socioculturais que podem afetar a avaliação cognitiva. Certamente, na coorte atual de indivíduos muito idosos, o tipo e a qualidade da realização educacional podem ser bastante distintos daqueles de coortes de idosos mais jovens; essa condição pode ser particularmente evidente em relação ao contexto racial ou cultural (Manly e Mungas, 2015).

As diferenças transculturais podem estar aparentes em termos de diferenças de valores, atitudes e crenças e/ou comportamento interpessoal (Ardila, 2005). Isso pode incluir a maneira como a pessoa é abordada e as informações são coletadas durante o processo de avaliação, bem como o entendimento de que a avaliação cognitiva é uma atividade dependente da cultura (Ardila, 2003). A cultura de uma pessoa é uma maneira de ser que inclui crenças compartilhadas e normas sociais possivelmente distintas de etnia e raça. A adaptação de métodos e procedimentos de avaliação desenvolvidos pelos povos ocidentais para serem usados com essas populações pode não ser válida ou adequada para pessoas de todas as culturas (Ardila, 2007). Identificaram-se pelo menos cinco aspectos diferentes da cultura que podem afetar o desempenho nos testes cognitivos: os padrões de capacidade, os valores culturais, a familiaridade, a língua e a realização educacional. Além disso, pode não ser viável ou aconselhável criar informações normativas sobre medidas padronizadas para pessoas de todas as línguas e culturas. Pedraza e Mungas (2008) utilizaram uma série de argumentos contra a proliferação de dados normativos baseados em raça e etnia, incluindo o argumento de que esses dados podem ser percebidos como um respaldo à posição imprecisa de que a raça reflete categorias biológicas das pessoas, e não categorias construídas socialmente, podendo resultar em atitudes conformistas em relação às diferenças de desempenho nos testes cognitivos entre grupos culturalmente diversos. Ao contrário, já se argumentou que a equivalência das medidas entre as culturas pode ser um objetivo mais razoável (Pedraza e Mungas, 2008). Identificaram-se diversas formas de equivalência, como equivalência procedimental ou métrica, bem como a equivalência quanto à maneira como as medidas são interpretadas no contexto da cultura. A escassez de medidas cognitivas disponíveis para abordar essas questões afeta a validade diagnóstica dessas medidas para uso transcultural. É de fundamental importância, portanto, que os profissionais de saúde entendam que vários fatores podem afetar potencialmente o desempenho nos testes cognitivos e que eles procurem abordar esses fatores ao fazer julgamentos clínicos em condições menos favoráveis.

Ampliação do papel da tecnologia na avaliação cognitiva

Com os avanços no campo da tecnologia, várias abordagens têm sido adotadas para levar a avaliação cognitiva além dos testes tradicionais com lápis e papel, que são administrados e interpretados por profissionais treinados em neuropsicologia. Essas abordagens incluem adaptações que envolvem protocolos de avaliação por telefone, vídeo, computadorizados e *on-line*. Argumenta-se que o uso dessas tecnologias pode resultar em economia de custo e tempo, bem como em maior precisão no registro, na pontuação e no armazenamento dos resultados dos testes. Além disso, algumas dessas tecnologias podem ser utilizadas para a prestação de serviços médicos a distância, facilitando, desse modo, o acesso a uma gama mais ampla, maior e geralmente mal servida de pessoas que podem participar de avaliações cognitivas presenciais tradicionais. Essas tecnologias diferem quanto à semelhança dos procedimentos de administração e resposta com a administração de testes presenciais tradicionais, e é importante que as questões relacionadas à validade desses modos alternativos de administração de testes sejam avaliadas.

Avaliação cognitiva por videoteleconferência

As avaliações cognitivas por videoteleconferência (VTC) normalmente envolvem a administração de medidas cognitivas tradicionais com o uso de equipamento de VTC. As medidas dependem de instruções verbais e as respostas são particularmente adequadas para essa técnica de administração, embora as tarefas que envolvem desenhos possam ser resolvidas com algumas instruções e procedimentos complementares (Cullum, Hynan, Grosch, Parikh e Weiner, 2014). Até o momento, várias medidas cognitivas breves foram identificadas como adequadas para a administração de VTC, tendo sido demonstrada boa compatibilidade com testes presenciais (Cullum et al., 2014; Hildebrand, Chow, Williams, Nelson e Wass, 2004). Entretanto, não se pode supor que todas as medidas cognitivas possam ser administradas dessa maneira, e são necessárias pesquisas adicionais com tarefas não verbais ou tarefas que exijam o uso de equipamento adicional. A maioria das pesquisas realizadas até o momento empregou um número limitado de medidas com amostras relativamente pequenas (Grosch, Weiner, Hynan, Shore e Cullum, 2015; Harrell, Wilkins, Connor e Chodosh, 2014). Normalmente, os membros da equipe local solicitam que o paciente se sente em frente à câmera de VTC e apresentam o examinador remoto. Esses membros da equipe permanecem à disposição do paciente, mas não na sala de teste por VTC durante a avaliação. Os testes são administrados por psicometristas experientes, de forma padronizada, com pequenas variações para algumas tarefas (p. ex., exibir desenhos diante da câmera) (Cullum et al., 2014). A avaliação cognitiva por VTC demonstrou ser aceitável tanto para idosos saudáveis como para aqueles com formas brandas de comprometimento cognitivo (Parikh et al., 2013). Entretanto, é possível que a avaliação por meio dessa tecnologia não seja viável para uso com alguns pacientes avaliados que apresentem problemas comportamentais (Cullum et al., 2014). A segurança dos dados é uma questão que pode ser abordada mediante o uso de redes de segurança e com os níveis adequados de encriptação de dados e recursos de proteção de privacidade. Começam a surgir as primeiras diretrizes para a implementação da VTC para fins clínicos e de pesquisa (Turvey et al., 2013).

Avaliação cognitiva administrada por telefone

Assim como ocorre com as medidas efetuadas via VTC, as avaliações administradas por telefone tendem a ser aquelas que dependem fortemente de instruções e respostas verbais. Desenvolveram-se medidas de avaliação administradas por via telefônica com diferentes finalidades. Em geral, essas medidas são utilizadas para fins de triagem para identificar idosos com e sem comprometimento cognitivo (Wolfson et al., 2009). Essas ferramentas derivam de medidas normalmente administradas de forma presencial (p. ex., Miniexame do Estado Mental ou sua extensão, Miniexame Modificado do Estado Mental) ou foram desenvolvidas especificamente para administração por via telefônica. A Tabela 4.2 apresenta um resumo de algumas ferramentas disponíveis e não se propõe a esgotar o assunto. Informações adicionais sobre essas estruturas podem ser obtidas buscando-se os nomes dos testes nos bancos de dados das bibliotecas. Quando relatadas, essas ferramentas administradas por via telefônica mostram fortes correlações (0,80-0,90) com as pontuações das avaliações cognitivas administradas em sessões presenciais para aqueles idosos com e sem comprometimento cognitivo (Wolfson et al., 2009). As informações relatam que o tempo de administração para a maioria dessas medidas de triagem é de 10 a 20 minutos. Embora a sensibilidade e a especificidade dessas ferramentas de triagem por via telefônica tendam a ser razoavelmente satisfatórias, nem todas elas possuem sensibilidade suficiente para detectar formas brandas de comprometimento cognitivo ou classificar com segurança pessoas sem comprometimento cognitivo (Wolfson et al., 2009).

Tabela 4.2 Ferramentas de avaliação cognitiva por via telefônica

Nome do teste e estudos	Características marcantes
Ferramentas derivadas do MMSE	
Miniexame Modificado do Estado Mental por Via Telefônica (T3MS) (Norton et al., 1999)	Versão adaptada do T3MS; distingue o funcionamento cognitivo normal do CCL
Entrevista Funcional dos Estilos de Vida Adultos – Miniexame do Estado Mental (ALFI-MMSE, na sigla em inglês) (Roccaforte, Burke, Bayer e Wengel, 1992)	Desenvolvido para uso em pacientes com DA, mas tem sido utilizado com diversas populações clínicas (Castanho et al., 2014)
Entrevista Funcional dos Estilos de Vida Adultos – Adaptação de 26 pontos (Miniexame do Estado Mental por Via Telefônica; TMMSE) (Newkirk et al., 2004)	Adaptação de 26 pontos do ALFI-MMSE; administrado por enfermeiro clínico
Avaliação do Estado Mental por Via Telefônica (TAMS, na sigla em inglês) (Lanka, Schmitt, Stewart e Howe, 1993)	Quatro itens; não detecta déficits sutis; administrado por um psicometrista
Entrevista Telefônica de Avaliação do Estado Cognitivo (TICS, na sigla em inglês) e Entrevista Telefônica Modificada de Avaliação do Estado Cognitivo (TICS-m, na sigla em inglês) (Brandt, Spencer e Folstein, 1988)	Frequentemente utilizada em estudos em média e larga escala (Herr e Ankri, 2013); traduzida para várias línguas; estabelece de forma confiável a distinção entre cognição normal, CCL e demência (Knopman et al., 2010)

(continua)

Tabela 4.2 Ferramentas de avaliação cognitiva por via telefônica (*continuação*)

Nome do teste e estudos	Características marcantes
Miniexame do Estado Mental por Via Telefônica (MMSET, na sigla em inglês) (Kennedy, Williams, Sawyer, Allman e Crowe, 2014)	Semelhante ao TMMSE
Outras ferramentas	
Teste de Aprendizagem Verbal de Hopkins (HVLT, na sigla em inglês) (Carpenter et al., 1995)	Listas exclusivas de palavras com 12 itens (seis formas diferentes); utilizado em populações de pacientes
Teste de Fluência por Categoria (CF-T, na sigla em inglês) (Lipton et al., 2003)	Número de itens gerados em 1 minuto para três categorias diferentes
Teste de Alternância Mental (MAT, na sigla em inglês) (McComb et al., 2011)	Versão oral do Teste de Trilha (TMT, na sigla em inglês) que requer a alternância entre tarefas e normalmente leva menos de 1 minuto para ser administrado; não há efeitos teto (ou efeitos máximos), como em outras versões orais do TMT
Avaliação Cognitiva para Condição de Vida Futura (CALLS, sigla em inglês) (Crooks, Parsons e Buckwalter, 2007)	Ferramenta computadorizada administrada por via telefônica, modeladas com base em baterias de testes neuropsicológicos; leva aproximadamente 30 minutos para ser administrada; um técnico registra as respostas
Bateria de Testes de Avaliação Cognitiva por via Telefônica (TCAB, na sigla em inglês) (Debanne et al., 1997)	Projetada para estabelecer a distinção entre indivíduos cognitivamente normais e com leve comprometimento; administrada por profissionais bem treinados
Avaliação Telefônica Remota de Déficit Neuropsicológico (TREND) (Mundt, Kinoshita, Hsu, Yesavage e Greist, 2007)	Interações telefônicas computadorizadas iniciadas pelos participantes com o uso de tons de discagem ou respostas verbais restritas; as tarefas levam 20 minutos para serem concluídas; possível dificuldade de uso desse método com pessoas que apresentem comprometimento cognitivo importante

(*continua*)

Tabela 4.2 Ferramentas de avaliação cognitiva por via telefônica *(continuação)*

Nome do teste e estudos	Características marcantes
Pequeno Questionário Portátil sobre o Estado Mental (versão telefônica) (SPMSQ, na sigla em inglês) (Smith, Tremont e Ott, 2009)	Adaptação do SPMSQ de 10 itens (Roccaforte, Burke, Bayer e Wengel, 1994)
Teste Telefônico de Informação-Memória-Concentração de Blessed (TIMC, na sigla em inglês) (Kawas, Karagiozis, Resau, Corrada e Brookmeyer, 1995)	Adaptação de 27 itens do Teste TIMC; maior aceitação pelos participantes do que a versão presencial; para uso com populações de pacientes
Protocolo de Triagem Telefônica (TELE, na sigla em inglês) (Gatz et al., 1995; Gatz et al., 2002; Järvenpää et al., 2002)	Adaptação do Questionário sobre o Estado Mental de 10 itens com 11 itens adicionais; projetado para uso com populações clínicas
Entrevista Telefônica Estruturada para Avaliação de Demência (STIDA, na sigla em inglês) (Go et al., 1997)	Projetada para estabelecer a distinção entre a DA precoce e o funcionamento cognitivo normal; contém itens do MMSE e do Teste TIMC; administrado por profissionais de saúde qualificados
Triagem do Comprometimento da Memória – por Telefone (MIS-T, na sigla em inglês) (Smith et al., 2009)	Adaptação da Triagem do Comprometimento da Memória; mais consistente do que o TICS para a distinção entre demência e funcionamento cognitivo normal; superou o CF-T e o TICS na triagem de demência
Tela de Acuidade Cognitiva de Minnesota (MCAS, na sigla em inglês) (Knopman, Knudson, Yoes e Weiss, 2000)	Projetada para estabelecer a distinção entre funcionamento cognitivo normal, comprometimento leve e DA
Tela de Avaliação Breve do Comprometimento Cognitivo (BSCI, na sigla em inglês) (Hill et al., 2005)	Medida de três itens para distinção entre funcionamento cognitivo normal e demência; administrado por um entrevistador experiente
Teste Telefônico Breve da Cognição Adulta (BTACT, na sigla em inglês) (Lachman, Agrigoroaei, Tun e Weaver, 2014; Tun e Lachman, 2006)	Utilizado como parte do estudo Mid-Life nos Estados Unidos; aplicável a adultos mais jovens e de meia-idade em bom estado funcional, bem como em idosos; é recomendável registrar a entrevista

(continua)

Tabela 4.2 Ferramentas de avaliação cognitiva por via telefônica *(continuação)*

Nome do teste e estudos	Características marcantes
Tela de Avaliação Telefônica da Memória e do Envelhecimento (MATS, na sigla em inglês) (Rabin et al., 2007)	Projetada para efetuar a triagem de indivíduos com comprometimento cognitivo leve ou significativo em estudos longitudinais; contém itens cognitivos subjetivos e objetivos; ausência de efeitos teto (ou efeitos máximos); administrado por pesquisadores/profissionais de saúde treinados
Instrumento de Triagem Cognitiva por Via Telefônica (COGTEL, na sigla em inglês) (Kliegel, Martin e Jäger, 2007)	Projetado para avaliar o funcionamento cognitivo na idade adulta (p. ex., estudos de grandes amostras, transversais, longitudinais, epidemiológicos)
Avaliação Cognitiva Telefônica de Montreal (T-MoCA e T-MoCA curta) (Pendlebury et al., 2013)	Adaptado a partir da Avaliação Cognitiva de Montreal, projetada originalmente para identificar CCL

Algumas medidas de avaliação verbais incluídas em baterias de testes clínicos cognitivos mais longos têm sido administradas por via telefônica; entre elas, medidas de memória (p. ex., Hopkins Verbal Learning Test; Carpenter, Strauss e Ball, 1995), fluência verbal (p. ex., Category Fluency Test; Lipton et al., 2003) e funções executivas (p. ex., Mental Alternation Test; McComb et al., 2011) ou baterias completas de testes cognitivos (Mitsis et al., 2010). Normalmente, essas ferramentas demonstraram ser intercambiáveis, com versões administradas de forma presencial. Entretanto, as medidas de alguns domínios são mais resilientes aos efeitos do modo de administração do que outras (McComb et al., 2011). Esses tipos de medidas têm algumas vantagens sobre as ferramentas de triagem, especialmente quando administradas a adultos sem comprometimento cognitivo, uma vez que (ou, pelo menos, alguns componentes das baterias) não produzem efeitos teto (ou efeitos máximos). Por essa razão, essas medidas são adequadas também para uso com uma faixa mais ampla de adultos. Existem também baterias criadas especificamente para uso na avaliação das funções cognitivas de adultos de diversas idades (Rapp et al., 2012; Tun e Lachman, 2006) e que têm se mostrado promissoras.

Já foi demonstrado, portanto, que várias medidas cognitivas podem ser administradas de forma confiável por via telefônica e produzir escores comparáveis à administração presencial. No caso de triagem para verificação de alterações nas funções cognitivas, as medidas cognitivas administradas por telefone podem ser uma forma com boa relação custo-benefício de determinar se é necessária uma avaliação presencial mais extensa. O uso da administração por via telefônica tem várias vantagens sobre as avaliações cognitivas presenciais, na medida em que os custos de administração são reduzidos e para poder incluir aqueles que, por razões de distância ou incapacidade, não têm acesso a um local de testes. Além disso, as avaliações presenciais podem ser mais propensas a vieses de resposta, uma vez que o grau de confidencialidade percebido pode ser reduzido e a situação de teste pode inadvertidamente influenciar o entrevistado (Schwarz, Strack, Hippler e Bishop, 1991). Especialmente para fins de pesquisa no caso de estudos epidemiológicos em larga escala, a avaliação por via telefônica pode reduzir o ônus e, desse modo, o conflito entre os estudos longitudinais. Entretanto, as avaliações cognitivas conduzidas por telefone têm algumas limitações. Por exemplo, o examinador não consegue observar o comportamento de teste; a avaliação das tarefas verbais tem que ser limitada (ou seja, não há como avaliar as funções visuoespaciais e motoras); e não há controle sobre o ambiente de teste (p. ex., prevenção de distrações ou uso de recursos de auxílio, como anotações de material a ser recordado (Mitsis et al., 2010). As avaliações conduzidas por telefone podem ser particularmente difíceis para pessoas com comprometimento cognitivo grave, com baixas habilidades de manuseio do telefone ou com perda auditiva (Castanho et al., 2014). Nem todas as medidas relacionadas na Tabela 4.3 foram validadas em relação à administração presencial das mesmas medidas, e muitas daquelas que foram validadas têm amostras de tamanho inadequado (Castanho et al., 2014). Poucas dessas medidas foram avaliadas longitudinalmente, e não há informações a respeito da sensibilidade delas sobre as alterações ocorridas ao longo do tempo.

Essas medidas foram desenvolvidas para diferentes propósitos, fato que deve ser levado em consideração ao selecionar uma ferramenta específica. Castanho et al. (2014) fornecem um excelente resumo das ferramentas mais adequadas para cada objetivo: para aqueles com funcionamento cognitivo normal (p. ex., BTACT, COGTEL, HVLT, MAT, MATS, TCAB, T3MS); para aqueles com graus leves de comprometimento cognitivo (p. ex., STIDA, TCAB, T-MoCA, T3MS) e para aqueles com diversas formas de demência (p. ex., medidas derivadas do MMSE ou SPMSQ, BSCI, MIS-T, STIDA, TELE, TIMC).

Teste cognitivo computadorizado

Com a crescente disponibilidade e popularidade dos microcomputadores, criaram-se adaptações das medidas cognitivas tradicionais e novas medidas das funções cognitivas para aplicações computadorizadas. Diversas inovações tecnológicas foram incorporadas às avaliações cognitivas computadorizadas, incluindo telas sensíveis ao toque e aplicativos da internet. Vários instrumentos assistidos por computador foram desenvolvidos para fins de triagem ou para a avaliação mais completa do funcionamento cognitivo de uma pessoa (Zygouris e Tsolaki, 2015). A Tabela 4.3 apresenta um resumo de algumas ferramentas disponíveis e não se propõe a esgotar o assunto. Informações adicionais sobre essas medidas podem ser obtidas mediante busca dos nomes dos testes nos bancos de dados das bibliotecas. Todas as ferramentas constantes na Tabela 4.3 estão disponíveis em inglês, e algumas em outros idiomas também (ver coluna "Características marcantes" da Tab. 4.3). Novos aplicativos encontram-se em fase de desenvolvimento acelerado, e nem sempre há informações disponíveis sobre dados normativos, tempo de administração e

Tabela 4.3 Ferramentas computadorizadas de avaliação cognitiva

Nome do teste e estudos	Administrado por	Dispositivo	Características marcantes
Ferramentas de triagem			
Bateria Computadorizada de Testes Neuropsicológicos de Cambridge – Móvel (CANTAB Mobile, na sigla em inglês)[a] (Zygouris e Tsolaki, 2015)	Próprio paciente	iPad	Projetado para avaliar idosos preocupados com a memória
Teste da Função Cognitiva (CFT, na sigla em inglês)[a] (Trustram Eve e Jager, 2014)	Próprio paciente	Internet	Projetado para detectar alterações cognitivas sutis em adultos na faixa de 50-65 anos
COGselftest[a] (Dougherty et al., 2010)	Próprio paciente	Internet	O paciente recebe *feedback* em um formato que não permite pressupor um diagnóstico
Tela de Verificação de Comprometimento Cognitivo Leve (MCI Screen)[a] (Cho, Sugimura, Nakano e Yamada, 2008; Rafii, Taylor, Coutinho, Kim e Galasko, 2011; Shankle, Mangrola, Chan e Hara, 2009; Trenkle, Shankle e Azen, 2007)	Examinador	Internet	Projetado para a triagem de comprometimento cognitivo em idosos; versão japonesa

(continua)

Tabela 4.3 Ferramentas computadorizadas de avaliação cognitiva *(continuação)*

Nome do teste e estudos	Administrado por	Dispositivo	Características marcantes
Sinais Vitais do Sistema Nervoso Central (CNSVS, na sigla em inglês)[a] (Gualtieri e Johnson, 2005, 2006)	Próprio paciente (iniciado pelo assistente)	Computador ou internet	Disponível em mais de 50 idiomas, com relatórios em inglês; inadequado para demência severa
Índice de Estabilidade Cognitiva (CSI, na sigla em inglês)[a] (Erlanger et al., 2002)	Técnico de testes	Internet	Todos os estímulos não verbais; monitoramento limitado da DA
CogState[a] (Darby et al., 2012; Falleti, Maruff, Collie e Darby, 2006; Hammers et al., 2011, 2012; Lim et al., 2012, 2013)	Técnico de testes	Laptop	Várias formas equivalentes; pode ser utilizado para avaliação frequente (no intervalo de horas); sensível a graus leves de comprometimento cognitivo
Tela de Avaliação Neuropsicológica Computadorizada de Comprometimento Cognitivo Leve (CANS-MCI, na sigla em inglês)[b] (Ahmed, de Jager e Wilcock, 2012; Tornatore, Hill, Laboff e McGann, 2005)	Próprio paciente com assistência do técnico	Computador com tela sensível ao toque	Específico para triagem de CCL; inglês, francês, espanhol, português e holandês
Avaliação Computadorizada de Comprometimento Cognitivo Leve (CAMCI, na sigla em inglês)[b] (Saxton et al., 2009; Tierney e Lermer, 2010)	Próprio paciente	Tablet	Projetado para triagem pré-clínica de declínio cognitivo anormal
MicroCog[a] (Elwood, 2001; Green, Green, Harrison e Kutner, 1994; Gualtieri, 2004; Lopez et al., 2001)	Próprio paciente	Computador	Projetado para a triagem de comprometimento cognitivo e risco de negligência médica cometida por médicos idosos

(continua)

Tabela 4.3   Ferramentas computadorizadas de avaliação cognitiva
(continuação)

Nome do teste e estudos	Administrado por	Dispositivo	Características marcantes
Baterias de testes de avaliação			
Métrica Automática de Avaliação Neuropsicológica (ANAM, na sigla em inglês)[a] (Jones, Loe, Krach, Rager e Jones, 2008; Kane, Roebuck-Spencer, Short, Kabat e Wilken, 2007; Levinson, Reeves, Watson e Harrison, 2005; Roebuck-Spencer, Sun, Cernich, Farmer e Bleiberg, 2007; Short, Cernich, Wilken e Kane, 2007)	Técnico de testes	Laptop (internet disponível)	Desenvolvimento originalmente para medir a alteração no desempenho de pessoas saudáveis; os módulos incluem Bateria de Testes de Avaliação de Demência
Bateria Computadorizada de Testes Neuropsicológicos de Cambridge (CANTAB, na sigla em inglês)[a] (Egerhazi, Berecz, Bartok e Degrell, 2007; Lowe e Rabbitt, 1998; Sahakian e Owen, 1992)	Técnico de testes	Computador com tela sensível ao toque	Diversas baterias, inclusive para detecção de DA e CCL
Sistema Computadorizado de Avaliação de Pesquisas sobre Medicamentos para a Cognição (COGDRAS, na sigla em inglês)[a] (De Lepeleire, Heyrman, Baro e Buntinx, 2005)	Examinador	Computador com dispositivo de resposta com dois botões	Adaptação da bateria de testes para uso em pacientes com demência (COGDRAS-D)
Bateria Computadorizada de Testes Neuropsicológicos (CNTB, na sigla em inglês)[a] (Cutler et al., 1993; Veroff, Bodick, Offen, Sramek e Cutler, 1998; Veroff et al., 1991)	Examinador	Computador	Não automatizado; projetado para uso com demência

(continua)

Tabela 4.3 Ferramentas computadorizadas de avaliação cognitiva *(continuação)*

Nome do teste e estudos	Administrado por	Dispositivo	Características marcantes
Mindstreams[a] (Doniger et al., 2006; Dwolatzky, Dimant, Simon e Doniger, 2010; Dwolatzky et al., 2003; Fillit, Simon, Doniger e Cummings, 2008)	Técnico de testes	Computador	Disponível em diferentes idiomas; testes adaptativos
Escala de Avaliação de Demência do tipo Painel Sensível ao Toque (TDAS, na sigla em inglês)[b] (Inoue, Jimbo, Taniguchi e Urakami, 2011; Tsuboi et al., 2009)	Próprio paciente	Computador combinado com tela sensível ao toque de 14 polegadas	Projetado para uso em pacientes com demência

[a]Projetado para aplicação geral; [b]projetado para aplicação específica.

outras propriedades psicométricas, dificultando qualquer comentário sobre a eficácia comparativa ou a adequação para fins específicos, como diagnóstico, monitoramento de tratamento e acompanhamento (Wild, Howieson, Webbe, Seelye e Kaye, 2008). Além disso, as informações disponíveis tendem a ser fornecidas somente pelo projetista da ferramenta, devendo-se ter em mente o potencial para possíveis vieses. Muitos desses instrumentos incluem avaliações de uma série de domínios cognitivos. Os instrumentos mais antigos tendiam a ser mais demorados e a avaliar os domínios cognitivos de forma mais ampla, enquanto alguns dos instrumentos mais novos são mais voltados para domínios em que é possível prever as alterações funcionais iniciais (Zygouris e Tsolaki, 2015). É importante entender a finalidade de uma mensuração e o público-alvo ao avaliar e selecionar o instrumento adequado para uma utilidade específica. Os instrumentos projetados para monitorar alterações não características da função cognitiva de idosos saudáveis podem ser distintamente diferentes daqueles utilizados para o monitoramento de alterações em pessoas já identificadas com TNC. Vale notar também que não se pode supor a equivalência da mesma medida administrada presencialmente e por meio de um programa de computador, uma vez que as diferenças no método de apresentação do estímulo e a resposta podem afetar o resultado do teste. Por exemplo, a latência das respostas pode diferir entre a mensuração do tempo de reação mecânica e as telas de toque em função da sensibilidade da tela de toque (Korczyn e Aharonson, 2007). Além disso, é possível que, em algumas circunstâncias, a adaptação computadorizada de uma tarefa altere a natureza dos domínios e processos cognitivos avaliados. Por essas razões, já se argumentou que determinar a validade concomitante de uma ferramenta computadorizada mediante a comparação com a sua equivalente tradicional pode ser menos importante do que determinar a sua validade discriminante (ou seja, até que ponto a ferramenta é capaz de discriminar os grupos) (Zygouris e Tsolaki, 2015). A maioria dessas medidas foi criada para detectar formas sutis ou brandas de comprometimento cognitivo, embora algumas tenham sido projetadas especificamente para uso com pacientes já diagnosticados com demência.

A aplicação da tecnologia de avaliação cognitiva computadorizada tem muitas vantagens sobre as avaliações presenciais, incluindo o registro preciso das informações sobre a resposta e o armazenamento automático dos dados, facilitando as comparações entre as pessoas e no decorrer do tempo. Alguns programas computadorizados são suficientemente flexíveis para adaptar de forma automática o protocolo de teste como níveis de mudança de funcionamento. Como outras tecnologias (p. ex., aplicativos para vídeo e telefone), os custos de administração podem ser reduzidos; aqueles que por razões de distância ou incapacidade talvez não tenham acesso a avaliações cognitivas podem ser atendidos; e a influência de um examinador pode ser minimizada ou eliminada. Entretanto, o uso de tecnologias computadorizadas não deixa de ter suas complexidades. Os projetistas de testes podem não fornecer informações sobre dados normativos e propriedades psicométricas de suas ferramentas que possam facilitar a interpretação clínica dos resultados. Nenhum desses instrumentos pode ser usado para determinar um diagnóstico final, uma vez que outros fatores, além da realização do teste cognitivo, devem ser levados em consideração. Embora os projetistas de testes sejam rápidos em adotar novas tecnologias e buscar novos aplicativos, é possível que os usuários (p. ex., idosos, pesquisadores, profissionais de saúde) estejam menos dispostos a adotar abordagens que possam ser consideradas intimidantes, menos pessoais ou, até mesmo, resultar em uma degradação do relacionamento paciente-profissional de saúde (Werner e Korczyn, 2012).

Para alguns, a falta de familiaridade com a tecnologia e a ansiedade associada ao uso do computador podem influenciar a disposição para a adesão. Para outros, o custo e a necessidade de estar sempre se adaptando ao mutável cenário tecnológico podem ser vistos como impedimentos. Entender os fatores que influenciam a motivação e a adesão às ferramentas de avaliação computadorizada é fundamental para a sua aceitação e aplicação. As questões motivacionais podem ser especialmente importantes no contexto das medidas autoadministradas. Assim como acontece com outras inovações tecnológicas, não existem diretrizes bem definidas para facilitar a implementação de tais procedimentos na prática clínica. Entretanto, alguns estudos – muitos estão surgindo sob a rubrica de ciência da implementação – começam a abordar os fatores associados à adoção das inovações tecnológicas (Werner e Korczyn, 2012). Trata-se de um trabalho importante, uma vez que o intenso esforço e o investimento organizacional, financeiro e humano envolvidos na integração dos avanços tecnológicos aos sistemas clínicos somente serão bem-sucedidos se os públicos-alvo estiverem dispostos a engajar-se.

Questões éticas na avaliação de idosos

Ao avaliar idosos no contexto da pesquisa ou da prática clínica, é necessário observar uma série de considerações especiais, a fim de garantir que esse trabalho seja conduzido em conformidade com altos padrões éticos. Em termos específicos, é importante que pesquisadores e profissionais de saúde conheçam as peculiares características do processo de envelhecimento e das vulnerabilidades relacionadas à idade que podem influenciar o processo de avaliação. Existem vários excelentes recursos para promover a prática ética e facilitar a tomada de decisões éticas (Russo, Bush e Rasin-Waters, 2013a; ver Tab. 4.4).

Uma série de princípios forma a base dos direitos humanos e da prática ética refletidos no processo de avaliação e que devem ser seguidos (o Apêndice 4.3 contém uma lista de verificação de questões éticas a serem abordadas no decorrer do processo de avaliação). O respeito à autonomia refere-se à capacidade de fazer escolhas na ausência de interferência e reconhece os direitos humanos básicos de adultos competentes a privacidade, dignidade e autodeterminação (Beauchamp e Childress, 2009; Koocher e Keith-Spiegel, 2008). A beneficência refere-se à promoção do bem-estar da pessoa, enquanto a não maleficência refere-se à prevenção do dano. Embora essas considerações éticas sejam relevantes para a pesquisa e a prática clínica com todos os grupos etários, a prevalência e a natureza das alterações e dos distúrbios vivenciados por idosos tornam particularmente importante a necessidade de avaliar e abordar as condições que possam afetar o processo de avaliação. Como observado anteriormente, muitos fatores podem influenciar a avaliação do desempenho de uma pessoa nas medidas do funcionamento cognitivo, incluindo déficits sensoriais e motores, dor física, condições clínicas subjacentes, consumo de medicamentos ou estados emocional e motivacional. Além disso, a resposta às demandas ambientais de uma sessão de testes pode diferir com base em experiência anterior ou fatores culturais. As alterações físicas, cognitivas e sociais associadas ao processo de envelhecimento, tanto previstas como patológicas, aumentam a necessidade de garantir que as questões éticas sejam abordadas a cada etapa do processo de avaliação, seja para fins de pesquisa ou clínicos.

Além disso, os profissionais de saúde que trabalham com idosos precisam considerar uma série de questões éticas específicas. Essas questões giram basicamente em torno da necessidade de conhecimento especializado sobre o desenvolvimento adulto e o processo de envelhecimento, incluindo aspectos clínicos do envelhecimento, psicopatologia e neuropatologia em idosos, sistemas familiares e sociais, bem como questões culturais (American Psychological Association, 2014; McGuire, 2009; Russo et al., 2013a). Os códigos de conduta observam que o serviço médico somente pode ser prestado por pessoal qualificado; as qualificações são baseadas na formação, no treinamento e na experiência supervisionada ou profissional (Russo et al., 2013a). Os profissionais de saúde devem desenvolver e manter a sua base de conhecimentos e o seu conjunto de habilidades para trabalhar com idosos (ver recursos na Tab. 4.4).

Antes de iniciar o processo de avaliação (ver Apêndice 4.3), é imperativo que as informações sobre ele sejam fornecidas ao idoso de maneira a serem facilmente compreendidas e que o paciente idoso tenha a oportunidade de fazer perguntas e obter respostas. Os tipos de informação fornecidos incluem a natureza e a finalidade da avaliação, quem terá acesso às informações, como as informações podem ser utilizadas (e como isso pode ter impacto na vida da pessoa), os limites da confidencialidade, envolvimento de terceiros e, no caso de avaliação clínica, honorários (Russo et al., 2013b). Dependendo da situação, pode ser necessário prestar especial atenção no sentido de garantir que todas essas informações sejam bem compreendidas (i. e., consentimento informado). É necessário assegurar-se de que estão sendo utilizados dispositivos compensatórios de auxílio sensorial (p. ex., óculos ou aparelhos auditivos; impressão em letras grandes), de que a pessoa é abordada quando está totalmente alerta, de que há presença de pessoas solidárias (se a pessoa desejar) ou de que há tempo suficiente para considerações.

Em situações em que haja preocupação a respeito da capacidade do idoso de fornecer o consentimento informado, por qualquer razão, pode ser necessário seguir alguns passos adicionais. A presença do comprometimento cognitivo em si não implica necessariamente que a pessoa seja incapaz de compreender e consentir. Sempre que possível, o idoso deve ser envolvido no processo decisório, podendo-se recorrer a um agente de decisão substituto ou guardião que possa prestar apoio à pessoa na tomada de uma decisão conjunta. Nesse caso, o substituto ou guardião seria totalmente informado das condições da avaliação. É importante ressaltar que os requisitos exatos para a obtenção do consentimento para a realização da pesquisa ou da avaliação clínica, nessa situação, podem diferir de acordo com a jurisdição; portanto,

Tabela 4.4 Recursos para a prática e tomada de decisões éticas

Título	Descrição	Referência
Recursos éticos gerais		
Princípios éticos dos órgãos de classe nacionais (de psicologia) e agências financiadoras e emendas		
American Psychological Association Ethical Principles and Code of Conduct (Princípios Éticos e Código de Conduta da Associação Americana de Psicologia)	Objetivos de orientação dos psicólogos para os ideais mais elevados da psicologia e que devem ser levados em consideração pelos psicólogos para que seja seguido um curso de ação ético. São abordadas as seguintes áreas: clínica, aconselhamento e prática escolar de psicologia; pesquisa; ensino; supervisão de estagiários; serviço público; desenvolvimento de políticas; intervenção social; desenvolvimento de instrumentos de avaliação; condução de avaliações; aconselhamento educacional; consultoria organizacional; atividades forenses; elaboração e avaliação de programas; e administração.	American Psychological Association (2002, 2010)
Canadian Psychological Association Code of Conduct (Código de Conduta da Associação Canadense de Psicologia)	Princípios éticos, valores e normas de orientação para o engajamento de cientistas psicólogos, clínicos ou cientistas clínicos em função relacionada a pesquisa, serviço direto, ensino, aprendizado (i. e., estudantes, estagiários), administração, controle, supervisão, consulta, emprego (i. e., empregador, empregado), disponibilização de recursos de qualificação técnica (p. ex., revisão pelos pares, testemunho de especialistas), desenvolvimento de políticas sociais ou qualquer outra atividade relacionada à disciplina.	Canadian Psychological Association (2017)
Tri-council Policy Statement: Ethical Conduct for Research Involving Humans (Declaração de Política de Conselho Tríplice: Conduta Ética para Pesquisas com Seres Humanos)	Política conjunta de três agências federais de pesquisa do Canadá – Canadian Institutes of Health Research (CIHR), Natural Sciences and Engineering Research Council of Canada (NSERC) e Social Sciences and Humanities Research Council of Cananda (SSHRC) – para promoção da conduta ética de pesquisas com seres humanos.	Canadian Institutes of Health Research, Natural Sciences and Engineering Research Council of Canada, e Social Sciences and Humanities Research Council of Canada (2010)

(continua)

Tabela 4.4 Recursos para a prática e tomada de decisões éticas *(continuação)*

Título	Descrição	Referência
Policy and Guidance (Política e Orientação)	Dispositivos de políticas e orientação regulatória para auxiliar a comunidade de pesquisadores a conduzir pesquisas éticas em conformidade com os regulamentos do U.S. Department of Health and Human Services.	Office of Human Research Protections, U.S. Department of Health and Human Services (2018)
Conselhos estaduais ou municipais de licenciamento e ética		
Diretrizes e comitês locais de ética institucional		
Livros sobre ética		
Neuroethics in Practice: Medicine, Mind and Society	Visão geral de perspectivas científicas e bioéticas relevantes para a solução de dilemas éticos reais.	Chatterjee e Farah (2013)
Ethical Issues in Clinical Neuropsychology	Discussão de questões éticas no campo da neuropsicologia e da aplicação de diretrizes éticas às interações clínicas com populações específicas de pacientes, inclusive de idosos.	Bush e Drexler (2002)
Ethical Decision-Making in Clinical Neuropsychology	Guia para a tomada de decisões éticas na prática diária da neuropsicologia clínica, com ênfase na ética positiva e um modelo de processo decisório pelo qual os profissionais podem resolver desafios éticos comuns.	Bush (2007)
Recursos éticos específicos aplicáveis a idosos		
American Psychological Association Guidelines for Psychological Practice with Older Adults	Para a autoavaliação de conhecimentos, habilidades e experiências pertinentes a esse campo de prática; sugestões para a busca e o emprego da educação e do treinamento adequados à ampliação de conhecimentos e habilidades.	American Psychological Association (2014)
Assessment of Older Adults with Diminished Capacity: A Handbook for Psychologists	Revisões de avaliações psicológicas no contexto das capacidades de particular importância para o trabalho com idosos (p. ex., capacidade de consentimento, capacidade financeira, capacidade de viver de forma independente, capacidade de participação em pesquisas); oferece uma estrutura conceitual para a condução de avaliações de capacidade; oferece orientação prática para profissionais de saúde, inclusive com uma visão geral das ferramentas e planilhas de avaliação.	American Bar Association Commission on Law and Aging e American Psychological Association (2008)

(continua)

Tabela 4.4   Recursos para a prática e tomada de decisões éticas
(continuação)

Título	Descrição	Referência
Peak Model for Training in Professional Geropsychology	Oferece um abrangente conjunto de competências nas áreas de conhecimentos e habilidades, incluindo avaliação, intervenção e consulta para a autoavaliação dos profissionais.	Karel, Molinari, Emery-Tiburcio, e Knight (2015); Knight, Karel, Hinrichsen, Qualls, e Duffy (2009)
Geriatric Mental Health Ethics: A Casebook	Apresenta um prático modelo de uma etapa e, por meio de um conjunto de estudos de caso, demonstra a sua implementação em diversos ambientes terapêuticos.	Bush (2009)

é essencial a familiaridade com leis e regulamentos estaduais/municipais, bem como com as diretrizes do conselho de ética institucional (Bravo et al., 2010; McGuire, 2009).

No processo de consentimento, deve-se abordar a questão sobre as informações obtidas serem ou não compartilhadas com familiares ou terceiros. Em algumas situações, isso pode ser percebido como condição geradora de um dilema ético, com conflito entre a autonomia do indivíduo e a autonomia relacional (autonomia sustentada e ampliada pelos outros) (Russo et al., 2013a). Para aqueles que estão se tornando cada vez mais dependentes dos outros, o fato de procurar formas de incentivar a tomada de decisões e o compartilhamento de informações com pessoas solidárias e que demonstram preocupação acabará por beneficiar o idoso. Também no âmbito do processo de consentimento, os limites da confidencialidade a serem declarados incluem o dever de relatar abuso contra o idoso (i. e., abuso físico, psicológico, verbal, material) (McGuire, 2009) ou situação que represente perigo para si/outras pessoas. O direito de recusar serviço e o direito à privacidade (p. ex., até que ponto fornecer informações aos outros) deve ser honrado.

Ao elaborar a avaliação (ver Apêndice 4.3), é importante fazer uma diligência prévia ao selecionar abordagens e medidas para lidar adequadamente com a questão do encaminhamento e descartar hipóteses alternativas (Russo et al., 2013a). Isso inclui a coleta de informações a partir de diversas fontes (p. ex., entrevistas, testes, observação), a seleção de medidas apropriadas à idade a partir de uma amostragem adequada de constructos relevantes (cognitivos e não cognitivos), a utilização de dados normativos adequados ou a consideração de fatores capazes de influenciar os dados normativos coletados em outra década (p. ex., composição de amostra, efeito Flynn ou efeitos de coorte) e a consideração do fato de que muitos fatores podem influenciar a avaliação do desempenho de uma pessoa nas medidas de funcionamento cognitivo (p. ex., déficits sensoriais/motores, dor, condições clínicas multimórbidas, medicamentos, emoção e motivação). Sempre que possível, deve-se buscar formas de amenizar o impacto desses fatores na avaliação.

A avaliação precisa ser conduzida de maneira a sustentar a autonomia e a dignidade do idoso e evitar danos. O uso da avaliação computadorizada com um idoso que tenha pouco ou nenhum contato com o uso de computadores ou de um *mouse* e um teclado requer que essa pessoa receba preparação adicional e seja incentivada a se sentir à vontade com as exigências do teste (Russo et al., 2013a). Isso pode exigir que a avaliação seja programada para uma ocasião em que a pessoa seja capaz de render o máximo, que a avaliação seja conduzida em várias sessões curtas ou que sejam feitas pausas frequentes para descanso. Involuntariamente, os estereótipos e vieses relacionados à idade (preconceito etário) podem ser reforçados ou evocados dentro do ambiente do teste neuropsicológico e afetar de forma adversa a realização do teste cognitivo (Haslam et al., 2012; Kit, Tuokko e Mateer, 2008). Tais situações podem reduzir a autoeficácia e o esforço e aumentar a ansiedade, afetando negativamente a realização do teste e criando uma "profecia autorrealizável" (Suhr e Gunstad, 2002, 2005). Embora o treinamento adequado e a experiência possam atenuar o dominante preconceito etário expresso na sociedade norte-americana, os psicólogos não estão imunes a esse preconceito e devem estar cientes de seus próprios vieses e de seu possível impacto sobre os outros (McGuire, 2009).

O idoso deve receber *feedback* (ver Apêndice 4.3) de acordo com as condições abordadas no processo de consentimento informado (i. e., a quem as informações são reveladas). A maneira como a informação é transmitida é tão importante como a própria informação (Russo et al., 2013a). Uma abordagem de fornecimento de *feedback* (especialmente quando se trata de perda de função) que seja sensível e sustente a autonomia e a dignidade do idoso será de grande benefício para todos os interessados. O fornecimento de *feedback* negativo na ausência de sensibilidade e apoio pode levar o idoso a reagir com depressão, desespero ou esquiva. As informações devem ser fornecidas com clareza e com um nível de detalhes que possa ser recebido pelo idoso e por seus familiares. Podem ser necessárias sessões adicionais de *feedback* para garantir o total entendimento dos achados e de suas implicações (McGuire, 2009). A sessão de *feedback* é um processo dinâmico e interativo que representa uma oportunidade de oferecer orientação sobre a condição. Além disso, podem ser apresentadas as opções disponíveis de recursos, apoio e assistência, ou oferecer orientação e apoio como parte de um sistema de assistência (Postal e Armstrong, 2013). Quando os clientes e seus entes queridos compreendem a condição, eles podem compartilhar informações ou preocupações anteriormente não reveladas. Além disso, eles podem tornar-se defensores mais eficazes de si mesmos e de seus entes queridos (Postal e Armstrong, 2013). Em seu livro *Feedback That Sticks*, Postal e Armstrong (2013) oferecem aos profissionais de saúde estratégias práticas de abordagem à sessão de *feedback*. Tornar informações complexas acessíveis ao público-alvo é fundamental para o fornecimento de *feedback* que "permanece". Recorrendo às teorias da comunicação, Postal e Armstrong identificaram os seis princípios essenciais da comunicação eficaz: simplicidade, imprevisibilidade, concretude, credibilidade, emoções e histórias. Eles observaram também que o *feedback* começa durante a entrevista clínica, permitindo tempo para gerar confiança e engajar o cliente e a família como colaboradores no processo de avaliação. A avaliação é estruturada para esclarecimento e compreensão da condição e para abordar os objetivos do cliente e da família. É importante que as informações sobre condições que não tenham ficado claramente entendidas sejam fornecidas com muito cuidado. Por exemplo, as implicações prognósticas do CCL são incertas, e essa informação deve ser transmitida ao idoso. Antes de engajar-se nesse tipo de discussão, os benefícios do diagnóstico precoce de um processo potencialmente degenerativo (i. e., respeito à autonomia, alívio de ter um diagnóstico, oportunidade de participação no processo de decisão e planejamento) devem ser confrontados com os riscos (p. ex., o diagnóstico poderá precipitar medo e angústia, reduzir a esperança, induzir ideação depressiva e/ou suicida, estigma e consequências correlatas?; Werner e Korczyn, 2008).

A chave para garantir que as pesquisas e a prática clínica com idosos sejam conduzidas com altos padrões éticos é a familiaridade com os códigos gerais de conduta ética e as considerações específicas relevantes para idosos, bem como a aplicação proativa desses princípios a cada etapa do processo de avaliação.

No caso de pesquisa que envolva idosos, os princípios éticos observados na Tabela 4.4 normalmente são abordados de forma explícita no processo de consentimento, e a familiaridade com as diretrizes do conselho local de ética institucional é essencial (Bravo et al., 2010; McGuire, 2009). Uma situação que exige consideração especial sobre as implicações éticas é aquela do profissional de saúde e do pesquisador. Nesse caso, de acordo com os códigos de conduta, o profissional de saúde tem por dever primário prestar um nível ótimo de assistência, enquanto o cientista deve aderir aos procedimentos e métodos descritos no protocolo de pesquisa. Existem diferentes escolas de pensamento sobre como resolver esse conflito: a abordagem fiduciária observa que a obrigação de prestar assistência deve prevalecer, enquanto a abordagem da não exploração sustenta que a pesquisa realizada deve desenvolver o conhecimento, não beneficiar o participante. Uma terceira alternativa descrita por Resnik (2009) é uma abordagem contextual em que a obrigação de prestar assistência varia de acordo com a situação. Nesse caso, a obrigação clínica de prestar assistência aumenta, com o risco clínico ou psicológico para o participante da pesquisa, devendo-se dispensar especial atenção àqueles que mais necessitam de ajuda. Por exemplo, um achado incidental em um estudo de pesquisa que represente pouco ou nenhum risco não seria objeto de maior atenção, enquanto outro com implicações imediatas para o estado de saúde do paciente seria acompanhado (Detre e Bockow, 2013), com encaminhamento para avaliação e tratamento. Entretanto, não é razoável exigir que alguém preste um serviço de saúde que não pode ser prestado por falta de recursos, qualificação ou conhecimento da pessoa (Resnik, 2009).

Avaliação das trajetórias do declínio cognitivo

Como observado anteriormente, embora os estudos longitudinais do declínio cognitivo tenham demonstrado que muitas formas de demência apresentam trajetórias crescentes de desenvolvimento de comprometimento cognitivo, os indicadores iniciais daqueles casos, que demonstrarão ou não essa progressão, permanecem imprecisos. Dito isso, originaram-se dessas pesquisas diversos constructos aparentemente característicos do funcionamento cognitivo em diferentes momentos ou estágios da trajetória de desenvolvimento presumida entre o envelhecimento normal, com um declínio cognitivo sutil e relativamente inócuo, e o comprometimento cognitivo significativo que afeta o funcionamento cotidiano observado na demência (ver Tab. 4.1).

Há décadas, as pesquisas examinam os efeitos do envelhecimento sobre a cognição e outros processos psicológicos correlatos. Embora as alterações no funcionamento obviamente acometam pessoas ao longo da vida, reconhece-se também que os efeitos do envelhecimento normal diferem dos efeitos dos processos patológicos associados à idade. As distinções entre esses processos são evidentes no uso dos termos *envelhecimento primário, envelhecimento secundário* e *envelhecimento terciário*. O *envelhecimento primário* denota as mudanças intrínsecas normais, universalmente vivenciadas, que ocorrem conjuntamente com a alteração progressiva dos sistemas do corpo. O *envelhecimento secundário* refere-se ao comprometimento funcional de natureza patológica que afeta somente um segmento da população idosa, enquanto a rápida perda de múltiplas áreas funcionais mais para o final da vida se denomina *envelhecimento terciário* (Whitbourne, Whitbourne e Konnert, 2015).

Vale reiterar que a função cognitiva é determinada por múltiplos fatores, e argumenta-se que a interpretação dos achados das avaliações se faz a partir de uma perspectiva de desenvolvimento integrativa. As informações sobre os muitos fatores (p. ex., clínicos, situacionais, relacionais) que podem influenciar a função cognitiva são interpretadas no contexto do quadro de desenvolvimento único de cada indivíduo. Tentar abordar ou conceitualizar isoladamente esses problemas pode resultar na perda de inter-relações importantes, visto que esses problemas podem influenciar-se mutuamente. A abordagem neuropsicológica deve ser necessariamente integrativa. Esse processo integrativo geralmente revela muitos possíveis fatores contribuintes que devem ser abordados de forma sistemática durante a formulação de um parecer diagnóstico ou de um plano de intervenção. Não é uma ocorrência incomum um indivíduo apresentar um quadro clínico que envolve "um pouco disto e um pouco daquilo". Essa realidade clínica, embora desconcertante na busca de manifestações "puras" ou "didáticas" de distúrbios específicos, fornece o quadro abrangente necessário para garantir "a melhor" prática clínica.

Resumo e considerações finais

Este capítulo apresenta uma visão geral da abordagem integrativa de avaliação do desenvolvimento. Explorou-se aqui o papel em expansão da tecnologia (p. ex., adaptações que envolvem protocolos de avaliação por via telefônica, vídeo, computadorizada e *on-line*) e as questões éticas na avaliação cognitiva de idosos. As avaliações tecnologicamente assistidas costumam ser utilizadas nesse contexto do envelhecimento cognitivo normal, e as demandas desses métodos de avaliação podem impedir o seu uso em situações em que o comprometimento cognitivo possa interferir no próprio processo de avaliação. Ou seja, em alguns casos, as dificuldades de compreensão e a necessidade de auto-orientação podem impossibilitar o uso desses métodos de avaliação. Essas tecnologias diferem quanto ao grau de semelhança entre os procedimentos de administração e resposta e a administração dos testes presenciais tradicionais. Também foram abordadas as questões relativas à validade desses modos alternativos de administração de testes.

O estudo do processo de envelhecimento normal fornece o cenário contextual necessário para identificar e controlar os processos patológicos associados à idade. No Capítulo 5, serão exploradas as abordagens de desenvolvimento dos padrões normativos de comparação para as medidas das funções cognitivas e as questões pertinentes à aplicação desses padrões.

O DCS é uma síndrome clínica emergente caracterizada pelo desempenho normal previsto nas medidas cognitivas e pelo funcionamento diário no contexto de preocupações significativas em relação ao declínio das capacidades cognitivas. No Capítulo 6, será feita uma descrição detalhada do estado de conhecimento atual sobre essa condição, com orientação aos profissionais de saúde em termos de estratégias de avaliação e tomada de decisões clínicas.

Os conceitos relacionados ao CCL são estudados como pródromo de demência, e especialmente da DA, há mais de 20 anos. As definições e os procedimentos de avaliação do CCL desenvolveram-se durante esse período e encontram-se descritos no Capítulo 7. Este é um construto bastante útil, visto que a progressão para a demência não é um resultado inevitável.

Por fim, no Capítulo 8, o foco será o diagnóstico diferencial de condições prevalentes relacionadas à idade. Desse modo, as principais características do quadro clínico serão identificadas para fins de consideração ao se estabelecer a distinção entre as condições. A discussão sobre esses distúrbios está organizada de acordo com sua manifestação e progressão (p. ex., manifestação rápida, potencialmente reversível com a intervenção, variável, déficit neurológico máximo por ocasião da manifestação, manifestação insidiosa com declínio progressivo). Em seguida, será analisado o impacto da demência no funcionamento diário, incluindo a avaliação da capacidade funcional. Por fim, discute-se a prática da avaliação para a evolução dos sintomas cognitivos e comportamentais à medida que a demência progride. Algumas medidas se prestam mais para o planejamento da assistência destinada a melhorar a qualidade de vida, enquanto outras demonstraram ser úteis para o monitoramento das alterações funcionais ao longo do tempo.

Pontos-chave

✓ O processo de avaliação é holístico e integrativo.
✓ Uma vida inteira de experiências, incluindo os vínculos iniciais, as relações interpessoais, a realização educacional e profissional, além dos valores culturais centrais e as crenças, afetam o funcionamento cognitivo em uma fase mais avançada da vida.
✓ As informações para a avaliação são obtidas por meio de vários métodos, como observação, entrevistas e testes objetivos extraídos de múltiplas fontes, como a pessoa avaliada, um informante conhecedor do assunto e registros existentes que documentem o funcionamento educacional, ocupacional e clínico.
✓ As influências educacionais, linguísticas e culturais podem afetar a interpretação das avaliações cognitivas.
✓ Os avanços tecnológicos levaram a avaliação cognitiva além da administração de testes presenciais tradicionais.
✓ As características peculiares do processo de envelhecimento e as vulnerabilidades relacionadas à idade suscitam considerações éticas específicas para profissionais de saúde e pesquisadores.

Apêndice 4.1

Informações essenciais a serem obtidas na entrevista

Essas informações sobre o cliente podem ser obtidas diretamente dele ou por meio de um informante colateral.

1. *Razão para o encaminhamento.* Descreva por que você está aqui hoje.
- Que tipos de problemas você está vivenciando?
- Quais os seus objetivos para participar desta avaliação (i.e., o que você gostaria de descobrir a seu respeito)?
- Esses problemas preocupam você?
2. *Manifestação.* Quando você percebeu inicialmente cada um desses problemas?
- Havia algo específico acontecendo quando você notou o problema?
3. *Curso de progressão.* Você acha que essas alterações estão piorando, permanecem do mesmo jeito ou estão melhorando?
- Se estiverem piorando, houve uma mudança rápida ou lenta?
- Você percebe oscilações no seu funcionamento (p. ex., momentos melhores e piores)?
4. *Situação social.* Qual a sua situação de vida atual?
- Você é casado?
- Quem mora na casa?
- Quem mais é próximo a você (p. ex., filhos, amigos)?
- Que tipos de atividades ou *hobbies* você pratica (p. ex., atividades sociais, inclusive atividades religiosas ou culturais)?
- Existem grupos específicos com os quais você se identifica (p. ex., culturais, éticos)?
5. *Histórico clínico.* Descreva as condições clínicas/físicas antes da manifestação da condição atual (p. ex., lesões passadas, cirurgias, condições psiquiátricas ou neurológicas, condições crônicas, como diabetes, cardiopatia, câncer).
- Você recebeu tratamento para essa condição? Quando? Por quem?
- Você está tomando algum medicamento? Para quê?
6. *Funcionamento anterior.* Descreva o seu perfil educacional e profissional.
- Quantas séries você concluiu na escola?
- Onde você estudou?
- Houve algum problema especial durante o seu período escolar?
- Que tipos de funções você desempenhou?
7. *Funcionamento atual.*
- Sensorial/motor: você tem alguma dificuldade para enxergar ou ouvir?

Você usa lentes corretivas ou aparelho auditivo? Você tem alguma dificuldade com movimentos motores, como caminhar ou escrever?

- Você notou alguma alteração na sua memória (p. ex., aprender coisas novas, lembrar onde colocou objetos, recordar nomes ou fisionomias de amigos ou familiares, manter o sentido de orientação em lugares familiares, recordar eventos de vida passados, recordar datas pessoais, como aniversários e de casamento)?
- Você notou alguma alteração nas suas habilidades linguísticas (p. ex., encontrar palavras para expressar-se, recordar nomes, compreender o que as pessoas estão dizendo, pronunciar as palavras, iniciar uma conversa, gaguejar)?
- Você notou alguma alteração no seu humor (p. ex., irritável, triste ou deprimido, ansioso, agressivo, desconfiado em relação aos outros, pensamentos perturbadores)?
- Você notou alguma alteração na sua capacidade de executar tarefas do dia a dia (p. ex., realizar tarefas domésticas, manusear dinheiro, ler, dirigir, usar o telefone, vestir-se, tomar banho, arrumar-se)?

Apêndice 4.2

Domínios cognitivos para interpretação e administração

Domínio cognitivo	2 DP abaixo da média	1 DP abaixo da média	Média	1 DP acima da média	2 DP acima da média
Memória (aquisição e retenção de novas informações) *Medida de memória 1* *Medida de memória 2*					
Raciocínio/capacidade de julgamento (tomada de decisões, planejamento, capacidade de assumir riscos) *Medida de raciocínio 1* *Medida de raciocínio 2*					
Visuoespacial (reconhecimento de fisionomias, objetos, operação de implementos simples, determinação do vestuário) *Medida visuoespacial 1* *Medida visuoespacial 2*					
Linguagem (linguagem expressiva e receptiva; fala, leitura, escrita, compreensão) *Medida de linguagem 1* *Medida de linguagem 2*					
Comportamento (personalidade, humor, motivação, interesse, aceitável) *Medida de depressão* *Medida de ansiedade*					
Atenção complexa (atenção sustentada, dividida ou seletiva; velocidade de processamento) *Medida de atenção 1* *Medida de atenção 2*					

Função executiva (planejamento, tomada de decisões, memória de trabalho, inibição, flexibilidade mental) *Medida executiva 1* *Medida executiva 2*					
Perceptual-motor (percepção visual, construção visual, práxis, gnose) *Medida perceptual-motora 1* *Medida perceptual-motora 2*					
Cognição social (reconhecimento de emoções, tomada de perspectiva) *Medida de cognição social 1* *Medida de cognição social 2*					

Apêndice 4.3

Princípios éticos e o processo de avaliação
(Russo et al., 2013a, 2013b)

Verificar os princípios éticos essenciais (entre parênteses) abordados a cada estágio do processo de avaliação.

Antes da avaliação

____ Os limites da competência e a manutenção da competência (beneficência, não maleficência)
____ Avaliação conduzida por pessoa qualificada (beneficência, não maleficência)
____ O cliente tem o direito de saber (respeito à autonomia, beneficência, não maleficência):
    ____ a natureza e a finalidade do serviço
    ____ quem receberá um relatório
    ____ quem terá acesso às informações obtidas
    ____ como as informações podem ser utilizadas
    ____ o possível impacto do serviço em sua vida
    ____ os limites da confidencialidade
    ____ o envolvimento de terceiros
    ____ os honorários
____ O cliente tem o direito de recusar o serviço
____ O cliente tem direito à privacidade e decide até que ponto as informações podem ser compartilhadas com outras pessoas (ver exceções em Russo et al., 2013a)

Preparação para a avaliação

____ Obter múltiplas fontes de informação (beneficência, não maleficência):
    ____ Entrevista com o idoso e cuidadores
    ____ Informações biográficas e médicas
    ____ Observações de comportamento
    ____ Medidas cognitivas
    ____ Medidas de emoção
    ____ Medidas de comportamento
____ Seleção de medidas psicometricamente sensatas e adequadas à idade, com respaldo de pesquisa (beneficência, não maleficência)

Durante a sessão de avaliação

____ Conduzir a avaliação de modo a manter a autonomia e a dignidade e evitar prejuízo (respeito à autonomia, beneficência, não maleficência)

Feedback

____ Fornecer informações detalhadas sobre a condição de modo a manter a autonomia e a dignidade e evitar danos (respeito à autonomia, beneficência, não maleficência)
____ Enfatizar as vantagens e formas de manter as capacidades cognitivas, buscar formas de manter o sentido de propósito e engajamento contínuos (respeito à autonomia, beneficência, não maleficência)
____ Introduzir recursos e opções de apoio/cuidados (respeito à autonomia, beneficência, não maleficência)

CAPÍTULO 5

Declínio cognitivo normal decorrente da idade

Os pesquisadores estudam a cognição, ou o modo de funcionamento da mente, há aproximadamente 150 anos. Com a evolução desse trabalho, os domínios das funções cognitivas (p. ex., memória, inteligência, atenção, funções executivas) foram definidos e redefinidos para descrever os processos subjacentes propostos, o impacto que o envelhecimento pode ter sobre esses processos e as implicações dessas alterações relacionadas à idade. Como já observado, algumas funções cognitivas parecem declinar com o avanço da idade (p. ex., tarefas que exigem velocidade motora, memória de trabalho, inteligência fluida, tarefas visuoespaciais), enquanto outras são relativamente poupadas (p. ex., memória semântica, inteligência cristalizada). Este capítulo descreve como essas informações podem ser aplicadas a um contexto clínico.

Os estudos do envelhecimento cognitivo normal podem envolver a comparação entre pessoas de diferentes grupos etários em um determinado momento (i. e., diferenças etárias nos estudos transversais), o acompanhamento do mesmo grupo à medida que as pessoas envelhecem (i. e., longitudinal) ou uma combinação dessas abordagens, de modo a considerar as deficiências de cada uma. Esses estudos podem ter como foco um único domínio ou uma tarefa dentro desse domínio de cognição (p. ex., recuperação de memória) ou podem incluir medidas cognitivas em um contexto mais amplo (p. ex., com fatores biológicos e sociais), a fim de permitir uma abordagem mais holística para que se entenda como as funções cognitivas interagem com outros fatores no decorrer do processo de envelhecimento.

Os achados dos primeiros estudos sobre o envelhecimento cognitivo normal ensejaram a criação de teorias para explicar as trajetórias de desenvolvimento observadas. A partir desses estudos, diversas abordagens orientadas para o desenvolvimento de teorias sobre o envelhecimento cognitivo foram, e continuam sendo, aprimoradas (Rodríguez-Aranda e Sundet, 2006).

No Capítulo 1, foram descritas algumas dessas abordagens: processamento de informações, diferenças intraindividuais – contextuais, biológicas e integrativas. Com o tempo, essas teorias deixaram de ter como foco específico o envelhecimento cognitivo normal para incorporar observações e elementos oriundos do estudo dos transtornos cognitivos.

Como esses estudos sobre o envelhecimento cognitivo normal revelam, algumas funções cognitivas declinam, enquanto outras permanecem relativamente estáveis ou podem, até mesmo, melhorar. Por exemplo, um princípio geralmente aceito é o fato de que a inteligência fluida, ou a capacidade necessária para o pensamento flexível e adaptativo, como fazer inferências e compreender as relações entre os conceitos, declina com a idade, enquanto a inteligência cristalizada, ou o conhecimento adquirido por meio da experiência e da educação em uma determinada cultura, mantém-se ou pode até melhorar (p. ex., o conhecimento continua a ser adquirido) (Horn, 1982). Da mesma forma, algumas formas de memória declinam com a idade (p. ex., memória de trabalho, memória explícita ou declarativa; Light, 2012; McCabe e Loaiza, 2012), enquanto outras são relativamente poupadas (p. ex., memória semântica; Grady, 2012). Essas alterações são consideradas normais na medida em que representam mudanças tipicamente associadas ao avanço da idade. Entretanto, deve-se reconhecer que nem todas as pessoas demonstram as formas "típicas" de declínio cognitivo. Algumas pessoas podem demonstrar pouca ou nenhuma alteração discernível em seu funcionamento cognitivo à medida que envelhecem. Deve-se reconhecer também que, do ponto de vista clínico, o desempenho de uma pessoa nas medidas de funcionamento cognitivo pode enquadrar-se na faixa normal associada à idade, mas essa pessoa pode mostrar-se cognitivamente incapacitada em sua vida diária por razões que não os transtornos neurodegenerativos. Por exemplo, algumas pessoas muito idosas podem apresentar um desempenho dentro da faixa esperada de acordo com as medidas cognitivas individuais, mas ser incapazes de tomar decisões complexas em decorrência da dificuldade de integrar múltiplas fontes de informação, das circunstâncias socioculturais rapidamente mutáveis ou da fragilidade física.

O estudo do envelhecimento normal, portanto, pode fornecer as informações fundamentais necessárias para o entendimento das alterações esperadas das funções cognitivas associadas ao envelhecimento primário e permitir padrões de comparação para a identificação do comprometimento dentro e entre os domínios cognitivos. Neste capítulo, o objetivo é entender de que maneira o conhecimento resultante do estudo do envelhecimento cognitivo normal fornece as informações necessárias para a detecção e o controle de condições que refletem processos patológicos subjacentes. Desse modo, descrevem-se as abordagens de desenvolvimento dos padrões de comparação normativos para mensurar as funções cognitivas e são tratadas as questões pertinentes à aplicação desses padrões.

Padrões de comparação normativos

As estratégias utilizadas na avaliação de idosos consistem em observações, de entrevistas, autorrelato de comportamentos e preocupações, bem como o uso de instrumentos ou testes para avaliar como a pessoa executa objetivamente uma determinada tarefa dentro de um domínio cognitivo. Esta última abordagem citada depende do conhecimento das vantagens e limitações desses instrumentos de teste e de sua adequabilidade para uso com adultos em diversos pontos do ciclo de vida. Mediante a aplicação dessas ferramentas na avaliação de idosos normais, é possível determinar as características das medidas de funcionamento cognitivo e desenvolver padrões ou normas de comparação para aplicação em contextos clínicos.

Abordagens às normas

A maioria das medidas para uso na prática clínica foi desenvolvida por empresas comerciais e disponibilizam informações sobre grandes amostras de indivíduos que geralmente representam a população de interesse (p. ex., residentes dos Estados Unidos). As medidas recentemente publicadas ou atualizadas disponibilizam para os idosos informações sobre o desempenho nos testes realizados. Entretanto, isso pode não se estender aos mais idosos (i. e., aqueles acima de 80 anos), grupo no qual é esperado o maior aumento desta faixa etária. As informações normativas disponíveis por meio dessas fontes, portanto, nem sempre são relevantes para o profissional de saúde. Além disso, é possível que as medidas desenvolvidas no passado ou aquelas desenvolvidas pelos pesquisadores não disponibilizem informações tão extensas em relação aos idosos.

Independentemente da fonte de informações normativas, a natureza da *amostra de padronização* utilizada para o desenvolvimento das normas é fundamentalmente importante para identificar o comprometimento funcional. A finalidade da padronização, em termos de administração de testes ou em relação ao desenvolvimento e à aplicação de normas, é reduzir a quantidade de erros de medição e fornecer uma estimativa estável do que se considera indicativo de funcionamento característico para um segmento específico da população. Dito isso, os estudos diferem quanto às amostras utilizadas para identificar alterações de funcionamento cognitivo relacionadas à idade e para desenvolver padrões de comparação. Às vezes, as normas são desenvolvidas a partir de uma amostragem aleatória de indivíduos provenientes de determinada fonte (p. ex., listas de recenseamento). Por exemplo, as medidas de funcionamento cognitivo podem ser coletadas como parte de estudos epidemiológicos de base populacional e utilizadas para criar normas (Ganguli et al., 2010). Em outros casos, amostras de conveniência podem ser recrutadas por diversos meios (p. ex., anúncios na mídia ou em centros recreativos locais). As normas desenvolvidas em diferentes amostras podem, portanto, não ser comparáveis nem igualmente aplicáveis em todos os contextos clínicos. Ou seja, uma amostra de padronização adequada precisa ser o mais semelhante possível em termos de características demográficas importantes (p. ex., idade, gênero, escolaridade, perfil ocupacional) para as pessoas às quais a amostra está sendo aplicada (i. e., o contexto clínico específico). Dadas as diferenças existentes entre as amostras de padronização e a observação de que as normas adequadas podem não estar disponíveis para todas as pessoas observadas em um contexto clínico, é importante buscar as "melhores" amostras para fins de comparação e, quando necessário, aplicar vários conjuntos de normas. Isso permite que o profissional de saúde situe o desempenho da pessoa em relação a outros grupos ao determinar o curso de ação a ser seguido.

As amostras de padronização podem ser subdivididas em segmentos para definir categorias específicas de interesse. Certamente, observou-se que o desempenho nas medidas de funcionamento cognitivo difere entre os grupos etários, de modo que os padrões de comparação podem levar esses aspectos em consideração e fornecer dados normativos estratificados por idade. Os dados normativos geralmente são estratificados por gênero, e o nível de escolaridade como desempenho avaliado nas medidas cognitivas quase sempre demonstra ser afetada (ou seja, ter correlação) por essas características. Entretanto, como ilustrado nos capítulos anteriores, muitos outros fatores sociodemográficos têm sido ligados ao envelhecimento cognitivo saudável como fatores de proteção ou risco (p. ex., facilidade com idiomas, atividades cognitivas de lazer, interações sociais, atividade física, nutrição) e podem precisar ser levados em consideração no desenvolvimento de padrões de comparação. É importante notar, no entanto, que esses fatores individuais podem não ser independentes, mas, em vez disso, ocorrer em conjunto nas mesmas pessoas (Poortinga, 2007). Além disso, a distinção entre os fatores de risco para o declínio e as causas do declínio está se tornando cada vez mais confusa à medida que se compreende melhor as relações entre esses fatores (Geldmacher, Levin e Wright, 2012).

A definição da amostra de padronização, portanto, está se tornando mais complexa conforme se aprende mais sobre os fatores que influenciam o envelhecimento cognitivo saudável. Definindo-se as características da amostra de diferentes maneiras, o padrão de comparação necessariamente se altera. Uma amostra representativa da população de idosos selecionada aleatoriamente pode incluir indivíduos com distúrbios que afetam o funcionamento cognitivo. É o que acontece mesmo quando o rastreamento é feito em razão de complicações médicas óbvias, como condições neurológicas ou psiquiátricas específicas. Especificamente nas últimas duas décadas, ficou claro que as condições neurodegenerativas subjacentes aos transtornos neurocognitivos (TNC) costumam ter estágios subclínicos ou pré-sintomáticos prolongados (Albert et al., 2011) que podem não ser detectados pelo indivíduo ou por aqueles à sua volta. As amostras transversais podem ser suscetíveis à inclusão desses indivíduos. Entretanto, pode acontecer de essa amostra ser indicativa dos idosos típicos dessa população e permitir uma comparação útil. A restrição à seleção da amostra para aqueles muito ativos e em condições de saúde extremamente boas pode ser de particular utilidade para o estudo da natureza dos processos cognitivos, podendo, no entanto, fornecer um padrão de comparação elitizado, e não um grupo de comparação característico ou normal.

Algumas dessas preocupações podem ser abordadas no contexto de uma coleta de dados longitudinal em que as taxas de incidência de comprometimento cognitivo podem ser determinadas e incluídas no processo de desenvolvimento de padrões modificados de comparação. Uma dessas abordagens, em geral conhecida como normalização sólida, consiste em remover das amostras normativas os casos incipientes de demência, uma vez que sua inclusão tende a reduzir a média e aumentar a variabilidade da pontuação dos testes (De Santi et al., 2008; Holtzer et al., 2008; Pedraza et al., 2010; Ritchie, Frerichs e Tuokko, 2007).

Uma vez determinada a amostra de padronização, a *pontuação dos testes* pode ser representada de diversas maneiras para fins de comparação. Em geral, examina-se a pontuação bruta, selecionando alguma forma de métrica que caracterize a distribuição em relação à qual as comparações possam ser feitas. Isso pode ser tão simples como gerar médias e desvios-padrão da pontuação bruta a partir da amostra normativa e utilizar essas variáveis para fins de comparação. Em geral, as pontuações são convertidas em uma métrica comum que ajude a determinar onde a pessoa se enquadra na distribuição normativa (i. e., em relação a outras pessoas) e permita uma comparação direta do desempenho em diferentes testes. Quando normalmente distribuída, a pontuação bruta dos testes pode ser convertida em pontuação-padrão (escore Z) ou convertida em uma média de 100 e um desvio-padrão (*DP*) de 15 (p. ex., como nos escores de QI) ou em um escore *T*, com média de 50 e *DP* de 10. Algumas pontuações que não são normalmente distribuídas (i. e., assimétricas) podem ser normalizadas para criar uma distribuição normal (Crawford, 2004). Em outros casos (p. ex., assimétrica aguda), as pontuações podem ser expressas de outras maneiras para fins de comparação, como em percentis (Crawford, Garthwaite e Slick, 2009).

Embora as características demográficas conhecidas por influenciar o desempenho nos testes cognitivos (p. ex., idade, gênero, realização educacional) geralmente sejam levadas em consideração no desenvolvimento de padrões normativos, essa prática apresenta controvérsias (O'Connell e Tuokko, 2010; Sliwinski, Buschke, Stewart, Masur e Lipton, 1997; Sliwinski, Lipton, Buschke e Wasylyshyn, 2003). Essa controvérsia surgiu no contexto do rastreio, ou do diagnóstico, de demência. A idade avançada é associada à prevalência de demência, de modo que a aplicação de correções por faixa etária aos instrumentos utilizados para detectar a presença de demência pode eliminar uma variância preditiva importante. Foi sugerida uma distinção entre as normas demograficamente corrigidas utilizadas para determinar as vantagens e as deficiência clínicas (i. e., "normas comparativas") e as "normas diagnósticas" que combinam escores brutos não corrigidos e informações sobre a prevalência de demência baseadas na taxa-base corrigida pela idade (Sliwinski et al., 1997, 2003). Para examinar a utilidade dessa distinção, O'Connell e Tuokko (2010) utilizaram as técnicas de simulação de Monte Carlo em que as associações entre as características demográficas (i. e., idade e educação) e diagnósticas (i. e., demência) foram manipuladas, mantendo, ao mesmo tempo, a associação entre as pontuações dos testes e as características demográficas. Eles constataram que a correção pela idade no contexto do diagnóstico de demência reduz a precisão da classificação quando a idade é moderadamente associada ao risco de demência. Trata-se de uma situação particularmente problemática se um único teste (p. ex., ferramenta de rastreamento) estiver sendo utilizado para diagnosticar a demência, caso em que pode ser mais apropriado utilizar escores brutos. O uso de múltiplos testes em uma abordagem de avaliação neuropsicológica compensa a redução da precisão da classificação associada ao uso de escores demograficamente corrigidos.

As análises demográficas podem ser incorporadas ao desenvolvimento dos padrões de comparação de diversas maneiras. As médias simples do escore bruto e os desvios-padrão podem ser apresentados para estratificação específica dentro da amostra normativa (Kang et al., 2013). Normalmente, a estratificação das características demográficas correlacionadas com a pontuação dos testes é incluída (p. ex., idade, escolaridade, gênero), o que geralmente não ocorre quando não existem correlações. Outras abordagens de análise demográfica sugeridas incluem a sobreposição de tabelas ou de equações de regressão. As tabelas sobrepostas (Pauker, 1988; Saxton et al., 2000) têm especial utilidade quando o número de células de estratificação é grande e o tamanho das amostras dentro de cada célula pode ser relativamente pequeno. Construindo-se as tabelas normativas em que as variáveis estratificadas são desmembradas em acréscimos relativamente pequenos (p. ex., intervalos de idade de 5 anos; intervalos de escolaridade de 3 anos) e os dados comparativos são apresentados no ponto intermediário de cada faixa etária, as informações contidas nas células aparecerão sobrepostas e o escore de determinado participante pode ser representado em várias células (Tab. 5.1). Por exemplo, a partir da Tabela 5.1, uma pontuação de teste (não ilustrada) para uma pessoa de 70 anos pode ser comparada com as pontuações de uma amostra normativa entre múltiplas células. Isso permite comparações mais diretas de pessoas que se enquadram nas extremidades superior e inferior dos agrupamentos tradicionais e maximiza os dados normativos disponíveis para fins de comparação. O uso de equações de regressão para desenvolver padrões de comparação demograficamente corrigidos leva em consideração os possíveis efeitos da interação entre as variáveis demográficas. Essa abordagem converte escores brutos em escores escalados, e as variáveis demográficas são regredidas sobre os escores escalados em uma única etapa. Os pesos das variáveis obtidos a partir dessa análise de regressão são então utilizados para gerar os escores previstos com base nas características demográficas, permitindo uma previsão mais precisa do desempenho normal esperado do que quando os dados normativos são fornecidos em tabelas estratificadas. Os escores escalados previstos com base nas características demográficas são então subtraídos do escore real do participante, e a diferença resultante (i. e., o escore residual) indica se o desempenho do participante está melhor ou pior do que o previsto por suas características demográficas. Esses escores residuais podem então ser convertidos em escores *T* para uso em interpretações clínicas. Desse modo, os profissionais de saúde podem determinar o escore *T* de corte a ser utilizado para os seus propósitos (Heaton, Grant e Matthews, 1991; Tuokko e Woodward, 1996).

Tabela 5.1 Exemplo de formato de células sobrepostas

Célula de escores dos testes	Célula da faixa etária e do ponto intermediário da faixa etária					
Faixa	65–72	67–74	69–76	71–78	73–80	75–82
Ponto intermediário	68	70	72	74	76	78

Nota: idades expressas em anos.

Não é incomum observar baixo desempenho nos testes cognitivos de pessoas que não apresentam qualquer comprometimento cognitivo. Por exemplo, no contexto de uma bateria inteira de testes neuropsicológicos (18 medidas), 88% dos participantes de um estudo epidemiológico canadense e clinicamente considerados não portadores de nenhum comprometimento cognitivo obtiveram, pelo menos, um escore de teste enquadrado na faixa comprometida e média de três escores anormais (Tuokko e Woodward, 1996). Da mesma forma, Mistridis et al. (2015) observaram um ou mais escores iguais ou abaixo do 10º percentil para 60,6% de uma amostra de idosos saudáveis ($n = 1,081$) e administraram a versão alemã do Consortium to Establish a Registry for Alzheimer's Disease – Neuropsychological Assessment Battery. Essa questão do erro da família de testes (*familywise error*) pode resultar em superestimação do diagnóstico, maior ônus para o paciente e custos desnecessários para o sistema de saúde. Os procedimentos para resolver essa questão estão sendo desenvolvidos e aplicados no contexto de grandes baterias de testes cognitivos (Huizenga, van Rentergem, Grasman, Muslimovic e Schmand, 2016).

Cada uma das abordagens de análise demográfica observada até agora exigem uma amostra de padronização de tamanho substancial. Existem ocasiões em que é preciso estabelecer comparações com pequenas amostras normativas ou de controle. Crawford et al. desenvolveram abordagens e programas computadorizados para efetuar essas comparações (Crawford, 2004; Crawford e Garthwaite, 2004; Crawford, Garthwaite, Azzalini, Howell e Laws, 2006; Crawford, Garthwaite e Howell, 2009; Crawford e Howell, 1998).

Por fim, deve-se notar que a disponibilidade de normas adequadas às vezes interage com a escolha do instrumento de avaliação real a ser utilizado. Embora os psicólogos sejam eticamente obrigados a utilizar as versões mais atualizadas dos testes, às vezes, pode ser mais ético utilizar uma versão mais antiga de um determinado teste até que existam evidências clínicas suficientes que respaldem a confiabilidade, a validade e a acurácia diagnóstica da versão mais nova de um teste dentro de determinada população (Loring e Bauer, 2010). Por exemplo, várias questões foram identificadas com o uso de diversos subtestes da Wechsler Memory Scale – Third Edition (Escala de Memória de Wechsler – Terceira Edição) (WMS-III; Wechsler, 1997) em idosos. Lesak, Howieson, Bigler e Tranel (2012) observam que o comprometimento da memória lógica é subestimado em pessoas com curso superior, e que as listas de palavras, de um modo geral, mostraram-se insensíveis ao comprometimento em idosos. Nesses casos, pode ser mais ético utilizar uma versão mais antiga do teste com normas mais sensíveis. Os amplamente utilizados Mayo Older Adult Normative Studies (MOANS; Ivnik, Malec, Smith, Tangalos e Petersen, 1996; Lucas et al., 1998) conormatizaram muitos testes neuropsicológicos frequentemente utilizados para idosos de diferentes idades e níveis de escolaridade. As normas dos MOANS fazem referência à Wechsler Memory Scale – Revised (Escala de Memória de Wechsler – Revisada) (WMS-R; Wechsler, 1987); embora se trate de um teste mais antigo, a WMS-R pode ser preferível à WMS-III em virtude da maior sensibilidade nas normas. Para resolver essas questões, a revisão mais recente da WMS (WMS-IV; Wechsler, 2009) foi criada com particular atenção aos idosos, com subtestes específicos elaborados para essa população (p. ex., o Brief Cognitive Status Exam). Nesse caso, o uso da WMS-IV como o teste mais atualizado pode ser uma opção mais adequada. Entretanto, a vantagem em se utilizar estudos normativos como os MOANS é que muitos testes utilizados com frequência são conormatizados, o que reduz a variação da verdadeira estimativa dos escores em razão do uso de vários estudos normativos diferentes. Como sempre, a consideração mais importante a ser feita é que quaisquer estudos normativos utilizados envolvem uma população que corresponde precisamente às características demográficas de um determinado paciente. Quando essa equivalência é limitada, os desvios baseados em fatores como raça/etnia, cultura e situação socioeconômica devem ser reconhecidos na interpretação dos resultados dos testes. Isso ressalta ainda mais a utilidade das repetidas avaliações, nas quais as mudanças intraindividuais ao longo do tempo são mais relevantes do que a comparação com os padrões normativos.

Avaliação das mudanças ao longo do tempo

Em um contexto clínico, a comparação do desempenho nos testes neuropsicológicos com os padrões normativos pode ser utilizada para identificar alterações aparentes no funcionamento ou no declínio cognitivos. Entretanto, a identificação das mudanças de funcionamento a partir de uma única avaliação pode ser um desafio. Embora a comparação com os padrões normativos adequados (p. ex., perfil demográfico semelhante) possa revelar pontos relativamente fortes e fracos, determinar se há ou não um declínio de desempenho evidente requer um escrutínio adicional antes que se possa tirar tal conclusão. Normalmente, recomenda-se que os profissionais de saúde obtenham informações adicionais sobre o funcionamento anterior do indivíduo, conduzindo entrevistas com informantes colaterais ou estimando um nível de funcionamento pré-mórbido. Essas estimativas podem ser determinadas a partir de características demográficas, examinando o desempenho em medidas relativamente insensíveis às mudanças ou observando "o melhor desempenho", se refletido no resultado do teste, a partir de informações históricas ou de qualquer aspecto do comportamento (Lezak et al., 2004).

Para indivíduos cuja primeira língua seja o inglês, os testes de leitura como o Teste de Função Pré-mórbida da Wechsler Adult Intelligence Scale – Fourth Edition (Escala de Inteligência Adulta de Wechsler – Quarta Edição) (WAIS-IV; Wechsler, 2008) podem fornecer uma estimativa útil. Entretanto, os testes de leitura podem ser limitados em pessoas com nível restrito de proficiência em inglês e naquelas que tiveram oportunidades limitadas de escolaridade formal nos países ocidentais. Isso vale não apenas para indivíduos de diferentes perfis étnicos ou culturais, mas também para participantes das coortes antigas ou mais antigas, especialmente mulheres, cujas oportunidades de educação formal podem ter sido bastante limitadas. Os anos de escolaridade propriamente ditos podem ser usados como uma procuração para a função pré-mórbida; entretanto, o trabalho de Manly et al. (Manly, 2006) sugere que o importante não é simplesmente o número de anos de escolaridade, mas a qualidade efetiva dessa escolaridade. A realização educacional é outra variável importante usada para estimar a função pré-mórbida. Por exemplo, determinadas pessoas podem não ter se destacado na escola, mas por meio de sua própria resiliência e criatividade, trilharam carreiras bem-sucedidas. Em suma, para poder abordar a questão do declínio, especialmente na consulta inicial de avaliação, é essencial fazer uma avaliação precisa da função pré-mórbida.

Embora essas abordagens possam ser úteis na prática, em geral prefere-se a mensuração direta e objetiva das alterações ocorridas ao longo do tempo. As avaliações seriais são particularmente importantes para monitorar as alterações do funcionamento cognitivo. Esse método pode ser útil para monitorar a progressão da doença e é especialmente importante na interpretação de leves indícios de declínio cognitivo. Entretanto, vários fatores precisam ser considerados na interpretação dos resultados das avaliações cognitivas seriais. Primeiro, nem todas as medidas utilizadas para detectar déficits cognitivos são sensíveis a mudanças. As medidas com efeitos mínimos e máximos são exemplos disso; algumas dessas medidas podem ser especialmente úteis para fins de rastreamento ou como sinais patognomônicos (i. e., altamente sugestivos) de um transtorno de cognição, mas podem ser insensíveis a alterações sutis. A maioria das medidas neuropsicológicas, mesmo aquelas com dispersão dos escores, foi inicialmente adotada para detectar déficits cognitivos, de modo que não se pode supor a sua sensibilidade a mudanças. Embora muitas dessas medidas tenham demonstrado tal sensibilidade em nível de grupo (p. ex., diferenças nas comparações pré-teste e pós-teste), o profissional de saúde está mais interessado no nível individual da análise.

Um dos maiores desafios da interpretação das avaliações seriais é estabelecer a distinção entre as verdadeiras alterações no funcionamento cognitivo (presumivelmente atribuídas a um processo patológico subjacente) e as alterações decorrentes de outros fatores, como erros aleatórios e vieses (Heilbronner et al., 2010). Os erros aleatórios podem ocorrer em consequência da instabilidade de uma medida ou em relação aos efeitos estatísticos, como a regressão contra a média; os vieses comuns incluem efeitos práticos. A teoria clássica dos testes postula que o escore de qualquer teste observado reflete tanto o verdadeiro escore de desempenho do indivíduo como uma quantidade não especificada de erros de mensuração. Tais erros decorrem da confiabilidade da medida, e algum grau de insegurança é esperado de todas as medidas. Diversas abordagens têm sido adotadas para estimar a quantidade de erros inerente aos escores de teste, e os tipos de estimativa de erro selecionados afetam os procedimentos determinantes das alterações de desempenho ocorridas nos testes neuropsicológicos. Da mesma forma, a regressão contra a média, ou a tendência de os escores basais evoluírem para a média sobre o reteste (Nesselroade, Stigler e Baltes, 1980), é um fator potencialmente complicador da avaliação das alterações ocorridas ao longo do tempo, embora o impacto real na interpretação dos dados clínicos, até o momento, não tenha sido delineado de forma clara (McGlinchey e Jacobson, 1999). Os efeitos práticos, ou as melhorias de desempenho do teste observadas na nova administração da mesma medida à mesma pessoa, são considerados indicativos de aprendizado (i. e., exposição à tarefa); algumas pesquisas sugerem que esses efeitos desaparecem após a segunda exposição à tarefa (Ivnik et al., 1999; Theisen, Rapport, Axelrod e Brines, 1998).

Os efeitos práticos, ou efeitos do reteste, são de particular interesse quando a expectativa é de declínio do nível geral de desempenho em uma série de domínios cognitivos (Duff, Beglinger, Moser e Paulsen, 2010; Maassen, 2000; Maassen, Bossema e Brand, 2008). Essas forças concorrentes podem atuar no sentido de cancelar-se mutuamente, uma vez que os efeitos práticos diminuem com o avanço da idade, sobretudo em pessoas acima de 75 anos (Mitrushina e Satz, 1991; Ryan, Paolo e Brungardt, 1992). Entretanto, observou-se também que os efeitos do reteste sobre os testes neuropsicológicos podem ser substanciais e persistentes (Wilson, Watson, Baddeley, Emslie e Evans, 2000). Os efeitos práticos, ou do reteste, e sua interação com outras variáveis podem divergir entre as medidas (Heilbronner et al., 2010). É fundamentalmente importante que os profissionais de saúde levem esses efeitos em consideração ao interpretar as alterações ocorridas com o passar do tempo. É fundamental que o profissional de saúde entenda a variabilidade individual normal que pode ocorrer com as repetidas avaliações ao interpretar o significado das alterações cognitivas observadas em relação a uma determinada pessoa.

Infelizmente, os dados relativos à distribuição dos escores sugestivos de alteração cognitiva para amostras normativas são limitados (Heilbronner et al., 2010; Stein, Luppa, Brähler, König e Riedel-Heller, 2010) e raramente são disponibilizados nos manuais de teste. Mesmo quando disponíveis, os intervalos teste-reteste podem variar muito, de poucas semanas a anos, e as informações disponíveis podem não ser ideais para uso em contextos clínicos.

Muitos métodos para avaliação de alterações em nível individual surgiram nos últimos 50 anos (Chelune, Naugle, Lüders, Sedlak e Awad, 1993; Crawford e Howell, 1998; Payne e Jones, 1957). Esses métodos incluem índices de mudança confiável (IMC) e métodos de regressão padronizados (MRP) mais sofisticados. Os IMC foram aprimorados e existem muitas variantes (Tab. 5.2) que diferem quanto à maneira como os termos de erro são incluídos (Chelune et al., 1993; Hageman e Arrindell, 1993; Hageman e Arrindell, 1999a, 1999b; Hsu, 1999; Jacobson e Truax, 1991; Temkin, Heaton, Grant e Dikmen, 1999). Por exemplo, algumas fórmulas de IMC corrigem os efeitos práticos (Chelune et al., 1993) ou a regressão à média (Hsu, 1999). Além disso, os MRP podem ser utilizados para avaliar alterações cognitivas em nível individual, podendo controlar fatores de confusão como os efeitos práticos e a regressão à média para uma determinada medida (McSweeney, Naugle, Chelune e Luders, 1993). Além disso, os MRP podem ser expressos em uma métrica comum (p. ex., escores Z ou T), facilitando as comparações dos escores entre as diferentes medidas.

Tabela 5.2 Exemplos de fórmulas confiáveis de alterações (Frerichs, 2004)

Descrição	Fórmula	Fonte
Diferença observada nos escores dos testes que excede o grau de variação que poderia ser razoavelmente atribuída a erros de medição: erro-padrão de medição (*EPM*) no denominador.	$IMC = (X_2 - X_1) / EPM$	Jacobson, Follette e Revenstorf (1984)
Correção com ajuste de regressão ao numerador mediante a substituição do escore pré-teste observado por estimativa do verdadeiro escore inicial da pessoa (que é sempre mais próximo da média).	$IMC_{SPEER} = [X_2 - (r_{xx}(X_1 - M) + M)] / EPM$	Speer (1992)
Correção para substituir o *EPM* no denominador pelo erro-padrão da diferença (*EPD*) entre dois escores de testes observados.	$IMC_{JT} = (X_2 - X_1) / EPD$	Jacobson e Truax (1991)
Correção responsável pelos efeitos práticos subtraindo-se um valor constante (normalmente, o nível médio de melhora ou piora do grupo durante um intervalo especificado em uma amostra de controle) do escore da diferença observada.	$IMC_{CHEL} = [(X_2 - X_1) - (M_2 - M_1)] / EPD$	Chelune et al. (1993)

(continua)

Tabela 5.2   Exemplos de fórmulas confiáveis de alterações (Frerichs, 2004) *(continuação)*

Descrição	Fórmula	Fonte
Correção para os efeitos da regressão à média mediante a substituição do escore da diferença observada por um escore de "ganho residual" para levar em consideração o nível de desempenho da pessoa em relação à média do grupo; o termo de erro-padrão relevante para um escore de alteração residual é o erro-padrão de predição (*EPP*).	$IMC_{HSU} = [(X_2 - M_2) - r_{xx} (X_1 - M_1)] / EPP$	Hsu (1989, 1999)
Correção para justificar a regressão à média em virtude da falta de confiabilidade da medição utilizando a confiabilidade do escore da diferença (r_{DD}); o termo *EPD* é mantido, mas é calculado com base nos *EPM* para o pré-teste e o pós-teste.	$RC_{ID} = [r_{DD}(X_2 - X_1) + (1 - r_{DD})(M_2 - M_1)] / (EPM_1^2 + EPM_2^2)^{1/2}$	Hageman e Arrindell (1993, 1999a, 1999b)

Permanece um considerável debate na literatura em relação à maneira "correta" de resolver erros e vieses na mensuração de mudanças. Vários desses procedimentos têm sido aplicados às medidas neuropsicológicas administradas a idosos ao longo do tempo (Frerichs e Tuokko, 2005; Ivnik et al., 1999). Os diferentes domínios cognitivos demonstraram graus variáveis de estabilidade em adultos normais; consequentemente, as diferentes magnitudes de mudança precisam ser consideradas confiáveis. A avaliação das alterações é particularmente desafiadora nos testes de memória, uma vez que a confiabilidade das medidas de memória pode ser bastante ineficiente (Heilbronner et al., 2010). Dada a importância da avaliação da memória e a necessidade de evidências do declínio cognitivo (American Psychiatric Association, 2013) para os diagnósticos de demência, os profissionais de saúde devem estar cientes dessas questões ao interpretar mudanças em contextos diagnósticos. Alguns estudos demonstraram que os procedimentos de aplicação dos IMC e MRP estão significativamente associados a alterações diagnósticas em idosos (Frerichs e Tuokko, 2006). A abordagem que o profissional de saúde opta por empregar pode depender da condição clínica de interesse, do intervalo entre as avaliações e da facilidade de aplicação dentro do contexto clínico.

Com a repetida administração de testes, as mudanças intraindividuais tornam-se mais proeminentes do que o desempenho referenciado em normas por si só. Por exemplo, para idosos com escolaridade formal limitada, o próprio processo de "fazer um teste" pode ser desconhecido e resultar em subestimativa do desempenho no primeiro teste (Meyer e Logan, 2013). Isso pode, em parte, explicar a observação de que as pessoas parecem demonstrar a maior aquisição de prática entre a primeira e a segunda sessão de administração (Goldberg, Harvey, Wesnes, Snyder e Schneider, 2015). Recentemente, foram redigidos diversos documentos orientados por dados e teóricos sobre a consideração dos efeitos práticos na avaliação serial: vale consultar Duff (2012), Goldberg et al. (2015) e Heilbronner et al. (2010) como ponto de partida. Esses documentos levam em consideração a influência das variáveis demográficas, os diversos contextos de teste e os diferentes tipos de teste, e descrevem como cada um desses fatores pode influenciar as mudanças intraindividuais ao longo de repetidas avaliações.

Envelhecimento cognitivo normal contextualizado

A disponibilidade e a aplicação de padrões de comparação normativos são de fundamental importância para a identificação do comprometimento dentro e entre os domínios cognitivos. Em geral, no entanto, essas informações não consideram todas as características demográficas importantes dos indivíduos verificadas em um contexto clínico. Como observado, embora os padrões normativos geralmente incluam fatores como idade, gênero e escolaridade, muitos outros fatores podem influenciar o desempenho nos testes. Os profissionais de saúde precisam estar cientes desses fatores e, sempre que possível, buscar informações adicionais que ajudem a interpretar os escores de teste.

Saúde física

Um fator potencial que contribui para a deterioração cognitiva entre pessoas sem condições neurológicas, como demência, é o declínio da saúde física em decorrência de uma ampla variedade de condições clínicas, como doença cardiovascular ou distúrbios que afetam os sistemas endócrino e metabólico (Armstrong e Morrow, 2010). Como se sabe, a prevalência de muitas condições clínicas surge com a idade e, até os 80 anos, a maioria dos idosos provavelmente apresentará, pelo menos, uma condição clínica. Como observado anteriormente, restringir a amostra normativa somente a esses adultos que não apresentam condições clínicas seria um procedimento altamente seletivo e atípico. Quando uma amostra de padronização é derivada de uma população não selecionada que inclui pessoas com uma série de condições clínicas, exceto aqueles com condições específicas conhecidas por afetar diretamente as funções cognitivas (i. e., TNC, como DA), é possível a presença de algum grau de comprometimento cognitivo relacionado a essas condições clínicas. Embora esse tipo de amostra possa representar o que é típico ou normal no contexto da vida diária, os padrões de comparação baseados nesse grupo podem subestimar as expectativas cognitivas para aqueles indivíduos que não apresentam tais condições clínicas. Até o momento, não há consenso em relação à magnitude desses efeitos; alguns autores afirmam tratar-se de efeitos pequenos (Aarts et al., 2011), enquanto outros demonstraram que podem ser efeitos substanciais (Bergman e Almkvist, 2015). No estudo de Bergman e Almkvist (2015) com 118 voluntários saudáveis com idades entre 26 e 91 anos, o controle da saúde física mostrou-se claramente importante no caso de idosos com escores normativos em várias medidas cognitivas, com uma elevação de até 0,8 do *DP* específico do teste aos 80 anos. Por exemplo, o desempenho no Controlled Oral Word Association Test (COWAT) mostrou-se estabilizado aos 70 anos, quando os fatores de saúde não foram controlados, mas demonstrou uma elevação contínua com a idade, quando os fatores de saúde foram controlados. O uso de escores não ajustados aumenta o risco de erros falso-positivos para pessoas saudáveis que não apresentam preocupações clínicas comuns. Ou seja, as normas não controladas para os fatores de saúde superestimam a influência negativa do avanço etário. Esse quadro pareceu estar relacionado ao maior grau de variabilidade interindividual que ocorre com o avanço da idade (Christensen et al., 1994).

Diversidade linguística e cultural

Outros fatores que podem afetar o desempenho nas medidas cognitivas incluem a diversidade linguística e cultural. Entretanto, a disponibilidade de padrões normativos para fins de comparação em um amplo contexto linguístico e cultural está apenas no início. Especialmente no contexto da avaliação diagnóstica de idosos, os vieses linguísticos e culturais podem levar à identificação falso-positiva de transtornos neurocognitivos (McCurry et al., 2001). Normalmente, as medidas cognitivas desenvolvidas em inglês são traduzidas para uso com populações de diferentes idiomas de escolha (Tuokko et al., 2009), e as pessoas fluentes nessa língua administram, pontuam e interpretam os achados. Certamente, é possível desenvolver padrões normativos de comparação para essas medidas traduzidas (i. e., com falantes dessa língua), mas isso não garante que os mesmos constructos estejam sendo mensurados ou que o conteúdo e o nível de dificuldade sejam comparáveis com a versão original do teste (American Educational Research Association, American Psychological Association e National Council on Measurement in Education, 2014). As evidências sobre a confiabilidade, a validade e a comparabilidade dos escores precisariam ser relatadas. Por exemplo, Fortin e Caza (2014) demonstraram a utilidade das medidas de memória e das funções executivas em canadenses francófonos e forneceram dados normativos para um escore composto a ser utilizado na avaliação de idosos. Quando faltam informações sobre os testes traduzidos, o profissional de saúde deve ter cautela ao tirar conclusões baseadas apenas no desempenho demonstrado no teste. Quando não houver medidas traduzidas disponíveis, um intérprete com conhecimento básico do processo de avaliação psicológica, que fale a língua da pessoa submetida ao teste e que tenha familiaridade com o contexto cultural pode ser envolvido na avaliação, mas não pode prestar ao avaliado assistência que possa comprometer a validade da avaliação. Para pessoas multilíngues, é possível que o idioma de administração e resposta precise ser cuidadosamente considerado, uma vez que a troca de idiomas pode, na realidade, mudar a natureza da tarefa em questão e as normas disponíveis (em qualquer uma das línguas) podem não mais ser padrões de comparação válidos.

Além das questões relacionadas a administração e resposta da linguagem, o contexto cultural pode afetar o desempenho do teste cognitivo na medida em que as estratégias e os elementos contidos no processo de avaliação podem não ser comuns a todas as culturas (Ardila, 2007). Foram identificados, pelo menos, cinco aspectos diferentes da cultura que podem afetar o desempenho no teste cognitivo. Esses aspectos incluem padrões de capacidades, valores culturais, familiaridade, idioma e realização educacional. Pode não ser viável ter informações normativas disponíveis para todas as línguas e culturas; é de suma importância que os profissionais de saúde conheçam as variáveis capazes de afetar potencialmente o desempenho no teste cognitivo e levá-las em consideração ao fazer julgamentos clínicos sob condições inferiores ao ideal.

Incapacidades vitalícias

No caso daqueles incapacitados durante toda a vida, é possível que o desempenho nas medidas de funcionamento cognitivo sempre tenha sido precário em relação aos padrões normativos associados à idade. O desafio é determinar se as mudanças no funcionamento vivenciadas à medida que a pessoa envelhece refletem a consequência dos fatores biológicos, psicológicos e sociais associados ao envelhecimento normal ou são indicativos de alteração patológica subjacente. Embora tenha sido demonstrado que as pessoas com baixo grau de realização educacional apresentem mais risco de um diagnóstico de DA, não se pode supor que qualquer declínio do funcionamento cognitivo ou cotidiano seja necessariamente indicativo de patologia cerebral subjacente.

Deficiências intelectuais

As pessoas com deficiências intelectuais (DI) apresentam-se como um grupo particularmente vulnerável para o qual o impacto do envelhecimento é uma crescente preocupação e somente agora começa a ser conhecido. Isso se deve, em parte, ao acentuado aumento da expectativa de vida das pessoas com DI nas últimas décadas, em razão dos avanços nos setores de assistência médica e saúde pública e das mudanças nas atitudes sociais (Krinsky-McHale e Silverman, 2013). A expectativa de vida para aqueles com DI leve é quase equivalente à da população geral, e aqueles com DI moderada ou grave estão vivendo além dos 60 e 50 anos, respectivamente (Bittles et al., 2002; Patja, Iivanainen, Vesala, Oksanen e Ruoppila, 2000). As pessoas com DI sofrem alterações físicas decorrentes do envelhecimento (inclusive alterações cerebrais) e doenças crônicas relacionadas à idade, mas, até o momento, as suas necessidades mutáveis geralmente não são reconhecidas ou são mal controladas (Hassiotis, Strydom, Allen e Walker, 2003; Perkins e Moran, 2010). Uma série de fatores contribui para essas situações, inclusive, em alguns casos, a capacidade reduzida das pessoas com DI de comunicarem suas necessidades e o mascaramento do diagnóstico, ou a tendência dos profissionais de saúde de desprezar as mudanças no funcionamento como parte do perfil do paciente com DI, em vez de reconhecer a co-ocorrência de outras condições com a DI (Holland, Hon, Huppert e Stevens, 2000).

Uma das áreas de maior preocupação na avaliação de pessoas com DI é a falta de um padrão de comparação para determinar as alterações ocorridas. Há uma grande variabilidade interindividual das capacidades cognitivas e funcionais na população de pacientes com DI, dificultando, se não impossibilitando completamente, o uso de uma abordagem de grupo normativa (Krinsky--McHale e Silverman, 2013; Zeilinger, Stiehl e Weber, 2013). Em vez disso, cada indivíduo apresenta um perfil vitalício de pontos fortes e fracos que fornecerão a base para a identificação das alterações (Krinsky-McHale e Silverman, 2013). O Working Group for the Establishment of Criteria for the Diagnosis of Dementia in Individuals with Intellectual Disability (Burt e Aylward, 2000) recomenda que se obtenha um nível basal objetivo de desempenho quando os indivíduos com DI se apresentam cognitivamente "saudáveis" antes da idade em que o risco aumenta. Isso permite comparações ipsativas (i. e., dentro da pessoa) ao longo do tempo que auxiliem em detecção mais precisa do declínio do que aquela que pode ser obtida sem essa base de comparação.

Nos últimos anos, um crescente número de ferramentas de avaliação foi considerado para uso na detecção do declínio cognitivo em pessoas com DI (Tab. 5.3) (Elliott-King et al., 2016; Pyo, Kripakaran, Curtis, Curtis e Markwell, 2007; Zeilinger et al., 2013). O uso de instrumentos não projetados para pessoas com DI pode não levar em consideração características importantes das pessoas com esse tipo de deficiência, razão pela qual normalmente não é recomendado (Zeilinger et al., 2013). As medidas úteis para a avaliação do funcionamento cognitivo de pessoas com DI podem ser agrupadas em três categorias: (1) baterias de testes que incluem diversos subtestes para a avaliação direta da pessoa com DI e o relato de um informante; (2) testes cognitivos para a avaliação direta da pessoa com DI; e (3) relatos de informantes (Elliott-King et al., 2016; Zeilinger et al., 2013). Muitas medidas parecem adequadas para uso em pessoas com DI, e as baterias de testes fornecem a maioria das informações relativas à avaliação da cognição (Elliott-King et al., 2016; Zeilinger et al., 2013). Entretanto, cada medida deve ser revisada de acordo com a duração, o nível de DI para quem a medida é mais adequada e o ambiente em que a medida será utilizada. Além disso, os comprometimentos físicos e sensoriais, as habilidades linguísticas e a capacidade de reflexão e introspecção da pessoa com DI avaliada precisam ser levados em consideração (Kuske, Wolff, Govert e Muller, 2017; Pyo et al., 2007). As medidas cognitivas mais curtas e a dependência dos relatos de informantes podem ser mais adequadas para pessoas com incapacidade importante (Elliott-King et al., 2016). A avaliação direta da cognição com baterias de testes ou outras medidas cognitivas pode ser utilizada efetivamente para pessoas com DI leve (Zeilinger et al., 2013), normalmente associada a relatos de informantes. Até o momento, não existe um consenso em relação ao procedimento para a avaliação cognitiva de pessoas com DI como parâmetro basal ou para a detecção de mudanças no funcionamento. Obviamente, fazem-se necessárias novas pesquisas. Tanto do ponto de vista clínico como de pesquisa, será benéfico facilitar a comunicação e a comparabilidade das medidas.

Tabela 5.3 Ferramentas de avaliação cognitiva para pessoas com deficiência intelectual (DI)

Medida e autores	Comentários
Exemplos de baterias de testes	
Test Battery for Dementia in Intellectual Disability (Bateria de Testes de Demência na Presença de Deficiência Intelectual) (Burt e Aylward, 1998)	Desenvolvido pela American Association on Mental Retardation (hoje American Association on Intellectual and Developmental Disabilities); inclui um relato de informantes
Neuropsychological Assessment of Dementia in Adults with Intellectual Disability (Avaliação Neuropsicológica de Demência em Adultos com Deficiência Intelectual) (Crayton, Oliver, Holland, Bradbury e Hall, 1998)	Desenvolvido para pessoas com DI
Neuropsychological Test Battery for Dementia in Down Syndrome (Bateria de Testes Neuropsicológicos de Demência na Presença de Síndrome de Down) (Jozsvai, Kartakis e Collings, 2002)	Desenvolvido para pessoas com DI; inclui um relatório de informantes, a Dementia Scale for Down Syndrome (Escala de Demência para Síndrome de Down)

(continua)

Tabela 5.3 Ferramentas de avaliação cognitiva para pessoas com deficiência intelectual (DI) *(continuação)*

Medida e autores	Comentários
Battery for Early Detection of Dementia in Down Syndrome (Bateria para Detecção Precoce de Demência em Síndrome de Down (Johansson e Terenius, 2002)	Desenvolvida para pessoas com DI; inclui um relatório de informantes; todas as medidas são recém-desenvolvidas (ou seja, não inclui medidas anteriormente existentes)
Exemplos de testes cognitivos para avaliação direta	
Dementia Rating Scale (Escala de Classificação de Demência) (Mattis, 1988)	Adequado para aplicação em pessoas com DI
Down's Syndrome Mental Status Exam (Exame do Estado Mental na Síndrome de Down) (Haxby, 1989)	Desenvolvido para aplicação em pessoas com DI
Modified Selective Reminding Test (Teste de Lembrança Seletiva Modificado) (Buschke, 1973)	Medida de memória; adequado para aplicação em pessoas com DI
Shultz MMSE (Miniexame do Estado Mental) (Shultz et al., 2004)	Desenvolvido para aplicação em pessoas com DI
Exemplos de relatórios de informantes	
Dementia Screening Questionnaire for Individuals with Intellectual Disabilities (Questionário de Rastreamento de Demência para Pessoas com Deficiência Intelectual) (Deb, Hare, Prior e Bhaumik, 2007)	
National Task Group on Intellectual Disabilities and Dementia Practices – Early Detection Screen for Dementia (NTG-EDSD) (Força-Tarefa Nacional de Práticas de Rastreamento de Deficiência Intelectual e Demência – Rastreamento para a Detecção Precoce de Demência) (*https://aadmd.org/index.php?q=ntg/screening*)	Desenvolvido como uma avaliação basal para o acompanhamento longitudinal; disponível em vários idiomas

As alterações de comportamento e funcionamento observadas podem decorrer de muitos fatores precipitadores. Com o processo de envelhecimento em pessoas com DI vêm alterações nos domínios físico, psicológico e social semelhantes àquelas observadas na população geral (Kalsy-Lillico, Adams e Oliver, 2012). As redes sociais e as oportunidades podem diminuir. As mudanças de ambiente podem ocorrer com mais frequência do que no passado (p. ex., perda de um ente querido, mudança de residência), assim como podem ocorrer alterações no funcionamento físico, algumas de natureza sindrômica específica. Por exemplo, idosos com paralisia cerebral (que geralmente apresentam DI) demonstram um envelhecimento acelerado do sistema musculoesquelético que pode levar a perda de mobilidade, fadiga crônica e dor crônica (Perkins e Moran, 2010). Idosos com síndrome de Down (SD) demonstram envelhecimento acelerado caracterizado por taxas mais elevadas de perda auditiva, osteoporose, hipotireoidismo, apneia do sono e um risco genético elevado de desenvolver DA (Lott e Dierssen, 2010; Lott et al., 2012; Perkins e Moran, 2010). Embora nem todas as pessoas com SD demonstrem sinais clínicos de demência, o transtorno cognitivo (p. ex., memória, práxis) e as mudanças de personalidade com transtornos de comportamento, quando presentes, podem comprometer acentuadamente o funcionamento diário (Anderson-Mooney, Schmitt, Head, Lott e Heilman, 2016). As pessoas com outras formas de DI também apresentam maior risco de demência, e, em pessoas com DI, o início do declínio cognitivo relacionado à idade ocorre em uma faixa etária mais baixa do que na população geral (Lin, Wu, Lin, Lin, e Chu, 2011). O quadro clínico da demência incipiente em pessoas com DI pode diferir daquele observado nas populações que não apresentam DI. Foram relatadas mudanças precoces de comportamento e personalidade, especialmente em pessoas com SD (Zeilinger et al., 2013). Grande parte do trabalho relacionado à avaliação cognitiva de pessoas com DI tem se desenvolvido no contexto do diagnóstico de demência em adultos com DI, inclusive aqueles com SD.

Outras circunstâncias especiais

A situação para pessoas com alto nível funcional é um tanto diferente, uma vez que as alterações cognitivas significativas podem não ser detectadas à medida que essas pessoas continuam a apresentar um desempenho dentro da média associada à idade ou na faixa médio-superior nos testes neuropsicológicos (Rentz et al., 2000). Essa situação tem significativas implicações para o prognóstico e o tratamento. As pessoas com alto nível funcional possuem maior reserva cognitiva e são capazes de compensar os danos neurais, tanto do ponto de vista comportamental como neurológico (Stern, 2002). Consequentemente, quando é detectada a presença de comprometimento cognitivo, o declínio subsequente pode ser muito mais rápido do que aquele observado na população geral (Stern, 2002), sem oportunidade para intervenção. Por essas razões, é extremamente importante garantir o emprego dos padrões de comparação adequados (p. ex., ajustados pelo grau de escolaridade; comparações ipsativas ao longo do tempo) para a detecção de alterações cognitivas nesse segmento da população.

Outros grupos altamente vulneráveis são os das pessoas muito idosas com baixos níveis de escolaridade, fisicamente frágeis ou que enfrentam circunstâncias socioculturais de mudanças rápidas. Embora o funcionamento cognitivo de alguém possa enquadrar-se na faixa etária esperada nas medidas cognitivas individuais, pode-se enfrentar desafios para a solução de um problema complexo em consequência da dificuldade em integrar efetivamente múltiplas fontes de informação (Willis, 1996). As funções cognitivas básicas são componentes necessários do processo decisório complexo, mas podem ser insuficientes para a geração de soluções alternativas, avaliação das opções de viabilidade diante das circunstâncias, priorização das opções viáveis e formulação de um plano de ação (Willis, 1996). É possível que seja necessária alguma assistência no processo diário de tomada de decisão, embora o seu funcionamento cognitivo seja típico da respectiva coorte etária.

Seleção e uso dos padrões normativos

A seleção dos conjuntos de dados normativos adequados para a interpretação dos dados brutos dos testes é baseada no pressuposto de que as características da amostra de padronização são semelhantes às características da pessoa avaliada. Entretanto, dado o número e os tipos de medidas cognitivas administradas, pode ser necessário utilizar vários conjuntos de dados normativos derivados de diferentes amostras de padronização. Se essas normas diferirem quanto à aplicação dos ajustes das características demográficas que sabidamente influenciam o desempenho no teste cognitivo (p. ex., idade, gênero, realização educacional), a interpretação dos dados pode ser afetada de forma drástica (Kalechstein, van Gorp e Rapport, 1998). Em sua comparação entre os diferentes conjuntos de dados normativos, observou-se que o mesmo escore de teste poderia gerar até quatro classificações clínicas diferentes (p. ex., Média, Média Baixa, Limítrofe e Comprometida) (Kalechstein et al., 1998). A magnitude da variabilidade observada entre os conjuntos de dados se deu em função dos fatores específicos do teste (p. ex., confiabilidade da medida) e específicos da população (p. ex., correções de acordo com a idade e o gênero). Na ausência de um único e abrangente conjunto de dados normativos que seja grande, demograficamente amplo e representativo da população específica à qual deva ser aplicado, é provável que a maioria dos profissionais de saúde recorra a múltiplos conjuntos de padrões de comparação desenvolvidos com base em amostras de padronização com diferentes características (p. ex., normas controladas e não controladas para condições clínicas comuns). O profissional pode selecionar: (1) normas que considerem a variável moderadora que apresente maior probabilidade de afetar o desempenho do indivíduo (p. ex., é mais provável que a idade afete a execução de tarefas aceleradas, enquanto a educação pode influenciar os escores nas medidas da realização verbal); (2) normas que levem em consideração o efeito moderador dos desvios extremos nas características demográficas (p. ex., realização educacional inexistente ou muito baixa); (3) normas em que as amostras no interior das células sejam suficientemente grandes para fornecer estimativas precisas dos parâmetros populacionais; (4) normas desenvolvidas em um tempo relativamente recente, à medida que foram observados aumentos nas medidas (médias de pontuação) das funções cognitivas ao longo do tempo (p. ex., o efeito Flynn) e as normas mais antigas podem subestimar os níveis de desempenho esperados; (5) normas equiparadas em termos de distribuição geográfica e socioeconômica; ou (6) normas relevantes para o nível de funcionamento abordado na questão do encaminhamento (p. ex., identificação de déficits *versus* nível de competência no contexto da reabilitação ou do processo decisório) (Kalechstein et al., 1998).

Resumo e considerações finais

O conhecimento sobre as trajetórias esperadas e universalmente vivenciadas das alterações do funcionamento cognitivo associadas à idade forma a base necessária para identificar a deterioração atípica. Ao desenvolver e selecionar padrões de comparação adequados para a detecção do funcionamento comprometido dentro e entre os domínios cognitivos, é preciso considerar vários fatores. A caracterização da amostra de padronização utilizada para desenvolver informações normativas é fundamentalmente importante. Entretanto, identificaram-se muitos fatores que influenciam o envelhecimento cognitivo, e a definição do "melhor" padrão de comparação está se tornando cada vez mais complexa. Embora se saiba que a idade, o gênero e a escolaridade geralmente estão associados ao desempenho cognitivo, o estado de saúde e a diversidade linguística e cultural também desempenham um papel importante na determinação do que pode ser considerado um desempenho "típico" em uma medida cognitiva. A disponibilidade de dados longitudinais a partir de grandes estudos epidemiológicos que contêm medidas adequadas do funcionamento cognitivo (p. ex., não têm efeitos mínimos ou máximos) está oferecendo a oportunidade de examinar a equivalência dos dados normativos gerados para grupos clinicamente heterogêneos, adultos com condições clínicas específicas conhecidas por afetar a cognição e grupos saudáveis do ponto de vista clínico.

Outros fatores considerados capazes de influenciar a função cognitiva, como a fluência no idioma de administração do teste, também podem ser examinados em muitos desses grandes conjuntos de dados. A capacidade de ajustar as expectativas normativas com base nessas investigações empíricas pode melhorar a acurácia diagnóstica e reduzir a possibilidade de erro de diagnóstico. O acesso a dados longitudinais em grandes amostras epidemiológicas está oferecendo a oportunidade de enfrentar algumas das desvantagens decorrentes da dependência de dados transversais (p. ex., incapacidade de identificar casos com transtornos cognitivos subjacentes em uma única avaliação). Entretanto, ao utilizar dados longitudinais, o desafio passa a ser como melhor distinguir uma verdadeira alteração nas funções cognitivas de um erro de medição. Conhecer o tipo e o grau de alteração cognitiva associada ao envelhecimento primário ou normal é fundamental para que se possa determinar o grau de alteração e os domínios cognitivos significativos do ponto de vista diagnóstico. Dada a crescente complexidade inerente à interpretação das alterações, os múltiplos conjuntos de padrões de comparação provavelmente precisarão ser considerados a partir de amostras com diferentes características e considerados com cuidado na avaliação do comprometimento cognitivo.

Pontos-chave

✓ As alterações cognitivas esperadas associadas à idade refletem-se nos padrões de comparação normativos.
✓ Podem ser necessários múltiplos conjuntos de padrões de comparação para avaliar as características específicas de um paciente.
✓ Vários métodos de avaliação das alterações da função cognitiva ao longo do tempo já foram sugeridos, e a "melhor" abordagem a ser adotada pelos profissionais de saúde dependerá da condição clínica de interesse, do intervalo entre as avaliações e da facilidade de aplicação.
✓ Muitos fatores podem influenciar o desempenho no teste (p. ex., estado de saúde, diversidade linguística e cultural).
✓ As pessoas para as quais o funcionamento pré-mórbido enquadra-se nos extremos da distribuição normal do funcionamento cognitivo requerem especial atenção para que se possa garantir a interpretação adequada das alterações.

CAPÍTULO 6

Declínio cognitivo subjetivo

No campo do envelhecimento cognitivo e da demência, o fenômeno do declínio cognitivo subjetivo (DCS) vem rapidamente despertando interesse e ganhando espaço na literatura, incluindo uma edição especial relativamente recente do *Journal of Alzheimer's Disease* dedicada inteiramente ao assunto (Tales et al., 2015). O DCS é uma síndrome em que os idosos se queixam ou se preocupam com o declínio que percebem em sua capacidade cognitiva, embora atuem dentro dos limites normais, de acordo com as medidas neuropsicológicas padronizadas e outras medidas clínicas, e conservem a função normal na realização de atividades instrumentais da vida diária (Jessen et al., 2014). Embora isso possa parecer uma característica da média dos idosos saudáveis, as evidências acumuladas sugerem que as pessoas com DCS são diferentes daqueles com envelhecimento normal e que o DCS é uma entidade clínica válida com etiologias e fenomenologias diversas. Uma importante força motriz por trás do interesse pelo DCS é a sua relação com a doença de Alzheimer (DA) pré-clínica. As pesquisas longitudinais sugerem que o DCS aumenta o risco de desenvolvimento de DA (Jessen et al., 2010; Reisberg et al., 2008; Reisberg, Shulman, Torossian, Leng e Zhu, 2010), particularmente em pessoas que apresentam biomarcadores relevantes como amiloidose ou *APOE* ε4 positivos (Dik et al., 2001; van Harten et al., 2013). Por outro lado, os estudos transversais mostram que as pessoas com DCS têm mais probabilidade de manifestar biomarcadores de DA do que os controles saudáveis (Amariglio et al., 2012; Perrotin, Mormio, Madison, Hayenga e Jagust, 2012; Visser et al., 2009). Isso sugere que, pelo menos para alguns indivíduos, o DCS pode ser o primeiro sinal prodrômico de DA, especialmente aqueles com biomarcadores positivos da doença (Jessen et al., 2014). Entretanto, mesmo em pacientes sem DA pré-clínica, o DCS pode estar associado a importantes resultados cognitivos e emocionais que requerem cuidados clínicos.

Neste capítulo, discute-se o estado atual da ciência em relação ao DCS, fatores que podem influenciar o relato das queixas cognitivas em idosos, e os métodos de avaliação e recomendações preliminares para o tratamento desses idosos.

Evolução e operacionalização do constructo de DCS

Na prática clínica de rotina, é possível que idosos com preocupações significativas com o declínio cognitivo, na presença de uma avaliação clínica normal, possam ter sido considerados como "preocupados saudáveis" e tranquilizados quanto à normalidade de seu estado cognitivo. Entretanto, na última década, as análises retrospectivas dos dados longitudinais de grandes estudos epidemiológicos começaram a revelar que as pessoas que desenvolviam comprometimento cognitivo leve (CCL) e demência, particularmente DA, em geral queixavam-se de ter percebido um declínio de suas capacidades cognitivas muitos anos antes da manifestação de sintomas objetivos – até 15 anos antes de um diagnóstico (Amieva et al., 2008; Reisberg et al., 2008). Subsequentemente, pesquisadores e profissionais de saúde passaram a achar que o DCS apresentava uma janela única de oportunidades, não apenas para detectar as pessoas que pudessem apresentar risco de DA, mas também para implementar intervenções que pudessem retardar o progresso do declínio (Jessen et al., 2014; Smart et al., 2017).

Subjective Cognitive Decline Initiative Working Group

O DCS é um constructo complexo com etiologias e fenomenologias heterogêneas. Estima-se que uma proporção significativa de pessoas com DCS decaia para DA, e este tem sido, em grande parte, o grupo de maior interesse até o momento. Entretanto, o DCS pode também ocorrer como um pródromo de outras demências (p. ex., demência vascular; Slot et al., 2016), ou pode estar associado a condições de saúde físicas e psicológicas crônicas não degenerativas que, não obstante, comprometem a qualidade de vida. Desse modo, independentemente da etiologia, os idosos com DCS constituem uma população importante para fins de avaliação e tratamento, seja para melhorar a função atual ou para reforçar as reservas existentes para atenuar o declínio cognitivo previsto. Em 2012, formou-se o Subjective Cognitive Decline Initiative (SCD-I) Working Group em resposta ao desafio de entender o complexo e evolutivo constructo de DCS. O SCD-I é um grupo internacional de profissionais de saúde-cientistas especializado em pesquisas sobre DA/demência e que conduziu pesquisas sobre o DCS.

Critérios propostos para o diagnóstico do DCS

A primeira tarefa do SCD-I foi criar critérios consensuais para o estudo empírico do DCS nos estudos sobre o envelhecimento, e os chamados critérios de Jessen para o DCS foram publicados em 2014 (Jessen et al., 2014). Em suma, para ser classificado como alguém que tem DCS, a pessoa deve relatar declínio persistente autovivenciado da capacidade cognitiva em relação aos níveis funcionais anteriores e independentes de evento agudo, ocorridos no contexto de um desempenho normal no teste neuropsicológico e das capacidades funcionais normais. O declínio não tem como ser mais bem explicado por uma condição psiquiátrica ou neurológica, medicamento ou uso de substâncias. Este trabalho apresentou também as recomendações "SCD *plus*" para pessoas com risco especificamente de DA pré-clínica, o que requer que o paciente apresente um declínio subjetivo de memória (em comparação com outros domínios cognitivos), tenha mais de 60 anos por ocasião da manifestação do DCS, tenha preocupações específicas ou relacionadas ao DCS, especialmente em relação a seus pares da mesma idade, e apresente biomarcadores positivos de DA pré-clínica.

Rabin et al. (2015) constataram que, em localidades internacionais, uma grande diversidade de participantes e métodos está atualmente sendo utilizada para o estudo do DCS e que, portanto, é improvável que se possa impor um conjunto de critérios rigorosos e homogêneos a ser seguido por todos os pesquisadores. O trabalho de acompanhamento realizado por Molinuevo et al. (2017) oferece diretrizes sobre como os critérios de Jessen podem ser operacionalizados e implementados no âmbito dos estudos de pesquisa, promovendo a harmonização entre os estudos, reconhecendo, ao mesmo tempo, que os estudos individuais podem diferir em termos de objetivos e escopo.

O SCD-I está crescendo rapidamente em participação e continua a ter como foco projetos relacionados à promoção da harmonização entre grupos internacionais, a fim de facilitar o entendimento mais destacado desse complexo constructo. As áreas de foco emergentes incluem o estabelecimento das taxas de declínio associadas a outras demências (Slot et al., 2016), o uso de biomarcadores em conjunto com o DCS para determinar o risco de DA (Buckley et al., 2016b), a identificação de itens de autorrelato que diferenciem idosos com DCS de idosos saudáveis (Sikkes et al., 2017) e determinar a qualidade das evidências para intervenções não farmacológicas no DCS (Smart et al., 2017).

Taxas de declínio cognitivo no DCS

Como observado anteriormente, uma base de evidências acumuladas indica que o DCS – particularmente o DCS com biomarcadores de DA – oferece maior risco prospectivo de declínio em direção à DA. O conhecimento das taxas básicas do DCS associado ao declínio futuro é fundamental para que se possa informar adequadamente os pacientes sobre a magnitude do risco e a probabilidade realista de declínio cognitivo patológico. Por exemplo, dar a alguém um diagnóstico de DCS significa coisas bem diferentes se a taxa estimada de declínio cognitivo anormal a partir do DCS for de 5% *versus* 50%. Infelizmente, com o surgimento relativamente recente do DCS como um conceito distinto de estudo, as taxas exatas de declínio não são claras, podendo diferir substancialmente entre os estudos. Por exemplo, Reisberg et al. (2010) constataram que, em um período de 7 anos, mais da metade da amostra de pacientes com DCS (54,2%) declinou para diagnósticos de CCL ou demência, em comparação com apenas 14,9% das pessoas sem DCS. Além disso, as pessoas com DCS decaíram mais rapidamente, à razão de 60% mais do que a taxa de declínio dos controles saudáveis. Por outro lado, uma metanálise recente constatou que 10,9% dos idosos com DCS apresentavam risco de desenvolver demência em um espaço de quatro anos, o equivalente ao dobro do número daqueles que não tinham esse tipo de queixa (Mitchell, Beaumont, Ferguson, Yadegarfer e Stubbs, 2014). Outras pesquisas concentraram-se na previsão longitudinal do declínio utilizando o DCS conjuntamente com os biomarcadores pertinentes. Nesse caso, também, as evidências são mistas, geralmente mostrando dissociações entre o declínio cognitivo e a conversão clínica. Scheef et al. (2012) constataram que as pessoas com DCS demonstravam declínio de memória associado ao metabolismo da glicose nas regiões do cérebro associadas à DA. Em uma amostra de pessoas com DCS e evidências de DA pré-clínica baseadas nos marcadores do líquido cerebrospinal, van Harten et al. (2013) também encontraram evidências de declínio nos testes de memória, funções executivas e cognição global, mas não de progressão para um diagnóstico clínico em um espaço de 2 anos. Por fim, Buckley et al. (2016a) avaliaram uma amostra de pessoas clinicamente normais diagnosticadas como beta-amiloide positivas com base nas imagens da tomografia por emissão de pósitrons (PET). Ao classificar os pacientes como indivíduos com "alto" ou "baixo" grau de DCS, eles constataram que um alto grau estava associado a uma taxa de progressão para CCL ou demência aproximadamente 5 vezes maior, mas isso não foi associado ao declínio da memória episódica em um espaço de 3 anos.

Existem pelo menos quatro grandes dificuldades para determinar a taxa e a frequência do declínio de pessoas com DCS para DA e outras demências. A primeira é a *janela de amostragem dentro da qual se fazem as estimativas*. Por exemplo, se o DCS é uma fase pré-clínica com duração de aproximadamente 15 anos (Amieva et al., 2008; Reisberg et al., 2008), aqueles enquadrados no período de 4 anos no início dessa fase podem demonstrar um declínio significativamente menor do que aqueles enquadrados no período de 4 anos mais próximo do final da janela, quando as pessoas estão muito próximas do tempo de emissão de um diagnóstico clínico em razão do comprometimento cognitivo objetivo. Portanto, uma janela de amostragem de participantes idosos e mais próximos do tempo do diagnóstico provavelmente revela estimativas mais elevadas se comparada a uma janela de amostragem de participantes mais jovens e mais distantes do tempo do diagnóstico.

A segunda questão é a *demografia da amostra em questão*. Por exemplo, uma fonte de dados sobre o DCS pode ser de participantes de estudos comunitários com idosos em que a avaliação das queixas seja superficial e faça parte de uma bateria muito maior de medidas autorrelatadas. É comum e esperado algum tipo de queixa em uma população saudável de idosos (Cooper et al., 2011; Slavin et al., 2010). Entretanto, é provável que as queixas nesse contexto signifiquem algo diferente das queixas provenientes de indivíduos que comparecem a uma clínica de transtornos da memória, o que provavelmente denota um nível muito mais alto de preocupação e maior probabilidade de a pessoa realmente ter DA pré-clínica (Coley et al., 2008).

Um terceiro problema é a *terminologia usada para descrever o DCS*. Uma entidade em desenvolvimento constante na literatura, o DCS era conhecido de formas variadas no passado como comprometimento cognitivo subjetivo (Reisberg e Gauthier, 2008; Reisberg et al., 2008), comprometimento subjetivo da memória (Jessen et al., 2010) e queixas cognitivas (Saykin et al., 2006). É óbvio que as diferentes definições operacionais de DCS poderiam resultar em estimativas com diferenças significativas da prevalência do fenômeno propriamente dito, bem como na previsão de taxas de declínio em direção ao CCL e à demência. Somado a essa questão está o uso do DCS como um diagnóstico ou como um termo descritivo, algo que o estudo do CCL tem enfrentado na última década. A falta de uma definição consistente para o DCS foi observada por Abdulrab e Heun (2008), que recorreram à criação de critérios consensuais para definir esse fenômeno. O SCD-I Working Group foi formado em 2012 para esse fim específico e para harmonizar as pesquisas internacionais sobre o assunto.

A quarta e última dificuldade é o foco na *memória como o critério básico de queixa*. O DCS atraiu significativo interesse em razão da proporção de pessoas que correm risco de declinar para DA. As pessoas com DA demonstram comprometimento proeminente da memória episódica, e aqueles com a variante amnéstica do comprometimento cognitivo leve (CCLa) apresentam mais risco de conversão para DA, em comparação com outras demências (Albert et al., 2011), o que provavelmente explica um foco quase exclusivo na quantificação das queixas de memória em estudos anteriores (Rabin et al., 2015). Entretanto, o próprio DCS está se revelando uma síndrome etiologicamente heterogênea, podendo ser preditiva de outras condições além da DA, incluindo outras demências (Slot et al., 2016). Além disso, mesmo no caso de DA, as queixas de memória são um tanto comuns na população saudável de idosos (Cooper et al., 2011; Slavin et al., 2010), podendo ter especificidade limitada e valor preditivo quando se trata de determinar a presença de DCS com DA pré-clínica (St. John e Montgomery, 2002; Wang et al., 2000). Desse modo, os pesquisadores reconheceram que, em vez de se concentrar exclusivamente na memória, o termo *cognitivo* captura melhor o fenômeno do DCS (Jessen et al., 2014; Reisberg et al., 2008), admitindo o fato de que outros domínios cognitivos podem ser diferencialmente patognomônicos de diferentes trajetórias de declínio cognitivo. Outros estudos longitudinais que utilizam os novos "critérios de Jessen" (Jessen et al., 2014) podem promover a harmonização das abordagens de pesquisa do DCS e as subsequentes respostas a questões pendentes, como a taxa e a frequência do declínio com DCS.

O que tudo isso significa para o profissional de saúde individual que trabalha com o paciente individual? Os profissionais devem ser aconselhados a considerar o seguinte: (1) a idade do indivíduo em questão em relação à duração do declínio percebido, (2) quem teve a iniciativa do encaminhamento (p. ex., o paciente baseado em sua própria preocupação, no *check-up* realizado pelo clínico geral), (3) as queixas relacionadas aos domínios cognitivos, além da memória, particularmente aquelas que vão além das queixas normais do envelhecimento, como dificuldade para encontrar as palavras e dificuldades episódicas de recuperação da memória e (4) a gravidade das queixas e/ou de seu impacto percebido no funcionamento cognitivo.

Muitos, ou até mesmo todos esses desafios para prever as taxas de declínio minam o campo do CCL há, pelo menos, uma década, e as respostas não são simples. O estudo do DCS, por sua vez, talvez possa aprender com as deficiências da literatura sobre o CCL para avançar no sentido de entender aqueles para os quais o DCS realmente representa um pródromo de demência.

Marcadores objetivos do declínio em pessoas com DCS

Uma característica essencial da avaliação neuropsicológica é a bateria de testes padronizados, pelo qual o desempenho de uma pessoa é comparado ao de pessoas com idade, nível de escolaridade e outros aspectos demográficos semelhantes. De acordo com os critérios de Jessen (Jessen et al., 2014), o desempenho normal nos testes neuropsicológicos é um critério essencial para o diagnóstico do DCS. Considerando-se o número significativo de pessoas com previsão de declinar para DA e outras demências, a situação sugere que os testes neuropsicológicos, como normalmente administrados, carecem da sensibilidade necessária para detectar os níveis sutis de declínio vivenciados por idosos com DCS. Desse modo, um dos maiores desafios continua sendo a capacidade de estabelecer a distinção prospectiva entre pessoas com DCS e idosos saudáveis antes que um declínio clinicamente significativo se manifeste. Como o DCS é, em grande parte, baseado no autorrelato de declínio cognitivo, um trabalho significativo já foi realizado no sentido de isolar tipos específicos de queixas cognitivas que possam ser exclusivas de pessoas com DCS e tenham validade concomitante e preditiva em termos de declínio. Em paralelo, o setor continua a procurar indicadores objetivos que corroborem esses autorrelatos de declínio, dada a relativa insensibilidade dos testes neuropsicológicos padronizados nos moldes normalmente administrados. Surgiram três áreas de foco de pesquisa: (1) uso de biomarcadores que sugerem DA pré-clínica ou outros distúrbios que poderiam influenciar o estado cognitivo, (2) paradigmas cognitivos experimentais sensíveis às diferenças no grupo entre idosos saudáveis e aqueles com DCS e (3) nova aplicação dos testes e constructos neuropsicológicos existentes.

Evidências de biomarcadores

Vários estudos demonstraram que o autorrelato do DCS está associado a uma frequência mais elevada de biomarcadores, particularmente biomarcadores de amiloidose e neurodegeneração na DA. Outros estudos estudos demonstraram uma associação transversal entre a ocorrência de DCS e neurodegeneração semelhante a DA, como volume hipocampal reduzido (Perrotin et al., 2015; van der Flier et al., 2004), córtex entorrinal bilateral (Jessen et al., 2006), atrofia da massa cinzenta (Peter et al., 2014) e afinamento e atrofia cortical das regiões temporal medial e frontotemporal (Meiberth et al., 2015; Saykin et al., 2006). A PET com novos traçadores, como o Pittsburgh Compound B (PiB), revelou associações transversais entre a carga amiloide e o DCS, embora as evidências sejam mais mistas se comparadas àquelas encontradas nos estudos sobre neurodegeneração. Por exemplo, alguns estudos constataram que a carga amiloide esteja positivamente associada a um número mais elevado de queixas de memória endossadas (Amariglio, Townsend, Gradstein, Sperling e Rentz, 2011) e percepções de piora da memória em comparação com equivalentes (Perrotin et al., 2012). Entretanto, outros estudos não constataram nenhuma relação desse tipo (p. ex., Buckley et al., 2013; Chételat et al., 2010; Rodda et al., 2010). Existem ainda outros trabalhos que examinaram o líquido cerebrospinal (LCE) à procura de associações entre os perfis da DA e a manifestação do DCS. Por exemplo, Visser et al. (2009) constataram que um perfil do LCE semelhante à DA era mais comum em pessoas com DCS, em comparação com sujeitos saudáveis do grupo de controle. Em termos de *APOE* ε4, um risco genético conhecido para DA, os achados foram novamente mistos. Mosconi et al. (2008) constataram que, em pessoas carreadoras com DCS, a probabilidade de demonstrar um perfil do LCE semelhante à DA era maior, embora não no grupo inteiro. Da mesma forma, Antonell et al. (2011) não encontraram diferenças de grupo entre o DCS e os sujeitos do grupo de controle em termos de seus perfis do LCE.

Os trabalhos que estabelecem relações entre os biomarcadores e o autorrelato de DCS são importantes e servem como um meio objetivo de corroborar as queixas do paciente antes que os sintomas clínicos se manifestem. Embora as evidências sejam mistas, vários estudos demonstram associações entre os biomarcadores da DA e o DCS. Talvez a razão para as evidências mistas tenha relação com as diferentes definições operacionais do DCS utilizadas, bem como com o fato de que nem todas as pessoas com DCS declinam para DA. Estudos futuros capazes de elucidar subtipos de DCS podem revelar associações com biomarcadores relacionados a outros processos de doença degenerativa (p. ex., doença vascular).

Paradigmas cognitivos experimentais

A obtenção de informações sobre os biomarcadores é importante para determinar se as alterações na estrutura e na função do cérebro estão por trás dos relatos de preocupação do idoso. Entretanto, uma limitação do fato de se depender apenas dos biomarcadores é que nem sempre existe uma relação de 1:1 entre os biomarcadores subjacentes – inclusive aqueles da DA pré-clínica – e a função cognitiva observável (Stern, 2009, 2012). Além disso, os biomarcadores além da RM estrutural simples são caros e, às vezes, invasivos, e o acesso a esses centros médicos acadêmicos especializados pode ser limitado. Dada a insensibilidade dos testes neuropsicológicos padronizados, alguns pesquisadores têm se concentrado na aplicação de paradigmas cognitivos experimentais que possa detectar diferenças no grupo entre idosos saudáveis e aqueles com DCS. Isso envolve, pelo menos, dois benefícios. Primeiro, os paradigmas experimentais podem ser mais sensíveis para detectar os tipos de declínio sutis apresentados por pessoas com DCS. Por exemplo, as evidências sugerem que a variabilidade intraindividual do tempo de reação, ou a inconsistência de resposta momento a momento, declina com o envelhecimento normal, além de ser um prenúncio de declínio posterior e morte (Bielak, Hultsch, Strauss, MacDonald e Hunter, 2010). Entretanto, os testes padronizados, mesmo aqueles que utilizam tempos de reação, normalmente não geram um número suficiente de tentativas para conduzir esse tipo de análise. Segundo, já existe uma literatura sólida sobre o envelhecimento cognitivo e a neurociência cognitiva/afetiva aplicada a idosos típicos (Kensinger e Gutchess, 2016; Mather, 2016; Peters, Hess, Västfjäll, e Auman, 2007; Verhaeghen,

2013), o que permite um ponto de comparação do desempenho de pessoas com suspeita de DCS.

A memória é um ponto de foco popular nos estudos sobre o envelhecimento cognitivo e a demência, possivelmente porque a DA é a forma mais comum de demência, e as pessoas com CCL amnéstico parecem apresentar o maior risco de conversão para DA (Albert et al., 2011; Blacker et al., 2007). Por exemplo, Koppara et al. (2015) recorreram a trabalhos anteriores, sugerindo que os recursos de associação de memória – um aspecto da memória visual de curto prazo – são um marcador sensível e específico da DA. Eles constataram que as pessoas com DCS demonstravam evidências de déficits cognitivos sutis em uma tarefa de associação de memória de curto prazo, mesmo quando o desempenho padronizado de sua memória não diferia daquele dos sujeitos do grupo de controle.

A literatura emergente examinou também o papel da atenção e das funções executivas no DCS, condizente com a literatura anterior, que indicava que esses constructos podem ser marcadores mais sensíveis nos estágios mais iniciais do declínio anormal, incluindo tanto o CCL como a DA (Saunders e Summers, 2011; Silveri, Reali, Jenner e Puopolo, 2007; Wylie, Ridderinkhof, Eckerle e Manning, 2007). Smart et al. (Smart, Segalowitz, Mulligan e Mac Donald, 2014a) examinaram a capacidade de atenção como um marcador objetivo do DCS. Eles administraram uma tarefa computadorizada do tipo agir/não agir e, simultaneamente, registraram o potencial relacionado a eventos (PRE) P3, um biomarcador da capacidade de atenção. Comparadas aos controles correlacionados demograficamente, as pessoas com DCS demonstraram um ERP P3 nitidamente atenuado, mesmo após a verificação de controle de quaisquer diferenças de humor, ansiedade e neuroticismo. Essa situação é compatível com a literatura existente, que mostra que o P3 é atenuado em pessoas com DA (Jeong, 2004; Olichney e Hillert, 2004; Polich, 2004). O interessante é que, apesar da atenuação do P3, as pessoas com DCS não se comportam pior na tarefa. Isso poderia sugerir que, apesar das alterações objetivas da função cerebral, as pessoas iniciam o processo de declínio a tempo suficiente de compensar ativamente essas alterações. Entretanto, na mesma amostra de idosos, Mulligan, Smart e Ali (2016) encontraram evidências de diferenças de comportamento no Multi-Source Interference Test, uma tarefa com condições de baixo e alto controle cognitivo. Embora não tenha havido diferenças na média do tempo de reação (TR), as pessoas com DCS demonstraram acurácia reduzida em todos os tipos de ensaio e maior variabilidade do TR do que os controles saudáveis.

A tomada de decisão, considerada um aspecto de ordem mais elevada das funções executivas, também foi examinada no DCS. A desvalorização temporal (ou desvalorização pelo atraso) é o fenômeno em que a maioria das pessoas tende a atribuir peso menor aos resultados futuros do que aos resultados imediatos ao tomar decisões. Hu, Weber, Kleinshmidt e Jessen (2014) administraram uma tarefa computadorizada de desvalorização temporal a pessoas com DCS e controles saudáveis (idosos e mais jovens) e observaram que o grupo com DCS apresentou uma taxa de desvalorização mais elevada do que os controles idosos, bem como tendência a uma desvalorização mais elevada do que o grupo de controle mais jovem. Além disso, no caso das pessoas com DCS, a taxa de desvalorização demonstrou significativa correlação negativa com o Miniexame do Estado Mental (MMSE, na sigla em inglês), e imediata recuperação no Consortium to Establish a Registry for Alzheimer's Disease (CERAD) e uma correlação positiva com o autorrelato da presença de fatalismo medida na Zimbardo Time Perspective Scale. Smart e Krawitz (2015) examinaram o desempenho na tarefa do jogo de Iowa (Bechara, Damasio, Damasio e Anderson, 1994), desenvolvida como uma medida experimental da tomada de decisões, mas hoje disponível como um teste neuropsicológico clínico padronizado (Bechara, 2007). De acordo com os critérios de Jessen, os grupos não diferiram em desempenho no teste baseado no escore clínico padronizado. Entretanto, a estimativa bayesiana dos parâmetros de desempenho a cada estudo individualmente demonstrou que, comparados aos sujeitos saudáveis do grupo de controle, aqueles com DCS demonstraram evidências de desvalorização dos resultados anteriores em favor de resultados temporalmente contíguos ao tomar decisões. Considerados conjuntamente, esses estudos permitem uma percepção interessante da potencial capacidade de decisão das pessoas com DCS. Especificamente, esses estudos apresentam evidências de desvalorização de resultados anteriores e futuros, resultando em um foco maior no momento presente, o que poderia refletir dificuldades com a atenção e aspectos do controle executivo, como a memória de atualização/trabalho.

Um dos maiores desafios do estudo do DCS é separar esses indivíduos dos idosos saudáveis, dados os escores normais dos testes neuropsicológicos em ambos os grupos. Os paradigmas cognitivos experimentais prometem detectar diferenças cognitivas no DCS que corroborem as preocupações desses pacientes. Esse trabalho, no entanto, encontra-se em estágio inicial, e a validade preditiva dessas medidas requer estudos mais profundos.

Nova aplicação dos testes e constructos neuropsicológicos

Os estudos sobre o CCL têm sugerido que o acréscimo de critérios neuropsicológicos específicos à tomada de decisão diagnóstica, acima e além do consenso clínico, melhora a confiabilidade e a validade dos consequentes diagnósticos (Bondi et al., 2014). A aplicação dessa abordagem ao DCS passa a ser um desafio, considerando-se que as pessoas afetadas constituem, por definição, uma população classificada dentro dos limites normais nos testes padronizados. Isso levou os pesquisadores a examinar os testes neuropsicológicos de novas maneiras, a fim de buscar métricas confiáveis e válidas do declínio objetivo em pessoas com DCS. O estudo anteriormente mencionado conduzido por Smart e Krawitz (2015) é um desses exemplos, em que um teste padronizado, a tarefa do jogo de Iowa, foi submetido a uma análise estatística mais avançada com o uso de uma estimativa de parâmetro bayesiana para descobrir diferenças no grupo em comparação com controles saudáveis. Rabin et al. (2014) procuraram determinar se a memória prospectiva poderia revelar dificuldades cognitivas em pessoas com DCS. A memória prospectiva, definida como memória para intenções futuras (Einstein e McDaniel, 1990; van den Berg, Kant e Postma, 2012), é mais complexa do que outras formas de memória, uma vez que envolve não apenas a codificação e a consolidação episódicas de uma pista (p. ex., ouvir um alarme) e sua atividade associada (p. ex., ir ao dentista), mas também o controle executivo no sentido de se manter a vigilância em relação à ocorrência futura da pista e concluir a ação desejada. Eles administraram um novo teste clínico, o teste Royal Prince Alfred Prospective Memory (RPA-ProMem), a pessoas com DCS e CCL, bem como a controles saudáveis. Apesar do desempenho intacto nos testes típicos de memória episódica, as pessoas com DCS apresentaram um escore significativamente mais baixo do que os sujeitos saudáveis do grupo de controle nas subtarefas naturalistas de longo prazo (ou seja, aquelas que simulam de forma mais precisa eventos da vida real) do RPA-ProMem. Dadas as demandas executivas adicionais dessa tarefa, esse achado é compatível com os estudos anteriormente mencionados que indicam que as dificuldades de atenção e controle executivo das pessoas com DCS podem ser mais sensíveis ao comprometimento cognitivo objetivo do que as tarefas tradicionais da memória episódica. As pesquisas sobre a memória prospectiva também são importantes, considerando-se a sua relevância ecológica para a vida diária dos idosos.

Recentemente, Edmonds et al. (2015b) discutiram o conceito de declínio cognitivo "sutil", definido em termos atuariais baseados no desempenho apresentado nos testes psicométricos. Os autores definiram o declínio cognitivo sutil como escores prejudicados (>1 DP abaixo das normas corrigidas pela idade) em duas medidas em diferentes domínios cognitivos, bem como um escore de 6-8 no Functional Assessment Questionnaire. Eles constataram que esse critério tinha valor preditivo para determinar quem declinaria para CCL e DA utilizando dados da Alzheimer's Neuroimaging Disease Initiative e que apresenta uma definição operacional do declínio cognitivo sutil referenciada nos critérios da National Institute on Aging-Alzheimer's Association (NIA-AA) sobre DA pré-clínica (Sperling et al., 2011).

A literatura emergente sugere que as pessoas com alto grau de escolaridade com DCS demonstram maior probabilidade de apresentar declínio cognitivo concomitante (Mulligan et al., 2016; Smart et al., 2014a; Smart e Krawitz, 2015) e declínio cognitivo futuro anormal (Jonker, Geerlings e Schmand, 2000; van Oijen, de Jong, Hofman, Koudstaal e Breteler, 2007). Essas pessoas podem pontuar normalmente nos testes padronizados em virtude da maior reserva cognitiva e capacidade compensatória (Stern, 2009, 2012), mas têm mais consciência das capacidades pré-mórbidas e da sensibilidade associada ao declínio de desempenho sutil. Rentz et al. (2004) discutiram o uso de normas ajustadas pelo QI para prever o declínio progressivo em idosos com inteligência acima da média. Embora esse trabalho tenha sido publicado antes da proliferação das pesquisas sobre o DCS, a reanálise dos conjuntos de dados existentes com idosos com alto grau de escolaridade pode revelar os mesmos tipos de declínios cognitivos sutis discutidos por Edmonds et al. (2015b).

Em suma, os testes neuropsicológicos clínicos continuam sendo o padrão-ouro para a averiguação do atual comprometimento clínico das capacidades cognitivas. Entretanto, da maneira como normalmente são aplicados e pontuados, esses testes parecem insensíveis ao comprometimento em pessoas com DCS. Os estudos discutidos mostram-se promissores para novas formas de emprego desses testes ou a análise dos dados correlatos, a fim de permitir a corroboração objetiva das preocupações cognitivas das pessoas com DCS.

Operacionalização do diagnóstico de DCS na prática clínica

Embora existam muitas ferramentas para capturar o funcionamento cerebral e comportamental em idosos, os testes neuropsicológicos padronizados continuam sendo o padrão-ouro para a avaliação da cognição atual e para determinar desvios clinicamente significativos do funcionamento normativo. Além disso, mesmo em estágios em que o comprometimento objetivo seja mais evidente (i. e., CCL), a adição de dados de testes padronizados é conhecida por aumentar a sensibilidade e a precisão diagnósticas (Bondi et al., 2014). Entretanto, considerando-se que o DCS, por definição, denota um desempenho normal nos testes neuropsicológicos, entender o significado das queixas e preocupações nesse contexto é um enigma clínico para neuropsicólogos e outros profissionais que conduzem avaliações de idosos. Reisberg et al. (2008) referiram-se ao DCS como o estágio "em que o paciente sabe, mas o médico não sabe" (p. S105). Entretanto, isso não significa que o profissional de saúde não possa utilizar muitas outras informações que se encontram à sua disposição para caracterizar o funcionamento atual de uma pessoa.

A avaliação neuropsicológica é um processo de avaliação holística e integrativa em que os resultados dos testes são interpretados dentro de uma estrutura biopsicológica, incluindo uma minuciosa entrevista clínica com o paciente e um informante relevante (p. ex., parceiro, membro da família), informações detalhadas sobre o histórico clínico e psiquiátrico do paciente, bem como uma revisão dos estudos de neuroimagem disponíveis.

Como ocorre com qualquer apresentação diagnóstica, o profissional de saúde entende que a função cognitiva atual do paciente é determinada por múltiplos fatores e igualmente passível de melhoria por diversos meios. Isso talvez não seja mais evidente do que no caso do DCS, pelo fato de as queixas autorrelatadas serem destacadas, complexas e determinadas por vários fatores (Buckley, Saling, Fromann, Wolfsgruber e Wagner, 2015). Em termos práticos, a avaliação neuropsicológica de pessoas com suspeita de DCS deve incluir, no mínimo, uma abrangente entrevista clínica que documente distúrbios pré-mórbidos e comórbidos de humor/ansiedade e condições de saúde física, personalidade e queixas em relação a uma ampla amostra de domínios cognitivos, não apenas em relação à memória (Rabin et al., 2015). O ideal é que o paciente, em algum momento, obtenha um exame clínico completo e abrangente por meio de seu prestador de assistência médica primária ou neurologista, a fim de descartar causas reversíveis de comprometimento cognitivo, como distúrbios metabólicos (McConnell, 2014).

DCS *versus* CCL ou demência

Esse diagnóstico diferencial é uma proposta relativamente simples e direta. Supondo-se que a administração do teste seja válida, a presença de comprometimento no teste neuropsicológico formal pontuada de acordo com as comparações normativas adequadas, combinada a autorrelatos ou relatos de informantes sobre a presença de declínio, descarta efetivamente a hipótese de DCS e cogita diagnósticos associados ao comprometimento cognitivo objetivo. Um exame médico abrangente, incluindo exame de neuroimagem e exame completo para a detecção de demência reversível, fornecerá informações de apoio relacionadas à etiologia específica. A extensão do comprometimento, especialmente em relação às atividades instrumentais da vida diária, indicará se o diagnóstico mais adequado é de CCL ou de demência.

DCS *versus* envelhecimento normal

Esse provavelmente é o diagnóstico diferencial mais comum – e mais desafiador – que o profissional de saúde terá que fazer. Embora alguns estudos tenham demonstrado sutis diferenças cognitivas entre pacientes com DCS e idosos saudáveis (Hu et al., 2014; Smart et al., 2014a; Smart e Krawitz, 2015), estas tendem a ser diferenças em nível de grupo constatadas com o uso de medidas experimentais. Em nível de paciente individual, ainda não existem medidas objetivas confiáveis para corroborar o diagnóstico de DCS e diferenciá-lo do envelhecimento normal. Essa situação enfatiza necessariamente o autorrelato de declínio (Rabin et al., 2015). Dito isso, mesmo na ausência de achados objetivos de testes, o profissional de saúde pode agir no sentido de aumentar a probabilidade de identificação de alguém que apresente DCS, especialmente indivíduos com possível risco de declínio para DA ou outras demências, as quais serão discutidas nas seções seguintes.

Autorrelato de queixas cognitivas

A entrevista clínica deve incluir um levantamento completo das queixas de comprometimento em todos os domínios cognitivos, não apenas da memória. Embora os itens da memória estejam entre os mais comuns administrados (Rabin et al., 2015), vários estudos sugerem que a memória, particularmente a episódica, pode não ter a especificidade necessária para diferenciar DCS de idosos saudáveis. Por exemplo, Amariglio et al. (2011) constataram que, no Nurses Health Study, itens como o sentido de orientação (ou seja, navegação espacial) eram mais eficientes para predizer o declínio cognitivo incipiente. Além disso, Smart et al. constataram que os testes objetivos de atenção e função executiva diferenciavam aqueles com DCS dos sujeitos saudáveis de grupo de controle (Smart et al., 2014a; Smart e Krawitz, 2015; Mulligan et al., 2016), bem como o autorrelato da capacidade de percepção, itens que apresentavam sobreposição com o autorrelato da função executiva (Smart, Koudys e Mulligan, 2015). Muitos dos questionários atualmente disponíveis para a avaliação de queixas cognitivas são medidas de diferenças individuais (ou seja, não oferecem escores de corte que permitam a separação entre grupos clínicos e não clínicos). Outras medidas atualmente em uso foram criadas para amostras de CCL e demência, partindo-se do princípio de que o DCS se diferencie dessas condições somente pelo grau de intensidade, o que ainda não foi confirmado (Rabin et al., 2015). Portanto, essas medidas devem ser usadas como evidências de respaldo no contexto de uma avaliação abrangente, mas é provável que não sejam suficientes para responder definitivamente se alguém atende ou não aos critérios de DCS.

No tocante a recomendações de medidas específicas, não existe atualmente uma medida de "queixas" do tipo padrão-ouro capaz de classificar com segurança pessoas com e sem DCS. Rabin et al. (2015) conduziram um trabalho abrangente de revisão e análise dos diversos meios pelos quais o autorrelato de queixas estava sendo avaliado em 19 estudos de pesquisa internacionais afiliados ao SCD-I. Existem atualmente em uso 34 medidas de autorrelatos, que abrangem 640 itens de autorrelato relacionados à cognição.

As sobreposições entre os estudos foram poucas, e 75% das medidas foram utilizadas apenas por um único estudo. Não é de surpreender que a avaliação da memória tenha predominado (equivalente a 60% dos itens), enquanto outros domínios, como função executiva (16%) e atenção (11%), demonstraram representatividade muito menor. Muitas dessas medidas estão sendo utilizadas no contexto de estudos longitudinais em larga escala que já se encontravam em curso vários anos antes de o DCS atrair atenção significativa. Por essa razão, a avaliação do DCS geralmente não era o fator primário determinante na seleção de medidas. Em vez disso, as medidas utilizadas quase sempre eram selecionadas com base em decisões práticas, como a brevidade da administração ou disponibilidade. Existem pesquisas atualmente em curso no âmbito do SCD-I destinadas a harmonizar os itens de autorrelato entre esses estudos de pesquisa internacionais, visando à obtenção dos itens com maior sensibilidade e especificidade para a avaliação do DCS e validade preditiva em termos de função cognitiva objetiva e biomarcadores (Sikkes et al., 2017).

Com base nessa revisão, não foi possível fazer recomendações específicas em relação ao uso de medidas individuais. Além disso, não é possível identificar medidas de autorrelato padrão-ouro, considerando-se que as queixas provavelmente diferem em função do contexto demográfico e cultural da avaliação. Uma entrevista neuropsicológica clínica completa e detalhada sempre poderá fornecer um rico conjunto de informações úteis para o entendimento da função biopsicossocial atual do indivíduo. Dito isso, se for necessário selecionar medidas individuais das queixas cognitivas para complementar a entrevista, Rabin et al. (2015) apresentam algumas recomendações preliminares, entre as quais:

1. Usar medidas em que os enunciados das questões sejam simples e prontamente entendidos (p. ex., evitar itens ambíguos em que o referente do endosso positivo do item não seja claro).
2. Usar medidas que avaliem constructos individuais (p. ex., a cognição), em vez de combinar múltiplos constructos em uma medida (p. ex., a cognição associada ao humor, à saúde).
3. Avaliar queixas utilizando questões cognitivas mais pertinentes à vida diária de um determinado indivíduo (p. ex., perguntar sobre a capacidade financeira é uma medida menos confiável quando o cônjuge da pessoa sempre cuidou das finanças).
4. Avaliar outros domínios além da memória episódica, visto que algumas alterações dela são observadas no processo de envelhecimento normal e outros aspectos da memória – e a cognição em geral – podem ser mais patognomônicos de declínio anormal nesse estágio inicial DCS.

5. Quando possível, avaliar as queixas utilizando um período restrito e específico (p. ex., dias, semanas, meses). O uso de referentes temporais mais distantes (p. ex., 5 ou 10 anos) poderia reduzir o nível de confiabilidade do relato e dificultar que os entrevistados se lembrem de eventos isolados.

Expressão transcultural das queixas

Muitos dos dados sobre o DCS são oriundos de amostras industrializadas e ocidentalizadas. Desse modo, permanece a questão quanto ao significado transcultural das queixas e à forma de expressão dessas queixas. Em outras palavras, os itens que podem ser válidos como constructos em amostras de populações de etnia europeia ou caucasiana podem não ter a mesma validade em outras populações. Por exemplo, Jackson et al. (2016) examinaram dados do Harvard Aging Brain Study para verificar a relação entre o desempenho da memória objetiva e da memória subjetiva, comparando especificamente participantes brancos e afro-americanos. Embora ambos os grupos se queixassem com a mesma frequência, as queixas de natureza cognitiva estavam associadas à cognição objetiva na amostra de indivíduos brancos ($r = -0,401$), mas não na amostra de afro-americanos ($r = -0,052$). Esses achados são intrigantes porque indicam que a ausência de relação não decorre simplesmente do menor endosso das queixas na amostra de afro-americanos; os resultados persistiram até mesmo após o controle dos fatores socioeconômicos e educacionais.

A experiência fenomenológica em primeira pessoa do DCS ainda é amplamente desconhecida. Não se pode supor que as medidas criadas em amostras ocidentalizadas (e basicamente caucasianas) – muito menos aquelas que estão sendo utilizadas e foram criadas originalmente para amostras não relacionadas ao DCS – possam capturar efetivamente a experiência entre diversas populações. Dada a ênfase depositada no autorrelato de queixas cognitivas, isso ressalta a necessidade de intensificar as abordagens psicométricas baseadas em itens de avaliação das queixas com abordagens qualitativas que permitam ricas descrições da experiência pessoal de declínio cognitivo de um indivíduo em primeira pessoa (Buckley et al., 2015; Rabin et al., 2015). Em termos práticos para o profissional de saúde individual, isso ressalta a importância de se fazer perguntas detalhadas na entrevista clínica e não confiar exclusivamente nas medidas de autorrelato para verificar as queixas cognitivas.

Preocupação distinta das queixas

Os estudos emergentes sugerem que, embora as queixas em relação às alterações cognitivas possam ser relativamente frequentes na população de idosos (Cooper et al., 2011; Jonker et al., 2000; Slavin et al., 2010), a preocupação específica em relação a essas alterações pode ser um indicador mais sensível do DCS. Por exemplo, Jessen et al. (2010) analisaram dados do estudo AgeCoDe, um estudo de prática geral em larga escala baseado em registros e realizado na Alemanha. Perguntavam aos participantes: "Você tem a sensação de que sua memória está piorando?". As opções de resposta eram "não"; "sim, mas isso não me preocupa" e "sim, isso me preocupa". Os pesquisadores avaliaram os participantes no nível basal e em intervalos de acompanhamento de 1,5 e 3 anos, constatando que o comprometimento da memória subjetiva com preocupação estava associado ao maior risco de conversão para qualquer tipo de demência (relação de risco [RR] = 3,53) ou DA (RR = 6,54), com uma sensibilidade de 69% e especificidade de 74,3%. Os pesquisadores que recorreram a dados do mesmo estudo AgeCoDe investigaram se a estabilidade temporal do relato de DCS influenciava o risco de DA em idosos saudáveis. Eles constataram que o DCS com preocupação que era regularmente relatado no decorrer do tempo estava associado a um maior risco de DA (Wolfsgruber et al., 2016). Esses achados indicam que a preocupação com o declínio tem validade preditiva gradativa sobre o relato de queixas propriamente dito. Em uma pesquisa separada conduzida com uma amostra comunitária de voluntários, as pessoas foram classificadas como portadoras de DCS com base no nível de preocupação demonstrado diante da pergunta: "Você está preocupado com as alterações na sua capacidade de raciocínio, mais do que apenas com o envelhecimento normal?". Essa classificação baseada na preocupação estava associada a vários marcadores objetivos de alterações cerebrais (Smart et al., 2014a; Smart, Spulber e Garcia-Barrera, 2014b) e da função cognitiva (Mulligan et al., 2016; Smart e Krawitz, 2015).

Com a progressão do declínio cognitivo para níveis mais patológicos, como observado no CCL e na demência, a preocupação pode diminuir, uma vez que os pacientes desenvolvem anosognosia, ou perda de consciência dos déficits (Wilson et al., 2016). Entretanto, os achados dos estudos anteriormente mencionados sugerem que a preocupação pode ter valor específico nesse estágio muito incipiente no DCS, quando as pessoas têm consciência de sua função atual. Além disso, como nesse estágio as pessoas provavelmente compensam as alterações sutis, elas podem ter mais consciência das alterações que não são óbvias para a família e os profissionais de saúde. Desse modo, os profissionais são aconselhados a investigar a preocupação como um fato distinto do relato de queixas cognitivas e uma preocupação específica da função cognitiva, e não como uma preocupação generalizada, por exemplo aquela observada em condições como de distúrbio de ansiedade generalizada (embora humor/ansiedade ainda devam ser avaliados, como detalhado a seguir).

Autorrelato de outros constructos que podem influenciar o relato das queixas cognitivas

Assim como a função cognitiva, o autorrelato da função cognitiva também é determinado por múltiplos fatores (Buckley et al., 2015). Mais especificamente, é provável que o autorrelato das queixas seja influenciado por fatores como o humor, a ansiedade, a personalidade (neuroticismo e conscienciosidade, em particular) e o estado atual da saúde física (Rabin, Smart e Amariglio, 2017). As avaliações de depressão, ansiedade, personalidade e sintomas físicos de saúde conduzidas pelo profissional de saúde e baseadas em autorrelatos são um componente-padrão da avaliação neuropsicológica clínica e assumem particular importância no contexto do DCS. O conhecimento das peculiares fontes de variância nas queixas autorrelatadas é útil na medida em que pode elucidar os diferentes subtipos de DCS associados a diferentes etiologias, considerando-se, sobretudo, que nem todas as pessoas com DCS declinarão para DA (Jessen et al., 2014). É claro que a seleção de medidas individuais deve ser adequada às características demográficas do indivíduo avaliado e pode estar sujeita a variações entre os diferentes países e culturas. Dito isso, algumas medidas de autorrelato amplamente utilizadas, que são aplicadas e relevantes para amostras de idosos, incluem a Geriatric Depression Scale (Yesavage et al. 1983), a Adult Manifest Anxiety Scale – Elderly Version (Lowe e Reynolds, 2006) e o Minnesota Multiphasic Personality Inventory – Second Edition, Restructured Format (Ben-Porath e Tellegen, 2008). Nesse caso, também, uma entrevista clínica completa sempre pode ser utilizada para ampliar quaisquer informações obtidas por meio das medidas autoadministradas.

Relato do informante sobre a função cognitiva do paciente

O relato do informante é uma importante peça complementar para ampliar o autorrelato de DCS apresentado pelo paciente. Um informante confiável pode fornecer informações para corroborar a manifestação de sinais sutis de declínio cognitivo, mesmo em idosos que não apresentam evidências objetivas de comprometimento cognitivo (Mulligan et al., 2016). Além disso, alguns estudos demonstraram que os relatos do informante têm validade gradual para prever quem declinará para CCL ou demência, bem como a taxa de declínio cognitivo correlata (Gifford et al., 2014; Rabin et al., 2012; Slavin et al., 2015). Deve-se ter em mente, no entanto, que o relato de qualquer informante é passível de ser influenciado pela própria função cognitiva e pelo estado de humor atual do entrevistado (incluindo depressão e ansiedade), bem como pelo nível de familiaridade do entrevistado com o indivíduo em questão. Isso inclui a frequência de contato em uma determinada semana e a longevidade da relação. Todos esses fatores devem ser levados em consideração quando se avalia o impacto do relato do informante.

O relato do informante é essencial em todo estágio de avaliação, juntamente com a trajetória do declínio cognitivo, e é uma questão abordada em cada capítulo de avaliação. Quanto às medidas específicas examinadas nas pesquisas sobre o DCS, o Informant Questionnaire of Cognitive Decline in the Elderly (IQCODE; Jorm & Jacomb, 1989) foi examinado em vários estudos. O IQCODE é uma das medidas de informante utilizada de forma mais ampla para o rastreamento de demência em idosos, com bom nível de confiabilidade e validade para a avaliação de fatores gerais do declínio cognitivo. Pede-se ao informante que classifique o paciente em vários domínios em relação ao seu desempenho 10 anos antes. A avaliação inclui itens como a capacidade de reconhecer o rosto de familiares e amigos, recordar-se de detalhes sobre família e amigos, como nomes, datas de aniversário, endereços e informações autobiográficas (p. ex., o seu próprio endereço e número de telefone), bem como vários itens que exploram domínios como novos aprendizados, memória episódica, conhecimento semântico, controle de atenção e função executiva. O IQCODE original continha 26 itens, embora uma abrangente revisão da literatura disponível conduzida por Jorm (2004) sugira que a versão com 16 itens seja igualmente eficiente e, até mesmo, preferida.

Outra medida examinada especificamente na população com DCS é a Everyday Cognition Scale (ECog; Farias et al., 2008), uma medida mais contemporânea das queixas cognitivas. Assim como o IQCODE, o indivíduo é questionado sobre o seu desempenho presente em relação ao seu desempenho 10 anos antes em aspectos como memória, linguagem e atenção/função executiva. Embora essas duas medidas tenham vantagens, uma limitação significativa está no fato de que ambas utilizaram um referente de 10 anos que, como visto anteriormente no contexto dos autorrelatos, pode reduzir sobremaneira a confiabilidade e a validade do relato, nesse caso por influência da longevidade da relação paciente-informante e pela condição da memória do próprio informante. Como sempre, essas medidas devem ser consideradas somente como parte dos dados e complementadas por entrevista com o informante, quando possível.

Possíveis subtipos de DCS em relação às potenciais etiologias

É provável que o DCS associado à DA pré-clínica seja a condição que mais tem atraído atenção nas pesquisas, possivelmente porque a DA é a demência mais prevalente, e determinados estudos relatam que mais da metade dos participantes com DCS acabam declinando para CCL e DA (Reisberg e Gauthier, 2008; Reisberg et al., 2010). Entretanto, isso resulta em grande proporção de indivíduos afetados que apresentam DCS associado a uma etiologia diferente. Resta observar se esses subtipos de DCS possuem fenótipos cognitivos e comportamentais diferentes, assim como as variantes do CCL podem diferir de acordo com as causas neurodegenerativas, como DA, doença de Parkinson (DP) e doença cerebrovascular. Embora as pesquisas e a orientação clínica em relação a esse assunto sejam incipientes, cabe aos profissionais de saúde determinar os principais fatores que contribuem para o quadro de DCS de um determinado paciente. Como a função cognitiva atual é determinada por múltiplos fatores, é improvável que haja um único fator explicativo. Desse modo, certo conhecimento das causas subjacentes nesse estágio inicial do processo poderia permitir intervenção precoce significativa com o intuito de desacelerar ou retardar o início de um declínio maior (Smart et al., 2017).

Obtenção de informações sobre biomarcadores relevantes

As pessoas com DCS demonstram desempenho normal nos testes neuropsicológicos, que é o padrão-ouro comum de evidência objetiva de declínio cognitivo. Entretanto, os biomarcadores podem produzir uma fonte útil de disfunção cerebral objetiva e facilitar a consideração das diferentes contribuições etiológicas para um determinado quadro de DCS. A primeira consideração seria o DCS associado à DA pré-clínica, dada a prevalência da DA como a forma de demência diagnosticada com mais frequência. De acordo com os "critérios de Jessen" para o DCS (Jessen et al., 2014), o "SCD *plus*" denota pessoas com DCS que também apresentam biomarcadores positivos de DA pré-clínica. Em 2011, o NIA-AA Workgroup apresentou recomendações quanto ao uso de biomarcadores para definir os estágios pré-clínicos da DA (Sperling et al., 2011). O estudo sugeriu um modelo hipotético de biomarcadores dinâmicos da DA com base em um modelo fisiopatológico em cascata da DA anteriormente proposto. No modelo dos autores, o primeiro estágio da patologia é o acúmulo de beta-amiloide no cérebro, como evidenciado por meio de exame do LCE e PET Scan. O sinal seguinte a surgir é a disfunção sináptica, como evidenciado na tomografia por emissão de pósitrons com fluorodeoxiglicose (FDG-PET) e/ou na ressonância magnética funcional (RMf). A partir daí, os sinais da lesão neuronal mediada pela proteína tau (LCE) e a neurodegeneração (volumetria por RM) tornam-se evidentes, assim como o declínio das condições cognitiva e clínica. O acesso a esses biomarcadores é muito comum nos grandes centros de pesquisa. Entretanto, os profissionais de saúde em outros centros têm acesso somente aos dados volumétricos da RM. De acordo com o modelo de Sperling et al. (2011), os achados negativos da RM não impediriam um diagnóstico de SCD *plus*, mas denotariam simplesmente que a fisiopatologia subjacente ainda não progrediu para um nível manifesto na RM estrutural. Nesse caso, então, os profissionais devem considerar também outros marcadores sugestivos de SCD *plus*, como descrito em Jessen et al. (2014).

O interessante é que esse modelo fisiopatológico em cascata proposto por Sperling et al. (2011) foi recentemente desafiado na literatura. Ao analisar os dados da Alzheimer's Disease Neuroimaging Initiative (ADNI), Edmonds et al. (2015b) classificaram 570 participantes normais do ponto de vista cognitivo com base nos critérios do NIA-AA e baseados separadamente no número de biomarcadores anormais ou marcadores cognitivos associados a DA pré-clínica de cada indivíduo. Eles constataram que a neurodegeneração por si só era 2,5 vezes mais comum do que a amiloidose isoladamente em nível basal. Além disso, para aqueles que apresentaram apenas um biomarcador anormal em nível basal e mais tarde progrediram para CCL ou DA, a neurodegeneração foi o mais comum, seguida pela amiloidose isolada ou pelo declínio cognitivo sutil (definido em uma seção anterior), ambos igualmente comuns. Talvez isso não seja nenhuma surpresa, visto que as pessoas podem demonstrar evidência de amiloidose e emaranhados (ou novelos) neurofibrilares sem desenvolver necessariamente demência de DA. Em vez disso, o trabalho de Edmonds et al. (2015b) sugere que a RM estrutural tem valor como meio de determinar os sinais iniciais de DA pré-clínica, o que é importante ao se considerar que esse biomarcador é relativamente acessível para a maioria dos profissionais de saúde na prática de rotina.

No caso da DA pré-clínica, a neurodegeneração provavelmente seria evidenciada por um padrão característico de atrofia envolvendo os lobos mesotemporais, bem como os córtices paralímbicos e temporoparietais (Sperling et al., 2011). Entretanto, a RM estrutural pode ser utilizada também para evidenciar padrões de neurodegeneração e doença associada a outras etiologias. Portanto, a RM estrutural continua útil para determinar outras etiologias do DCS além da DA pré-clínica. Por exemplo, a neurodegeneração dos lobos frontais e temporais pode indicar sinais de demência frontotemporal (DFT), especialmente em pacientes mais jovens, na faixa dos 40 a 50 anos. Por outro lado, as doenças isquêmicas dos pequenos vasos ou as lesões na substância branca poderiam sugerir um processo subjacente de etiologia cerebrovascular.

Etiologias não neurológicas do DCS

Se as principais doenças neurodegenerativas forem consideradas menos prováveis, o profissional de saúde pode considerar a relativa contribuição dos fatores psicológicos para o autorrelato de DCS. Como observado no Capítulo 3, a depressão eleva o risco de demência por diversas causas, inclusive DA, e pode estar associada a dificuldades cognitivas e alterações estruturais do cérebro, incluindo anomalias da substância cinzenta nas redes frontais-subcorticais e límbica (Sexton, McKay e Ebmeier, 2013), bem como a integridade da substância branca (Allan et al., 2016). Portanto, a seriedade da depressão como etiologia do DCS não deve ser minimizada; ao contrário, se for uma preocupação presente significativa, a depressão deve ser controlada com rigor, não apenas para melhorar o humor e a qualidade de vida, mas também para, possivelmente, reduzir o risco de declínio cognitivo futuro. Os transtornos de ansiedade também podem intensificar o relato de queixas cognitivas. Nesse caso, a ansiedade pode decorrer da falta de conhecimento sobre as alterações esperadas com o envelhecimento normal; em tal situação, a psicoeducação administrada em torno das alterações cognitivas normativas relacionadas à idade pode servir para reduzir a ansiedade e o relato concomitante de queixas cognitivas. Entretanto, como observado anteriormente, a preocupação específica com o declínio cognitivo deve ser considerada um possível indicador de DCS, e não ser descartada como evidência de um quadro de "preocupado saudável", especialmente se a psicoeducação não atenuar as preocupações do paciente. Vale considerar também determinados traços de personalidade em uma formulação diagnóstica de DCS. Há um acúmulo de pesquisas voltadas para o papel do neuroticismo e da conscienciosidade especificamente, em cujo caso tanto o neuroticismo elevado quanto a baixa conscienciosidade são associados ao risco de CCL e demência (Duberstein et al., 2011; Low et al., 2013).

Por fim, o estado presente da saúde física deve ser considerado como uma etiologia contributiva, como extensamente discutido no Capítulo 3. Isso pode se manifestar tanto em forma de condições clínicas agudas como mais crônicas, bem como de efeitos colaterais dos medicamentos utilizados no tratamento dessas condições. Além das etiologias clínicas agudas, o autorrelato de queixas cognitivas é conhecido por ser influenciado pela experiência das dificuldades crônicas de saúde (Boone, 2009).

Resumo do diagnóstico diferencial de DCS

Seguir uma estrutura biopsicossocial é essencial para entender e caracterizar o estado cognitivo presente de uma pessoa e os diversos fatores que contribuem para tal condição. Além dos testes neuropsicológicos padronizados e da entrevista clínica, a avaliação abrangente deve sempre incluir um exame clínico completo e minucioso (devidamente conduzido por um médico) e exames de neuroimagem recentes – no mínimo, uma RM estrutural. Além disso, a primeira avaliação deve ser considerada sobretudo para determinar o funcionamento basal, e é recomendável repetir a avaliação para determinar de forma objetiva a presença de declínio clinicamente significativo do estado cognitivo e funcional (Heilbronner et al., 2010). O uso dos índices de mudança confiável (IMC) apropriados, discutido no Capítulo 5 (Duff, 2012; Frerichs e Tuokko, 2005), permite determinar se as alterações estatísticas no escore dos testes têm relevância clínica, considerando, ao mesmo tempo, a influência dos efeitos da prática em razão da repetida exposição aos testes.

Questões éticas na emissão de um diagnóstico de DCS

Como já foi claramente detalhado, o DCS é um assunto evolucionário e complexo. Desse modo, pesquisadores e profissionais de saúde devem considerar as implicações éticas da classificação de pessoas com DCS e revelar o estado do declínio a idosos dentro dos contextos clínico e de pesquisa. Países individuais e as jurisdições próprias desses países possuem órgãos diretores que regulam a profissão de psicologia e incluem seus próprios códigos de ética. A título de exemplo, foram aqui considerados os códigos da American Psychological Association (2010) e da Canadian Psychological Association (2017), discutindo-se como esses códigos fornecem diretrizes claras para a consideração das questões éticas associadas à emissão do diagnóstico de DCS. Podem-se considerar amplamente os princípios e os padrões desses códigos e a sua relevância no contexto de questões específicas para a avaliação de pessoas com suspeita de DCS.

Beneficência *versus* não maleficência

A preocupação ética mais premente que o profissional de saúde deve considerar é a necessidade de pesar os riscos e os benefícios da emissão de um diagnóstico ou da revelação do quadro de DCS, dado o estado presente de conhecimento em relação à condição (Princípio A da APA: Beneficência e Não Maleficência; Princípio II da CPA: Assistência Responsável). Embora o DCS como campo de pesquisa e investigação clínica seja relativamente novo, já foram realizados trabalhos com a finalidade de considerar as questões éticas associadas à revelação do estado do genótipo *APOE* ε4 a pessoas atualmente assintomáticas. Schicktanz et al. (2014) apresentaram um panorama abrangente desse assunto, cujas questões relevantes são ressaltadas aqui.

Benefícios do diagnóstico

O fato de o indivíduo ser informado de que tem uma condição que pode oferecer risco de declínio futuro poderia incentivar as pessoas a cuidar melhor de sua saúde e adotar medidas preventivas para atenuar o risco de declínio maior. Isso pode incluir a melhora da saúde cardiovascular, conhecida por estar associada não apenas a demência vascular (Dva), mas também a DA (Attems e Jellinger, 2014), bem como da reserva cognitiva por meio da atividade mental, social e física (Stern, 2009, 2012). A emissão de um diagnóstico diz respeito também à autonomia do indivíduo na medida em que não sonega informação que poderia influenciar suas decisões (p. ex., planejamento futuro).

Riscos do diagnóstico

Os riscos são, em grande parte, de natureza psicológica, e é preciso considerar as implicações da emissão de um diagnóstico quando as taxas de declínio são desconhecidas, o estado ao qual a pessoa irá declinar é desconhecido (p. ex., DA *vs.* outras demências) e quando não há cura conhecida da demência e evidências empíricas de tratamentos para alterar o seu curso. No mínimo, os profissionais de saúde devem considerar como desejam apresentar as informações, bem como os fatores que poderiam aumentar o risco psicológico de resultados adversos, incluindo o histórico presente ou anterior de depressão ou risco de suicídio (Draper, Peisah, Snowdon e Brodaty, 2010). Tanto a American Psychological Association como a Canadian Psychological Association dispõem sobre as circunstâncias em que se pode determinar que a sonegação de informação diagnóstica para evitar resultados adversos seja de interesse do paciente (Princípio C da American Psychological Association: Integridade; Princípio III da Canadian Psychological Association: Integridade nas Relações).

Responsabilidade perante a sociedade

Além da assistência a pacientes individuais, os psicólogos têm uma responsabilidade perante a sociedade como um todo. Eles são, portanto, instados a considerar o impacto social mais amplo dos conhecimentos obtidos e utilizados em um contexto clínico ou de pesquisa e a decidir se isso promove o bem ou poderia ser prejudicial, como a promoção da estigmatização (Princípio B da American Psychological Association: Fidelidade e Responsabilidade; Princípio D da American Psychological Association: Justiça; Princípio IV da Canadian Psychological Association: Responsabilidade para com a Sociedade). As taxas de prevalência de DCS em amostras clínicas em comparação com amostras comunitárias permanecem por ser definidas, juntamente com o significado do diagnóstico emitido nesses contextos diversos. Determinados indivíduos da área expressaram preocupação de que a avaliação excessivamente inclusiva de idosos na comunidade poderia gerar uma crise de saúde entre idosos saudáveis típicos que não apresentam DCS (Fox, Lafortune, Boustani e Brayne, 2013). Além do dano psicológico óbvio, isso poderia também onerar desnecessariamente um sistema de saúde já tributado, uma vez que um número crescente de pessoas buscaria avaliação desnecessária. Embora uma agenda de prevenção possa gerar economia financeira e de recursos em longo prazo, essa abordagem deve ser adotada somente se não impedir indevidamente que pessoas já diagnosticadas com CCL e demência, ou que apresentem necessidade comprovada de suporte, tenham acesso à assistência. Em outras palavras, deve-se considerar o contexto ético da justiça distributiva (Schicktanz et al., 2014).

Em suma, uma abordagem sistemática orientada pela ética deve ser adotada para dar ao paciente idoso um diagnóstico de DCS, considerando os seguintes fatores:

- Deve-se basear o diagnóstico na avaliação mais abrangente possível, tendo em mente que o DCS é um diagnóstico de exclusão (ou seja, já se deve ter descartado as causas reversíveis de comprometimento cognitivo, transtornos de humor/ansiedade etc.).
- O potencial para autoprejuízo (p. ex., risco de suicídio, tomada de decisão impulsiva) deve ser determinado, e devidamente avaliados os riscos e os benefícios correlatos da divulgação do diagnóstico.
- Quando fornecidas informações diagnósticas, isso deve ser feito de maneira equilibrada e transparente, de forma objetiva em relação às evidências disponíveis e suas limitações, bem como às implicações práticas do diagnóstico.
- Qualquer angústia associada a um diagnóstico precoce pode ser balanceada fornecendo-se ao paciente recomendações condescendentes para promover a saúde cognitiva, física e emocional. Embora existam evidências limitadas de tratamentos com respaldo empírico específicos para DCS (Smart et al., 2017), é possível fornecer recomendações que empoderem o indivíduo para cuidar de sua saúde em geral e bem-estar (p. ex., formação de reserva cognitiva, saúde cardiovascular) (ver recomendações na Parte III deste livro).

Resumo e considerações finais

A população mundial atual está envelhecendo rapidamente, e as pessoas estão se tornando mais esclarecidas e proativas em relação à defesa dos cuidados de sua saúde. Os neuropsicólogos começarão a ver um grande número de idosos em sua prática geral e se depararão com uma frequência cada vez maior de solicitações para saber se um idoso com funcionamento cognitivo aparentemente normal pode, não obstante, correr risco de sofrer declínio futuro. Embora o DCS, por definição, denote dentro dos limites normais o desempenho nos testes neuropsicológicos padronizados, os neuropsicólogos clínicos continuam curiosamente partidários de integrar e fazer sentido a partir da grande variedade de fontes que possam contribuir para o declínio cognitivo percebido. Além disso, eles também têm à sua disposição uma variedade de ferramentas de apoio à implementação de habilidades e estratégias que possam melhorar a função cognitiva atual e retardar a manifestação ou a taxa de declínio cognitivo futuro.

Em termos de direções futuras, novas pesquisas são necessárias para o entendimento das características que elevam o risco de o DCS pressagiar declínio cognitivo futuro. Isso inclui mais avaliações multimétodos, bem como marcadores subjetivos e objetivos novos e mais sensíveis, além daqueles atualmente em uso. A colaboração deve ser incentivada entre as linhas internacionais, como aquela patrocinada pelo SCD-I. Isso irá promover o entendimento das diferenças transculturais na expressão do DCS e permitir um acúmulo mais rápido de dados harmonizados em larga escala, capazes de agilizar o entendimento sobre a condição. À medida que esse entendimento cresce rapidamente, cabe também aos pesquisadores dialogar com aqueles que estão prestando assistência direta ao paciente, tanto psicólogos como profissionais da área médica. Os pesquisadores devem procurar conhecer até que ponto os profissionais estão instruídos sobre o DCS e como eles estão abordando a questão do diagnóstico. Esse tipo de conhecimento pode servir de informação para questões de pesquisa futuras, cujos achados devem, por sua vez, ser significativos e acessíveis aos profissionais individuais. Esta última etapa é essencial para que se perceba o potencial do DCS na detecção de pessoas que possam correr risco de declínio, anos antes da manifestação clínica desse declínio.

Pontos-chave

- ✓ As pessoas com DCS representam um grupo distinto de idosos que podem apresentar risco de declínio cognitivo anormal no futuro. A avaliação neuropsicológica padronizada pode não ter a sensibilidade necessária para distinguir pessoas com DCS de idosos saudáveis, e o profissional de saúde deve estar ciente dos diagnósticos falsos-negativos nesse sentido.
- ✓ Não existe um método padrão-ouro capaz de predizer quais pessoas com DCS declinarão para CCL e demência. Entretanto, determinados fatores podem elevar esse risco, como idade avançada, escolaridade superior, humor deprimido e/ou ansiedade e biomarcadores positivos.
- ✓ Considerando-se que as queixas cognitivas são relativamente comuns na população de idosos, os profissionais de saúde devem ser sensíveis àquelas que pareçam estar fora do escopo do envelhecimento normal (p. ex., dificuldades de navegação espacial). Além disso, a *preocupação* do indivíduo com a sua capacidade cognitiva – independentemente das queixas – pode aumentar o valor preditivo do DCS para declínio futuro.
- ✓ O DCS provavelmente está associado a múltiplos fatores. Na medida em que quaisquer desses fatores são tratáveis (p. ex., humor e ansiedade), deve-se buscar a prevenção/intervenção secundária no intuito de evitar ou retardar a taxa de declínio futuro e melhorar a função cognitiva e emocional presente.
- ✓ A emissão de um diagnóstico de DCS tem implicações éticas e deve ser feita com cuidado e transparência, com a devida atenção aos fatores que possam aumentar o risco de um efeito nocivo do fornecimento desse diagnóstico (p. ex., risco de suicídio).

CAPÍTULO 7

Comprometimento cognitivo leve

Pesquisas significativas e especial atenção clínica têm sido amplamente direcionadas ao conceito de comprometimento cognitivo leve (CCL) nas duas últimas décadas (Petersen et al., 2014). A identificação de indivíduos com comprometimento cognitivo que ainda não atendem aos critérios clínicos de demência representam uma condição para a implementação de intervenções que podem desacelerar ou alterar o caminho para a demência. Entretanto, o conceito de CCL é controverso, com disparidades que variam desde a criação e a implementação de critérios diagnósticos até a utilidade diagnóstica e prognóstica do constructo propriamente dito. Neste capítulo, são apresentadas as atuais abordagens de diagnóstico do CCL, situado dentro do contexto histórico da evolução do CCL como constructo clínico. Em seguida, discutem-se as estratégias de avaliação prática para a operacionalização do diagnóstico de CCL na prática clínica, concluindo com algumas considerações étnicas para a emissão de um diagnóstico desse tipo.

Evolução do constructo de CCL

Pesquisadores e profissionais da saúde sabem há algum tempo que há um período de transição entre o envelhecimento saudável e o declínio cognitivo associado à demência. No capítulo anterior, abordou-se o conceito de declínio cognitivo subjetivo (DCS) como uma condição de interesse amplamente reconhecida como um possível próndromo clínico de demência. Antes de se ter conhecimento da condição do DCS, o CCL era o foco da identificação da condição intermediária entre o envelhecimento saudável e a demência. Em suma, o CCL denota uma síndrome em que o indivíduo apresenta declínio cognitivo autorrelatado, geralmente corroborada pelo relato de informantes. Entretanto, ao contrário do DCS, as pessoas com CCL demonstram evidência objetiva de comprometimento cognitivo em, pelo menos, um domínio cognitivo que extrapola claramente o escopo do envelhecimento normal, embora com impacto limitado ou irrelevante nas funções diárias (Albert et al., 2011).

Embora pesquisadores e profissionais de saúde concordem com a existência do CCL, eles têm, ao longo dos anos, discordado sobre a melhor maneira de caracterizar esse estágio. Já em 1962, Kral sugeriu uma distinção entre esquecimento benigno e maligno, distinguível com base nos sintomas cognitivos e no curso de progressão da doença. Vinte anos mais tarde, as funções diárias foram acrescentadas como uma consideração, e o termo *distúrbio cognitivo limitado* foi sugerido para descrever pessoas que relatavam e demonstravam comprometimento leve de memória, mas eram capazes de realizar adequadamente as tarefas do dia a dia (Gurland, Dean, Copeland, Gurland e Golden, 1982). Posteriormente, fizeram-se várias distinções para especificar os tipos, a magnitude e a duração do comprometimento cognitivo considerado adequado para ser clinicamente útil. Muitos dos sistemas de classificação que surgiram no final da década de 1980 e na década de 1990 pareciam puramente descritivos e não especificavam as expectativas em relação a uma patologia ou um prognóstico subjacente (Blackford e La Rue, 1989; Levy, 1994).

Em 1996, Rediess e Caine (1996) sugeriram um espectro de funções cognitivas e identificaram cinco grupos ou níveis de funcionamento cognitivo: (1) envelhecimento cognitivo bem-sucedido ou ideal; (2) declínio cognitivo relacionado à idade; (3) comprometimento cognitivo leve; (4) transtorno neurocognitivo leve ou demência questionável; (5) demência (variável de leve a grave). Os grupos 1 e 2 continham pessoas para as quais o declínio funcional não estava previsto, enquanto os grupos 3 e 4 formaram um agregado heterogêneo de pessoas com evidência objetiva de comprometimento cognitivo, muitas com probabilidade de apresentar um curso progressivo da doença e ser diagnosticadas com demência no decorrer do tempo. Além de identificar esses níveis distintamente diferentes de funcionamento cognitivo, Rediess e Caine (1996) também forneceram especificações relativas ao perfil característico desses grupos quanto aos tipos e à magnitude do comprometimento cognitivo, do estado funcional diário e dos possíveis fatores de proteção e risco. As definições operacionais do termo *comprometimento cognitivo leve* foram sugeridas por Zaudig (1992), com base nos critérios DSM-III-R e ICD-10 para demência, e por Petersen et al. (1999).

Um grupo de trabalho internacional revisou os critérios anteriores de modo a reconhecer o fato de que o CCL que evolui para doença de Alzheimer (DA) aplica-se somente a um subtipo de CCL (i. e., variantes amnésticas) e que os demais subtipos podem não progredir da mesma maneira ou sequer progredir (Winblad et al., 2004). Da mesma forma, Petersen e Morris (2005) sugeriram como as características clínicas do CCL podem configurar-se em diferentes patologias subjacentes além da DA. Presume-se que, se uma pessoa for capaz de identificar subtipos de CCL mais provavelmente associados à DA, ela poderia estimar melhor as taxas de declínio; entretanto, essa suposição é controversa. Além disso, deve-se ter em mente a questão do CCL como um diagnóstico, não como descritor, bem como discutir os diversos sistemas de classificação atualmente em uso para a condição. Apesar das diversas controvérsias, de todos os termos utilizados para descrever essa condição intermediária, CCL parece ser o mais duradouro (Petersen et al., 2014), e esse é o termo principal utilizado no restante deste capítulo.

Atuais abordagens diagnósticas ao CCL

Nesta seção, discutem-se as abordagens diagnósticas utilizadas com mais frequência em relação ao CCL, juntamente com as questões e as limitações significativas associadas a esses sistemas de classificação.

Sistemas atuais de classificação do CCL

Os neuropsicólogos e outros profissionais podem emitir um diagnóstico de CCL de várias maneiras diferentes. Os critérios mais recentes, compilados pelo grupo de trabalho do NIA-AA (Albert et al., 2011), incluem recomendações específicas para o diagnóstico de CCL, tanto em ambientes de pesquisa ("Critérios de Pesquisa Clínica") como na prática clínica ("Critérios Clínicos Essenciais"). Em termos amplos, os critérios clínicos essenciais incluem (1) preocupação com as mudanças na cognição, (2) comprometimento de um ou mais domínios cognitivos, (3) preservação da independência das capacidades funcionais e (4) ausência de demência. Quanto ao critério (2) especificamente, trata-se de uma condição operacionalizada como comprometimento cognitivo objetivo que, em geral, situa-se 1 a 1,5 *DP* abaixo dos escores normativos corrigidos pela idade e pelo nível de escolaridade, embora se enfatize tratar-se de diretrizes, e não escores absolutos de corte. Por exemplo, para uma pessoa com alta função pré-mórbida, os escores compreendidos na faixa média em relação aos pares podem representar um declínio relativo e, ainda assim, não atender ao critério de CCL se interpretados de forma restrita. As pessoas com comprometimento episódico de memória (i. e., CCL amnéstico) provavelmente apresentam maior risco de declínio para DA, ao contrário daquelas que preservam a memória, mas apresentam comprometimento em outros domínios cognitivos. Além disso, quanto ao critério 3, reconhece-se que as pessoas podem demonstrar pequenas dificuldades em atividades da vida diária, mas conseguem compensá-las de tal modo que não se observa um comprometimento funcional significativo. O diagnóstico é substanciado ainda pela presença de biomarcadores da DA, como as mutações genéticas autossômicas da DA e um ou dois alelos ε4 no gene *APOE*.

Como observado, os critérios do NIA-AA tratam o CCL como um diagnóstico, supostamente associado com a patologia subjacente da DA. Isso é compatível com as conceitualizações iniciais de CCL – um pródromo da DA que acaba por levar à demência da DA (Petersen et al., 1999). Entretanto, pesquisadores e profissionais de saúde reconhecem que nem toda pessoa com CCL declina para DA. Por exemplo, Petersen e Morris (2005) apresentaram quatro subclassificações de CCL: (1) CCL amnéstico de domínio simples; (2) CCL amnéstico de domínio múltiplo; (3) CCL não amnéstico de domínio simples e (4) CCL não amnéstico de domínio múltiplo. Essas diferentes subclassificações são consideradas representativas de diferentes patologias subjacentes, como demência frontotemporal (DFT), demência com corpos de Lewy (DCL), demência vascular (Dva) e depressão. Os critérios de Albert et al. (2011) observam que as pessoas com comprometimento episódico de memória (i. e., CCL amnéstico) são mais propensas a declinar para DA. Esse achado subentende que as pessoas com variantes não amnésticas podem ter mais propensão a declinar para demências não relacionadas à DA. Apesar da popular aplicação dessas subclassificações de CCL, estudos neuropsicométricos recentes têm questionado sua utilidade.

Além dos critérios do NIA-AA, outros sistemas de classificação permitem a especificação de etiologias alternativas para explicar a presença de CCL como uma condição descritiva que denota um estágio intermediário entre o envelhecimento saudável e a demência. O sistema de classificação específico escolhido por um profissional de saúde pode ser determinado, em grande parte, pelas diretrizes estabelecidas e prevalentes sobre o reembolso de despesas de assistência médica. Dois dos sistemas de classificação utilizados com mais frequência são o DSM-5 (American Psychiatric Association, 2013) e o CID-10 (World Health Organization [Organização Mundial da Saúde], 1993). O CID-10 fornece diferentes códigos baseados na etiologia subjacente presumida do comprometimento cognitivo observado, como degeneração cerebral (G31.9) e distúrbio leve de memória (F06.8). O DSM-5 oferece uma maior operacionalização dos critérios diagnósticos pertinentes ao CCL, conhecido como transtorno neurocognitivo (TNC) leve. Diferentemente dos critérios do NIA-AA, os critérios DSM-5 não visam exclusivamente ao CCL associado à DA. Aliás, as edições anteriores dos critérios DSM foram criticadas por conterem critérios "alzheimerizados", uma vez que o requisito do comprometimento da memória não se aplicava igualmente a outros tipos de demência (Brown, Lazar e Delano-Wood, 2009). Por outro lado, os critérios diagnósticos do transtorno neurocognitivo leve permitem que o profissional de saúde possa escolher entre uma ampla variedade de possíveis etiologias, como DA, DCL, DFT, entre outras. A maioria dos neuropsicólogos que atuam na prática clínica de rotina provavelmente utiliza os critérios DSM-5 para emitir um diagnóstico de CCL. Além disso, vários grupos de trabalho especializados se reuniram para codificar critérios semelhantes àqueles de Albert et al. (2011), mas para etiologias não relacionadas à DA, sendo bons exemplos os critérios diagnósticos do comprometimento cognitivo vascular (CCV; Gorelick et al., 2011; Skrobot et al., 2017) e os do comprometimento cognitivo relacionado à doença de Parkinson (Litvan et al., 2012; Szeto et al., 2015).

Classificação da etiologia presumida do CCL

Como será visto a seguir, surgiram controvérsias quanto ao fato de o CCL representar um diagnóstico associado a um processo patológico neurodegenerativo específico ou simplesmente representar um descritor da função presente. Independentemente de como o termo é utilizado, o profissional de saúde deve trabalhar no sentido de determinar (ou gerar hipóteses clínicas razoáveis para) a etiologia presumida. Nos critérios do NIA-AA, o CCL atribuído à DA é corroborado pela presença de determinados biomarcadores da doença. Embora não se tenha como diagnosticar definitivamente a DA antes da autópsia, um grupo de trabalho separado do NIA-AA recentemente sugeriu marcadores *in vivo* da DA pré-clínica que podem ser utilizados para corroborar um diagnóstico de CCL associado à DA (Sperling et al., 2011). Os critérios de Albert et al. (2011) tratam também o CCL decorrente da DA como um diagnóstico de exclusão, o que significa que todas as outras etiologias sistêmicas ou cerebrais devem ser descartadas para que a probabilidade mais robusta da neuropatologia subjacente à DA seja a causa do CCL. Isso pode revelar-se uma situação desafiadora, uma vez que a própria DA pode ser comórbida com outras patologias, particularmente com patologia vascular (Albert et al., 2011). A demência mista DA-vascular é uma das mais comuns em uma fase mais avançada da vida, tornando-se mais frequente com a idade (Schneider, Arvanitakis, Bang e Bennett, 2007; James, Bennett, Boyle, Leurgans e Schneider, 2012). Além disso, as pesquisas acumuladas sugerem que os mecanismos vasculares podem ser um aspecto intrínseco da própria DA, o que pode explicar a aparente alta comorbidade dessas duas condições (Snyder et al., 2015).

Petersen et al. (2014) observam que, embora os critérios do NIA-AA e do DSM-5 sugiram o crescente papel dos biomarcadores no diagnóstico diferencial, os marcadores, em sua maioria, não são validados – ou práticos – para uso na prática clínica de rotina e continuam sendo o foco de investigação das pesquisas atuais. Embora os biomarcadores possam fornecer evidências convincentes de neuropatologia, a condição positiva dos biomarcadores não guarda relação de 1:1 com o comprometimento cognitivo objetivo ou com o declínio futuro para demência. Por outro lado, somente a avaliação neuropsicométrica pode fornecer evidência objetiva do comprometimento cognitivo presente. Além disso, quando for difícil obter evidências clínicas objetivas da etiologia presumida, o neuropsicólogo pode utilizar o padrão específico de resultados de teste, juntamente com dados da entrevista clínica, para emitir um parecer clínico informado sobre a etiologia subjacente, neurodegenerativa ou de qualquer outra natureza. Partindo-se do princípio de que o CCL é um estágio intermediário entre o envelhecimento saudável e a demência, pode-se igualmente supor que, se uma pessoa tiver uma determinada condição neurodegenerativa, o seu perfil de teste apresentará graus de magnitude diferentes do diagnóstico de demência propriamente dito. Por exemplo, uma pessoa com comprometimento cognitivo de natureza vascular pode demonstrar uma forma menos severa do perfil comum observado na Dva, que consiste em alentecimento cognitivo, disfunção cognitiva e déficit de recuperação de memória como achados de referência. Por outro lado, nos casos em que não há evidência de biomarcador objetivo da neuropatologia subjacente, e o desempenho nos testes neuropsicométricos não se configura em nenhuma etiologia neurodegenerativa conhecida, o profissional de saúde pode tentar usar o CCL como um termo descritivo, não diagnóstico. Na nomenclatura dos critérios DSM-5, essa condição seria codificada como TNC leve de etiologia não especificada. Um exemplo pode ser o idoso que apresenta diversas comorbidades clínicas, uso de múltiplos medicamentos e, talvez, alguns problemas de humor, e todos poderiam contribuir para a função cognitiva presente. A Tabela 8.3 do Capítulo 8 contém informações sobre alguns dos perfis mais comuns de demência que podem ser utilizados como ponto de referência para a criação de hipóteses informadas sobre a etiologia do CCL.

O CCL como pródromo de demência

Grande parte da confusão em torno do CCL provém do uso do termo como diagnóstico, e não como descrição da condição funcional presente de alguém. Utilizado como diagnóstico, o CCL, pelo menos em tese, tem valor prognóstico para prever o declínio de demência subsequente associada a um suposto processo neurodegenerativo subjacente. Muitos estudos examinaram a incidência e a prevalência do CCL e as taxas de conversão de comprometimento cognitivo em demência, e praticamente todos observaram amplas variações entre os achados (Ward, Arrighi, Michels e Cedarbaum, 2012). Grande parte dessa variação está relacionada às principais diferenças entre os estudos quanto à definição operacional de CCL, ao recrutamento e formato do estudo, às amostras estudadas, ao modo de aferição da cognição, à maneira como os achados são relatados (p. ex., as chances relativas de conversão *versus* o percentual de conversão) e à duração do estudo (Clark et al., 2013; Tuokko e McDowell, 2006). Muitos desses estudos observam a estabilidade ou, até mesmo, a melhora das funções cognitivas com o decorrer do tempo, além do declínio em alguns casos (i. e., as taxas de conversão em demência variam de 1 a 15% [Busse, Bischkopf, Riedel-Heller e Angermeyer, 2003] ou de 2 a 31% [Bruscoli e Lovestone, 2004]). Mesmo com o emprego dos critérios de Petersen, a maneira como esses critérios são operacionalizados pode resultar em taxas de progressão radicalmente diferentes. Por exemplo, Loewenstein et al. (2009) compararam as taxas de diagnóstico e progressão baseados na maneira como muitos testes psicométricos foram utilizados para gerar um diagnóstico de CCL. Quando um determinado teste foi utilizado para diagnosticar CCL amnéstico, 56% dos pacientes melhoraram, 25% permaneceram estáveis e 19% declinaram em um período aproximado de 3 anos. Em comparação, quando foram usados dois escores de comprometimento em um determinado domínio para a emissão do diagnóstico, nenhum paciente melhorou, 50% permaneceram estáveis e 50% apresentaram declínio. As taxas de progressão estimadas normalmente derivam de estudos longitudinais em larga escala, nos quais os pesquisadores podem ter em mente o ônus do participante no número de testes administrados. Entretanto, os achados de Loewenstein et al. (2009), bem como de outros pesquisadores desde então, indicam que o uso de um menor número de testes pode implicar um custo significativo em termos de obtenção de avaliações precisas da taxa de declínio prevista, e, até mesmo, de emissão do diagnóstico propriamente dito. Nas seções subsequentes, são discutidas algumas das formas de investigação dos pesquisadores para melhorar a validade preditiva do CCL em relação ao declínio.

CCL precoce e tardio

Uma das abordagens utilizadas para avaliar melhor a progressão consiste em classificar os pacientes como portadores de CCL "precoce" (CCLP) e CCL "tardio" (CCLT). A Alzheimer's Disease Neuroimaging Initiative (ADNI) é um estudo longitudinal multicentro elaborado para verificar a capacidade de detecção precoce e controle da DA dos biomarcadores clínicos, de imagem, genéticos e bioquímicos (ADNI, s.d.). Em 2009, o CCLP foi introduzido como uma maneira de coletar dados sobre os biomarcadores no início da progressão clínica para DA. No ADNI2, a segunda onda da coleta de dados, o protocolo de estudo diferenciou as pessoas com CCLP e CCLT com base em um único escore, a recuperação tardia do parágrafo A a partir da Memória Lógica na WMS-R (ADNI, 2011). A utilidade clínica do CCLP e do CCLT ainda está sendo investigada. Jessen et al. (2013) examinaram dados do estudo Age-CoDe, um estudo longitudinal de clínica geral baseado em registros realizado com idosos com a finalidade de identificar os fatores preditivos de declínio cognitivo e demência. Uma amostra basal de 2.892 participantes foi classificada como portadora de comprometimento subjetivo da memória (CSM, um termo anterior para DCS), CCLP e CCLT. Os grupos foram classificados de acordo com o desempenho apresentado na tarefa de recuperação tardia do CERAD. O CSM foi associado a <1 *DP* abaixo das normas demograficamente ajustadas, o CCLP, a 1 a 1,5 *DP* abaixo das normas e o CCLT, a > 1,5 *DP* abaixo das normas. Além disso, os participantes foram subdivididos quanto à presença de preocupações associadas ao comprometimento de memória vivenciado. Durante o período de 6 anos de acompanhamento, o risco de demência da DA foi maior no CCLT, o que não é de surpreender. Entretanto, entre os pacientes com CSM e CCLP, o risco foi igualmente elevado nos subgrupos de participantes que relataram preocupação. Isso sugere que, no início da trajetória de declínio, as preocupações percebidas têm um valor prognóstico adicional sobre as queixas cognitivas autorrelatadas, cuja presença pode elevar o risco de declínio subsequente para DA ou outras demências. As pesquisas emergentes sobre o DCS apontam igualmente para a importância da distinção entre *preocupação* e *queixas* como um marcador adicional para a identificação do risco de declínio.

Biomarcadores

Outra abordagem de controle da progressão é o uso de biomarcadores. Uma questão importante é se a evidência de biomarcadores positivos aumenta o risco de a pessoa declinar para demência, em comparação com indivíduos que não apresentam tais biomarcadores. De acordo com os critérios do NIA--AA, os marcadores sugeridos a serem buscados nos estudos de pesquisa são aqueles que demonstram evidência de deposição de amiloide e/ou lesão neuronal. Como Petersen et al. (2014) observam, no entanto, um grande número de estudos neuropatológicos indica que nem toda pessoa em que esses biomarcadores se revelam positivos na autópsia expressam a síndrome clínica de comprometimento cognitivo ou demência no decorrer da vida. Em outras palavras, o fato de ser positivo para o biomarcador não constitui um fator preditivo definitivo de que a pessoa desenvolverá comprometimento cognitivo patológico e/ou declínio para demência no futuro. Stephan et al. (2012) conduziram uma revisão sistemática de investigação da neuropatia do CCL, que incluiu 162 estudos extraídos de vários contextos, incluindo estudos populacionais epidemiológicos de amostras clínicas. Quanto à neuropatologia, o CCL foi amplamente interpretado como condição que contém tanto a patologia de DA como de outra natureza. Considerando essa ampla definição de CCL, talvez não seja de surpreender que os autores tenham encontrado um grande número de mecanismos neuropatológicos observados no CCL, acabando por concluir que não é possível entender essa síndrome dentro de uma única estrutura. Além disso – e talvez mais pertinente à questão da progressão – eles constataram que não havia nenhuma relação clara entre os marcadores neuropatológicos característicos da DA e a progressão do envelhecimento saudável para o CCL. Conjuntamente, os resultados não respondem se os resultados neuropatológicos no CCL representam fatores de risco que possam levar ao declínio (i. e., em uma relação diátese-estresse) ou se representam fatores intrínsecos de um processo patológico iminente associado à demência.

Necessidade do teste neuropsicométrico como parte do diagnóstico

Os neuropsicólogos têm defendido com veemência a necessidade do uso de dados dos testes neuropsicométricos para melhorar a confiabilidade dos diagnósticos de CCL, independentemente da etiologia presumida. As pesquisas sobre as pessoas que apresentam CCL geralmente são conduzidas dentro do contexto de estudos epidemiológicos e longitudinais em larga escala com amostras muito grandes. Esse tamanho de amostra facilita a detecção confiável do fenômeno de interesse e da maneira como esse fenômeno pode mudar no decorrer do tempo. Entretanto, Bondi e Smith (2014) observaram sérias preocupações com essa abordagem. Dado o tempo e os recursos financeiros necessários para conduzir esses estudos e o respectivo ônus para os participantes, a caracterização destes pode ser limitada a breves medidas de rastreio ou escalas de classificação clínica que não permitem uma quantificação objetiva adequada da função cognitiva atual. A caracterização menos aprofundada pode implicar a classificação errônea das pessoas como portadoras de CCL, o que, por sua vez, *diminui* a confiabilidade da detecção do fenômeno de interesse. Nessa mesma linha, Morris (2012) expressou a preocupação de que os critérios revisados do NIA-AA possam significar que os pacientes com DA leve ou muito leve possam ser reclassificados como CCL com base nos escores da escala clínica de demência (CDR, na sigla em inglês) e na realização de atividades da vida diária, desgastando a confiabilidade do diagnóstico. Uma preocupação semelhante poderia ser levantada em relação à diferenciação entre TNC leve e importante com base apenas no parecer clínico subjetivo.

Embora o comprometimento cognitivo objetivo seja um dos principais critérios diagnósticos do CCL, não existe atualmente um padrão-ouro de operacionalização desse critério. Jak et al. (2009) analisaram dados de um estudo longitudinal comunitário sobre o envelhecimento, a fim de demonstrar como a aplicação de diferentes critérios neuropsicométricos resultaria em diferentes taxas de diagnóstico e subsequente declínio, estabilidade ou reversão. Os autores utilizaram cinco conjuntos diferentes de critérios: os critérios originais de Petersen et al. (1999) (um escore de <1,5 DP abaixo do normal na recuperação de Memória Lógica na WMS-R), os critérios tradicionais típicos de Petersen e Morris (2005) (qualquer medida em qualquer domínio, <1,5 DP abaixo do normal), critérios liberais (qualquer teste isolado, 1 DP abaixo do normal), critérios conservadores (duas medidas em um domínio, 1,5 DP abaixo do normal) e critérios abrangentes (duas medidas no mesmo domínio, 1 DP abaixo do normal). Cada uma dessas abordagens apresentou estimativas diferentes do diagnóstico de CCL, bem como condição preditiva no acompanhamento (média = 17 meses). Os critérios abertos foram os mais instáveis ao longo do tempo; o que não era inesperado, dado o trabalho de Heaton e outros, em que os estudos sobre pessoas cognitivamente normais demonstraram que o fato de haver pelo menos um escore de teste comprometido em uma bateria abrangente de avaliações é relativamente comum e reflete uma variação normal (Heaton et al., 1991; Heaton, Miller, Taylor e Grant, 2004; Palmer, Boone, Lesser e Wohl, 1998). Os critérios tradicionais foram os que demonstraram mais estabilidade ao longo do tempo (98%); entretanto, os autores estimaram que esses critérios não consideraram uma proporção significativa de pessoas com CCL amnéstico e não amnéstico, dada a dependência de um único teste de recuperação de parágrafo. Isso sugere que os critérios tradicionais oferecem alta especificidade para a avaliação do CCL amnéstico, mas baixa sensibilidade para diferenciar indivíduos saudáveis daqueles com outras formas de CCL. Os autores determinaram que os critérios abrangentes foram os que alcançaram o maior equilíbrio entre sensibilidade e especificidade, além de demonstrarem maior estabilidade do que os critérios típicos ou os critérios abertos.

Autores subsequentes basearam-se no trabalho de Jak et al. (2009) ao aplicar os critérios abrangentes, e não os critérios convencionais de Petersen e Morris (2005) para estimar as taxas de diagnóstico e declínio no CCL. Clark et al. (2013) utilizaram dados de um estudo longitudinal sobre o envelhecimento, conduzido em conjunto com a University of California, San Diego, e o San Diego Veterans Affairs Healthcare System. Ao aplicar os critérios convencionais de avaliação do CCL (Petersen e Morris, 2005; Winblad et al., 2004), 134 indivíduos atenderam aos critérios válidos para o CCL, a maioria de não amnéstico de domínio único ($n = 74$), seguidos pelos tipos amnéstico multidomínios ($n = 29$), amnéstico de domínio único ($n = 16$) e não amnéstico multidomínios ($n = 15$). Para atender aos critérios aplicados ao CCL, os participantes precisavam apenas obter escore de teste $> 1,5$ DP abaixo do normal em qualquer domínio cognitivo. Por comparação, ao utilizar os critérios abrangentes de Jak et al. (2009), somente 80 participantes atenderam aos critérios aplicados ao CCL. A taxa de não amnésticos de domínio único caiu drasticamente para apenas 29 participantes, enquanto as demais taxas permaneceram relativamente semelhantes (amnéstico multidomínios = 27, amnéstico de domínio único = 14 e não amnéstico multidomínios = 10). Esses achados sugerem que o uso de um número demasiadamente pequeno de medidas – uma única medida, por exemplo – pode resultar em diagnósticos falso-positivos de CCL e pode explicar as taxas conflitantes de progressão para demência. Outro achado marcante do estudo de Clark et al. (2013) é o número comparativamente menor de indivíduos diagnosticados com CCL amnéstico com o emprego dos critérios convencionais. Se a DA é a demência mais comumente diagnosticada e as pessoas com CCL amnéstico são aquelas com previsão de apresentar as taxas mais altas de declínio para DA, pode-se prever que a maioria das pessoas participantes da amostra apresente CCL amnéstico. Os participantes desse estudo foram oriundos de um estudo longitudinal comunitário, e não de uma amostra clínica, o que chama atenção para o fato de que as diferentes taxas de diagnóstico e subsequente declínio podem variar de acordo com o tipo de amostra, se uma amostra clínica ou uma amostra comunitária.

Além da questão da insuficiência de dados para se fazer um diagnóstico de forma confiável, as recentes pesquisas neuropsicológicas questionaram as classificações convencionais do CCL amnéstico e não amnéstico e de domínio único e multidomínios. Clark et al. (2013) aplicaram análises de agrupamentos a pessoas diagnosticadas com CCL utilizando os critérios convencionais (Peterson e Morris, 2005) ou critérios mais rigorosos que exigiam, pelo menos, dois escores de teste comprometidos em um domínio (Jak et al., 2009). Utilizando-se os critérios convencionais, surgiram três subtipos, representativos de um subgrupo amnéstico/de linguagem, um subgrupo misto/multidomínios e um subgrupo normal. Utilizando-se os critérios de Jak et al. (2009), surgiram quatro grupos, representativos de problemas disexecutivos, CCL amnéstico, CCL misto e um grupo que obteve um único escore de teste comprometido em uma medida da função visuoespacial. Edmonds et al. (2015a) aplicaram essa abordagem de agrupamentos a 825 indivíduos inscritos no estudo ADNI e classificados como CCL. Nesse conjunto de dados, surgiram quatro grupos, representando os participantes amnésticos (n = 288), disnômicos (n = 153), disexecutivos (n = 102) e normais derivados de agrupamentos (n = 282). O grupo normal tinha menos carreadores ε4 do gene *APOE* do que os outros grupos, menos participantes que progrediram para demência e perfil de biomarcador do líquido cerebrospinal (LCE) da DA não muito diferente do grupo de referência normativo saudável. Esses achados sugerem que a adoção de uma abordagem empírica ou atuarial de classificação resulta em diagnósticos mais confiáveis e associações mais fidedignas com os resultados dos biomarcadores e as taxas de declínio.

Dadas essas questões, Bondi e Smith (2014) não têm muita dificuldade em defender com veemência as contribuições dos neuropsicólogos clínicos na codificação do CCL, incluindo especificamente as evidências neuropsicométricas objetivas para melhorar a confiabilidade dos diagnósticos de CCL. Embora os estudos de pesquisa geralmente sejam limitados quanto ao escopo de administração de testes psicométricos em razão do custo e do ônus para os participantes, os profissionais de saúde que atuam na prática de rotina não são sujeitos a essas mesmas considerações. Eles podem utilizar resultados extraídos de uma bateria de testes abrangente para fazer um julgamento clínico mais informado em relação ao escopo do comprometimento e a pertinência de um diagnóstico de CCL. Jak et al. (2009) observam que sua abordagem abrangente é mais parecida com o que é utilizado na prática clínica de rotina, em que a consistência dos achados e os padrões dos escores de teste comprometidos são usados para a emissão de julgamentos clínicos. No trabalho com pacientes individuais, a comunicação de um diagnóstico de CCL – e o que isso significa para o declínio subsequente – levanta questões éticas, abordadas em uma seção separada mais adiante neste capítulo. No mínimo, isso enfatiza a importância do monitoramento de rotina e das repetidas avaliações neuropsicométricas no decorrer do tempo, a fim de corroborar a presença de qualquer declínio objetivo.

Operacionalização do diagnóstico de CCL na prática clínica

A seguir, discute-se a implementação prática do atual estado do conhecimento sobre o CCL no trabalho com pacientes individuais. No Capítulo 4, foram apresentados alguns princípios fundamentais que se aplicam à avaliação de indivíduos em qualquer estágio da trajetória de declínio. O leitor deve consultar esse capítulo para contextualizar as informações adicionais aqui fornecidas em relação ao CCL. Vale ressaltar especificamente a introdução do Capítulo 4, que descreve as recentes diretrizes da APA para a avaliação das alterações cognitivas relacionadas à idade.

Exame clínico completo

Considerando-se o CCL como um descritor da função presente (e não como precursor de doença neurodegenerativa), diversos fatores podem dar origem a comprometimento cognitivo significativo, sobretudo as causas clínicas reversíveis. Da mesma forma, o tratamento adequado dessas causas clínicas subjacentes pode estabilizar ou reverter o comprometimento cognitivo manifesto ou, pelo menos, fornecer informações mais detalhadas sobre a provável etiologia. Assim como acontece com a avaliação de idosos, é imperativo garantir que o paciente passe por exame clínico completo, no mínimo, com abrangência suficiente para descartar os fatores clínicos contributivos, como deficiência de vitaminas, processos infecciosos e distúrbios metabólicos. Vale observar que determinados medicamentos podem ter efeitos iatrogênicos sobre a cognição, particularmente quando utilizados em idosos; os psicólogos devem estar a par de alguns dos medicamentos mais comuns utilizados nas populações geriátricas e seus possíveis efeitos colaterais.

Entrevista clínica

A entrevista clínica fornece uma série de informações que podem ser utilizadas para se fazer um diagnóstico de CCL. Sugere-se consultar o Apêndice 4.1 (no Cap. 4), onde consta um conjunto fundamental de perguntas que devem ser feitas em toda avaliação de idosos. As perguntas relacionadas especificamente ao CCL devem incluir (1) a percepção de declínio e (2) o curso do declínio.

Percepção de declínio cognitivo

O CCL implica a percepção de um declínio significativo em relação aos níveis anteriores de funcionamento, um declínio observado pelo paciente ou por um informante, ou que seja extraído por um profissional de saúde especializado. A entrevista pode ser usada para confirmar informações sobre o declínio percebido e discrepâncias significativas entre o relato do próprio paciente e de um informante, que pode ser um valioso elemento de informação. Quanto mais o paciente progride para a demência, maior a probabilidade de ele apresentar *anosognosia*, isto é, de ter menos consciência de seus déficits. As pesquisas sugerem que, nos estágios finais do CCL e da demência, o paciente tende a subestimar seus déficits em comparação com seus informantes, enquanto no DCS e nos estágios iniciais do CCL ocorre o contrário, ou seja, o paciente superestima (ou, pelo menos, relata mais prontamente) seus déficits em comparação com seus informantes (Edmonds et al., 2014; Mulligan, et al., 2016; Rueda et al., 2015).

Curso do declínio

O questionamento sobre o escopo e o curso do declínio fornece informações valiosas em termos de diagnóstico diferencial. Seguem-se três perguntas sobre o declínio que podem ser feitas a pacientes individuais:

1. "Você consegue identificar o momento exato de sua vida em que o seu raciocínio parecia estar piorando? Havia algum evento de vida específico ou situação de estresse ocorrendo quando você observou que o seu raciocínio estava piorando?"

2. "O seu raciocínio está regularmente ruim ou há momentos em que você parece estar raciocinando com mais clareza?"
3. "Desde que notou uma mudança na sua capacidade de raciocínio, você sente que as suas capacidades estão piorando com o passar do tempo ou você acha que as suas capacidades estão relativamente estáveis, ainda que piores do que antes?"

A maioria dos processos patológicos neurodegenerativos apresenta um curso lento e insidioso, até que o comprometimento alcance um ponto crítico que acabe por precipitar a avaliação. Nesses casos, o paciente ou o informante pode ter dificuldade de detectar quando o declínio cognitivo começou. Além disso, esse tipo de comprometimento tende a ser relativamente estável no tempo e no contexto, embora existam exceções isoladas em que podem ocorrer oscilações da capacidade cognitiva com a neurodegeneração, especificamente DCL. Por fim, a neurodegeneração implica deterioração com o decorrer do tempo, de modo que se espera que o paciente ou o informante relate algum tipo de declínio contínuo ao longo do tempo, ainda que sutil. A exceção a esse curso insidioso característico se constitui de determinadas manifestações de comprometimento cognitivo vascular, que podem ter início e curso abruptos e insidiosos.

Por outro lado, há vezes em que o paciente ou o informante consegue identificar um evento de vida proeminente e temporalmente contíguo ao início do declínio cognitivo. Os procedimentos clínicos e as cirurgias aparentemente rotineiras que não envolvem o sistema nervoso central podem, no entanto, afetar de forma negativa a função cognitiva. Por exemplo, embora não seja necessariamente uma ocorrência comum, a cirurgia de implante de *bypass* da artéria coronária pode, em alguns casos, ser associada a eventos hipóxico-isquêmicos que causam a manifestação abrupta do comprometimento cognitivo (Fink et al., 2015). Com isso em mente, é importante indagar ao paciente sobre eventos específicos que possam ter ocorrido próximo ao momento da manifestação percebida do declínio, ainda que possa parecer não haver nenhuma relação.

Em outros casos, um evento identificável de forma clara temporalmente, contíguo ao declínio cognitivo, sinaliza o papel do humor no comprometimento cognitivo. Por exemplo, um evento estressor significativo, como doença ou luto, pode desencadear o início da depressão, que, se suficientemente intensa, pode causar comprometimento cognitivo. Uma maneira de confirmar o papel do humor é perguntar ao paciente: "Os seus sintomas parecem aumentar e diminuir de acordo com a maneira como você se sente? Pense nas vezes em que o seu humor melhora; você tende a raciocinar com mais clareza nesses momentos?". As respostas afirmativas a essas perguntas normalmente corroboram o papel de um transtorno de humor no comprometimento cognitivo presente. Além disso, não se espera que pessoas que sofrem de depressão em um estágio avançado da vida demonstrem declínio maior ao longo do tempo, e, se a depressão for tratada de forma adequada, a função cognitiva pode melhorar. Um fator complicador é a conhecida comorbidade da depressão e do CCV, a tal ponto estabelecido que se argumenta que a depressão pode, na realidade, ser um pródromo da Dva (Diniz et al., 2013). Essa situação é complicada ainda mais pelo fato de ambas as condições apresentarem perfis semelhantes nos testes neuropsicométricos (i. e., o perfil "subcortical" da velocidade de processamento reduzida, as dificuldades de recuperação de memória e a disfunção executiva). Nesse caso, talvez seja prudente tratar agressivamente a depressão e, com a melhora dos sintomas, fazer uma reavaliação para confirmar se a função cognitiva, pelo menos, se estabilizou ou, até mesmo, melhorou. Esse é um aspecto especialmente importante, dada a evidência de que a depressão em uma fase avançada da vida constitui um fator de risco para o subsequente desenvolvimento de demência (DaSilva et al., 2013; Diniz et al., 2013).

Desempenho nos testes psicométricos

Considerando-se as questões anteriormente abordadas relativas à confiabilidade do diagnóstico, a maioria ou todos os sistemas contemporâneos de classificação do CCL discutem explicitamente a necessidade de incluir testes neuropsicométricos formais. Para fazer a distinção entre TNC leves e importantes nos critérios DSM-5, os dados dos testes neuropsicométricos, juntamente com o estado funcional do paciente, parecem essenciais para diferenciar essas duas condições. Em seguida, serão discutidas algumas considerações específicas para a compilação de uma bateria adequada de testes neuropsicométricos para avaliar a presença de CCL.

Uso das normas adequadas

Como em qualquer avaliação de pacientes idosos, os instrumentos devem ser cuidadosamente selecionados e as normas adequadas, disponibilizadas com as características demográficas mais relevantes para o paciente. Para uma discussão detalhada sobre as normas, sugere-se consultar o Capítulo 5.

Estimativa do declínio

Na consulta inicial, o declínio normalmente é percebido com base no desempenho atual nos testes, que é mais baixo do que o previsto com base nas normas e/ou na função pré-mórbida estimada, bem como nas queixas de declínio por parte do próprio paciente e/ou de informantes. Isso evidencia a necessidade de usar uma medida adequada da função pré-mórbida, que é um constructo complexo e multifacetado para avaliar. Por definição, são necessários dois pontos temporais de dados de teste para demonstrar definitivamente evidências objetivas de declínio, e o ideal é que se chegue a um diagnóstico mais consistente de CCL com múltiplas avaliações.

Seleção do teste psicométrico

Quanto à seleção do teste propriamente dita, não existe uma bateria de testes padrão-ouro para a avaliação de pessoas com CCL. Em vez disso, o profissional de saúde provavelmente utilizará uma bateria de testes semelhante àquela utilizada com idosos saudáveis e pessoas com declínio cognitivo subjetivo, concentrando-se nos graus de comprometimento, a fim de corroborar o diagnóstico de CCL. Como observado anteriormente, as pesquisas sobre o CCL têm sido dificultadas com estimativas inconsistentes das taxas de declínio para demência, e não para a estabilidade ou a reversão à normalidade cognitiva; a questão se deve, em parte, à caracterização neuropsicométrica inadequada ou inconsistente. Acredita-se que os critérios de Jak et al. (2009) sejam mais adequados para a prática clínica neuropsicológica de rotina, na qual pelo menos dois testes dentro de um domínio 1 *DP* abaixo do normal corrobora a presença de comprometimento nesse domínio (e, portanto, evidência favorável a CCL). Recomenda-se um amplo rastreamento de todas as funções cognitivas para chegar a um diagnóstico mais abrangente. Para evitar resultados falso-negativos em pessoas com alta função pré-mórbida, os testes devem ser suficientemente desafiadores para demonstrar uma faixa de desempenho e evitar efeitos máximos (de teto), por exemplo, com o uso do California Verbal Learning Teste-II Standard Form em oposição ao Short Form (Delis, Kramer, Kaplan e Ober, 2000). Além das funções cognitivas, o humor e a ansiedade devem ser avaliados, no mínimo, e se o tempo permitir, a personalidade também. A avaliação psicológica é abordada de forma mais detalhada no Capítulo 12.

Uso de perfis para determinar a etiologia

Na medida em que o CCL é um estágio de transição para a demência, espera-se que as pessoas com CCL apresentem perfis de declínio cognitivo que diferem em ordem de magnitude daqueles observados nos diagnósticos de demência. Nesse caso também o critério de 1,5 *DP* abaixo do normal pode ser aplicado a esses perfis, e, nos casos em que tal comprometimento seja observado, isso pode ser usado como respaldo a um determinado fator etiológico.

Relato do paciente e do informante sobre o declínio

Como observado anteriormente, a comparação entre o relato do paciente e do informante é valiosa para a avaliação de qualquer estágio ao longo da trajetória do declínio cognitivo, e há uma ampla variedade de medidas disponíveis para esse fim. De modo semelhante ao DCS, duas medidas frequentemente utilizadas e investigadas na população com CCL são o IQCODE (Cherbuin e Jorm, 2013) e o E-Cog (Farias et al., 2008). O E-Cog, sobretudo, tem ganhado força ultimamente na literatura, agradando por ter um relato tanto do paciente como de um informante, bem como por examinar uma ampla faixa de domínios cognitivos além da memória (que tende a ser o foco de muitos questionários sobre queixas cognitivas). Entretanto, essas duas medidas são limitadas por seu referente temporal, que pede aos pacientes que classifiquem a si próprios/seu ente querido em comparação com 10 anos atrás. O fato de haver um referente temporal estendido poderia afetar a confiabilidade das informações fornecidas, em função do tempo transcorrido desde que o paciente e o informante se conhecem e do próprio funcionamento da memória do informante. Dada essa limitação, essas medidas fornecem informações complementares importantes sobre sintomas específicos, mas não devem ser usadas como um substituto das perguntas a serem feitas na entrevista propriamente dita. As Frontal Systems Behavior Scales (FrSBe; Grace e Malloy, 2001) têm formulários paralelos para o paciente e o informante. Embora as FrSBe tenham sido elaboradas para classificar o paciente e outros participantes antes e depois da ocorrência de eventos agudos, como lesões na cabeça, por exemplo, o benefício dessa medida está no fato de o paciente e o informante poderem definir o referente temporal do início estimado do declínio. As FrSBe visam aos sintomas associados ao funcionamento do lobo frontal, especificamente, apatia, desinibição e disfunção executiva, e têm demonstrado distinguir as pessoas com DFT (que tende a se manifestar em uma idade mais jovem) daquelas com DA (Malloy, Tremont, Grace e Frakey, 2007).

Comprometimento funcional no CCL

Um dos critérios mais importantes que diferencia o diagnóstico de CCL de demência é a ausência de comprometimento funcional. Ou seja, a previsão de que as pessoas com CCL apresentem um comprometimento cognitivo significativo, mas com as funções relativamente preservadas no desempenho das atividades instrumentais da vida diária. Entretanto, é compreensível que, se as pessoas com CCL estiverem na trajetória do declínio cognitivo para a demência, provavelmente ocorra erosão gradual e insidiosa das capacidades funcionais, e não deterioração abrupta. Subentende-se, então, que é possível observar alterações sutis das capacidades funcionais em pacientes com CCL, porém, de forma menos manifesta, uma vez que a pessoa conserva a consciência e a capacidade de compensar ativamente ditas alterações.

Um recente trabalho de Lindbergh, Dishman e Miller (2016) respalda essa alegação. Os autores conduziram uma revisão sistemática e uma metanálise da incapacidade funcional em pessoas com CCL. Um total de 151 tamanhos de efeito de 106 estudos foram incluídos na análise final. Os modelos de efeitos aleatórios indicaram um grande tamanho de efeito geral da incapacidade funcional que se mostrou significativamente mais pronunciado em pessoas com CCL em relação aos controles saudáveis. As pessoas com CCL multidomínios apresentaram um desempenho significativamente inferior nas atividades instrumentais da vida diária em comparação ao CCL de domínio único. Esse achado talvez não surpreenda, considerando-se que o crescente ônus cognitivo pode superar as tentativas do indivíduo de compensar com êxito a erosão das capacidades funcionais. Essa situação é compatível com os achados da revisão anterior da literatura conduzida por Gold (2012) sobre atividades instrumentais da vida diária no CCL. Os autores constataram também que o CCL não amnéstico estava associado a um maior comprometimento das atividades instrumentais da vida diária do que o CCL amnéstico, embora o segundo predisponha mais à DA mais tarde. Isso faz sentido se for considerado que a maioria das pesquisas anteriores indica que, dos diversos domínios normalmente avaliados, a função intelectual geral e as funções executivas contribuem de forma mais acentuada para as capacidades funcionais do dia a dia (Tuokko e Smart, 2014). Considerando-se que a DA é a demência que ocorre com mais frequência e que o comprometimento da memória é um marco desse transtorno, muitos estudos em larga escala sobre o envelhecimento concentram-se muito na memória e dispensam uma atenção relativamente menor a outros domínios cognitivos. Esses achados sobre o desempenho nas atividades instrumentais da vida diária ressaltam ainda mais a importância do rastreamento abrangente de domínios cognitivos além da memória, não apenas para a detecção de outros processos neurodegenerativos além da DA, mas também para prever a probabilidade de declínio para demência. De um modo geral, os achados corroboraram a noção de que, a exemplo do declínio cognitivo propriamente dito, o declínio funcional existe em um *continuum*, podendo desgastar-se de forma gradativa à medida que as pessoas progridem do envelhecimento saudável para o CCL, e mais adiante para a demência.

Quanto à forma de avaliação das atividades instrumentais da vida diária, Lindbergh et al. (2016) observaram que os maiores efeitos eram observados nas medidas de desempenho e nos relatórios dos informantes, o que também faz sentido se for considerado que a redução da consciência pode afetar o autorrelato sobre as capacidades funcionais. Os autores observaram também que uma combinação dos relatos do paciente e do informante fornecia um tamanho de efeito médio que era intermediário ao uso das medidas do autorrelato ou do relato do informante utilizadas isoladamente. Portanto, quando as medidas de desempenho não tiverem aplicabilidade prática, os relatos do paciente e do informante utilizados juntos podem fornecer uma aproximação razoável da capacidade real de realização das atividades instrumentais da vida diária. Uma das medidas mais amplamente utilizadas é a escala Lawton-Brody Instrumental Activities of Daily Living (Lawton e Brody, 1969), que contém oito itens pertencentes a uma ampla variedade de atividades diárias e é relativamente curta para preencher. A escala pode ser administrada em formulário de entrevista para o paciente e/ou informante juntos. O Functional Activities Questionnaire (FAQ; Pfeffer, Kurosaki, Harrah, Chance e Filos, 1982) seria outra opção, visto haver evidências sugerindo que o questionário distingue pessoas com CCL daquelas com DA (Teng et al., 2010). O Test of Practical Judgment (TOP-J; Rabin et al., 2007) pode fornecer informações valiosas sobre o julgamento do paciente em várias situações práticas do dia a dia, embora esse teste seja limitado, uma vez que avalia os conhecimentos práticos, mas não necessariamente a aplicação desses conhecimentos na vida real. Essa limitação é particularmente importante, visto que, com o CCL, vem a possibilidade de redução da consciência, de tal modo que o paciente conserva os conhecimentos semânticos, mas não implementa efetivamente esses conhecimentos.

Ao avaliar as atividades instrumentais da vida diária, é importante não avaliar apenas a ocorrência de um determinado comportamento, mas também a oportunidade de adotar esse comportamento. Por exemplo, uma paciente pode relatar que não está conseguindo gerenciar suas finanças; no entanto, isso pode ocorrer porque o seu cônjuge sempre gerenciava as finanças, e, agora que ele faleceu, os filhos optaram por assumir essa tarefa por ela. Além disso, para que o declínio do desempenho nas atividades instrumentais da vida diária seja usado no diagnóstico diferencial de CCL, e não da demência, esse declínio deve ser atribuído a razões cognitivas, e não físicas (p. ex., o paciente tem dificuldade para dirigir por causa do baixo nível de atenção, e não da catarata que impede a visão).

Repetição da avaliação

Normalmente, atende-se ao critério de diagnóstico do declínio utilizando evidências subjetivas apresentadas pelo paciente e por qualquer informante disponível. Entretanto, para confirmar objetivamente a presença do declínio, recomenda-se acompanhamento regular e repetidas avaliações. Isso não apenas permite o monitoramento para verificação da presença de declínio, como também a repetição da avaliação pode ser utilizada para controlar a resposta à intervenção. No Capítulo 5, discute-se em detalhes as considerações associadas à repetição das avaliações e à confirmação das alterações clinicamente significativas.

Considerações psicológicas e éticas no diagnóstico de CCL

Após um diagnóstico de CCL, é compreensível que o paciente tenha dúvidas e preocupações em relação ao prognóstico (o que pode significar progressão para a demência). Um dos aspectos mais desafiadores do CCL é a falta de precisão com que esse diagnóstico, de fato, prediz o declínio futuro. Como observado anteriormente, embora o CCL pareça conferir maior risco de declínio para a demência em determinadas pessoas, um número significativo daqueles diagnosticados permanece estável ou, até mesmo, revertem à normalidade cognitiva. O significado de um diagnóstico de CCL pode ser mais descritivo do que qualquer coisa, dada a possível dificuldade de predizer o curso futuro para esses indivíduos.

Reações psicológicas ao CCL

Considerando-se a ambiguidade em torno da progressão, é compreensível que a emissão de um diagnóstico de CCL, em termos descritivos ou etiológicos, tenha implicações psicossociais e psicológicas para o paciente. A previsão é de que as pessoas com CCL conservem parte da consciência em relação à função cognitiva – e, portanto, as dificuldades cognitivas – que podem causar problemas de adaptação à medida que as pessoas se ajustam ao seu novo nível de funcionamento. Muitas pessoas podem supor razoavelmente que um diagnóstico de CCL seja um prenúncio de declínio subsequente para demência, podendo gerar seus próprios temores (Corner e Bond, 2004). Entretanto, essa questão é mais complicada ainda exatamente pelo fato de que existem poucos fatores preditivos confiáveis da progressão do CCL para a demência. Consequentemente, as pessoas afetadas permanecem em um estado límbico, em que pode ser difícil seguir em frente nesse futuro incerto. Vários estudos qualitativos iluminaram as experiências psicológicas de indivíduos diagnosticados com CCL. Por exemplo, Frank et al. (2006) relataram que indivíduos com CCL identificaram temas proeminentes como a inclusão da incerteza do diagnóstico, a perda de habilidades, as mudanças nas funções sociais e familiares, o constrangimento e a vergonha, a emotividade e o medo de ser um ônus. O tema da ambiguidade se refletiu no trabalho de Beard e Neary (2013), que constataram que os pacientes tinham dificuldade para definir o CCL e determinar se a condição era uma doença ou não, bem como relatar a dificuldade de lidar com as implicações sociais do diagnóstico de CCL. Em um estudo-piloto qualitativo da tristeza que as pessoas com CCL sentiam, Ali e Smart (2016) constataram que a experiência do CCL tendia a ser caracterizada como perda ambígua desabonada e associada à perda de papéis e aspectos importantes da identidade da pessoa. Esse estudo equipara-se aos trabalhos conduzidos com pessoas que sofreram acidente vascular cerebral e lesão cerebral, sugerindo que os diagnósticos neurológicos geralmente estão associados à experiência de perda (Alaszewski, Alaszewski e Potter, 2004; Carroll e Coetzer, 2011; Kuluski, Dow, Locock, Lyons e Lasserson, 2014).

Essas preocupações dos idosos não são infundadas, dada a incerteza do diagnóstico enfrentada pelos próprios profissionais da saúde e pesquisadores. Consequentemente, o diagnóstico de CCL e o *feedback* neuropsicológico formal devem ser fornecidos com o máximo de cuidado. Seria prudente considerar algumas das mesmas disposições aplicáveis à emissão de um diagnóstico de DCS. Isso requer um equilíbrio entre a necessidade de fornecer informações honestas sobre os resultados da avaliação e quaisquer limitações desses achados (particularmente em relação à previsão de declínio posterior). É fundamental, também, avaliar o histórico atual ou passado de depressão, bem como o risco de suicídio ou outros prejuízos iminentes, considerando-se as pesquisas que indicam que a revelação do *status* do gene *APOE* representa um risco mais elevado nesses indivíduos (Schicktanz et al., 2014). Qualquer avaliação neuropsicológica deve concentrar-se nos pontos fortes e nos sinais de comprometimento. Para esse fim, seria prudente enfatizar o que as pessoas podem fazer para manter a função e viver plenamente, apesar do diagnóstico.

Questões em torno do planejamento avançado do atendimento e outras decisões legais

Como já visto, existe uma zona cinzenta dentro da qual as pessoas com CCL – especificamente aquelas que estão declinando para demência – começam a demonstrar comprometimento funcional. Vale a pena nesse momento ter uma conversa com o cliente e sua família sobre as implicações práticas do comprometimento cognitivo do paciente e como isso pode interferir em sua capacidade de participar de decisões importantes em relação aos seus cuidados de saúde e suas finanças. De certa forma, o ideal é ter esse tipo de conversa enquanto a pessoa com CCL supostamente tem consciência suficiente para participar da tomada de decisões autônomas. Parte dessa conversa provavelmente envolverá a recomendação para que a família consulte um advogado especializado em assistência de idosos ou com experiência em planejamento avançado de cuidados de saúde. Além disso, encaminham-se os profissionais de saúde a um excelente recurso para o trabalho com idosos com capacidade reduzida, criado pela American Psychiatric Association em conjunto com a American Bar Association (American Bar Association Commission on Law and Aging and American Psychological Association, 2008). Esse manual trata da avaliação da capacidade no contexto de diversos domínios da tomada de decisão, incluindo a capacidade médica, legal e de dirigir (ver na próxima seção uma discussão mais detalhada das questões relacionadas à capacidade de dirigir). Embora o comprometimento cognitivo não presuma falta de capacidade, e a expectativa não seja necessariamente de que as pessoas com CCL sejam destituídas de capacidade, a familiaridade com essa abordagem de avaliação fornece um conjunto de ferramentas que os profissionais de saúde podem utilizar nas repetidas avaliações para controlar a redução da capacidade e, consequentemente, intervir.

Determinação dos limites da confidencialidade

Quando uma pessoa demonstra redução da capacidade ou das funções do dia a dia, podem surgir questões de segurança. Os psicólogos são eticamente obrigados à quebra de sigilo quando há preocupação de que o paciente possa estar em risco de causar prejuízo a si mesmo ou a terceiros. Como observado anteriormente, as pessoas com CCL podem demonstrar alterações sutis em diversos aspectos do funcionamento diário, algumas podendo ou não representar risco de prejuízo à própria pessoa ou a terceiros. Uma questão específica que gera preocupação com a segurança nas pessoas com CCL é o ato de dirigir – tanto o surgimento da preocupação em relação ao comprometimento da capacidade de dirigir como a receptividade do paciente ao *feedback* sobre a necessidade de parar de dirigir (Kowalski et al., 2011). Na prática clínica, constata-se que o fato de deixar de dirigir pode ser uma questão contenciosa entre o paciente e os membros da família preocupados, constituindo-se, desse modo, em um dilema desafiador. Antes de tudo, os psicólogos devem estar cientes das obrigações legais específicas em sua área de jurisdição no que tange à denúncia obrigatória do ato de dirigir. Em algumas jurisdições, o psicólogo é obrigado a documentar a incapacidade em questão e comunicar o médico responsável pelo encaminhamento, mas a responsabilidade final cabe ao médico. Em contrapartida, em outras jurisdições, o psicólogo é obrigado a documentar e denunciar alguém que esteja correndo sério risco de causar prejuízos por estar dirigindo ou que tenha descumprindo uma solicitação para que deixasse de dirigir.

Quanto à avaliação propriamente dita, os psicólogos devem consultar a literatura sobre como utilizar seus achados para responder se o paciente provavelmente representa ameaça à segurança ao dirigir. Love e Tuokko (2015) entrevistaram psicólogos clínicos em todo o Canadá ($n = 84$) que afirmaram ter alguns pacientes idosos em sua prática clínica que dirigem. Os entrevistados observaram que, embora cientes das questões relacionadas a motoristas idosos, eles não veem necessariamente a avaliação da capacidade de dirigir como um aspecto rotineiro de sua prática. Da mesma forma, a maioria dos entrevistados (75%) disse ser partidária da orientação sobre avaliar a aptidão para dirigir. Embora não exista nenhum teste neuropsicométrico padrão-ouro preditivo da capacidade de dirigir, pode-se empregar o bom senso ao considerar se as deficiências em domínios como atenção, função visuoespacial, função executiva e controle motor elevam o risco de prejuízo pelo ato de dirigir (Rizzo e Kellison, 2010). Cabe a todo profissional de saúde ter uma conversa direta e objetiva, embora não punitiva, com o paciente e seus familiares quanto à restrição do ato de dirigir, reconhecendo o impacto prático dessa decisão. Deixar de dirigir pode ser um processo gradativo (p. ex., primeiro limitar a direção noturna ou em condições de baixa visibilidade) em que o indivíduo ainda pode exercer certo grau de livre arbítrio e autonomia para tomar decisões. Em outros casos, a discussão das preocupações com o paciente sobre a função de dirigir pode ser um desafio em razão de suas dificuldades de percepção, sejam neurológicas ou psicológicas. Love e Tuokko (2015) ofereceram aos psicólogos vários recursos de acompanhamento, inclusive materiais psicoeducacionais que podem facilitar a discussão entre profissionais de saúde, familiares e o indivíduo afetado.

Resumo e considerações finais

Há várias décadas de trabalho, tenta-se entender a condição de CCL, definir seus limites e explorar a sua utilidade clínica como um meio para a identificação de pessoas com risco de subsequente declínio para um estado de demência. Para o indivíduo afetado, o CCL é uma condição desafiadora porque a angústia associada a um possível declínio para a demência pode ser tão perturbadora como o próprio comprometimento cognitivo presente. Quanto às direções futuras, é preciso dar mais atenção ao uso regular e à operacionalização do termo *comprometimento cognitivo leve* nas pesquisas publicadas, especialmente no tocante ao fato de se tratar de um descritor ou de um diagnóstico. Isso consistiria em uma caracterização mais precisa da etiologia presumida, incluindo a condição dos biomarcadores, bem como uma caracterização neuropsicológica mais profunda com o emprego de critérios sensíveis à condição de comprometimento além da variação normal. Esses esforços ajudarão a confirmar quem apresenta risco elevado de declínio para a demência, além de promover uma aplicação mais direcionada da intervenção, a fim de melhorar o funcionamento cognitivo e emocional de pacientes com CCL.

Pontos-chave

- As pessoas com CCL demonstram comprometimento cognitivo significativo que extrapola o escopo do envelhecimento normal, evidenciado em um ou mais domínios das capacidades cognitivas.
- A exemplo do DCS, embora o CCL seja considerado um fator de risco para o futuro desenvolvimento de demência, não existe um marcador padrão-ouro para determinar o indivíduo que apresentará efetivamente declínio futuro.
- Discute-se – com inconsistências – nos meios especializados se o CCL representa um descritor da função presente ou um fator indicativo da progressão de uma doença neurodegenerativa subjacente que prenuncia declínio futuro. Esse importante fator tem dificultado a estimativa das taxas de declínio futuro.
- A avaliação de indivíduos com suspeita de CCL inclui abrangente avaliação das funções clínicas e psicológicas do paciente. Juntamente com a manifestação relativa do declínio cognitivo, isso ajudará a esclarecer a etiologia presumida, podendo, por sua vez, melhorar a capacidade preditiva de declínio futuro (p. ex., uma pessoa com CCL no contexto dos biomarcadores da DA, além de forte histórico familiar desta doença, pode apresentar risco elevado de declínio para DA).
- A emissão de um diagnóstico de CCL pode ter consequências psicológicas significativas, especialmente em razão da incerteza do significado do diagnóstico em relação ao declínio futuro. Ao fornecer esse diagnóstico, é importante verificar se o paciente idoso conta com meios de suporte adequados para lidar com qualquer resposta psicológica adversa.
- O diagnóstico de CCL tem também implicações éticas no que concerne à tomada de decisões em áreas como direção automotiva, finanças e preferências médicas. Os profissionais da área são incentivados a trabalhar com os pacientes e seus familiares de modo que seus desejos sejam expressos e documentados antes que ocorra qualquer deterioração cognitiva futura que os impeça de fazê-lo. Esse tipo de conversa, embora difícil, promoverá a autonomia e a dignidade do paciente idoso em um momento em que ele pode ter a sensação de que essas qualidades estão se desgastando ao longo do processo de declínio cognitivo.

CAPÍTULO 8

Demência

A demência já foi definida de muitas maneiras diferentes nas pesquisas e na prática clínica, mas normalmente refere-se a um declínio do desempenho cognitivo de importância suficiente para interferir no funcionamento diário. Em geral, é essa interferência nas funções do dia a dia que faz a condição merecer atenção clínica, ainda que algum declínio cognitivo sutil possa ter sido anteriormente evidenciado. Embora tradicionalmente o termo *demência* subentenda um curso progressivo, definições mais recentes não têm conotações em relação ao prognóstico (p. ex., DSM-IV; American Psychiatric Association, 1994). Da mesma forma, ao apresentar seus critérios clínicos essenciais para a demência por todas as causas, McKhann et al. (2011) observaram que o diagnóstico de demência abrange muitas etiologias diagnósticas subjacentes diferentes e diversos graus de comprometimento cognitivo, de leve a muito grave. Especificamente, a demência por todas as causas, de acordo com os critérios de McKhann et al. (2011), é diagnosticada quando há presença de sintomas cognitivos ou comportamentais que (1) interferem na capacidade de funcionamento no trabalho ou em atividades de rotina; (2) representam um declínio em relação ao nível de funcionamento anterior; (3) não são explicados pela ocorrência de delírio ou de um transtorno psiquiátrico importante; (4) são detectados por meio do histórico obtido e de uma avaliação cognitiva objetiva; e (5) envolvem, no mínimo, dois domínios (p. ex., memória, raciocínio, capacidades visuoespaciais, funções linguísticas, personalidade/comportamento/conduta). Aqui utiliza-se o termo *demência* para designar comprometimento cognitivo sem conotação quanto ao prognóstico e incluir condições que podem ser estáticas ou progressivas. A manifestação do comprometimento cognitivo (p. ex., rápido, oscilante, insidioso) pode variar e ser sugestiva de patologia subjacente. Além disso, algumas etiologias subjacentes podem apresentar-se de várias maneiras. Por exemplo, um único evento cerebrovascular de grandes proporções pode demonstrar déficits máximos na ocasião de sua manifestação, enquanto o acúmulo de pequenos eventos vasculares pode parecer uma manifestação insidiosa com progressão dos déficits no decorrer do tempo.

Grandes pesquisas neurocientíficas realizadas já associaram o comprometimento cognitivo à existência de patologia subjacente por meio de neuroimagem e biomarcadores. Algumas formas de demência estão ligadas a causas específicas identificáveis por exame de neuroimagem (p. ex., provável transtorno neurocognitivo vascular) ou por relações temporais entre a manifestação do comprometimento cognitivo e um evento (p. ex., lesão cerebral traumática). Entretanto, ainda não existem procedimentos biológicos definitivos para detectar a maioria das formas de demência, e o comprometimento cognitivo continua sendo fundamental para a decisão diagnóstica diferencial. No caso dessas formas idiopáticas de demência, somente diagnósticos presuntivos de um processo patológico subjacente (p. ex., doença de Alzheimer [DA]) se fazem com níveis de certeza *pré-mortem* (McKhann et al., 2011). A avaliação neuropsicológica no contexto da demência pode delinear um perfil das vantagens e deficiências cognitivas para uso no processo de decisão diagnóstica e no planejamento da intervenção. Quando observada ao longo do tempo, a trajetória do declínio cognitivo pode ser evidente, podendo-se fazer ajustes no contexto do tratamento, conforme necessário. Neste capítulo, aborda-se como as avaliações neuropsicológicas são conduzidas em diversos pontos da trajetória do declínio cognitivo evidente na demência.

Condução da avaliação

É provável que a natureza e o conteúdo da avaliação de demência variem de acordo com a finalidade básica da avaliação e o grau de comprometimento cognitivo presente. Entretanto, em todos os casos, é importante que a avaliação seja conduzida com altos padrões éticos (ver detalhes no Cap. 4). Várias questões éticas específicas podem surgir durante a condução da avaliação de idosos cognitivamente comprometidos, devendo-se ter o cuidado de garantir a abordagem adequada dessas questões. A presença de comprometimento cognitivo pode, mas não necessariamente, impedir a participação no processo de consentimento informado. Em alguns casos, um agente de decisão substituto ou tutor precisa estar envolvido como apoio ao paciente para uma tomada de decisão conjunta. Deve-se conduzir a avaliação de maneira a evitar prejuízo e apoiar a autonomia e a dignidade do idoso. É importante selecionar as abordagens e medidas avaliativas adequadas, um processo que pode ser particularmente desafiador à medida que a gravidade da demência aumenta. Mais adiante neste capítulo, aborda-se a avaliação da capacidade cognitiva e do declínio continuado após um diagnóstico de demência. À medida que a gravidade da demência e a dependência de outras pessoas aumentam, a tomada de decisão conjunta e o compartilhamento de informações com os elementos de apoio ao tratamento serão primordiais.

Diagnóstico inicial de demência

Considera-se um diagnóstico de demência quando surge a preocupação com o funcionamento cognitivo de um idoso e as dificuldades coincidentes no funcionamento diário são evidentes. Segue-se o processo de avaliação descrito no Capítulo 4, e é importante avaliar outros indicadores de condições (p. ex., personalidade, humor) que possam comprometer as funções cognitivas por razões que não a demência. Além disso, a coleta de informações em relação ao funcionamento diário é de particular importância por se tratar de um elemento necessário ao diagnóstico de demência (McKhann et al., 2011). Normalmente, quando se conduz uma avaliação inicial de demência, as atividades básicas da vida diária (p. ex., comer, cuidar da higiene pessoal) não são afetadas. O foco da avaliação se faz nos níveis mais complexos de funcionamento necessários para uma vida independente, como fazer compras, usar o telefone, preparar alimentos e gerenciar finanças e o uso de medicamentos (também conhecidas como atividades instrumentais da vida diária). Embora existam medidas objetivas do funcionamento diário, como o Everyday Problems Test (Diehl, Willis e Schaie, 1995) e a Texas Functional Living Scale (Cullum et al., 2001), utilizam-se geralmente escalas de classificação subjetivas para coletar informações sobre o funcionamento diário. Essas escalas incluem os Older American Resources and Services (OARS; Fillenbaum, 1988), as medidas das atividades da vida diária e das atividades instrumentais da vida diária, da Multilevel Assessment Instrument (Lawton, Moss, Fulcomer e Kleban, 1982) e o Index of Independende in Activities of Daily Living (Katz, Moskowitz, Jackson e Jaffe, 1963). A vantagem básica das medidas subjetivas é a possibilidade de poderem ser administradas em um período relativamente curto (Tuokko e Smart, 2014). Entretanto, como quaisquer medidas de autorrelato, estão sujeitas a erros de recuperação de memória e vieses.

As relações temporais entre o comprometimento cognitivo e o comprometimento dos comportamentos diários são complexas e multifatoriais. É evidente a co-ocorrência de perdas cognitivas e funcionais em relação à demência (Tuokko e Smart, 2014). Embora articulada com menos clareza na literatura, a hierarquia da perda nos comportamentos diários normalmente identifica as atividades instrumentais complexas da vida diária como elementos provavelmente afetados mais cedo do que as atividades instrumentais menos complexas da vida diária ou as atividades do dia a dia. É especialmente importante que se avaliem as áreas de alto risco potencial para os pacientes (p. ex., administração financeira, dirigir). Tais áreas de interesse serão abordadas mais adiante neste capítulo.

O escopo dos domínios cognitivos e os tipos de avaliações detalhadas necessárias para determinar a presença de demência foram articulados pelos grupos de trabalho do NIA-AA nas diretrizes diagnósticas para DA (McKhann et al., 2011) e do DSM-5. A Tabela 8.1 indica os domínios relevantes para cada um desses conjuntos de critérios diagnósticos. Vale notar que tais conjuntos diferem em relação ao número mínimo necessário de domínios cognitivos em que o comprometimento é evidente (p. ex., um para o DSM-5; dois para McKhann et al., 2011). Entretanto, nenhuma das duas fontes fornece orientação específica quanto ao significado de comprometimento. O DSM-5 refere-se a declínio cognitivo "modesto" ou "significativo" em relação ao nível anterior de desempenho cognitivo. McKhann et al. (2011) simplesmente especificam a presença de déficits em duas ou mais áreas da cognição, estabelecidas mediante uma combinação de histórico obtido junto à pessoa afetada e um informante conhecedor da condição e de uma avaliação cognitiva objetiva (p. ex., exame do estado mental ou teste neuropsicológico). A formulação de um diagnóstico de demência, portanto, envolve a aplicação do julgamento clínico, levando-se em consideração todas as informações disponíveis, e requer um amplo entendimento das relações entre o cérebro e o comportamento.

Deve-se considerar uma série de fatores ao selecionar as medidas de avaliação dos domínios cognitivos importantes para o diagnóstico e o diagnóstico diferencial de demência. Como evidencia a Tabela 8.1, a aplicação dos critérios diagnósticos válidos para a demência requer a inclusão de uma ampla faixa de domínios cognitivos na avaliação. Para ambos os conjuntos de critérios diagnósticos, é preferível documentar o comprometimento cognitivo com medidas padronizadas da função cognitiva. Além da administração presencial tradicional das medidas das funções cognitivas, existem algumas medidas para a coleta de informações colaterais sobre o funcionamento cognitivo de pessoas com demência a serem fornecidas pelos informantes. A Tabela 8.2 apresenta uma breve descrição de algumas dessas medidas. Embora essas medidas possam ser utilizadas quando a pessoa com demência não se encontra acessível para avaliação, é sempre preferível obter informações sobre o funcionamento cognitivo fornecidas diretamente pela pessoa com demência e combinar as informações obtidas por meio dessas diferentes fontes.

Tabela 8.1   Informações-chave para o diagnóstico diferencial de demência

Domínio	Exemplo de tipos de informação
Histórico	
Manifestação	Repentina, variável, gradual
Duração dos sintomas	Horas, dias, meses, anos
Curso de progressão	Déficit neurológico máximo na manifestação, rápida deterioração, declínio progressivo, variável
Situação social	Estado civil, condição de vida, contexto cultural
Condições clínicas/físicas passadas	Cirurgias, anestésicos, eventos psiquiátricos/neurológicos, medicamentos
Condições clínicas/físicas atuais	Visão, audição, limitações motoras, medicamentos, condições psiquiátricas/neurológicas
Funcionamento anterior	Perfil educacional e ocupacional
Funcionamento atual	Atividades diárias, *hobbies*, participação social
Testes	
Memória[a,b]	Aquisição e retenção de novas informações
Raciocínio/julgamento[a]	Tomada de decisões, planejamento, assunção de riscos
Visuoespacial[a]	Reconhecimento de fisionomias, objetos, operação de implementos simples, determinação do traje
Linguagem[a,b]	Linguagem expressiva e receptiva; falar, ler, escrever, compreender
Comportamento[a]	Personalidade, humor, motivação, interesse
Atenção complexa[b]	Atenção sustentada, dividida ou seletiva; velocidade de processamento
Função executiva[b]	Planejamento, tomada de decisão, memória de trabalho, inibição, flexibilidade mental
Perceptivo-motor[b]	Percepção visual, visuoconstrução, perceptivo-motor, práxis, gnose
Cognição social[b]	Reconhecimento de emoções, tomada de perspectiva

[a]Identificado por McKhann et al. (2011); [b]identificado no DSM-5 (American Psychiatric Association, 2013).

Tabela 8.2 Medidas de declínio cognitivo baseadas no informante

Medida e autores	Descrição
Alzheimer's Questionnaire (Sabbagh et al., 2010)	Breve questionário de rastreamento de DA baseado no informante; avalia o *funcionamento atual* em áreas como Memória (5 itens), Orientação (3 itens), Capacidade Funcional (7 itens), Visuoespacial (2 itens) e Linguagem (3 itens); tempo de administração = 2,6 ± 0,6 minutos; atendimento primário, sensibilidade e especificidade para a detecção de DA (98,55; 96,00, respectivamente)
AD8 (Shaik et al., 2015)	Instrumento com oito itens de rastreamento de demência baseado no informante; tem sido utilizado em ambientes comunitários; avalia a memória, a orientação e a função complexa nos *"últimos anos"*; validade do constructo aceitável *versus* domínios CDR e testes neuropsicológicos ($R \geq 0,4$)
ECog (Rueda et al., 2015; Park, Harvey, Johnson e Farias, 2015; Farias et al., 2011)	Escala de classificação baseada no informante com 39 itens que medem diferentes domínios do funcionamento diário em relação a 10 anos anteriores: memória diária, linguagem do dia a dia, funções visuoespaciais do dia a dia, planejamento diário, organização diária e atenção dividida do dia a dia (os três últimos itens = funções executivas); classifica os pacientes *em relação a 10 anos anteriores*; relação mais forte ($Rs = 0,2$) com os marcadores objetivos da DA do que com o autorrelato; breve formulário com 12 itens fortemente correlacionado com as medidas funcionais e os escores neuropsicológicos (Blessed $R = 0,41$; CDR $R = 0,45$, memória episódica $R = 0,33$, função executiva $R = 0,19$)
Multidimensional Assessment of Neurodegenerative Symptoms Questionnaire (MANS) (Locke et al., 2009)	Breve medida dos sintomas cognitivos, de personalidade, funcionais e motores potencialmente relacionados com etiologias neurodegenerativas; 87 questões de avaliação das mudanças nos hábitos diários, na personalidade e no funcionamento motor *no ano passado*; 5-10 minutos para ser preenchido; padrão saltado na ausência de alterações; na presença de alterações, investigar: frequência do comportamento; quatro fatores = sintomas cognitivos, sintomas comportamentais, sintomas funcionais e sintomas linguísticos

(continua)

Tabela 8.2 Medidas de declínio cognitivo baseadas no informante *(continuação)*

Medida e autores	Descrição
IQCODE (Sikkes et al., 2011; Nygaard, Naik e Geitung, 2009; Cherbuin e Jorm, 2013; Butt, 2008)	Desenvolvido e validado para coletar informações sobre a saúde e a memória de idosos moradores da comunidade; pede aos informantes que classifiquem 26 alterações ocorridas *nos últimos 10 anos* nas funções cognitivas diárias (p. ex., lembrar-se das coisas, aprender coisas novas, compreender material verbal, acompanhar eventos, compor material escrito, executar tarefas do dia a dia) de idosos com os quais eles tenham familiaridade; sensibilidade e especificidade de aproximadamente 0,75-0,85 para a detecção de demência; útil para estabelecer a distinção entre condição normal, CCL e DA

No DSM-5, o termo *demência* está subclassificado na descrição de "transtornos neurocognitivos maiores", onde são descritos diversos subtipos etiológicos. O comprometimento cognitivo de importância insuficiente para ser classificado como um transtorno neurocognitivo (TNC) maior (ou demência) é reconhecido como TNC leve no DSM-5, abordado no Capítulo 7 deste livro. Os TNC maiores incluem as demências degenerativas, como a DA e condições estáticas, como lesões cerebrais traumáticas e condições em que possa haver comprometimento de um único domínio cognitivo. Além disso, os comprometimentos cognitivos secundários a uma ou várias condições clínicas também são incluídos como TNC.

Diagnóstico diferencial

Como o foco deste livro é o declínio cognitivo e este capítulo aborda a questão da demência, somente as condições mais prevalentes relacionadas à idade, que são levadas em consideração na formulação de um diagnóstico diferencial, estão aqui descritas e diferenciadas de outros distúrbios que podem competir com o diagnóstico de demência, ou confundi-lo. Desse modo, este capítulo identifica algumas características essenciais a serem consideradas na distinção entre as condições (ver Tab. 8.3). Essas características, incluindo a manifestação/curso do declínio e o perfil cognitivo, são particularmente úteis para a distinção entre as condições subjacentes no início do processo patológico. Na Tabela 8.4, observam-se os sinais prototípicos de algumas formas de demência, nem todos descritos em detalhes. Vale notar que os distúrbios que se apresentam basicamente como distúrbios de movimento (p. ex., doença de Parkinson [DP], doença de Huntington [DH], paralisia supranuclear progressiva [PSP] e síndrome da degeneração corticobasal [SDCB]) encontram-se relacionados no lado direito da Tabela 8.4, mas não estão descritos em detalhes neste capítulo. À medida que a doença neurodegenerativa subjacente progride, os déficits cognitivos tornam-se mais dominantes, podendo não perder a utilidade como indicadores de variantes etiológicas específicas da demência. Entretanto, a avaliação da demência em estágios moderados e mais tardios pode servir a vários propósitos. Por exemplo, o sequenciamento temporal das alterações nas funções cognitivas pode fornecer a confirmação do diagnóstico diferencial inicial. Por outro lado, o acentuado afastamento das trajetórias previstas pode indicar erro inicial de diagnóstico e o surgimento de condições comórbidas que justifiquem uma avaliação mais minuciosa (p. ex., distúrbios clínicos). Além disso, a avaliação contínua durante todo o curso de um processo de demência pode fornecer valiosas informações pertinentes ao planejamento do tratamento.

Tabela 8.3   Principais características dos distúrbios que afetam a cognição

Manifestação da alteração cognitiva	Distúrbio	Características cognitivas/comportamentais e curso
Rápida (horas a dias)	Delírio	• Atenção prejudicada, incluindo capacidade de concentração, sustentação e alternância • Distúrbios de atenção e níveis de consciência • Pode oscilar durante todo o dia • Provável que se resolva com o tratamento da condição clínica subjacente
Potencialmente reversível	Transtorno neurocognitivo maior decorrente de outra condição clínica	Declínio em relação ao nível anterior de funcionamento em uma ou mais áreas da função cognitiva proporcional à condição clínica subjacente (p. ex., melhora para distúrbio tratável, deterioração com distúrbio progressivo intratável)
	Transtorno depressivo maior e outros transtornos do humor	• Baixa motivação • Elaboração espontânea limitada • Preocupação com o estado afetivo • Os déficits de memória e das funções executivas podem ser secundários a problemas de atenção • A cognição é melhor do que as queixas indicam
Variável	Transtorno neurocognitivo maior com corpos de Lewy (DCL)	• Oscilações das funções cognitivas • Atenção prejudicada e distúrbio de atenção • Funções executivas e capacidades visuoespaciais prejudicadas; alucinações visuais recorrentes detalhadas e bem definidas • Os déficits de memória surgem mais tarde • Pelo menos 1 ano após o comprometimento cognitivo, podem surgir condições como lentidão de movimentos, rigidez muscular, tremores ou marcha arrastada

(continua)

Tabela 8.3 Principais características dos distúrbios que afetam a cognição *(continuação)*

Manifestação da alteração cognitiva	Distúrbio	Características cognitivas/comportamentais e curso
Déficit neurológico máximo por ocasião da manifestação	Transtorno neurocognitivo vascular maior (Dva)	• Subsequente a evento cerebrovascular, histórico evidente, exame físico e/ou neuroimagem • Déficits cognitivos e físicos heterogêneos e proporcionais ao local e à extensão das lesões vasculares

Manifestação insidiosa com declínio progressivo	DFT maior	• *Variante comportamental:* declínio proeminente da conduta social que pode incluir desinibição; apatia; perda de empatia/simpatia; perseverança; comportamento compulsivo ou ritualístico (p. ex., acumulação compulsiva); hiperoralidade ou outras alterações no comportamento alimentar; os déficits cognitivos iniciais podem incluir deficiência das funções executivas (p. ex., baixa capacidade de planejamento, distratibilidade, baixa capacidade de julgamento); memória e aprendizado relativamente preservados; capacidades perceptivo-motoras preservadas
		• *Variantes linguísticas:* deterioração das habilidades linguísticas com alterações semânticas ou perda da capacidade de produzir palavras e falar com facilidade
		  • *Semântica* – fala fluente, dificuldade para produzir ou reconhecer palavras familiares; memória episódica comparativamente preservada
		  • *Agramática/não fluente* – fala interrompida, frases curtas, erros gramaticais; compreensão, leitura e escrita preservadas por mais tempo do que a fala
		  • *Logopênica* – fala espontânea, mas com produção lenta, problemas de recuperação das palavras, dificuldade para repetir frases ou orações, leitura e escrita preservadas por mais tempo do que a fala

(continua)

Tabela 8.3 Principais características dos distúrbios que afetam a cognição *(continuação)*

Manifestação da alteração cognitiva	Distúrbio	Características cognitivas/comportamentais e curso
	Transtorno neurocognitivo maior decorrente de DA	• Comprometimento precoce da memória e de novos aprendizados, déficits ocasionais das funções executivas • Manifestação tardia de comprometimento da capacidade de atenção, da linguagem e das capacidades perceptivo-motoras • A cognição social tende a ser preservada até um estágio mais avançado do curso do transtorno • Variantes atípicas: linguística, visuoespacial, executiva
	CCV	• Graus leves de comprometimento cognitivo possivelmente evidente antes de AVC ou pode ser indicativo de acúmulo mais insidioso de patologia vascular cortical ou subcortical • Possível presença de disfunção executiva

O objetivo aqui será se concentrar nos processos prevalentes que afetam a função cerebral, resultando em alterações cognitivas mensuráveis na população geriátrica. Para discussões mais aprofundadas sobre as diversas formas de demência, incluindo aquelas associadas a distúrbios de movimento proeminentes, sugere-se que o leitor consulte Attix e Welsh-Bohmer (2006); Noggle, Dean, Bush e Anderson (2015) e Parks, Zec e Wilson (1993). A discussão sobre esses distúrbios foi organizada de acordo com a sua manifestação e progressão (p. ex., manifestação rápida, intervenção potencialmente reversível, déficit neurológico máximo variável na ocasião da manifestação, manifestação insidiosa com declínio progressivo; Tuokko e Hadjistavropoulos, 1998; Tuokko e Ritchie, 2016), visto que a manifestação clínica pode auxiliar na formulação das hipóteses diagnósticas. Entretanto, como ficará evidente, algumas condições podem se apresentar de várias maneiras, e essas condições estão situadas em um único local na estrutura organizacional (p. ex., eventos vasculares com diferentes formas de manifestação localizados na seção referente à demência vascular [Dva]).

Manifestação rápida do comprometimento cognitivo

Uma alteração repentina no funcionamento cognitivo, de modo a comprometer as capacidades de concentração, sustentação e mudança de atenção da pessoa, é característica de delírio. Esse comprometimento da atenção pode oscilar no decorrer do dia, juntamente com outros indícios de comprometi-

Demência 177

Tabela 8.4 Principais sinais diagnósticos precoces de determinados tipos de demência

Comprometimento cognitivo	Tipo de demência										
	DA	ACP	Dva	DFT-S	DFT-A	DFT-C	DCL	DP	DH	PSP	SDCB
Perda da memória de curto prazo	✓										
Busca de palavras		✓	✓	✓							
Déficit de recuperação de memória			✓								
Disfunção de atenção			✓				✓				
Disfunção executiva			✓				✓				
Apraxia		✓		✓	✓						
Agnosia		✓		✓							✓
Agrafia		✓									✓
Linguagem		✓		✓	✓						
Visuoespacial		✓					✓				
Outras características											
Mudança de humor/comportamento						✓					✓
Alucinações (visuais), ilusões							✓	✓			
Alteração da marcha							✓	✓	✓		
Tremor								✓	✓		
Sinais motores unilaterais									✓		✓
Anomalias nos movimentos oculares								✓		✓	

DFT-S: variante semântica frontotemporal; DFT-A: variante agramática frontotemporal; DFT-C: variante comportamental frontotemporal; SDCB: síndrome da degeneração corticobasal.

mento cognitivo, distúrbios de percepção e níveis de consciência. Esses distúrbios desenvolvem-se em curto período (p. ex., de horas a dias), provavelmente como consequências fisiológicas diretas de condições clínicas subjacentes (p. ex., infecção do trato urinário) ou de exposição a toxinas (incluindo álcool, abstenção alcoólica, reações medicamentosas), seja de forma isolada ou combinada. Alguns instrumentos desenvolvidos para uso na identificação do delírio (Carvalho, de Almeida e Gusmao-Flores, 2013) incluem o Confusion Assessment Method (Dosa, Intrator, McNicoll, Cang e Teno, 2007), a Delirium Rating Scale (Trzepacz et al., 2001) e a Intensive Care Delirium Screening Checklist (Nishimura et al., 2016).

O delírio serve de marcador para doenças graves em idosos e necessita de atenção médica imediata. A falta de atenção à condição subjacente pode resultar em estupor, coma, convulsões e, possivelmente, morte. Embora seja possível recuperar-se do delírio após o tratamento da condição subjacente, não existe atualmente um consenso em relação à terminologia para definir "recuperação". Já foi sugerido que se fazem distinções entre recuperação geral e sintomática, e entre resultados de curto e longo prazos, e que a recuperação cognitiva é fundamental para a definição de recuperação no delírio (Adamis, Devaney, Shanahan, McCarthy e Meagher, 2015). A prevalência do delírio sobe para 14% com a idade em pacientes acima de 85 anos e foi observada em 10 a 30% dos idosos que dão entrada nas unidades de atendimento de emergência. O delírio é especialmente prevalente entre idosos hospitalizados (6 a 56%), no período pós-operatório (15 a 53%) e em casas de repouso (até 60%), bem como entre pacientes com doença em estágio terminal (80%) (DSM-5).

Embora o delírio em si seja distinto da demência, a condição pode sobrepor-se a uma demência existente, exacerbando a taxa de declínio cognitivo, podendo também ser um prenúncio do surgimento de uma demência subjacente (Fong et al., 2009). O delírio está associado também a quedas em pacientes hospitalizados e a resultados insatisfatórios quando vivenciado no pós-operatório (Australian and New Zealand Society for Geriatric Medicine, 2016). O delírio subsindrômico caracteriza-se pela presença de alguns dos sintomas associados ao diagnóstico de delírio. Embora definido de diversas maneiras, o delírio subsindrômico parece estar associado a alguns resultados insatisfatórios e vem atraindo atenção nos contextos clínicos (Meagher et al., 2014).

Formas de comprometimento cognitivo potencialmente reversíveis

Muitas condições clínicas podem afetar adversamente o funcionamento cognitivo e ser confundidas com um TNC idiopático, como DA. Essas condições podem não se apresentar como delírio, mas podem afetar a cognição de várias outras maneiras que atendem aos critérios de TNC maior. Deve-se notar que as condições que afetam muitos sistemas distintos do corpo podem provocar comprometimento cognitivo, incluindo aquelas que afetam o sistema endócrino (p. ex., hipoglicemia, hipotireoidismo), distúrbios do sistema imunológico (p. ex., lúpus eritematoso sistêmico), condições nutricionais (p. ex., deficiência de tiamina), condições que resultam em hipóxia, como insuficiência cardíaca e renal (DSM-5). Basta dizer que um total entendimento do histórico e da condição clínica do idoso é imperativo para a formulação de um diagnóstico diferencial que envolva comprometimento cognitivo.

As principais características a serem consideradas quando se associam déficits cognitivos a condições clínicas é a sequência temporal entre a manifestação da condição e o surgimento do déficit, bem como a resposta cognitiva ao tratamento da condição clínica (American Psychiatric Association, 2013). Embora a presença de uma ou mais dessas condições clínicas importantes não exclua a existência de outra condição neurodegenerativa subjacente, é imperativo que todas as condições clínicas normalmente associadas ao comprometimento cognitivo sejam avaliadas e abordadas antes de se atribuir tal comprometimento a alguma outra etiologia (p. ex., DA).

Outras condições potencialmente reversíveis que podem afetar o funcionamento cognitivo incluem os transtornos que afetam o humor. Os transtornos depressivos são bastante comuns em idosos, embora a prevalência seja de aproximadamente um terço daquela observada em pessoas entre 18 e 20 anos (DSM-5). Várias síndromes depressivas encontram-se descritas no DSM-5, incluindo o transtorno depressivo maior, o transtorno depressivo persistente (i. e., distimia), o transtorno depressivo induzido por substância química/medicamento e o transtorno depressivo decorrente de outras condições clínicas. A depressão em idosos pode ser acompanhada de comprometimentos cognitivos, como comprometimento da memória, comprometimento executivo ou déficits de atenção (Lockwood et al., 2000). Observou-se, contudo, que o comprometimento cognitivo pode diminuir com o tratamento (Lockwood et al. 2000). Entretanto, observou-se também que existem altas taxas de comorbidade entre depressão e demência (Snowden et al. 2015). Os sintomas de depressão podem preceder e, possivelmente, ser um fator de risco para a demência (Ownby et al., 2006). Ainda que a depressão venha acompanhada ou não de comprometimento cognitivo suficientemente grave para justificar um diagnóstico de demência, seu tratamento pode aliviar qualquer incapacidade excessiva que a doença possa ter causado.

Comprometimento cognitivo variável

Uma das características distintivas essenciais para o diagnóstico de um TNC maior com corpos de Lewy (também conhecido como demência com corpos de Lewy [DCL]), prevista no DSM-5, é a cognição oscilante associada a pronunciadas variações de atenção e estado de alerta. A DCL pode ser confundida com DP, mas existem vários fatores distintivos importantes. O primeiro, e talvez o mais importante, é a manifestação de sintomas; na DP, as características motoras, por definição, sempre precedem o comprometimento cognitivo. Por outro lado, na DCL, as características do parkinsonismo (p. ex., lentidão de movimentos, rigidez muscular, tremores ou caminhar arrastando os pés) surgem, pelo menos, 1 ano após os déficits cognitivos. As pessoas com DCL podem apresentar também recorrentes alucinações visuais detalhadas e bem definidas. Segundo, embora os perfis cognitivos na DCL e na DP sejam coincidentes em termos de atenção, funções executivas e capacidades visuoespaciais, as pessoas com DCL demonstram também comprometimento cortical, como surgimento de memória no decorrer do tempo (Petrova et al., 2016). Terceiro, as pessoas com DCL geralmente demonstram um estado cognitivo oscilante, e a manifestação inicial das oscilações cognitivas podem lembrar o delírio, mas sem uma causa clínica subjacente discernível.

O parkinsonismo observado na DCL deve ser distinguido dos sintomas extrapiramidais induzidos por neurolépticos. As características sugestivas de DCL incluem também transtorno de comportamento com movimento rápido dos olhos durante o sono e sensibilidade importante aos narcolépticos. Para se fazer um diagnóstico de provável TNC maior com corpos de Lewy pelos critérios do DSM-5, duas das características essenciais e uma das características sugestivas devem estar presentes. Pacientes com apenas uma característica (essencial ou sugestiva) podem ser identificados como portadores de possível TNC com corpos de Lewy. Outras características, como repetidas quedas, perda inexplicável de consciência, alucinações não visuais e depressão, podem estar associadas ao distúrbio. Embora a trajetória inicial do transtorno caracterize-se por oscilações cognitivas, o distúrbio acaba por progredir para um profundo comprometimento das funções cognitivas.

Considerando-se que esse transtorno tem como característica as alucinações, é importante observar a coexistência de sensibilidade importante aos narcolépticos. Os medicamentos antipsicóticos tradicionais utilizados no tratamento de alucinações (p. ex., haloperidol) devem ser evitados. As pessoas com sensibilidade aos agentes narcolépticos podem responder a esses medicamentos com o agravamento de seu estado cognitivo, aumento e, possivelmente, irreversibilidade do parkinsonismo, ou síndrome neuroléptica maligna, que pode ser fatal (Baskys, 2004). O tratamento das alucinações deve ser conduzido com cautela, com o uso de doses muito baixas de medicamentos sob constante observação de eventuais efeitos adversos.

Déficit neurológico máximo na ocasião da manifestação
Demência vascular

Os tipos de demência decorrentes de incidentes cerebrovasculares (Onyike, 2006) são classificados no DSM-5 como TNC vasculares maiores e podem também ser denominados Dva. Entretanto, o DSM-5 apresenta também uma forma mais branda de TNC vascular. Além disso, pelo menos algumas formas de doença cerebrovascular podem ser efetivamente controladas para evitar ou retardar a progressão do comprometimento cognitivo. O comprometimento cognitivo vascular (CCV), portanto, pode ser resultante de diversos tipos de doença cerebrovascular que podem diferir em termos de identificação, gravidade do comprometimento cognitivo e controle (Skrobot et al., 2017). A Dva, a condição associada à forma mais grave de comprometimento cognitivo, é a segunda causa mais comum de transtorno neurocognitivo (depois da DA), cuja prevalência aumenta com a idade. De acordo com Skrobot et al. (2017), graus leves de comprometimento cognitivo podem evidenciar-se antes de um acidente vascular cerebral (AVC) ou ser indicativos de um acúmulo mais insidioso de patologia vascular em nível cortical ou subcortical.

Os incidentes cerebrovasculares de manifestação abrupta (p. ex., após AVC) geralmente estão associados a significativos déficits cognitivos e físicos. O Vascular Impairment of Cognition Classification Consensus Study (Skrobot et al., 2017) observa que a demência pós-AVC inclui diversas causas e alterações cerebrais, e que o comprometimento cognitivo grave ocorre no espaço de 6 meses após o AVC, diferenciando-se de outras formas de Dva (i. e., demência vascular isquêmica subcortical, demência multi-infarto). O tipo e a gravidade do comprometimento cognitivo na Dva dependem do local e da causa da lesão cerebral. A Dva pode ser resultante de uma oclusão dos vasos sanguíneos cerebrais que pode afetar as estruturas subcorticais, ou ocorrer após uma hemorragia (i. e., ruptura) de vasos sanguíneos intracranianos ou extracranianos que pode afetar as regiões corticais. As lesões que afetam as regiões subcorticais tendem a resultar em características físicas como espasticidade, rigidez e fraqueza dos membros. O perfil cognitivo associado às lesões subcorticais varia, mas pode incluir apatia e perda de tato. As lesões corticais podem resultar em síndromes focais bem definidas relacionadas ao local da lesão (p. ex., afasia após lesão das áreas corticais envolvidas na produção da fala). Em geral, existe uma clara relação temporal entre um evento vascular e a manifestação de déficits cognitivos que é respaldada por evidências de neuroimagem, podendo-se formular um diagnóstico de provável TNC vascular. Em outros casos, as evidências podem ser menos claras, podendo-se emitir um diagnóstico presuntivo de possível TNC vascular.

A Dva e outros tipos de TNC (p. ex., DA) podem coexistir, resultando em perfil cognitivo misto. O sequenciamento temporal do surgimento e da progressão dos déficits cognitivos e as evidências de neuroimagem podem fornecer informações quanto ao diagnóstico primário (p. ex., DA *vs.* Dva). Já foi sugerido que tanto a Dva como a DA podem estar ligadas a uma patologia subjacente comum (de la Torre, 2004; Onyike, 2006; Snyder et al., 2015), mas que são diagnosticadas como entidades distintas.

Lesões cerebrais traumáticas

Observou-se que os tipos de comprometimento cognitivo, incluindo aqueles suficientemente significativos para interferir nas funções diárias, ocorrem subsequentemente a lesões cerebrais traumáticas (LCT) sofridas em qualquer idade. De acordo com o DSM-5, um TNC maior decorrente de LCT é diagnosticado quando há evidência de impacto na cabeça com perda de consciência, dificuldades pós-traumáticas de memória, desorientação e/ou confusão mental ou sintomas neurológicos, incluindo evidências de lesão obtidas por neuroimagem. Os resultados após uma LCT variam de acordo com muitos fatores, como o mecanismo da lesão (p. ex., acidente com veículo automotor, queda), idade na ocasião da manifestação, gravidade da LCT (i. e., leve, moderada, grave) e condições comórbidas (p. ex., transtorno do estresse pós-traumático, transtorno por uso de substância química). Embora as LCT geralmente sejam associadas a acidentes com veículo automotor e lesões causadas por esportes em pessoas com idade entre 15 e 24 anos, outro pico na incidência desse tipo de ocorrência afeta pessoas de 70 anos ou mais. As quedas são a causa mais comum de LCT em idosos (Lecours, Sirois, Ouellet, Boivin e Simard, 2012), e as LCT sofridas por idosos são a principal causa de morte, incapacidade e aumento da dependência de terceiros (Testa, Malec, Moessner e Brown, 2005). Idosos que sofrem uma LCT leve demonstram pouca ou nenhuma sequela cognitiva ou funcional depois de um período de recuperação (Albrecht, Masters, Ames e Foster, 2016; Rapoport et al., 2008), mas este nem sempre é o caso (Kinsella, 2010); a recuperação da LCT em idosos geralmente não pode ser prevista com precisão, dado o nível de gravidade (Testa et al., 2005). Certamente, as complicações clínicas combinadas mesmo a LCT leves podem afetar o processo de recuperação. Por exemplo, em razão das alterações da fisiopatologia cerebral relacionadas à idade, os idosos podem apresentar mais risco do que os adultos mais jovens de sofrer hematoma subdural tardio ou hemorragia intracraniana subsequente a uma LCT (Papa, Mendes e Braga, 2012; Rathlev et al., 2006). Além disso, no caso de idosos, a experiência traumática em si (Kinsella, Olver, Ong, Gruen e Hammersley, 2014; Kinsella, Olver, Ong, Hammersley e Plowright, 2014; Testa et al., 2005) e as consequências de outras lesões (p. ex., dor; Moriarty, McGuire e Finn, 2011) sofridas na ocasião de uma LCT podem contribuir para taxas de recuperação mais lentas e resultados menos satisfatórios em longo prazo em termos de humor, capacidade de funcionamento no dia a dia e cognição (Papa, Mendes e Braga, 2012).

Outros fatores relacionados à condição pré-lesão (p. ex., condições clínicas ou neuropsiquiátricas, predisposições genéticas) e ao apoio ambiental pós-lesão (p. ex., acesso à reabilitação, engajamento e apoio social; Lecours et al., 2012) também podem afetar o processo de recuperação. A condição pré-lesão é influenciada pelos fatores de proteção e risco ou vulnerabilidade do envelhecimento cognitivo descritos nos Capítulos 2 e 3, que, por sua vez, podem contribuir (ou limitar) para a capacidade de reserva do indivíduo (Goldstein e Levin, 2001). A condição clínica pré-lesão também pode aumentar o risco de quedas recorrentes e subsequentes LCT.

Após um período de recuperação, os comprometimentos cognitivo e funcional residuais decorrentes de LCT são considerados não progressivos ou estáveis (Cato e Crosson, 2006). Os déficits observados com mais frequência no funcionamento cognitivo após uma LCT se dão nos campos da atenção, da memória e do funcionamento executivo (Starkstein e Jorge, 2005). De acordo com a teoria da capacidade de reserva cerebral, é concebível que ainda possa ocorrer algum declínio cognitivo associado às alterações previstas relacionadas à idade. Já se estabeleceu uma ligação entre um histórico de LCT e o desenvolvimento de DA, mas as evidências dessa relação permanecem por serem esclarecidas (Starkstein e Jorge, 2005). As diferenças entre os estudos sobre a maneira como os tipos e a gravidade das LCT são caracterizados e como a demência é diagnosticada contribuem para essa falta de clareza. Especificamente, o estado cognitivo da pessoa antes de uma LCT em geral é desconhecido ou não investigado, e sabe-se que muitas condições neurodegenerativas (p. ex., DA) podem ter longas fases pré-clínicas. É possível que, em pessoas predispostas a desenvolver DA (p. ex., vulnerabilidade genética), a LCT acelere o processo, reduzindo a reserva cognitiva. Outra explicação possível é que as alterações bioquímicas subsequentes à LCT desencadeiem uma cascata de alterações moleculares no cérebro, resultando em patologia semelhante à DA (Starkstein e Jorge, 2005). Desse modo, são necessárias pesquisas muito mais minuciosas para estabelecer uma relação convincente entre LCT e DA.

Outro fator complicador é que as repetidas lesões concussivas e subconcussivas podem resultar em aparente condição neurodegenerativa conhecida como encefalopatia traumática crônica (ETC) ou síndrome da encefalopatia traumática (SET). Critérios diagnósticos específicos já foram sugeridos para essas condições (ETC: Jordan, 2013; Victoroff, 2013; SET: Montenigro et al., 2014), embora nenhum tenha levado a um consenso em nível nacional ou internacional (Iverson, Gardner, McCrory, Zafonte e Castellani, 2015). Essas condições têm sido identificadas com mais frequência em atletas e soldados, com manifestação em torno dos 54 anos em média (Turner, Lucke-Wold, Robson, Lee e Bailes, 2016). A manifestação dos sintomas pode variar de alguns meses após o trauma a várias décadas e implicar alterações de humor (p. ex., depressão, paranoia, risco de suicídio), comportamento (p. ex., deterioração das relações interpessoais, tendência ao crime e à violência), cognição (p. ex., comprometimento da memória, disfunção executiva, dificuldades de atenção e concentração, comprometimento da linguagem e dificuldades visuoespaciais) e funções motoras (p. ex., disartria, tremores, distúrbios da marcha, características de parkinsonismo). As pessoas mais jovens com ETC tendem a apresentar alterações de humor, como raiva explosiva e uso abusivo de substâncias químicas, enquanto o declínio cognitivo pode se apresentar como condição primária naqueles com mais idade na ocasião da manifestação (Stern et al., 2013). Esta é uma condição relativamente rara, e são necessárias pesquisas muito mais detalhadas para que se tenha um claro entendimento sobre as implicações diagnósticas das alterações cognitivas observadas depois de repetidas lesões na cabeça.

Manifestação insidiosa com declínio progressivo

Como indicado anteriormente, a presença de graus leves de comprometimento cognitivo pode ser indicativa do acúmulo insidioso de patologia vascular cortical ou subcortical; essa condição relacionada ao comprometimento cognitivo leve (CCL) encontra-se descrita no Capítulo 7. Uma manifestação insidiosa das alterações vasculares pode ocorrer antes de um AVC ou estar relacionada a outras formas de Dva, como Dva isquêmica subcortical, demência multi-infarto ou demência associada a etiologia mista (Skrobot et al., 2017). Existem outros distúrbios neurodegenerativos, como DH ou DP, ou condições mais raras, SDCB e PSP, que também podem ter consequências cognitivas e comportamentais, embora geralmente não manifestadas nos estágios iniciais do processo patológico subjacente nem abordadas aqui. Os TNC maiores, em que o comprometimento cognitivo desempenha um papel central, manifestam-se de forma lenta e insidiosa, demonstram deterioração gradual progressiva e interferem no funcionamento diário, além de incluírem variantes de degeneração frontotemporal [DFT] e DA.

Degeneração demência frontotemporal

Pode-se caracterizar a degeneração demência frontotemporal (DFT) como uma série de distúrbios que afetam as mudanças de comportamento e as funções linguísticas. O DSM-5 descreve duas variantes primárias da DFT: a variante comportamental e a variante linguística. A variante comportamental caracteriza-se por um proeminente declínio da conduta social, bem como por três ou mais dos seguintes sintomas comportamentais: desinibição; apatia;

perda de empatia ou simpatia; comportamento perseverativo, compulsivo ou ritualístico; e hiperoralidade ou outras mudanças relativas ao comportamento alimentar. As acentuadas mudanças de comportamento geralmente ocorrem no início do curso do distúrbio, com pouca evidência de comprometimento cognitivo, a não ser pelos aparentes déficits das funções executivas ou autorregulatórias. A memória e as funções perceptivo-motoras permanecem relativamente poupadas no início da progressão da doença.

Na variante linguística, o acentuado comprometimento da linguagem é evidente, e esses déficits já foram classificados como semânticos, agramáticos/não fluentes e logopênicos (The DFT Disorders, 2016). A forma semântica da variante linguística (ou demência semântica [DS]) caracteriza-se pela dificuldade em gerar ou reconhecer palavras familiares com retenção da fala fluente, permitindo que a pessoa aborde indiretamente situações quando não se recorda de uma palavra. Na forma agramática/não fluente da variante linguística, há uma grande dificuldade em produzir a fala, que pode ser dificultosa, hesitante e parecer descoordenada. Pode ocorrer mutismo. A compreensão, a leitura e a escrita são preservadas por mais tempo do que a fala, mas acabarão por ser afetadas. Na variante logopênica, há dificuldade em encontrar as palavras, a fala pode ser lenta e a repetição de frases e orações pode ser aparente, mas normalmente com retenção da repetição das palavras. Assim como ocorre com a forma agramática, a leitura e a escrita são mantidas por mais tempo do que a fala, mas acabam por declinar com o passar do tempo, podendo também ocorrer mutismo. A dificuldade em compreender material complexo pode tornar-se evidente, podendo ocorrer dificuldade de deglutição ao final do curso da doença.

Pode-se formular um diagnóstico de provável transtorno neurocognitivo frontotemporal se houver evidência de um componente genético (p. ex., histórico familiar, teste genético) ou evidência por neuroimagem de envolvimento desproporcional dos lobos frontal e/ou temporal. Caso essas fontes de informação não estejam disponíveis, faz-se um diagnóstico de possível transtorno neurocognitivo frontotemporal. Já foi sugerido que determinados transtornos que afetam essencialmente os movimentos, como esclerose lateral amiotrófica (ELA), SDCB e PSP, podem também enquadrar-se no espectro dos distúrbios da DFT.

Doença de Alzheimer

A forma mais prevalente de TNC maior é a DA, responsável por cerca de 60% ou mais dos casos de demência (Terry, 2006, 2007). A prevalência da DA está associada à idade, com sobrevivência média de aproximadamente 10 anos após o diagnóstico (DSM-5). Embora os critérios diagnósticos da DA tenham sido aprimorados (McKhann et al., 2011), a doença continua a constituir um diagnóstico de exclusão, uma vez que o diagnóstico não pode ser formulado se houver evidência de qualquer outra condição coexistente que possa contribuir para o comprometimento cognitivo observado (DSM-5; McKhann et al., 2011). De acordo com os critérios diagnósticos do DSM-5, continua a haver ênfase no declínio da memória e do aprendizado, enquanto os critérios diagnósticos de McKhann et al. (2011) para a provável ou possível presença de DA podem ser atendidos por manifestações amnésicas ou não amnésicas (i. e., disfunção linguística, visuoespacial, executiva). Desse modo, a seção do DSM-5 que trata das características diagnósticas reconhece que existem formas não amnésicas da DA. Uma dessas variantes atípicas da DA é a atrofia cortical posterior (ACP) que se apresenta com o comprometimento do processamento visual complexo. Os conjuntos de critérios diagnósticos do DSM-5 e de McKhann et al. (2011) diferem também quanto ao significado dos termos *provável* e *possível* da DA. No DSM-5, um diagnóstico de DA provável requer (1) evidência de uma mutação genética causativa pelo histórico familiar ou pelo teste genético, ou (2) clara evidência de declínio cognitivo, um curso gradativamente progressivo (i. e., sem platôs extensos) e sem evidência de etiologia mista. De acordo com os critérios de McKhann et al. (2011), um diagnóstico de DA provável pode ser emitido no contexto de uma manifestação insidiosa, clara piora da cognição, proeminentes déficits cognitivos (amnésicos ou não amnésicos) e ausência de qualquer evidência de etiologia mista. O nível de certeza associado ao diagnóstico aumenta com o declínio comprovado das funções cognitivas ou com a evidência de uma mutação genética causativa. No DSM-5, um diagnóstico de DA possível é emitido quando todas as condições para um caso provável de doença de Alzheimer não são atendidas. De acordo com os critérios de McKhann et al. (2011), um diagnóstico de DA possível pode ser emitido quando o curso de declínio é atípico ou há evidência de etiologia mista.

O perfil cognitivo inicial típico de DA é o comprometimento da memória (particularmente a busca de palavras e a memória episódica) e o novo aprendizado que podem ocorrer concomitantemente com a disfunção executiva. O comprometimento visuoespacial, perceptivo-motor e linguístico surge mais tarde, enquanto a cognição social (i. e., sensibilidade às normas sociais, reconhecimento das emoções) normalmente permanece preservada até um estágio mais avançado da doença. Deve-se notar que a cognição social já foi definida de forma muito mais ampla em outros contextos e refere-se à maneira como as pessoas veem a si mesmas, os outros e o contexto social (Hess e Blanchard-Fields, 1999). Um número cada vez maior de pesquisas concentra-se na experiência vivida por pessoas diagnosticadas com demência (Caddell e Clare, 2013; Clare, 2003) e examina os processos de superação e adaptação às circunstâncias mutáveis da vida. Essas pesquisas vão além da conceituação limitada da cognição social apresentada no DSM-5 e concentram-se nas formas de avaliação e exploração dos aspectos sociocognitivos da demência, do impacto da demência sobre o ego e a identidade e das recomendações para a intervenção que respaldam o funcionamento sociocognitivo das pessoas diagnosticadas com demência.

Resumo dos fatores que contribuem para o diagnóstico inicial e o diagnóstico diferencial

A Tabela 8.4 resume as principais características iniciais que precisam ser levadas em consideração na formulação de diagnósticos diferenciais de demência ou de um TNC maior. A maneira como os déficits cognitivos se apresentam no início e desenvolvem-se no decorrer do tempo é especialmente útil para a emissão de diagnósticos. Por exemplo, a ACP, a variante visual da DA, manifesta-se inicialmente com comprometimentos visuoespacial e visuoperceptivo que afetam a leitura, a capacidade de discernir distâncias ou a movimentação em escadas fixas e rolantes, com relativa preservação da memória, das funções executivas e das habilidades linguísticas (Charles e Hillis, 2005; Crutch et al., 2012). Pode haver presença também de características da síndrome de Balint (simultanagnosia, apraxia oculomotora, ataxia óptica, agnosia ambiental) e da síndrome de Gerstmann (acalculia, agrafia, agnosia digital, desorientação direita-esquerda) (Crutch et al., 2012). Esses déficits incomuns, combinados a uma idade relativamente jovem na ocasião da manifestação (i. e., 55 a 60 e poucos anos), podem levar a um erro de diagnóstico (p. ex., Dva) (Charles e Hillis, 2005). Da mesma forma, pessoas com DS, a forma semântica da variante linguística da DFT, apresentam acentuado comprometimento do conhecimento do significado das palavras com gramática e sintaxe intactas e memória recente relativamente preservada em relação à memória remota (Nestor, Graham, Bozeat, Simons e Hodges, 2002). Isso contrasta com os déficits de memória observados na DA. Tanto a DS como a DA podem demonstrar comprometimento na memória semântica (Libon et al., 2013), embora aqueles com DA apresentem comprometimento em vários outros domínios cognitivos também (Libon et al., 2013).

Além dos tipos e da sequência temporal de surgimento dos comprometimentos cognitivos, o tipo de manifestação (i. e., repentina ou gradativa) e curso da condição (i. e., rápido declínio, oscilante, progressivo) podem fornecer informações diagnósticas úteis. O delírio e a DCL parecem semelhantes em termos de manifestação inicial: possível evidência de comprometimento cognitivo oscilante que afeta essencialmente a atenção. A distinção entre as duas condições é importante para garantir o tratamento imediato de um distúrbio clínico subjacente. Na ausência de distúrbio clínico discernível, pode-se considerar a hipótese de DCL. É imperativo, também, que as influências de outras condições clínicas existentes sobre as funções cognitivas sejam cuidadosamente consideradas durante a formulação de diagnósticos. O tratamento de algumas condições clínicas (p. ex., medicação, quimioterapia) também pode afetar as funções cognitivas. Além disso, condições clínicas não diagnosticadas, como diabetes, hipotireoidismo e muitas outras podem apresentar-se com sintomas cognitivos. A manifestação comportamental pode ser particularmente útil para a distinção entre transtornos depressivos maiores ou TNC frontotemporais maiores e outras condições, como a DA. A diferenciação entre essas condições é de suma importância para a identificação de todas as fontes remediáveis de comprometimento cognitivo e para a formação de expectativas adequadas em relação às necessidades presentes e futuras do paciente.

A demência pode manifestar-se também em pessoas com incapacidade intelectual (II), mas com menos idade (p. ex., entre 40 e 50 anos), e a manifestação clínica pode ser diferente daquela observada em pessoas sem incapacidade intelectual. Embora ocorram transtornos cognitivos (p. ex., memória, práxis), as mudanças de comportamento e personalidade podem ser os primeiros déficits a surgir, podendo comprometer o funcionamento diário (Anderson-Mooney et al., 2016). O risco de desenvolvimento de demência para pessoas com II é aproximadamente o mesmo ou ligeiramente mais elevado do que para aqueles sem II (Janicki e Dalton, 2000; Strydom et al., 2013; Zigman et al., 2004), exceto no caso de síndrome de Down (SD), em que o risco é substancialmente mais alto e alguns autores sugerem, inclusive, que 50 a 70% dos adultos com SD serão afetados por demência até os 60 anos (Janicki e Dalton, 2000; McCarron, McCallion, Reilly e Mulryan, 2014; Strydom et al., 2013). As anomalias genéticas associadas à SD estão ligadas às alterações neuropatológicas características da DA, e as pessoas com SD apresentam um risco mais elevado de desenvolver DA do que a população geral (Nieuwenhuis-Mark, 2009).

Para cada um dos distúrbios descritos, deve-se notar que os idosos geralmente apresentam múltiplas condições clínicas que podem complicar o processo diagnóstico e influenciar o curso clínico da doença. Isso vale especialmente para aqueles com II e para pessoas acima de 80 anos quando a presença de múltiplas morbidades e múltiplos medicamentos é a norma. Talvez nem sempre seja possível delinear claramente um diagnóstico. Entretanto, é importante que se faça todo o esforço possível para garantir que uma avaliação abrangente aborde os distúrbios que podem competir com o diagnóstico de demência ou confundi-lo, uma vez que alguns componentes da condição manifestada podem responder ao tratamento (p. ex., delírio, depressão, outras condições clínicas).

Avaliação adicional e contínua de demência

Na prática, geralmente é a dificuldade com o funcionamento diário que traz os idosos à atenção dos profissionais de saúde e inicia o processo diagnóstico. As dificuldades para desempenhar as atividades do dia a dia e as atividades relacionadas ao trabalho devem estar presentes para que se faça um diagnóstico de demência ou de transtorno neurocognitivo maior, e essa condição deve representar um declínio em relação aos níveis anteriores de funcionamento (DSM-5; McKhann et al., 2011). Definido um diagnóstico, podem ser necessárias avaliações adicionais e, talvez, contínuas para caracterizar de forma mais completa o transtorno, particularmente no que diz respeito à extensão da incapacidade (Organização Mundial da Saúde, 1993) sofrida pela pessoa. Nesse momento, o foco do processo de avaliação passa da causa (ou seja, do diagnóstico e da etiologia) para o impacto (Organização Mundial da Saúde, 2001). Nesse caso, a ênfase da avaliação pode ser no planejamento do tratamento ou na capacidade de controle.

Embora a caracterização clara dos déficits cognitivos seja fundamental para fins diagnósticos, o grau em que as medidas cognitivas refletem o nível de desempenho de uma pessoa na realização das tarefas diárias em geral é bastante baixo, especialmente nos estágios iniciais do distúrbio. Embora as medidas de alguns domínios cognitivos, sobretudo das funções executivas, tenham demonstrado moderada relação com as medidas globais do funcionamento diário (Tuokko e Smart, 2014), as relações entre os domínios específicos de funcionamento cognitivo e o desempenho do comportamento diário são complexas e multifatoriais. As tarefas da vida diária (p. ex., vestir-se, administrar medicamentos, dirigir um carro) diferem muito em termos de habilidades necessárias e se valem de diferentes domínios cognitivos em maior ou menor proporção. Além disso, diferentes pessoas podem demonstrar um mau desempenho na mesma tarefa diária (p. ex., dirigir) por diversas razões (i. e., atenção, percepção visuoespacial, planejamento). Não há como presumir a magnitude do impacto dos déficits cognitivos nas funções específicas do dia a dia, e as informações devem ser solicitadas por meio de observação, autorrelato da pessoa com demência ou relato de um informante conhecedor da situação, como um membro da família, um amigo ou outro cuidador.

A extensão da incapacidade sofrida pela pessoa com demência pode ser influenciada por outros fatores além da cognição, como condição de saúde física e fatores externos ao indivíduo, como o contexto social em que a pessoa está inserida. Os idosos podem apresentar muitos problemas de saúde, incluindo condições crônicas, como aquelas que afetam as funções musculoesqueléticas (p. ex., artrite) e sensoriais (p. ex., visuais e auditivas). Os sintomas

(p. ex., dor, rigidez e dormência) associados a esses distúrbios podem limitar a mobilidade da pessoa e afetar até mesmo tarefas simples do dia a dia, como vestir-se, fazer compras ou cuidar da casa. A distinção entre as incapacidades decorrentes de déficits cognitivos e aquelas atribuídas a outras influências pode ser um desafio e requer que os profissionais de saúde investiguem além da mera presença de dificuldades com as tarefas diárias e explorem todos os fatores relevantes que contribuem para a condição.

É importante esclarecer os fatores que afetam o desempenho das tarefas diárias para as pessoas com demência com o intuito de encontrar maneiras de minimizar a incapacidade e maximizar o funcionamento pelo maior tempo possível. O monitoramento das alterações nas competências diárias pode fornecer informações valiosas pertinentes à alteração proativa dos planos de tratamento, a fim de melhor atender às necessidades da pessoa com demência. Um acentuado afastamento do que se poderia razoavelmente esperar com base nos tipos de comprometimento existentes (i. e., incapacidade excessiva) pode indicar o surgimento de condições comórbidas que precisam ser avaliadas (p. ex., depressão, distúrbios clínicos).

Embora existam várias medidas para a obtenção de informações sobre o funcionamento diário das pessoas com demência, a maioria enfatiza o que a pessoa é capaz de fazer, não se existem maneiras ou situações em que a pessoa possa conseguir que as coisas sejam feitas. A pessoa pode não ser capaz de realizar uma tarefa (p. ex., lembrar-se de pagar o aluguel no início de cada mês), mas pode ser capaz de indicar o desejo de fazê-lo por outro processo (p. ex., retirada automática de fundos). Os contextos físico e social podem desempenhar um papel importante na facilitação do envolvimento ativo e contínuo da pessoa com demência nas tarefas do dia a dia e geralmente podem servir de base para as intervenções.

Em qualquer avaliação funcional de uma pessoa com demência, é necessário obter informações sobre o contexto ambiental da pessoa. Uma avaliação clínica que tenha por objetivo melhorar o funcionamento diário da pessoa com demência é semelhante ao tipo de avaliação necessária para abordar a capacidade legal do indivíduo de engajar-se em comportamentos específicos. Sempre que possível, é preferível que todos os interessados tratem das limitações do processo decisório diário, participando com a pessoa que apresenta demência e buscando as alternativas de intervenção menos invasivas. Somente em circunstâncias excepcionais, pode ser necessário o indivíduo com demência submeter-se a uma avaliação de capacidade dentro do sistema jurídico, em que um achado indicativo de incapacidade possa resultar na perda de um direito legalmente reconhecido de desempenhar uma tarefa ou tomar uma decisão (American Bar Association Commission on Law and Aging e American Psychological Association, 2008).

Avaliações de capacidade

As questões sobre a capacidade legal dos idosos de se engajarem em comportamentos específicos (p. ex., tomar decisões financeiras, dirigir, viver sozinho na comunidade) podem surgir em diversas circunstâncias, mas essas questões podem tornar-se uma preocupação específica quando há diagnóstico de TNC maior (ou demência) (American Bar Association Commission on Law and Aging, American Psychological Association, 2008). Está se tornando algo cada vez mais comum os psicólogos se envolverem na avaliação de capacidade pelo fato de esses profissionais terem condições de abordar casos complexos que exigem avaliação cognitiva e funcional. As avaliações de capacidade podem fazer parte de uma ampla avaliação clínica, ou ser solicitadas no contexto de transações legais, como:

1. Decisões em relação a cuidados pessoais, incluindo diretivas avançadas, acordos de representação, concessão de procuração.
2. Assistência médica, inclusive consentimento para tratamento e recebimento de serviços.
3. Consentimento sexual.
4. Transações de propriedades, incluindo tomada de decisões financeiras.
5. Capacidade testamentária (i. e., elaboração ou alteração de um testamento).
6. Decisões de participação em contratos, inclusive casamento.

Uma série de capacidades é articulada no âmbito dos atos ou regulamentos jurídicos e diferem entre as jurisdições. As capacidades que envolvem a tomada de decisão podem variar em um indivíduo e ser conceitualizadas como um *continuum* de capacidades, com algumas atividades de tomada de decisão que exigem a demonstração de um nível mais elevado de habilidades e entendimento do que outras. Algumas situações jurídicas (p. ex., fazer um testamento) requerem um entendimento mais geral das circunstâncias, enquanto outras (p. ex., firmar um contrato com implicações financeiras) requerem o conhecimento de informações muito específicas e detalhadas. Quando não há evidência de capacidade reduzida, a pessoa tem o direito de tomar decisões que diferem das decisões dos outros, mesmo que essas decisões exponham a pessoa a um maior risco.

Quando se trata de uma capacidade específica dentro de um contexto jurídico específico, pode ser necessário demonstrar a presença de:

1. Enfermidade, doença, lesão ou outra condição que possa afetar o processo decisório.
2. Comprometimento funcional.

3. Prejuízos na capacidade de entendimento e de avaliação da situação e as consequências da decisão.

A natureza exata da informação necessária para as avaliações de capacidade pode diferir de acordo com a capacidade em questão e o enquadre jurídico. A familiaridade com atos/regulamentos jurídicos municipais/estaduais é essencial. Aqui serão abordados os princípios a serem levados em consideração ao emitir um julgamento clínico sobre a capacidade de um idoso. Um excelente recurso, *Assessment of Older Adults with Diminished Capacity: A Handbook for Psychologists*, descreve claramente o processo de avaliação de capacidade, considerando-se que os procedimentos específicos podem variar entre as jurisdições (American Bar Association Commission on Law and Aging e American Psychological Association, 2008).

Uma avaliação de capacidade aborda necessariamente os mesmos componentes que uma avaliação diagnóstica diferencial (p. ex., descrição do perfil do paciente, formulação de um diagnóstico, articulação das vantagens e deficiências cognitivas, recomendações para intervenções) e trata especificamente de questões relevantes para a questão particular relacionada à capacidade. A mera presença de um comprometimento cognitivo não é suficiente para indicar incapacidade de engajar-se em comportamentos específicos. Nesse caso, é necessária uma avaliação adicional do funcionamento adaptativo do paciente. Essa avaliação deve ser moldada para o comportamento específico em questão e ir além de uma avaliação superficial das atividades da vida diária ou das atividades instrumentais da vida diária (ver exemplos no Apêndice 8.1). Esse aspecto da avaliação concentra-se no funcionamento e em encontrar maneiras de avaliar adequadamente a capacidade específica em questão da forma mais direta possível. Subsequentemente, podem ser recomendados ajustes práticos para melhorar a capacidade (i. e., tratamento de uma condição subjacente) ou prestar apoio utilizando as alternativas menos restritivas possíveis, a fim de atenuar o risco de prejuízo.

Sempre que possível, é preferível observar e avaliar diretamente a pessoa engajada no comportamento específico em questão. Além disso, pode-se questionar o paciente e os informantes colaterais (p. ex., amigos e familiares) sobre quaisquer dificuldades relativas à realização de determinada tarefa. É possível coletar informações adicionais junto ao paciente sobre o seu conhecimento a respeito da tarefa em questão. Caso o paciente não tenha conhecimento, pode-se aproveitar a oportunidade para fornecer-lhe as informações e avaliar a sua resposta às informações recebidas. Ao avaliar se a pessoa é capaz de decidir sobre a atividade, as informações autorrelatadas ajudam a elucidar o grau de consciência da pessoa em relação às suas próprias limitações e aos possíveis riscos. As discrepâncias entre a percepção do paciente e as informações obtidas a partir de fontes colaterais podem indicar falta de consciência ou falta e apreciação por prejuízos na capacidade de entendimento e de avaliação da situação e das consequências de seu comportamento. Por exemplo, quando o comportamento específico em questão diz respeito ao ato de dirigir, uma avaliação cognitiva abrangente deve ser seguida por uma avaliação prática na rua conduzida por uma autoescola autorizada (Korner-Bitensky, Gélinas, Man--Son-Hing e Marshall, 2005). Pode-se questionar a pessoa sobre o seu ato de dirigir (p. ex., com que finalidade, quando e onde ela dirige), podendo-se coletar informações de pessoas que tenham estado no veículo com o motorista ou que conheçam bem as suas práticas de direção (se foram causados danos ao veículo, ou as taxas de seguro sofreram alteração). As circunstâncias pessoais do paciente e o seu contexto interpessoal devem ser explorados (p. ex., onde o motorista mora, se há outros motoristas na casa, se a pessoa utiliza outras formas de transporte). Em muitas jurisdições, a pessoa pode solicitar o seu registro de condução, podendo-se solicitar que ela o traga para a avaliação ou consinta que terceiros tenham acesso ao registro. A presença ou ausência de acidentes e infrações não é necessariamente um indicador de desempenho. Ao contrário, é outra fonte de informação a ser utilizada para a formulação de um parecer sobre a capacidade de dirigir do paciente.

Outros fatores que podem informar o parecer do profissional de saúde sobre a capacidade de uma pessoa de engajar-se em um determinado comportamento incluem fatores psiquiátricos ou emocionais; valores e preferências expressos pelo paciente (American Bar Association Commission on Law and Aging e American Psychological Association, 2008); e análise do risco para o paciente. Os transtornos psiquiátricos que afetam o humor ou os processos de pensamento (p. ex., depressão, ansiedade, psicose), embora não comprometam necessariamente a capacidade, podem limitar o raciocínio e o julgamento, e podem ainda ser limitadas com o tempo (i. e., melhoram com o tratamento). A possível melhora com o tratamento e o prazo para uma reconsideração da capacidade são elementos necessários em uma avaliação de capacidade. Da mesma forma, fatores como coorte etária, gênero, orientação sexual, cultura, raça, etnia e religião podem afetar os valores (i. e., conjunto de crenças, preocupações e abordagens que norteiam as decisões pessoais) e/ou preferências (i. e., diversas opções que informam os valores; American Bar Association Commission on Law and Aging e American Psychological Association, 2008) de uma pessoa. Esses elementos devem ser abordados ao se conduzir uma avaliação de capacidade. Os valores individuais avaliados são levados em consideração na formulação de um plano de tratamento do paciente e devem ser distinguidos daqueles do avaliador. Ou seja, os valores do avaliador e do indivíduo avaliado podem diferir, e a opinião do avaliador deve ser coerente com os valores do indivíduo avaliado. O risco enfrentado pelo indivíduo em sua situação presente envolve necessariamente uma avaliação dos elementos de suporte ambiental e das demandas existentes. Se as demandas cognitivas das circunstâncias de vida do paciente forem elevadas e os elementos de suporte ambiental forem baixos, a pessoa corre potencial risco de prejuízo. Nesse caso, o contexto social do paciente é de particular interesse, já que o nível de intervenção ou supervisão recomendado deve corresponder ao nível de prejuízo para o paciente ou outras pessoas (p. ex., a incapacidade de dirigir com segurança coloca os outros em risco).

Uma avaliação de capacidade dentro de um contexto legal culminará com um relatório descritivo dos achados da avaliação e um parecer claro sobre a capacidade em questão. Pode estar claro, no caso de uma pessoa com demência profunda, que falta capacidade de decisão em uma série de comportamentos específicos diferentes. Entretanto, as pessoas nos estágios iniciais de uma demência degenerativa podem conservar a capacidade de engajar-se e tomar a maioria das decisões, mas é possível também que não tenham a consciência e/ou capacidade necessária para lidar com decisões mais complexas. Todas as informações obtidas a partir de uma avaliação cognitiva abrangente e da avaliação direta do comportamento em questão, bem como de relatos do próprio paciente e de terceiros, consideradas em conjunto com as informações relativas aos valores e preferências e à situação pessoal/interpessoal do paciente, devem ser integradas a um parecer coerente quanto à questão específica presente. Em geral, solicita-se um parecer dimensional afirmativo ou negativo (sim/não) em relação a uma capacidade específica. Em alguns casos, a capacidade de engajamento em mais de um comportamento pode ser questionada, podendo ser necessários pareceres separados. Sob condições específicas baseadas nas evidências existentes (i. e., não na relutância do profissional de saúde em emitir um parecer claro), pode ser necessário um achado de "capacidade mínima" (American Bar Association Commission on Law and Aging e American Psychological Association, 2008).

As informações contidas no relato são utilizadas no contexto do sistema jurídico para que se determine legalmente se o indivíduo tem capacidade de engajar-se no comportamento específico em questão (p. ex., fazer um testamento, vender ou adquirir uma propriedade). Essa determinação não cabe a médicos ou psicólogos. Em vez disso, eles emitem seus pareceres profissionais para que aqueles que atuam no sistema jurídico os levem em consideração ao fazer uma determinação. Normalmente, os casos levados à atenção do sistema jurídico são bastante complexos. Trabalhar com advogados e juízes requer alguma familiaridade com os papéis que eles desempenham nas determinações em relação à capacidade; o fato de estar ciente dos requisitos e procedimentos específicos dentro de uma área específica do Direito pode facilitar o processo de avaliação e melhorar a comunicação e a colaboração.

Avaliação da trajetória do declínio cognitivo decorrente de demência

Como indicado na Tabela 8.3, a sequência temporal do surgimento dos comprometimentos cognitivos durante o curso de demência difere entre as condições subjacentes ao distúrbio (Smits et al., 2015). Como ocorre com a maioria das demências degenerativas prevalentes, a DA é a condição que mais tem recebido atenção no que se refere à caracterização da evolução correlata dos sintomas cognitivos e comportamentais. Para entender o surgimento dos sintomas, desenvolveram-se escalas de classificação observacionais, como a Global Deterioration Scale (GDS; Reisberg et al., 2014), a Behavioral Assessment for AD (BEHAVE-AD; Reisberg et al., 2014), o Functional Assessment Staging (FAST; Sclan e Reisberg, 1992) na DA e a Revised Memory and Behavior Problem Checklist (RMBPC; Teri et al., 1992). Por exemplo, a GDS descreve sete níveis de alterações progressivas observadas na DA em termos de transtornos cognitivos, funcionais, afetivos e comportamentais (Reisberg et al., 2014). O estágio final da demência grave (Estágio 7 da GDS), é descrito como o estágio em que "as capacidades verbais se perdem", "os pacientes se mostram incontinentes" e a pessoa não consegue mais andar. O FAST permite uma caracterização mais detalhada dos estágios finais da demência com seis subestágios funcionais sucessivos dentro do Estágio 7 do GDS e cinco subestágios funcionais dentro do Estágio 6, a demência moderada (Reisberg et al., 2006). Está claro, portanto, que mesmo quando a demência é grave, existem diferenças entre as pessoas quanto às capacidades funcionais que não devem ser negligenciadas. Um claro entendimento do funcionamento do indivíduo quando ele não consegue mais se comunicar verbalmente tem o potencial de melhorar a qualidade do tratamento e reduzir o sofrimento, o abandono e a angústia humanos (Reisberg et al., 2014).

Muitas das medidas de desempenho tradicionais do funcionamento cognitivo utilizadas para fins diagnósticos não são adequadas para a avaliação cognitiva contínua nos estágios mais avançados do distúrbio. Normalmente, isso acontece porque a medida cognitiva é insensível na extremidade inferior da escala, a faixa de funcionamento das pessoas com demência grave. Embora o baixo desempenho da pessoa seja evidente, não há nenhuma informação sobre os tipos de função cognitiva preservados. Vários instrumentos já foram criados para lidar com essa preocupação (ver Tab. 8.5). Cada uma das medidas apresentadas na Tabela 8.5 foi desenvolvida para avaliar múltiplos domínios cognitivos nos estágios mais avançados do distúrbio. Todas as medidas são adequadas para serem aplicadas em caso de demência grave; algumas também podem ser usadas na demência moderada. Essas medidas variam quanto aos domínios avaliados, ao tempo para a sua administração e ao grau em que são necessárias respostas verbais. Todas demonstraram confiabilidade e validade aceitáveis, mas diferem quanto aos tipos de confiabilidade (p.ex., teste-reteste, interavaliadores) e validade (p. ex., discriminante, concorrente) examinados. As medidas diferem com relação ao grau de treinamento necessário para a sua administração e a quantidade de equipamentos (p. ex., materiais de estimulação cognitiva) necessários. Algumas são particularmente flexíveis e podem ser administradas com facilidade até mesmo se o paciente estiver acamado. Algumas medidas encontram-se disponíveis na literatura existente, enquanto outras são disponibilizadas comercialmente. Algumas estão disponíveis somente em inglês (SCIP), ao passo que outras são disponibilizadas em várias línguas (p. ex., SIB, SMMSE).

Tabela 8.5 Medidas de cognição baseadas no desempenho para uso em casos de demência em estágio avançado

Medida e autores	Descrição
Severe Impairment Battery (SIB) (Boller, Verny, Hugonot-Diener e Saxton, 2002; Saxton, McGonigle-Gibson, Swihart, Miller e Boller, 1990)	40 itens, 6 subescalas de avaliação das capacidades de atenção, orientação, linguística, memória, visuoespacial e construtiva; breves avaliações da práxis e da interação social; 20-30 min para ser administrada; aceitável para uso em casos de demência grave; requer treinamento para ser administrada; confiabilidade e validade determinadas em várias línguas; validade longitudinal demonstrada; comercialmente disponível.
SIB-Short Form (de Jonghe, Wetzels, Mulders, Zuidema e Koopmans, 2009; Saxton et al., 2005)	Avalia 9 domínios cognitivos com itens da SIB: atenção, memória, práxis, concentração, capacidade visuoespacial, interação social, linguagem, construção e orientação para o nome; 10-15 min para ser administrada; aceitável para uso em casos de demência grave; requer treinamento para ser administrada; requer equipamento especial; comercialmente disponível.
Test for Severe Impairment (TSI) (Albert e Cohen, 1992; Appollonio et al., 2001)	Avalia o desempenho de habilidades motoras bem aprendidas, compreensão linguística, produção da linguagem, memória imediata e tardia, conhecimentos gerais, conceitualização; 10 min para ser administrada; requer respostas verbais; aceitável para uso em casos de demência moderada e grave; requer treinamento para ser administrada; requer equipamento especial; requer linguagem mínima.

(continua)

Tabela 8.5 Medidas de cognição baseadas no desempenho para uso em casos de demência em estágio avançado *(continuação)*

Medida e autores	Descrição
Multi-focus Assessment Scale (MAS) (Coval, Crockett, Holliday e Koch, 1985; H. Tuokko, Crockett, Holliday e Coval, 1987)	8 subescalas que incluem elementos como comportamento social, linguagem receptiva (estímulos verbais e visuais), habilidades de linguagem expressiva, orientação para a pessoa, local e tempo, humor, acessibilidade e capacidades sensoriais; 45 min para ser administrada; confiabilidade de 0,90 ou melhor; validade discriminante demonstrada entre grupos com diferentes níveis de funcionamento; facilmente administrada com pouco treinamento; materiais de fácil criação; requer linguagem mínima; disponibilidade incerta.
Hierarchic Dementia Scale-Revised (Cole e Dastoor, 1987; Rönnberg e Ericsson, 1994)	20 itens que avaliam: orientação, função pré-frontal, função ideomotora, olhar, função ideacional, denominação, compreensão, registro, gnose, leitura, orientação, construção, concentração, cálculo, desenho, função motora, memória remota, escrita, semelhanças, memória recente; hierarquicamente organizada (o sucesso em um item subentende sucesso nos itens "inferiores" com base no modelo de desenvolvimento piagetiano); o escore pode revelar o perfil cognitivo; 40-50 min para ser administrada; requer treinamento para ser administrada; requer equipamento especial; comercialmente disponível.
Modified Ordinal Scales of Psychological Development (Auer, Sclan, Yaffee e Reisberg, 1994; Sclan, Foster, Reisberg e Franssen, 1990)	5 subescalas que incluem permanência do objeto, meios e fins, causalidade, relações espaciais e esquemas modificados a partir da Ordinal Scales of Psychological Development; hierarquicamente organizada (o sucesso em um item subentende sucesso nos itens "inferiores" com base no modelo de desenvolvimento piagetiano); 30 min para ser administrada; requer treinamento para ser administrada; requer equipamento especial; disponibilidade desconhecida.
Baylor Profound Mental Status Examination (BPMSE) (Doody et al., 1999)	Requer equipamento especial; requer respostas verbais.

(continua)

Tabela 8.5 Medidas de cognição baseadas no desempenho para uso em casos de demência em estágio avançado *(continuação)*

Medida e autores	Descrição
Severe Cognitive Impairment Profile (SCIP) (Peavy et al., 1996)	8 subescalas que avaliam aspectos como comportamento geral, atenção, linguagem, memória, capacidade motora, conceitualização, aritmética, capacidades visuoespaciais; 30 min para ser administrada; aceitável para uso em casos de demência grave; confiabilidade interavaliadores e de teste-reteste de 0,96 ou melhor; boa correlação com outras medidas do funcionamento global; validade discriminante demonstrada entre grupos com diferentes níveis de funcionamento; requer treinamento para ser administrada; requer equipamento especial; disponível somente em inglês; comercialmente disponível.
Severe Mini-Mental State Examination (SMMSE) (Harrell, Marson, Chatterjee e Parrish, 2000)	Baseada no Miniexame do Estado Mental (Mini-Mental State Examination); avalia o conhecimento autobiográfico, a função visuoespacial simples, a função executiva, a função da linguagem simples, a fluência semântica e a ortografia; menos de 5 min para ser administrada; requer respostas verbais; não requer nenhum equipamento especial; não requer treinamento especializado para ser administrada.
Severe Cognitive Impairment Rating Scale (SCIRS) (Choe et al., 2008)	11 itens que avaliam elementos como memória, linguagem, função visuoespacial, função frontal e orientação; menos de 5 min para ser administrada; requer respostas verbais; aceitável para uso em casos de demência moderada e grave; confiabilidade interavaliadores de 0,90 ou melhor; boa correlação com outras medidas de demência grave; facilmente administrada com pouco treinamento; requer apenas material de avaliação com estímulo único; itens disponíveis na fonte.
Clinical Evaluation of Moderate-to-Severe Dementia (KUD) (Ericsson, Malmberg, Langworth, Haglund e Almborg, 2011)	15 itens que avaliam aspectos como interação, memória, capacidade verbal, capacidade visuoespacial, atividades de superaprendizado da vida diária; 20 min para ser administrada; a capacidade verbal intacta não é necessária para todos os itens; aceitável para uso em casos de demência moderada e grave; confiabilidade interavaliadores de 0,92; boa correlação com outras medidas de demência grave; facilmente administrada com pouco treinamento; requer algumas ferramentas disponíveis na maioria dos ambientes; itens disponíveis na fonte.

A escolha da medida dependerá da finalidade específica da avaliação. Algumas medidas se prestam mais para fins de tratamento (p. ex., MAS), enquanto outras demonstraram ser mais úteis para o monitoramento de alterações no decorrer do tempo (p. ex., SIB). Embora muitas dessas medidas tenham sido originariamente desenvolvidas há mais de duas décadas, as pesquisas sobre a sua utilidade para diferentes fins e a sua integração aos ambientes de tratamento permanecem relativamente escassas. Da mesma forma, alguns estudos caracterizaram semelhanças e diferenças entre os TNC maiores nos estágios mais avançados de desenvolvimento.

Outras abordagens mais qualitativas podem ser utilizadas para determinar as funções cognitivas preservadas das pessoas nos estágios moderado e grave de demência, o que pode incluir abordagens baseadas nas artes (p. ex., artes visuais, música, teatro aplicado) para promover a participação da pessoa com demência e a observação do funcionamento do paciente quando se oferecem oportunidades de inclusão, ocupação, conforto e envolvimento (Sabat e Lee, 2012). Da mesma forma, as oportunidades de expressar hábitos sociais e culturais, movimento e outros sinais físicos são importantes para a interação social, podendo revelar o alcance e a profundidade das funções cognitivas preservadas (Kontos, 2012), mesmo depois que o uso da linguagem se mostra limitado.

Resumo e considerações finais

No contexto da demência, a avaliação neuropsicológica pode contribuir para o processo diagnóstico e, quando aplicada ao longo do tempo, pode caracterizar a trajetória do declínio cognitivo. As informações em relação ao sequenciamento temporal das alterações nas funções cognitivas podem confirmar o diagnóstico diferencial inicial. Por outro lado, um afastamento acentuado das trajetórias previstas pode indicar um erro de diagnóstico inicial ou o surgimento de uma condição comórbida que justifique uma avaliação mais aprofundada (p. ex., distúrbios clínicos). A avaliação contínua no decorrer de um processo de demência pode fornecer informações valiosas pertinentes ao planejamento do tratamento. As características progressivas da DA já foram minuciosamente descritas (p. ex., Global Deterioration Scale), embora nem todas as pessoas manifestem todas as características de um estágio como descrito na medida. Entretanto, não existem descrições semelhantes das expectativas de declínio para a maioria das demais formas de demência. Na melhor das hipóteses, as trajetórias previstas são descritas em termos bastante globais. As pesquisas sobre essas trajetórias previstas podem revelar-se informativas e permitir a identificação de desvios inesperados. Essas pesquisas podem envolver o desenvolvimento de ferramentas de avaliação (p. ex., medidas de desempenho, escalas de classificação) adequadas para uso com pessoas em estágios mais avançados de demência. Embora já existam algumas, novas ferramentas podem fornecer outros tipos de informação sobre o declínio cognitivo. Podem ocorrer desvios inesperados em função dos fatores protetores (p. ex., prática de exercícios regulares) e preditivos (p. ex., manifestação de uma condição clínica) anteriormente identificados.

Cada vez mais se reconhece a importância de buscar formas de envolvimento e monitoramento do paciente com demência durante a trajetória do declínio cognitivo contínuo. A oferta e a avaliação de abordagens de tratamento centradas no paciente que incluem a participação ativa do indivíduo com demência durante o maior tempo possível estão adquirindo crescente importância dentro desse contexto. Mesmo pessoas em estágios avançados de demência podem beneficiar-se dessa participação por meio de programas baseados em artes, como arteterapia e musicoterapia, e as contínuas pesquisas nessa área de avaliação proporcionarão uma sólida base para o desenvolvimento de futuros programas de intervenção.

Pontos-chave

- ✓ Considera-se diagnóstico de demência quando há co-ocorrência de comprometimento cognitivo e dificuldades no funcionamento diário do paciente.
- ✓ As principais características distintivas das condições que afetam o funcionamento cognitivo incluem a manifestação, o curso e os domínios cognitivos afetados no início do curso do distúrbio.
- ✓ Há um espectro de distúrbios que afetam a cognição e caracterizam-se por subtipos distintos de síndromes, possivelmente um reflexo das diferenças na distribuição da patologia no interior do cérebro.
- ✓ A demência pode afetar a capacidade legal de participação em áreas específicas do processo decisório, e aqueles que atuam no sistema jurídico responsável pelas determinações em relação à capacidade podem necessitar de um parecer coerente de um psicólogo.
- ✓ A avaliação pode seguir a trajetória do pós-diagnóstico de declínio, com medidas criadas especificamente para esse fim.

Apêndice 8.1

Exemplos de informações obtidas para as avaliações de capacidade

1. A pessoa tem capacidade para exercer a atividade?
   - *Avaliação:* Observe a pessoa desempenhar a tarefa
     - *Exemplo (dirigir):* Avaliação de direção na estrada
     - *Exemplo (administração financeira):* Avaliação de habilidades (p. ex., emissão de cheques, interpretação do extrato do cartão de crédito, conferência de troco)
2. A pessoa exerce a atividade?
   - *Avaliação:* Relato de terceiros sobre o comportamento diário; evidência de que as tarefas não são concluídas
     - *Exemplo (dirigir):* Relato de familiares e outras pessoas; danos ao veículo; multas de trânsito; aumento das taxas de seguro; uso seletivo do veículo (fins específicos, horários do dia, condições de tempo favoráveis)
     - *Exemplo (administração financeira):* Relato de familiares e outras pessoas; falta de pagamento de contas; impostos atrasados; "perda" de dinheiro
3. A pessoa é capaz de tomar decisões relacionadas à atividade?
   - *Avaliação:* Entendimento sobre o próprio comportamento (p. ex., consciência das limitações, consciência do risco); conhecimento das alternativas
     - *Exemplo (dirigir):* Entendimento sobre o próprio comportamento (p. ex., consciência dos problemas de dirigir identificados por terceiros; consciência das condições clínicas que podem afetar a função de dirigir; consciência do risco, para si e para os outros, de dirigir sem segurança); conhecimento das alternativas (p. ex., conhecimento de outras formas de transporte; disposição para ser retreinado)
     - *Exemplo (administração financeira):* Entendimento sobre o próprio comportamento (p. ex., consciência dos problemas de lidar com questões financeiras identificados por terceiros; consciência do risco para si se as finanças não forem bem administradas); conhecimento das alternativas (p. ex., conhecimento dos recursos existentes, como administradores de bens, tutor público, fideicomissário)

Parte III

Intervenções de declínio cognitivo em uma fase mais avançada da vida

CAPÍTULO 9

Abordagem integrativa e de desenvolvimento da intervenção

Esta seção do livro concentra-se nas intervenções para idosos em diversos estágios de declínio cognitivo. Não se trata de uma abordagem exaustiva no domínio das intervenções para idosos, tampouco no âmbito dos domínios específicos discutidos. Ao contrário, estes capítulos têm por finalidade apresentar ao leitor as novas pesquisas conduzidas em uma determinada área e descrever como utilizar esses conhecimentos para o desenvolvimento de uma conceitualização de caso teoricamente sensata para oferecer intervenções a pacientes individuais.

Cada capítulo trata de uma área de interesse distinta – especificamente, as abordagens farmacológicas (Cap. 10), as abordagens cognitivo-comportamentais (Cap. 11) e as abordagens psicológicas (Cap. 12). Essas áreas de conteúdo são abordadas separadamente para fins de clareza e conveniência. Entretanto, uma abordagem holística é, provavelmente, a mais eficaz, não apenas em termos de prestação de assistência, mas também de como se consideram as causas e condições que dão origem aos problemas que requerem atenção clínica. Desse modo, este capítulo visa a apresentar uma estrutura de cuidados abrangente e integrativa que respeite os múltiplos fatores determinantes dos problemas clínicos e o efeito sinergístico das intervenções de um sobre o outro. A abordagem é amplamente proporcional ao modelo Pikes [sic] Peak de treinamento em geropsicologia profissional (Knight et al., 2009), que identifica seis competências básicas para intervenções em idosos (pp. 213-214):

1. Aplicar intervenções individuais, em grupo e em família a idosos utilizando as modificações adequadas para atender ao funcionamento biopsicossocial distintivo dos idosos e às características distintas da relação terapêutica.
2. Utilizar os tratamentos baseados em evidências disponíveis para idosos.

3. Desenvolver intervenções psicoterapêuticas baseadas na literatura empírica, na teoria e no julgamento clínico quando as pesquisas disponíveis sobre a eficácia em idosos forem insuficientes.
4. Ser proficiente no uso de intervenções geralmente aplicadas em uma fase avançada da vida, como aquelas que se concentram em aspectos como revisão de vida, tristeza, assistência no final da vida e cuidados.
5. Usar intervenções para melhorar a saúde de pessoas idosas diversas (p. ex., problemas crônicos de saúde, envelhecimento saudável, condicionamento cognitivo).
6. Demonstrar capacidade de intervir nas situações em que os idosos e seus familiares geralmente se veem envolvidos (p. ex., serviços de saúde, habitação, programas comunitários), com uma série de estratégias, como aquelas cujos alvos são o indivíduo, a família, o ambiente e o sistema.

Para tirar essas ideias do plano abstrato e fornecer alguma base para essa discussão, segue um estudo de caso ilustrativo.

Sam, um cidadão ítalo-canadense destro, de 66 anos, com ensino médio completo, foi encaminhado por seu neurologista para avaliação e recomendações de tratamento. Sam foi diagnosticado com doença de Parkinson (DP) 8 anos antes. Seus sintomas motores estão relativamente bem controlados com o uso de L-dopa e Sinemet®, com efeitos colaterais mínimos no momento.

Sam era policial, mas se aposentou precocemente aos 60 anos. Ele notou um declínio de sua capacidade de raciocínio nos últimos 3 anos, embora, vale ressaltar, sua esposa perceba um declínio ainda maior do que o próprio Sam, muito evidente de 1 ano para cá. Eles não sabem ao certo se o declínio percebido se deve à falta de estímulo na vida de aposentado ou a outras causas. Desde que ele se aposentou, a sua rotina diária consiste em ler o jornal, ver televisão, "mexer na garagem" e interagir com sua esposa.

Sam tem histórico anterior de depressão e transtorno do estresse pós-traumático (TEPT), associados a muitos eventos perturbadores que ele testemunhou durante os anos de trabalho na força policial. Fez terapia cognitivo-comportamental no passado e aprendeu algumas habilidades para lidar com a situação. Consequentemente, seus sintomas de TEPT melhoraram. Entretanto, Sam continua a relatar insatisfação com a sua vida e teme pelo seu futuro. Embora seus sintomas motores estejam relativamente bem controlados, essas alterações em sua condição física têm afetado negativamente seu autoconceito, visto que ele foi um homem fisicamente ativo cujas capacidades físicas eram motivo de orgulho pessoal.

Sam afirma também sentir falta de contato social mais consistente. Ele tem uma relação muito amorosa com sua esposa, mas tem dificuldade em sair para socializar e fazer novas amizades, em parte por causa da autoconsciência de sua doença e de seus sintomas. Sam tem dois filhos adultos que moram na mesma cidade e tem bom relacionamento com um deles, que é casado e tem filhos. Seus netos são grande motivo de alegria. Entretanto, o relacionamento com seu filho mais novo é conflituoso, e ele não sabe exatamente como resolver esse conflito. Sam tinha um relacionamento difícil com seu próprio pai, o que ele atribui ao fato de seu pai ter sido sobrevivente da Segunda Guerra Mundial e, provavelmente, ter vivenciado seus próprios problemas de TEPT. Sam sente que nunca conseguiu realmente fazer as pazes com seu pai antes que ele morresse. Consequentemente, ele se sente estimulado a ter bom relacionamento com seus filhos e aproveitar ao máximo o tempo de vida que ainda lhe resta.

Em termos de resultados formais de avaliação, os testes neuropsicológicos revelaram que Sam está demonstrando um declínio das funções intelectuais. O padrão mais consistente nos testes cognitivos foi um acentuado declínio das funções executivas, incluindo a dificuldade de alternar entre diferentes tarefas, adaptar-se ao novo e solucionar problemas, bem como com o automonitoramento e a autorregulação. Sam demonstrou também evidência de lentidão na maioria dos testes. A memória, a linguagem e o processamento visuoperceptivo mostraram-se relativamente intactos. Os questionários revelaram que, embora Sam tenha consciência do comprometimento cognitivo, parece subestimar esse déficit em relação ao relato de sua esposa, sugerindo que ele está sofrendo algum declínio da autoconsciência. Ele relatou também sintomas moderados de depressão e ansiedade, mas negou a existência de ideias, planos ou intenções suicidas.

Semelhante ao caso de Deborah no Capítulo 4, Sam ilustra a questão que, mesmo quando um idoso se apresenta para avaliação e intervenção neuropsicológicas, é essencial situá-lo dentro da matriz de fatores biopsicossociais que podem afetar o funcionamento atual e reconhecer que esses fatores podem ter tido início muito antes da apresentação das queixas imediatas. O reconhecimento da complexidade do caso de Sam ressalta a sua condição humana e reforça o fato de que qualquer plano de intervenção deve procurar melhorar a qualidade de vida geral e o bem-estar do paciente, em vez de se concentrar nos sintomas isolados.

As áreas de intervenção para idosos oferecem estimulantes oportunidades aos profissionais de saúde e pesquisadores, um campo ainda em estado embrionário em relação à avaliação do declínio cognitivo em uma fase avançada de vida. Até uma época relativamente recente, os esforços farmacológicos dominaram o campo na disputa para descobrir tratamentos eficazes para os sintomas da doença de Alzheimer (DA) e outros tipos de demência. Apesar do acúmulo de evidências de que vários medicamentos podem ter efeito paliativo sobre os sintomas do declínio cognitivo anormal (ver Cap. 10), o setor ainda precisa encontrar uma cura farmacológica para a demência. No passado, é possível que houvesse reticência na busca por intervenções cognitivas e comportamentais para idosos, supondo-se que eles pudessem não ser beneficiados ou que continuariam a declinar, o que acabaria sendo mais dispendioso do que prescrever medicamentos. Entretanto, as novas pesquisas que utilizam tanto modelos animais como humanos sugerem que a neuroplasticidade é possível no decorrer da vida, inclusive em uma idade adulta mais avançada. Esses achados, combinados à limitada eficácia das intervenções farmacológicas, levaram a um rápido aumento das pesquisas sobre as intervenções não farmacológicas, especialmente as intervenções cognitivas e comportamentais (Cap. 11). Da mesma forma, existe um campo relativamente sólido de pesquisas sobre a psicoterapia, com especial atenção às preocupações peculiares relacionadas ao desenvolvimento dos idosos e à potencial necessidade de modificação dos modelos psicoterapêuticos tradicionais ou de moldá-los a uma clientela idosa (Cap. 12).

A assistência a idosos provavelmente se faz melhor com uma abordagem abrangente e multimodal, que inclua tanto intervenções farmacológicas como não farmacológicas. A intervenção criada para um determinado domínio de função pode ter efeitos terapêuticos adicionais em outro domínio. Por exemplo, além de almejar o processo patológico subjacente, os tratamentos farmacológicos podem atenuar os sintomas que, do contrário, poderiam interferir no engajamento em intervenções não farmacológicas. Por exemplo, uma pessoa com depressão maior grave pode beneficiar-se de um medicamento antidepressivo destinado a facilitar a participação na psicoterapia. Ou o uso de um medicamento destinado a melhorar as funções cognitivas pode potencializar a participação no treinamento ou reabilitação cognitivos. Outro exemplo é que a melhora dos sintomas de depressão pode melhorar a função cognitiva percebida ou, alternativamente, a participação na reabilitação cognitiva pode melhorar a autoeficácia e a ação, o que, por sua vez, melhora o humor. Embora o material contido nos próximos capítulos seja apresentado isoladamente, é essencial que se desenvolva uma conceitualização de caso sensata para que a intervenção seja respaldada por uma avaliação biopsicossocial de todos os fatores relevantes, com a finalidade específica de atender aos objetivos do paciente e melhorar a sua qualidade de vida em geral. Como discutido no Capítulo 11, concentrar-se nos objetivos do paciente pode promover a motivação intrínseca à participação na intervenção, bem como conferir sentido de iniciativa e autonomia, que pode estar diminuído em um idoso com comprometimento cognitivo.

Em um mundo ideal, um idoso seria avaliado e seguiria um abrangente programa de intervenção ministrado pelo mesmo profissional, alguém que conhecesse o paciente e fosse capaz de observá-lo em diversos contextos e contribuir com observações qualitativas, bem como com dados de teste objetivos para informar o tratamento. É importante ter em mente a realidade prática de que os psicólogos geralmente não são treinados em cada modalidade de intervenção, podendo sentir-se mais ou menos habilitados em um ou outro tipo de intervenção. Desse modo, é um imperativo ético que os psicólogos atuem somente dentro de suas respectivas esferas de competência (American Psychological Association, 2002; Canadian Psychological Association, 2017). Esta seção visa a apresentar ao leitor uma seleção de intervenções disponíveis e demonstrar como combinar essas abordagens dentro do contexto de uma conceitualização de caso teoricamente sensata. Em vez de tentar "ensinar" aos psicólogos como conduzir cada possível tipo de intervenção, o que outros autores conseguem com muita habilidade em textos dedicados exclusivamente a essas intervenções, acredita-se que a adoção de uma abordagem holística mais integrativa seja uma vantagem única deste livro. Ou seja, o interesse maior é ensinar ao profissional de saúde *como pensar sobre a intervenção em um idoso*, e não fornecer cada detalhe sobre a divulgação de qualquer intervenção específica. Para os psicólogos que procuram seguir um programa de intervenção com idosos, cabe-lhes buscar treinamento adicional, quando necessário, para divulgar essas intervenções de forma eficaz e ética. Em apoio a essa exigência, os recursos para a educação e o treinamento continuados encontram-se anexos a cada capítulo subsequente sobre intervenção.

Abordagem neuropsicológica aplicada à intervenção

A complexidade do caso de Sam ilustra a utilidade da abordagem biopsicossocial de formulação do caso. Embora Sam tenha sido encaminhado para avaliação da função cognitiva atual, existem muitos fatores que podem afetar a sua função cognitiva, além de outros que, embora não influenciem, requerem atenção clínica. Neste capítulo, são discutidos os fatores a serem considerados no contexto de qualquer formulação biopsicossocial de intervenção em idosos; tais fatores fornecem o contexto e a base para a aplicação de intervenções individuais, como apresentado nos Capítulos 10 a 12.

Abordagem colaborativa de estabelecimento de metas centrada no paciente

No Capítulo 11, que trata das intervenções cognitivas e comportamentais, são discutidas as diferenças entre as modalidades de tratamento, como o treinamento cognitivo, a reabilitação cognitiva e a estimulação cognitiva para idosos. A taxonomia é útil para informar a criação e a avaliação de diversos tipos de intervenção em uma situação de pesquisa (Clare e Woods, 2004). Entretanto, na prática clínica, essas fronteiras provavelmente são menos definidas. Nesta seção do livro, defende-se a reabilitação não tanto como um método de tratamento em si, mas como uma abrangente abordagem filosófica ao tratamento. Ou seja, a reabilitação é tida como um processo colaborativo multimodal, holístico, ecologicamente relevante, centrado no paciente e sempre situado dentro dos próprios objetivos do paciente. Essa abordagem holística segue a abordagem de outros profissionais de saúde-pesquisadores, tanto em relação a lesões cerebrais adquiridas (p. ex., Cicerone et al., 2008) como a idade adulta mais avançada (p. ex., Huckans et al., 2013). Isso significa também ser transparente em cada etapa do processo quanto à conceitualização do problema, ao curso de intervenção recomendado e à forma como a intervenção deve afetar a vida do paciente e suas funções diárias.

Como psicólogos, é possível quanto desenvolver uma formulação de caso que vise aos sintomas, que são mensuráveis e servem para informar a utilidade das intervenções. Entretanto, o significado dessas intervenções varia em função da relevância dessa formulação de caso para se obter resultados diretamente evidentes na vida do paciente. Por exemplo, no caso de Sam, a sua pontuação nos testes neuropsicológicos demonstra evidência de disfunção executiva, incluindo dificuldades de automonitoramento e autorregulação. Esses sintomas podem ser passíveis de intervenção com métodos como treinamento em estratégias metacognitivas ou treinamento em atenção plena (*mindfulness*). Entretanto, para os profissionais de saúde, o objetivo da intervenção consiste em melhorar significativamente a vida de Sam. Desse modo, essas intervenções provavelmente são benéficas somente na medida em que atendem aos objetivos de Sam, entre os quais o aumento do círculo social é um dos mais importantes. Dentro desse contexto, o profissional de saúde pode querer incorporar atividades de automonitoramento e prática comportamental em um contexto social, bem como usar as relações sociais como uma variável de resultado ecologicamente relevante. Vale notar que a própria intervenção passa a ser uma fonte de dados, conforme o paciente e o profissional de saúde compreendem melhor os déficits do paciente, suas origens e seu impacto. Isso significa que tanto o paciente como o profissional de saúde precisam estar atentos aos dados que surgem e dispostos a revisar os objetivos e as formulações de caso de forma flexível e interativa. Isso indica a necessidade de avaliações de resultados regulares, discutidas de forma mais detalhada adiante.

A prática ética dita a priorização da autonomia do paciente, o que incluiria a produção de seus próprios resultados desejados em relação ao tratamento. Além disso, é mais provável que os objetivos ecologicamente relevantes e evidentes sejam motivadores e incentivem a persistência, mesmo diante das dificuldades (Kleim e Jones, 2008). A literatura existente da ciência cognitiva e afetiva indica que os idosos são mais receptivos ao afeto positivo – o chamado viés da positividade (Reed, Chan e Mikels, 2014). Na idade adulta mais avançada, a cognição e a emoção podem ser vivenciadas como processos concorrentes; diante de uma tarefa que envolva demandas cognitivas e emocionais, é mais provável que o idoso dedique os recursos disponíveis para manter um humor positivo, e não para desempenhar bem a tarefa (Peters et al., 2007). Além disso, a literatura básica da neurociência demonstra que a ativação dos sistemas dopaminérgicos de recompensa promove a motivação, que, por sua vez, sustenta os novos aprendizados (Hamid et al., 2016). A criação de recompensas e motivação pode ser intrínseca, como no caso do paciente que se vê fazendo um progresso mensurável em direção a um objetivo maior, ou pode ser extrínseca (p. ex., sistemas econômicos simbólicos), como no caso de pacientes que apresentam um comprometimento cognitivo mais sério. Todos esses fatores respaldam a noção de que, na medida do possível, a intervenção deve ser uma experiência inerentemente prazerosa ou, pelo menos, de engajamento, que move de forma progressiva o paciente para mudanças de vida significativas e diretamente observáveis.

A disposição para trabalhar em busca dos próprios objetivos está relacionada com o sentido de *autoeficácia* do paciente. A autoeficácia está associada à crença de uma pessoa em sua capacidade de produzir resultados específicos em eventos que afetarão sua vida (Bandura, 1994). As evidências no campo da reabilitação cognitiva para lesão cerebral adquirida indicam que a autoeficácia contribui singularmente para o sucesso da reabilitação e é um forte preditor da satisfação de vida em geral (Cicerone e Azulay, 2007). Achados paralelos extraídos da literatura sobre o idoso indicam que a autoeficácia da memória tem uma pequena, porém confiável, relação com o desempenho da memória objetiva (Beaudoin e Desrichards, 2011). No início, o paciente pode relatar um objetivo aparentemente arrojado demais para ser diretamente alcançado. Nesse caso, cabe ao profissional de saúde ajudar o paciente a desmembrar objetivos maiores em subobjetivos menores nos quais o progresso seja diretamente mensurável e a autoeficácia possa ser melhorada. Esse desmembramento de objetivos pode ser feito informalmente entre o paciente e o profissional de saúde, ou ser o próprio foco da intervenção, como exemplificado no treinamento de gerenciamento de objetivos para disfunção executiva (Levine, Stuss, Winocur e Binns, 2007; van Hooren et al., 2007).

Prontidão para a mudança e a autoconsciência

Ocasionalmente, o paciente irá sugerir um objetivo que parece altamente irrealista para ser alcançado, algo mais provável de ocorrer com pacientes com anosognosia (Ernst, Moulin, Souchay, Mograbi e Morris, 2016). Um exemplo disso é o paciente com demência que quer voltar a dirigir depois de ter tido sua habilitação cancelada. As tentativas fracassadas de progredir na busca por um objetivo irrealista podem desgastar a autoeficácia e a participação na terapia, além de envolver ameaças concretas de prejuízo para o paciente e terceiros. O desafio é descobrir como trabalhar em colaboração com o paciente nessa situação, respeitando os desejos, mas sem induzir o paciente ao fracasso por apegar-se a um objetivo inalcançável.

Embora defenda-se o uso de intervenções farmacológicas e não farmacológicas, a grande diferença entre as duas abordagens é que o sucesso da intervenção não farmacológica é fortemente influenciado pelo nível de prontidão do paciente para acatar a mudança intencional. O modelo transteórico (MTT) ou modelo de "estágios da mudança" de Prochaska e DiClemente (Prochaska e DiClemente, 1983; Prochaska, DiClemente e Norcross, 1992) oferece uma estrutura útil para a conceitualização do estado de prontidão do paciente para a mudança. Embora existam muitas diferenças que podem afetar o estado de prontidão do indivíduo para a mudança, o modelo de estágios da mudança é único em sua abordagem biopsicossocial integrativa à mudança, de acordo com os parâmetros abrangentes deste livro. Embora uma revisão atual do Centro Cochrane tenha indicado evidências limitadas para a aplicação do MTT em intervenções no estilo de vida de idosos (Mastellos, Gunn, Felix, Car e Majeed, 2014), os achados parecem indicar falta de estudos de qualidade, e não uma confirmação da falta de aplicabilidade do modelo propriamente dito. Em suma, existem seis estágios de mudança:

- *Pré-contemplação (negação).* Não considera quaisquer mudanças nos próximos 6 meses e pode não estar disposto ou não ser capaz de reconhecer a área problemática.
- *Contemplação.* Pensa em fazer mudanças nos próximos 6 meses e está inteiramente ciente dos prós e contras das mudanças. Essa ambivalência pode levar à procrastinação comportamental e à permanência nesse estágio por longos períodos.
- *Preparação.* Preparando-se para tomar uma atitude em relação à área problemática no próximo mês (ou em um futuro imediato). É possível que já tenha um plano pronto e esteja altamente motivado a beneficiar-se da intervenção estruturada.

- *Ação*. Agiu ativamente nos últimos 6 meses no sentido de resolver o problema.
- *Manutenção*. Mantém uma mudança positiva de comportamento há, pelo menos, 6 meses.
- *Recaída/Regressão*. Interrompeu temporariamente as mudanças de comportamento e retornou a um estado comportamental anterior.

No início da intervenção, convém verificar o estágio de mudança do idoso, o que irá informar quais tipos de intervenção, se houver, são provavelmente produtivas ou viáveis. Uma maneira útil de fazer essa aferição é mediante o monitoramento da resposta do paciente ao *feedback* da avaliação neuropsicológica. Por exemplo, as pessoas que estão no estágio de preparação podem considerar o *feedback* uma fonte de informação que os motiva a procurar formas concretas de mudar seu comportamento. Por outro lado, as pessoas que estão no estágio de pré-contemplação podem demonstrar uma atitude de defesa ou desdém, ou minimizar o impacto real do *feedback*, em especial do *feedback* que sugira um comprometimento cognitivo clinicamente significativo. De modo geral, as pessoas que estão nos estágios de preparação–ação–manutenção podem estar mais preparadas para aceitar prontamente as intervenções estruturadas, como aquelas discutidas nos próximos capítulos. Para as pessoas que se encontram em outros estágios, pode ser necessário um trabalho preparatório que as leve a um ponto em que se mostrem dispostas a submeter-se à intervenção.

Anosognosia

O paciente pode estar no estágio de pré-contemplação por razões psicológicas (i. e., negação defensiva), razões neurogênicas (i. e., anosognosia, comprometimento cognitivo) ou uma combinação de ambas. À medida que as pessoas declinam de um estado de comprometimento cognitivo leve para a demência, a anosognosia pode tornar-se mais proeminente (Ernst et al., 2016; Kalbe et al., 2005; Lehrer et al., 2015). A anosognosia pode ser particularmente desafiadora a ponto de impedir que o idoso se engaje nas intervenções, sobretudo nas intervenções não farmacológicas. No Capítulo 11, são discutidos os princípios da neuroplasticidade aplicada às intervenções cognitivas e comportamentais; considerando-se o princípio do "use-o ou perca-o", a falta de um envolvimento ativo com o mundo poderia acelerar a deterioração do funcionamento neural e cognitivo. Por essa razão, é possível que a anosognosia em si e por si só precise ter prioridade como um alvo de intervenção antes que outras modalidades sejam efetivamente consideradas.

Uma intervenção promissora para anosognosia em idosos é a entrevista motivacional (MI; Miller e Rollnick, 2002, 2009; Miller e Rose, 2009). Em suma, a entrevista motivacional é um "método não diretivo centrado no paciente que visa a aumentar a motivação intrínseca para a mudança, explorando e resolvendo a ambivalência" (Miller e Rollnick, 2002, p.25). Toda opção comportamental tem prós e contras, mesmo aquelas que parecem inadequadas. Por exemplo, embora geralmente considerado prejudicial à saúde, o tabagismo tem recompensas de curto prazo na medida em que faz o fumante se sentir mais relaxado e, talvez, possa promover a socialização com outros fumantes. A entrevista motivacional é baseada na premissa de que, para que a mudança do comportamento adaptativo possa ocorrer, a pessoa deve resolver a ambivalência subjacente à realização dessa mudança, o que implicará custos e benefícios. Os quatro princípios norteadores da entrevista motivacional são (1) expressar empatia, (2) ajudar o paciente a desenvolver a discrepância entre o comportamento presente e os objetivos futuros, (3) fluir com a resistência (ou seja, evitar argumentação lógica sobre "certo" e "errado") e (4) apoiar a autoeficácia. A entrevista motivacional é não confrontacional e colaborativa, focada no desenvolvimento da autoeficácia e da autonomia do paciente, com o entendimento de que as mudanças de longo prazo virão da própria motivação intrínseca do paciente.

Embora inicialmente desenvolvida para aplicação a pessoas com transtornos resultantes do uso abusivo de substâncias químicas, a entrevista motivacional tem sido aplicada com sucesso em uma ampla variedade de contextos de saúde comportamental, como adesão à medicação, mudanças alimentares, prática de exercício e jogo. Em sua revisão das terapias de reabilitação cognitiva por DA, Choi e Twamley (2013) afirmam que, embora a eficácia da entrevista motivacional para anosognosia ainda não tenha sido testada, a técnica é promissora no sentido de ajudar o paciente a encontrar motivação intrínseca para engajar-se no tratamento. A entrevista motivacional tende a ser aplicada em populações que se presume terem a cognição relativamente intacta. Os autores observam que resta saber se é necessário um determinado nível de função cognitiva para engajar o paciente na entrevista motivacional, de modo que ele seja capaz de autorrefletir, acompanhar o que o terapeuta está dizendo, prever os possíveis resultados das opções de comportamento e manter essas diferentes opções na memória de trabalho. O interessante é que Medley e Powell (2010) produziram uma revisão conceitual detalhada da aplicação da entrevista motivacional para anosognosia em pessoas com lesão cerebral adquirida, incluindo aquelas com previsão de apresentar significativo comprometimento cognitivo. Os autores apresentam um modelo útil de como aplicar a entrevista motivacional a pacientes com diversos níveis de comprometimento cognitivo, o que o leitor considerará útil para a conceitualização de como a entrevista motivacional pode ser aplicada a idosos com anosognosia. Para aqueles que buscam treinamento específico nessa modalidade, uma lista com os programas de treinamento oferecidos em todo o mundo encontra-se disponível *on-line* em *www.motivationalinterviewing.org*.

Uma última observação sobre a prontidão para a mudança: pode não ser expressa da mesma maneira nos diferentes domínios de problemas. Por exemplo, no caso de Sam, há evidência de que ele tem pouca consciência de seu comprometimento cognitivo, de modo que ele pode estar no estágio de pré-contemplação e necessita de ajuda para se conscientizar antes que intervenções mais profundas possam ser implementadas para melhorar a sua função cognitiva. Por outro lado, Sam parece ter mais consciência dos desafios psicológicos e emocionais e pode estar no estágio de preparação no que diz respeito a fazer mudanças interpessoais em sua vida que venham a facilitar melhores relacionamentos. Cabe ao profissional de saúde verificar o estado de prontidão do paciente para fazer mudanças nos diferentes setores de sua vida e aplicar as respectivas intervenções.

Fatores socioeconômicos e transculturais

Nos próximos capítulos, são apresentadas evidências empíricas dos diversos tipos de intervenções. Essas evidências são, em grande parte, oriundas de ensaios controlados com amostras homogêneas de participantes e da divulgação rigorosamente controlada das intervenções. Os ensaios controlados são importantes porque produzem evidências da *eficácia* da intervenção baseadas nos formatos internamente válidos mais rigorosos do ponto de vista experimental. Entretanto, como observado nos Capítulos 11 e 12, isso não significa, necessariamente, que esses tratamentos sejam *eficazes*, ou seja, aplicável para um cliente típico com múltiplas comorbidades e um histórico biopsicossocial complexo (Chambless e Hollon, 1998). Por essa razão, ressalta-se que, ao implementar as intervenções discutidas, algumas *adaptações* para atender às necessidades de cada paciente podem ser necessárias (Kreuter e Skinner, 2000).

Essas adaptações podem ocorrer em muitas dimensões, e os Capítulos 11 e 12 tratam da necessidade da adaptação de acordo com o nível atual de funcionamento cognitivo do paciente. Além disso, do ponto de vista biopsicossocial, o profissional de saúde pode precisar adaptar uma intervenção conforme os fatores socioeconômicos e culturais existentes. Por exemplo, os idosos em geral vivem com uma renda fixa e possuem recursos financeiros limitados, o que, naturalmente, afeta a participação dessas pessoas na intervenção. Um programa de psicoeducação em grupo de 8 semanas pode não ser viável para um idoso que não consiga dirigir e não tenha dinheiro para pegar táxi ou enfrentar o trânsito semanalmente. Por outro lado, à medida que os programas de telessaúde ganham destaque (van den Berg, Schumann, Kraft e Hoffmann, 2012), a administração remota de intervenções por computador está se tornando mais comum, o que também pode ser um fator de exclusão para o idoso que não possui recursos financeiros para ter acesso a um computador ou tem conhecimentos limitados de informática. Além disso, como discutido no Capítulo 11, as evidências existentes sugerem que as intervenções cognitivas e comportamentais administradas isoladamente por meio eletrônico têm impacto limitado sem o envolvimento complementar do terapeuta.

Outro aspecto importante da adaptação é o perfil cultural. Em decorrência da imigração e da contínua diversificação da América do Norte e da Europa, os neuropsicólogos provavelmente serão cada vez mais requisitados a atender pacientes com perfis culturais diferentes dos deles. Talvez a questão transcultural mais óbvia a ser abordada seja o idioma. Mesmo um paciente que fale inglês pode perder determinadas nuances de expressão ou compreensão se o inglês não for a sua primeira língua. No caso de Sam, sabe-se que ele é de descendência ítalo-canadense, portanto, seria importante verificar qual a sua língua de preferência para a intervenção, se o italiano ou o inglês.

Outro caso é o significado dos objetivos da intervenção. Por exemplo, a neuropsicologia clínica ocidental está situada em um contexto cultural amplamente individualista. Isso pode traduzir-se em um pressuposto implícito de que os objetivos da avaliação e da intervenção estejam relacionados com a promoção de funções individuais autônomas, com ênfase na iniciativa pessoal e no desempenho máximo. Esses objetivos podem ter menos significado para pessoas de culturas coletivistas, nas quais a "função" tem bases mais sociais e interpessoais. Por exemplo, considerando-se que Sam foi criado em uma família italiana, a intervenção pode subentender um maior envolvimento da família imediata, bem como o estabelecimento de metas incorporado às necessidades e prioridades do sistema familiar. Além disso, as diferenças transculturais ressaltam a importância de uma abordagem centrada no paciente e que priorize os seus próprios objetivos. Cabe ao profissional de saúde "traduzir" o paradigma clínico-neuropsicológico padronizado de avaliação e intervenção em termos significativos para pacientes culturalmente diferentes, a fim de promover a motivação intrínseca e a transferência para a vida diária.

Hays (1996) sugeriu o modelo ADDRESSING de cuidados culturalmente responsivos de pacientes idosos diversos: idade, deficiências adquiridas e de desenvolvimento, religião, condição social, orientação sexual, herança indígena, origem nacional e gênero. Para prestar uma assistência adequada aos seus pacientes, os neuropsicólogos devem considerar cada uma dessas dimensões. É claro que não seria razoável esperar que um neuropsicólogo tenha igual qualificação e experiência em cada uma dessas áreas. Ao seguir as determinações dos códigos de ética profissional, quando um neuropsicólogo não possui qualificação e experiência específicas, deve buscar consultoria e supervisão para prestar assistência competente. Se o nível necessário de treinamento e experiência for demasiadamente elevado, pode ser necessário encaminhar o paciente para um profissional com competência comprovada em uma área específica. Os campos da neuropsicologia transcultural e da neurociência cultural estão crescendo rapidamente e existem muitos recursos ótimos sobre esse assunto. Como ponto de partida, sugere-se, especificamente, Ferraro (2016) e Fujii (2017).

Em suma, o leitor deve considerar o material apresentado nos próximos capítulos como uma base de conhecimentos existentes para o desenvolvimento de uma formulação de caso idiográfica que respeite as particularidades individuais da vida e do perfil do paciente, aplicando as adaptações adequadas quando necessário.

Estagiamento da intervenção

De acordo com o tema deste livro, cada capítulo subsequente contém uma discussão sobre a utilidade relativa das diferentes intervenções em função do atual comprometimento cognitivo (ver Tab. 9.1). Esse estagiamento da intervenção é fundamental, uma vez que pessoas em diferentes estágios de declínio apresentam mais ou menos sintomas manifestos e mais ou menos reserva cognitiva disponível para sustentar os esforços de intervenção (Stern, 2009, 2012). Por exemplo, em termos de intervenções cognitivas e comportamentais, uma restauração significativa da função cognitiva pode ser irrealista em uma pessoa que já apresente demência decorrente do grau da perda cognitiva já sofrida. Por outro lado, sem um acompanhamento longitudinal, a melhora das atividades instrumentais da vida diária pode passar despercebida em indivíduos atualmente normais em termos de funções cognitivas e que ainda não demonstram comprometimento nessa área funcional. Em termos de psicoterapia, a terapia cognitivo-comportamental para diversas condições é uma intervenção popular e bem validada, baseada em evidências e aplicada a adultos mais jovens e de meia-idade. Entretanto, o idoso com problemas de memória ou de raciocínio abstrato pode ter dificuldade com as demandas cognitivas dessa intervenção. Da mesma forma, para uma pessoa cuja preocupação básica seja encarar a tristeza e encontrar sentido na vida, abordar os pensamentos automáticos pode parecer irrelevante.

A clareza em relação ao nível funcional atual do indivíduo e aos tipos de objetivos alcançáveis provavelmente resultará em uma aplicação mais frutífera da intervenção. Independentemente do estágio, qualquer intervenção deve servir, o máximo possível, à dignidade, à autonomia e à independência do indivíduo. Vale lembrar que, nos EUA, para qualquer intervenção, deve-se sempre obter o consentimento informado (ou assentimento, no caso de pessoas incapazes) (American Psychological Association, 2002; Canadian Psychological Association, 2017). No Brasil, é preciso autorização legal no caso das pessoas incapazes.

Tabela 9.1 Estrutura conceitual para considerar os tipos de intervenções com maior probabilidade de beneficiar idosos em diversos níveis de sintomatologia cognitiva/neuropsiquiátrica

Questão clínica	Características	Abordagem de controle	Estratégias de intervenção	Considerações para consulta
Envelhecimento normal e DCS	Pequenos lapsos cognitivos dentro do escopo e da gravidade de outros idosos com perfil demográfico semelhante (p. ex., encontrar as palavras). Preocupação importante com o significado desses lapsos, como no caso DCS	Foco na prevenção mediante o fornecimento de informações sobre as alterações esperadas decorrentes do envelhecimento cognitivo normal, bem como ênfase na adoção de medidas ativas destinadas a aumentar a reserva cognitiva	• Psicoeducação sobre as falhas cognitivas relacionadas ao envelhecimento normal, bem como sobre o efeito das variáveis situacionais, como humor, sono e glicemia, sobre o desempenho cognitivo • Apresentação de sugestões destinadas a compensar as falhas (p. ex., estratégias de compensação de memória, extensão do tempo para a realização de tarefas) • Estímulo físico, mental e para o envolvimento social visando a aumentar a reserva cognitiva • Manutenção da saúde física	Acompanhamento regular com clínico geral/geriatra para monitorar a saúde, especialmente os fatores de risco vascular (p. ex., hipertensão, diabetes tipo II)

(continua)

Tabela 9.1 Estrutura conceitual para considerar os tipos de intervenções com maior probabilidade de beneficiar idosos em diversos níveis de sintomatologia cognitiva/neuropsiquiátrica *(continuação)*

Questão clínica	Características	Abordagem de controle	Estratégias de intervenção	Considerações para consulta
CCL e suas variantes	Comprometimento cognitivo além do envelhecimento normal (ou seja, >1,5 *DP* abaixo do desempenho de pares com perfil demográfico semelhante), mas as atividades instrumentais da vida diária permanecem intactas. O CCL nesse caso inclui os pródromos da DA e de outros tipos de demência (p. ex., CCV)	Manter o objetivo de aumentar a reserva cognitiva, bem como a intervenção cognitiva dirigida aos déficits de interesse	• Adaptação de protocolos de reabilitação cognitiva com respaldo empírico para idosos (p. ex., Attention Process Training, Metacognitive Strategy Training, Mindfulness Training) • Uso da memória de procedimento para treinamento no uso de dispositivos assistivos (p. ex., *smartphone*) • Psicoterapia para auxiliar nas reações emocionais ao comprometimento cognitivo e nos papéis mutáveis da vida	Terapia ocupacional para avaliação domiciliar de verificação da competência no desempenho das atividades instrumentais da vida diária e da necessidade de medidas de suporte pertinentes

(continua)

Tabela 9.1 Estrutura conceitual para considerar os tipos de intervenções com maior probabilidade de beneficiar idosos em diversos níveis de sintomatologia cognitiva/neuropsiquiátrica *(continuação)*

Questão clínica	Características	Abordagem de controle	Estratégias de intervenção	Considerações para consulta
Demências (diversos tipos)	Comprometimento cognitivo substancialmente abaixo do envelhecimento normal (p. ex., >2 *DP* abaixo dos pares) com comprometimento em uma ou mais atividades instrumentais da vida diária	Manutenção da segurança e da independência em casa, desde que viável; transição para a assistência supervisionada em tempo integral, quando adequado	• Treinamento em rotinas de tarefas específicas utilizando a memória de procedimento preservada (p. ex., cuidados/higiene pessoal) • Manutenção da estimulação mental e social ideal e da participação coerente com os interesses anteriores do indivíduo (p. ex., música, dança, artes, cinema)	Assistente social para assistência ao planejamento do tratamento (p. ex., cuidados domiciliares, transporte, instalações de assistência formais); advogado da Eldercare para consulta sobre decisões médico-legais e financeiras (p. ex., designação de procuração para tratamento de saúde, procuração para assuntos financeiros)

(continua)

Tabela 9.1 Estrutura conceitual para considerar os tipos de intervenções com maior probabilidade de beneficiar idosos em diversos níveis de sintomatologia cognitiva/neuropsiquiátrica *(continuação)*

Questão clínica	Características	Abordagem de controle	Estratégias de intervenção	Considerações para consulta
Síndromes neuropsiquiátricas	Recorrência de síndromes psiquiátricas pré-mórbidas (p. ex., depressão maior, transtornos de ansiedade), bem como aquelas que podem fazer parte de um processo de doença neurológica subjacente (p. ex., depressão associada a demência vascular, alucinações associadas a DCL e síndrome de Capgras associada a determinadas demências ou traumatismo craniano	Minimização dos sintomas, particularmente aqueles que provocam agitação ou geram preocupações com a segurança; equilíbrio do controle dos sintomas, permitindo que o paciente vivencie sentimentos normais de pesar ou tristeza associados aos desafios de desenvolvimento de uma fase avançada da vida (p. ex., perda da(o) parceira(o), aposentadoria)	No caso de transtornos de humor/ansiedade, administração da psicoterapia adequada à fonte dos sintomas (p. ex., terapia cognitivo-comportamental para estressores situacionais; terapia existencial para preocupações de desenvolvimento adequadas à fase final da vida) No caso de sintomas psicóticos (i. e., alucinações e ilusões), oferecer psicoeducação ao paciente, bem como trabalhar junto aos cuidadores para minimizar a agitação (p. ex., evitar desafiar diretamente as crenças ilusórias)	Neuropsiquiatra ou especialista em neurologia comportamental para consulta de medicamentos

Manutenção da saúde física

Com o avanço da idade, os idosos têm mais probabilidade de enfrentar comorbidades clínicas crônicas. Lidar com tantos problemas de saúde pode afetar negativamente o desempenho cognitivo (McConnell, 2014), bem como o funcionamento cognitivo e a qualidade de vida. Os fatores relacionados ao estilo de vida constituem uma parte importante da saúde geral e do bem-estar de idosos, e as evidências sugerem que são uma abordagem complementar e eficaz das intervenções cognitivas/comportamentais e psicológicas formais (Jak, 2012). No caso de Sam, embora atualmente bem controlada, a DP já afetou o seu autoconceito e, à medida que progride, a doença pode gerar mais estresse e efeitos negativos sobre a sua qualidade de vida (Salive, 2013). Portanto, um objetivo importante da intervenção para Sam pode ser a otimização máxima de sua saúde física.

No Capítulo 2, revisou-se parte da literatura disponível sobre o papel da nutrição e da atividade física no envelhecimento saudável e no declínio cognitivo anormal. Para todo exercício físico específico, há uma crescente literatura que respalda a sua utilidade em idosos, não apenas em termos de saúde física, mas também de benefícios cognitivos – literatura abordada de forma mais detalhada no Capítulo 10. Um recente trabalho de Lauenroth, Ioannidis e Teichmann (2016) sugere que a combinação de exercício e intervenções cognitivas tem um efeito sinergístico sobre a cognição maior do que qualquer das intervenções isoladamente. Com base nessa revisão, Lauenroth et al. apresentaram algumas recomendações em relação ao grau adequado de exercício: eles sugeriram que as sessões de treinamento devem variar entre 60 e 180 minutos por sessão, com uma frequência de 3 vezes/semana, durante um período de 3 a 4 meses ou mais. Os autores recomendaram ainda que o treinamento físico seja estimulante e envolvente, inclua componentes cardiovasculares e de treinamento de força e seja conduzido com monitoramento constante da frequência cardíaca. Isso reflete as pesquisas básicas da neurociência que indicam que não é a mera repetição de atividades rotineiras que promove a neuroplasticidade, mas atividades que desafiem e estimulem o indivíduo (a neuroplasticidade é discutida em detalhes no Cap. 10). Recomenda-se que os idosos trabalhem com profissionais qualificados em programas de exercício para pessoas idosas, particularmente aquelas com condições de saúde como a DP, que pode afetar a mobilidade.

Além das dificuldades da saúde física que ocorrem em uma fase mais avançada da vida, como visto no Capítulo 4, o estresse crônico demonstrou criar imunossenescência, ou o envelhecimento acelerado do sistema imunológico. Pesquisas recentes examinaram os efeitos nocivos das experiências estressantes no início da vida e das adversidades da infância sobre a imunossenescência e a desregulação imunológica na meia-idade e na velhice (Fagundes, Glaser e Kiecolt-Glaser, 2013; Miller, Chen e Parker, 2011). Considerando-se que coortes específicas de idosos podem ter sobrevivido a grandes guerras e deslocamentos geográficos em virtude de guerras ou movimentos migratórios, além dos fatores de estresse econômico, como a pobreza, esses intrigantes estudos enfatizam a necessidade de se considerar a maneira como o histórico inicial de vida pode ter influenciado o desdobramento da trajetória de desenvolvimento do idoso. No caso de Sam, ele tem histórico de TEPT decorrente da repetida exposição a traumas associados ao seu trabalho. Considerando-se que seu pai era um sobrevivente de guerra, ele pode ser portador de uma carga biológica adicional: as novas pesquisas demonstram a transmissão epigenética do trauma intergeracional (Bowers e Yehuda, 2016). Os efeitos crônicos do estresse podem ou não impor limites superiores ao grau de resposta de um idoso à intervenção, além de influenciarem o tipo de abordagem terapêutica que pode ser indicado para alguém que tenha sofrido estresse prolongado e adversidades no início da vida.

Qualquer plano de intervenção deve começar com uma avaliação clínica abrangente, considerando os fatores que podem causar comprometimento cognitivo reversível, como os níveis de vitamina e hormônio, as funções hepática e tireoidiana, além dos processos patológicos infecciosos, como HIV/AIDS, sífilis e doença de Lyme (American Academy of Neurology, s.d.). O diagnóstico e o controle dessas condições podem melhorar o funcionamento cognitivo e psicológico do idoso, bem como esclarecer melhor as alterações cognitivas possivelmente associadas a processos subjacentes de doença neurodegenerativa. Para monitorar continuamente a pessoa, o ideal é que o idoso seja acompanhado por um profissional com o qual ele tenha uma relação contínua (p. ex., um clínico geral ou um geriatra). Além disso, se forem necessárias abordagens farmacológicas (ver Cap. 9), o encaminhamento a um psiquiatra-geriatra, neuropsiquiatra ou neurologista também pode ser frutífero.

Medida de resultados

Embora os estudos de pesquisa sejam uma fonte fundamental de informação, fatores como limites de tempo e recursos financeiros significam que esses trabalhos podem não abranger as medidas de resultados. É o caso especificamente dos resultados mais relevantes para o paciente, mas de difícil operacionalização, como viver de forma independente ou melhorar a sua rede social. Embora essa questão seja retomada nos próximos capítulos, vale lembrar os seguintes aspectos em relação à medida de resultados adequada:

- As medidas padronizadas devem ser *psicometricamente consistentes*. Isso significa que, no mínimo, essas medidas sejam confiáveis e válidas para o constructo em estudo, criadas preferencialmente (e testadas) para uma

população de idosos e classificadas de acordo com as normas dessa população.
- As medidas devem ser correlacionadas para o *objetivo de intervenção* pretendido. Por exemplo, o treinamento da atenção plena supostamente melhora a autorregulação da atenção, da emoção e da autoconsciência (objetivo) por meio de treinamento para prestar atenção ao momento presente. As medidas de resultados adequadas devem ser a atenção plena autorrelatada, bem como as medidas objetivas de autorregulação de atenção, emoção e autoconsciência.
- As medidas devem ser relevantes para o *mecanismo de ação* presumido da intervenção. Isso vale particularmente para o campo das intervenções cognitivas e comportamentais e é uma desvantagem frequentemente observada nas revisões dessa literatura. Por exemplo, se o treinamento da estratégia de memória visa a melhorar o uso compensatório da estratégia, então, após a intervenção, não seria de se esperar necessariamente alterações cognitivas ou neurais, mas melhores resultados ecologicamente relevantes. Por outro lado, um programa de treinamento da memória de trabalho pode demonstrar uma transferência proximal para outras tarefas da memória de trabalho, mas não produzir transferência distal para comportamentos da vida real. O ideal é que, quando o tempo e os recursos permitem, o profissional de saúde utilize resultados multimodais para ter mais chance de capturar os efeitos da intervenção, incluindo as medidas de resultado ecologicamente orientadas.
- Em uma população de idosos, a "ausência de medidas de resultados" não significa necessariamente que não tenham ocorrido alterações. Por exemplo, no contexto da psicoterapia, muitas escalas de autorrelato são orientadas para os sintomas. Esse tipo de medida pode fazer sentido para uma forma de tratamento que vise aos sintomas, como a terapia cognitivo-comportamental, mas não tanto para uma terapia existencial, como a revisão de vida. Com relação às intervenções cognitivo-comportamentais, a maioria das evidências empíricas é baseada no acompanhamento de curto prazo, mas estudos de pesquisa inovadores, como o ensaio ACTIVE (abordado no Cap. 10) demonstram que as mudanças significativas podem ocorrer somente 2 a 3 anos após a conclusão do período de intervenção ativa. A plasticidade e as alterações no cérebro, no comportamento e nas medidas de autorrelato podem ocorrer em diferentes escalas de tempo e levar mais tempo do que em adultos mais jovens ou de meia-idade. Além disso, a manutenção da função atual pode ser um objetivo tão razoável como a "melhora" objetiva da função, em cujo caso a pessoa está mais preocupada com a presença de escores de teste em declínio no decorrer do tempo do que com a ausência de melhores escores. O profissional de

saúde enfrenta o desafio de equilibrar a necessidade de avaliar o impacto da intervenção com o fato de que as alterações constituem uma variável complexa que pode ocorrer em escalas de tempo de maior alcance com idosos do que com outros pacientes.

Delineamento experimental de caso único como abordagem norteadora da intervenção

A maioria dos estagiários dos programas de graduação em psicologia clínica – bem como os psicólogos – está familiarizada com os formatos de pesquisa entre sujeitos exemplificados pela abordagem do ensaio clínico controlado randomizado (ECR). Entretanto, uma metodologia igualmente poderosa é a abordagem do delineamento experimental de caso único, que pode ser menos familiar aos estagiários e profissionais (Kazdin, 2011). Embora essa abordagem normalmente seja considerada uma forma de projeto de pesquisa clínica, o ideal é que a abordagem cientista-profissional à psicologia clínica exemplifique esse modelo na prática clínica de rotina. Em outras palavras, o psicólogo utiliza os dados de avaliação disponíveis para formular hipóteses clínicas razoáveis sobre a maneira como uma determinada intervenção, ou intervenções, melhorariam as dificuldades presentes. Em seguida, os resultados são aferidos de forma sistemática para demonstrar que a intervenção é mais eficaz do que não tomar nenhuma providência.

O uso desse tipo de abordagem para informar a aplicação da intervenção tem muitos benefícios. Para começar, facilita a tradução e a aplicação dos achados de pesquisas de grupo a pacientes individuais, permitindo adaptações a pacientes específicos. Além disso, é possível verificar a eficácia geral do plano de intervenção para determinado paciente, mesmo no caso de uso simultâneo de múltiplas abordagens. Trata-se de algo mais naturalista do que os delineamentos experimentais restritos geralmente publicados na literatura. Da mesma forma, seguir esse tipo de metodologia significa que um tratamento bem-sucedido poderia ser posteriormente publicado. No caso de distúrbios com uma taxa basal mais baixa ou em que seja difícil o acesso simultâneo a um grande número de pacientes com o mesmo diagnóstico (p. ex., demência frontotemporal), a publicação de uma série de estudos de caso é um meio viável de formar a base de dados de evidências em uma população em particular ou para um tipo específico de intervenção. Os critérios de Chambless (Chambless et al., 1998) fornecem orientação sobre o que deve ser considerado um tratamento psicológico eficaz; eles observam que 9 estudos de caso bem controlados são considerados evidência suficiente de eficácia. O apelo dessa abordagem é que os profissionais de saúde que atuam na prática de rotina e não têm acesso aos recursos econômicos e de tempo necessários para conduzir ECR podem, todavia, contribuir para a base de dados de evidências nesse campo, tecendo comentários sobre a maneira como essas intervenções funcionam no mundo real para pacientes comuns.

Foi publicada uma recente declaração de consenso sobre a condução e subsequente publicação de delineamentos experimentais de caso único, as chamadas diretrizes Single-Case Reporting Guideline in Behavioral Interventions (SCRIBE) (Tate et al., 2016). Esse grupo de especialistas descreveu vários pontos-chave que ilustram como elaborar e conduzir esses estudos de caso, incluindo o tipo específico de formato (p. ex., retirada/reversão, linha basal múltipla, tratamentos alternativos), o uso da exclusão e da randomização, as condições de controle e a manutenção da fidelidade ao tratamento. Mesmo que o psicólogo não tenha a intenção direta de publicar um determinado estudo de caso, essas diretrizes oferecem um respaldo útil para a derivação de uma conceitualização de caso apoiada em bases teóricas e empíricas para um determinado paciente, juntamente com meios consistentes de avaliação do impacto das intervenções ali contidas.

Ao concluir o caso de Sam para este capítulo, apresenta-se, no Apêndice 9.1, o exemplo de um panfleto sobre psicoeducação criado para ele, discutindo os resultados de suas avaliações no contexto de seus próprios objetivos e de um plano de tratamento consensual. Esse panfleto é um local para tecer cada aspecto da intervenção que será discutido nos Capítulos 10, 11 e 12 – algo útil tanto para o paciente como para o profissional de saúde. A transparência em relação ao tratamento também facilita a "adesão" do paciente e serve como um ponto de referência útil para os pacientes, especialmente aqueles com significativo comprometimento de memória. (O Cap. 12 aborda a questão do uso de uma revista especializada sobre terapia.)

Resumo e considerações finais

Este capítulo oferece uma visão geral da abordagem integrativa e de desenvolvimento da intervenção que é ainda mais articulada nesta seção de resumo. No Capítulo 10, discute-se o uso de medicamentos em pessoas que se encontram em todos os estágios de declínio cognitivo, embora a base de dados de evidências se concentre essencialmente nas pessoas com comprometimento cognitivo leve (CCL) e demência. Em determinadas condições, os medicamentos podem proporcionar algum alívio dos sintomas e melhora da função cognitiva. Entretanto, a verdadeira utilidade dos fármacos pode estar na sua combinação com outras intervenções não farmacológicas: os medicamentos oferecem uma base estável, utilizando outras intervenções que requerem a participação mais ativa do indivíduo. Os Capítulos 11 e 12 são particularmente mais longos do que a maioria dos demais capítulos, o que é de se esperar, dado o volume da literatura abrangida nessas áreas de atuação. Desse modo, adota-se uma abordagem um tanto ampla ao conteúdo desses capítulos, novamente procurando oferecer uma perspectiva de nível mais elevado aos profissionais que desejam aprofundar-se mais em uma determinada área.

O Capítulo 11 oferece uma visão geral do campo em franca expansão das intervenções cognitivas e comportamentais para idosos a cada estágio do declínio cognitivo, concentrando-se especificamente no treinamento cognitivo, na reabilitação cognitiva e na estimulação cognitiva. Uma revisão do estado atual de evidência é apresentada juntamente com orientações específicas para a conceitualização da implementação desses métodos de intervenção. Discute-se também a importância de distinguir entre restituição e compensação, e como determinados mecanismos de ação podem demandar diferentes medidas de resultados, a fim de garantir a avaliação de resultados mais significativa possível.

O Capítulo 12 oferece uma visão geral de algumas das intervenções mais comumente usadas ou com maior respaldo empírico para melhorar a função psicológica em idosos. Assim como o conteúdo do Capítulo 11, a literatura nessa área é enorme. Desse modo, o objetivo é fornecer um resumo de alto nível das evidências existentes, também combinado à orientação conceitual sobre como implementar tais intervenções. Com determinadas manifestações clínicas, como psicose, os medicamentos podem ser totalmente contraindicados; isso ressalta a utilidade das abordagens psicológicas aplicadas aos indivíduos afetados. Após a apresentação dessas três importantes modalidades de medicação, as intervenções cognitivas e comportamentais, bem como as intervenções psicológicas, o leitor pode então retornar a este capítulo para verificar como uma ou mais dessas intervenções podem ser integradas a um plano de tratamento holístico para um determinado paciente.

Ao analisar o conteúdo dos Capítulos 10 a 12, observa-se uma ênfase na literatura sobre a prova de princípio, os formatos de intervenção dos ECR que procuram determinar a eficácia e o foco na validade interna. Isso produz uma sólida base de dados de evidências em diversas áreas de intervenção, especialmente das intervenções não farmacológicas, sob as condições mais bem controladas. Quanto aos rumos futuros, embora essas pesquisas sejam importantes e valham a pena, é chegado o momento de o setor considerar também outras abordagens complementares. Dada a necessidade tão real e premente de prestar assistência eficaz aos idosos, a tradução e a divulgação efetivas dos conhecimentos sobre o que já existe são essenciais, podendo-se considerar que se trata de um imperativo ético. É preciso conduzir mais pesquisas sobre formatos de efetividade, inclusive delineamentos experimentais de caso único, para verificar as condições em que essas intervenções são bem-sucedidas na prática clínica de rotina e sugerir as adaptações necessárias para tornar as intervenções acessíveis. Além disso, os formatos dos ECR são baseados em um modelo clínico de intervenção que utiliza a terminologia farmacológica, como "ingredientes ativos" e "resposta à dose". Embora tal terminologia possa ajudar a conferir precisão ao estudo dos fenômenos psicológicos, existem limitações. Por exemplo, será analisada a literatura em diversos contextos de intervenção, sugerindo que as intervenções multicomponentes, bem como aquelas personalizadas e moldadas ao indivíduo, são, em última análise, mais benéficas do que as que adotam uma abordagem do tipo "tamanho único" ou visam ao isolamento de ingredientes específicos. A diferença entre os ensaios farmacológicos e os não farmacológicos é que o pensamento, os sentimentos e o comportamento fazem parte de uma matriz de influências biopsicossociais difíceis de serem estudadas isoladamente. Ou seja, alerta-se o setor para que não seja adotada uma abordagem excessivamente reducionista ao estudo dos fenômenos psicológicos, em especial quando aplicados a amostras clínicas e intervenções clínicas. Desse modo, mesmo os ensaios farmacológicos poderiam beneficiar-se da melhor caracterização biopsicossocial de seus participantes, uma vez que os medicamentos modificam apenas um único fator contributivo específico da função cognitiva presente do idoso.

Pontos-chave

✓ A função cognitiva em idade adulta mais avançada é determinada por múltiplos fatores, inclusive por fatores simultâneos, como a saúde e o humor, bem como por fatores históricos, como o funcionamento interpessoal, e o estresse e a adversidade no início da vida.

✓ Dada a multiplicidade de fatores contributivos, defende-se uma abordagem holística e integrativa que considere diferentes abordagens de intervenção consecutivas ou simultâneas.

✓ O delineamento experimental de caso único é uma heurística útil para o desenvolvimento de um plano de intervenção fundamentado em sólidas hipóteses clínicas com um claro meio de teste de resultados. Essa é uma rigorosa maneira de implementar e testar os achados de estudos de pesquisa em grupo em pacientes individuais.

✓ Embora muitos estudos de intervenção tenham como ponto de foco sintomas distintos, na prática clínica, valoriza-se uma abordagem colaborativa centrada no paciente e fundamentada nos objetivos do paciente. Concentrando-se nos resultados desejados do paciente, aumenta-se a motivação intrínseca, sobretudo quando as tarefas se tornam desafiadoras.

✓ Ao contrário das abordagens farmacológicas, as intervenções não farmacológicas requerem a participação ativa nas atividades de intervenção (p. ex., exercícios em casa). Portanto, deve-se considerar o estado de prontidão do paciente para a mudança, e os diferentes níveis de prontidão indicam diferentes abordagens de intervenção. Isso vale especialmente para pacientes que têm anosognosia ou níveis reduzidos de autoconsciência.

✓ Deve-se levar em consideração o nível presente de declínio cognitivo do paciente no que tange às intervenções provavelmente benéficas ou não, o que ajudará a moldar as expectativas em relação ao nível de melhora que se pode esperar.

Apêndice 9.1

Exemplo de panfleto psicoeducativo para Sam antes do início do tratamento

Este panfleto tem por finalidade fornecer-lhe informações sobre o que aprendemos sobre você até o momento e como podemos utilizar essas informações como suporte para o seu tratamento a partir de agora.

Como você deve estar lembrado, o seu neurologista o encaminhou para uma avaliação neuropsicológica diante das preocupações com um declínio de sua capacidade de raciocínio. Em uma avaliação, o neuropsicólogo faz três perguntas principais:

1. O paciente apresenta comprometimento de sua capacidade de raciocínio, acima do envelhecimento normal?
2. Em caso de evidência de comprometimento, é possível determinar a causa mais provável?
3. O que pode ser feito para minimizar o impacto desse comprometimento e/ou evitar o seu agravamento no futuro?

Na avaliação, determinamos que há evidência de comprometimento de sua capacidade de raciocínio além do envelhecimento normal. Isso se mostrou mais óbvio no domínio conhecido como *funções executivas*. Podemos ver as funções executivas como o "diretor-geral do seu cérebro", ou seja, como responsáveis por funções como planejamento, organização, gestão do tempo, capacidade de passar de uma tarefa a outra, solução de problemas e também regulação do seu comportamento de um momento para outro. Encontramos também evidência de que a sua *velocidade de processamento* é mais baixa do que o esperado para sua idade e seu nível de escolaridade. Quanto à causa desse comprometimento, trata-se de uma condição compatível com os efeitos da doença de Parkinson e pode ser uma manifestação da sua doença. Constatamos, também, que você estava apresentando sintomas de depressão e ansiedade, o que, em parte, pode ser atribuído à convivência com a sua doença e a alguns dos estressores relacionais que estão ocorrendo em sua vida no momento.

Quanto ao que podemos fazer para ajudá-lo a lidar com esses desafios, existem diferentes opções. Apesar das dificuldades descritas, sua avaliação demonstrou que você possui várias funções cognitivas que permanecem em bom estado, incluindo sua memória, sua capacidade de comunicação e entendimento da linguagem e suas capacidades visuoperceptivas. Estes são sinais positivos dos quais você poderia se beneficiar aprendendo habilidades e estratégias para administrar ativamente as suas dificuldades com a velocidade de processamento e as funções executivas. Discutimos um ensaio de intervenção em que trabalharíamos juntos para ajudar a sua capacidade de raciocínio, e colocaremos isso nesse âmbito de ajuda para que você alcance os seus objetivos de melhorar o relacionamento com o seu filho e a sua qualidade de vida. Começaremos com um ensaio de 6 semanas, após o qual faremos uma reavaliação para ver como você está se saindo.

Outra recomendação é que o seu neurologista experimente colocá-lo em regime de medicação com um antidepressivo. Além de isso ajudar o seu humor, esse tipo de medicamento pode também melhorar a sua velocidade de processamento, algo que pode ser afetado não apenas pela doença de Parkinson, mas também pela depressão. Se o seu neurologista não se sentir confortável em prescrever esse tipo de medicação, você poderá consultar um especialista em neurologia comportamental ou um neuropsiquiatra, médicos especializados na prescrição de medicamentos a pessoas que apresentam condições neurológicas, como doença de Parkinson. Manterei contato com o seu neurologista para que, juntos, possamos coordenar o melhor tratamento possível. Como psicólogo, é minha obrigação ética permitir-lhe acesso a tratamentos psicológicos que tenham se mostrado eficazes para pessoas como você. É minha obrigação também ser o mais objetivo possível a cada etapa do processo, de modo que você possa estar informado de como estamos trabalhando juntos e para que possamos colaborar conjuntamente para ajudá-lo a alcançar os seus objetivos de vida. Se a qualquer momento você sentir que o tratamento não está se desenvolvendo da maneira que você esperava, ou se quiser mudar de direção, é um direito seu trazer esse fato ao meu conhecimento e solicitar que se adote uma abordagem diferente. Eu o incentivo também a me trazer quaisquer dúvidas que possam surgir e farei o melhor que puder para esclarecê-las.

CAPÍTULO 10

Intervenções farmacológicas

Neste capítulo, serão analisadas as estratégias de intervenção farmacológica para idosos com sintomas cognitivos/comportamentais e emocionais nos diversos estágios de declínio cognitivo. Os medicamentos podem ser uma parte importante de um plano de tratamento global para idosos com sintomas cognitivos e emocionais. Além disso, os idosos tendem a apresentar múltiplas comorbidades clínicas que podem demandar um controle farmacológico em si e por si só capaz de afetar o funcionamento cognitivo e emocional (ou seja, efeitos iatrogênicos). Embora um neuropsicólogo normalmente não seja a pessoa responsável pela prescrição de medicação, é importante, todavia, ter um conhecimento instrumental básico de psicofarmacologia, das principais classes de medicamentos que podem ser receitados para idosos, das razões para o uso de medicamentos e conhecimento de como monitorar o potencial impacto no funcionamento cognitivo, comportamental e emocional.

Este capítulo tem por finalidade apresentar uma ampla introdução sobre como e quando os medicamentos podem ser usados em idosos nos diversos estágios de declínio cognitivo. A base de conhecimentos sobre a eficácia e a segurança dos medicamentos muda rapidamente, e as informações podem logo tornar-se obsoletas. Desse modo, os profissionais de saúde e pesquisadores que atuam nessa área seriam aconselhados a aproveitar a educação continuada para garantir que seus conhecimentos e entendimentos sejam baseados nas evidências mais contemporâneas existentes. No Apêndice 10.1, são apresentados os recursos para a educação continuada e o treinamento sobre este assunto.

Medicamentos como parte da estrutura biopsicossocial da intervenção

Como discutido ao longo de todo este texto, a estrutura biopsicossocial é o princípio fundamental de organização do trabalho dos neuropsicólogos. O ideal é que os pacientes sejam vistos de maneira global, e o resultado clínico bem-sucedido é aquele em que o funcionamento geral da pessoa melhora com a assistência prestada. Assim como existem múltiplos fatores que contribuem para o funcionamento cognitivo e emocional atual, existem diversas vias para a intervenção farmacológica que poderia melhorar o funcionamento geral do idoso.

Os medicamentos normalmente são fornecidos por um médico que, no caso do idoso, pode ser um clínico geral, um geriatra, um neurologista ou um psiquiatra. Entretanto, dependendo dos regulamentos da jurisdição específica, outros profissionais de saúde podem ser envolvidos, como enfermeiros ou, até mesmo, psicólogos com privilégios de prescrição. É benéfico o neuropsicólogo, quando possível, estabelecer uma relação com o profissional responsável pelo tratamento farmacológico, para que haja a maior continuidade do tratamento.

Os neuropsicólogos devem ser instruídos sobre os princípios da psicofarmacologia, como a forma de funcionamento dos medicamentos, as classes de medicamentos disponíveis, como esses medicamentos são utilizados em uma população de idosos e as evidências de eficácia, benefícios e possíveis efeitos colaterais. O conhecimento dessas informações pode aprimorar a elaboração de um plano de tratamento biopsicossocial para o paciente, permitindo uma melhor abordagem das necessidades cognitivas, comportamentais e emocionais atuais e minimizando o prejuízo potencial causado pelos efeitos colaterais ou pela interação medicamentosa.

Princípios básicos da psicofarmacologia

Para os fins deste capítulo, são apresentados os princípios básicos da psicofarmacologia que podem ser úteis como parte da estrutura biopsicossocial e do entendimento do potencial impacto e da utilidade das intervenções farmacológicas em uma idade adulta mais avançada. Para aqueles que buscam informações mais detalhadas sobre a psicofarmacologia, direciona-se o leitor para o final deste capítulo, onde são apresentados os recursos para a educação continuada, como o *Handbook of Clinical Psychopharmacology for Therapists* 8. ed. (Preston, O'Neal e Talaga, 2017), um excelente texto de referência de onde é retirada grande parte das discussões atuais.

Princípios básicos da neurobiologia

O cérebro humano é composto por aproximadamente 100 bilhões de neurônios, ou células nervosas. Os neurônios comunicam-se uns com os outros através dos dendritos (que fornecem informações para o corpo celular) e dos axônios (que conduzem as informações a partir do corpo celular). Cada neurônio produz e secreta neurotransmissores específicos, ou moléculas mensageiras. Quando os neurônios são ativados em um nível crítico, o neurotransmissor é liberado para a sinapse, o espaço entre os neurônios. Algumas das moléculas ligam-se aos receptores apropriados nas células adjacentes, influenciando, desse modo, a sua função. Outras moléculas neutrotransmissoras são quimicamente destruídas pelas enzimas presentes no fluido extracelular, e outras, ainda, são reabsorvidas pelo neurônio pré-sináptico. Vários mecanismos de mau funcionamento neuronal podem dar origem aos sintomas psiquiátricos – e, provavelmente, cognitivos (Preston et al., 2017). Esses sintomas incluem:

- Síntese deficiente dos neurotransmissores.
- Degradação excessiva dos neurotransmissores por meio das enzimas (p. ex., monoamina oxidase ou colinesterase).
- Facilitação ou inibição da liberação de neurotransmissores associada a determinados distúrbios de natureza biológica.
- Absorção de recaptação alterada (p. ex., recaptação acelerada de serotonina na presença de depressão clínica).
- Regulação positiva anormal ou desregulação dos receptores (p. ex., decorrente do estresse).
- Alterações patológicas na expressão genética que pode causar uma ampla variedade de respostas celulares anormais.

Os diferentes distúrbios mentais são teoricamente baseados em um ou mais desses mecanismos de mau funcionamento neuronal, razão pela qual existem diversas classes de medicamentos destinadas a tratar esses mecanismos do mau funcionamento.

Farmacodinâmica e farmacocinética

Esses dois termos designam os mecanismos básicos pelos quais um medicamento produz o seu impacto. Mais especificamente, a farmacodinâmica refere-se aos efeitos fisiológicos dos medicamentos sobre os sistemas celulares e a seu mecanismo de ação presumido. A farmacocinética, por outro lado, refere-se à maneira como o corpo impacta o medicamento por meio da absorção, distribuição, metabolismo e excreção de tais medicamentos (American Society for Pharmacology and Experimental Therapeutics, s.d.).

A farmacodinâmica de um medicamento pode ser influenciada por várias alterações fisiológicas, como envelhecimento, fatores mutáveis como a ligação aos receptores, nível das proteínas de ligação ou sensibilidade dos receptores. Por exemplo, em idosos, o uso da mesma concentração medicamentosa no local da ação (i. e., sensibilidade) pode exercer maiores ou menores efeitos do que uma concentração semelhante em uma pessoa mais jovem. O *Merck Manual* apresenta uma análise abrangente de como o envelhecimento pode afetar a resposta de determinados medicamentos (Ruscin e Linnebaur, 2014). Vale notar o fato de que os idosos são particularmente sensíveis aos chamados efeitos anticolinérgicos, como visão turva, constipação, boca seca e – especialmente pertinente a idosos – comprometimento da memória. Idosos, incluindo aqueles que já apresentam comprometimento cognitivo, são particularmente sensíveis a efeitos adversos do sistema nervoso central, inclusive tontura e confusão mental. Algumas classes de medicamentos, sobretudo os medicamentos antipsicóticos, apresentam um risco elevado de morbidade e mortalidade em idosos, geralmente vêm com uma tarja preta de advertência e devem ser receitadas somente com a devida cautela (Greenblatt e Greenblatt, 2016).

Existem quatro princípios da farmacocinética: absorção, distribuição, biotransformação e excreção (Preston et al., 2017). A *absorção* diz respeito à maneira como o medicamento é absorvido pelo estômago, ou como e quando pode atravessar a barreira hematoencefálica. Após a absorção, a *distribuição* determina os locais de ação para os quais o medicamento é disponibilizado. Determinadas classes de medicamento apresentam padrões de distribuição característicos, como a distribuição dos antidepressivos tricíclicos nas células adiposas e musculares. Após a distribuição, o corpo responde ao medicamento como uma substância estranha. Na *biotransformação*, os medicamentos são quimicamente alterados e transformados em produtos químicos derivados, conhecidos como metabólitos. Alguns desses metabólitos produzem o efeito terapêutico desejado (i. e., redução dos sintomas), enquanto outros podem afetar tecidos e órgãos do corpo e causar efeitos colaterais. Se o metabolismo for prejudicado, a toxicidade medicamentosa acumulada por ser significativa. Por outro lado, a *excreção* ocorre quando os medicamentos são eliminados do corpo, normalmente através dos rins, mas também através de outras vias, como o trato gastrintestinal e o sistema respiratório. Os principais fatores contributivos para as alterações farmacocinéticas relacionadas à idade incluem alterações relacionadas à idade em determinados órgãos, na circulação sanguínea e na composição orgânica (Davies e O'Mahony, 2015). Por exemplo, o tamanho do fígado demonstrou diminuir até 25 a 35% no envelhecimento normal (Schmuker, 2001), e o fluxo sanguíneo hepático até 40% (Wynne et al., 1989; Le Couter e McLean, 1998), e ambos podem diminuir a depuração do medicamento. Além disso, constatou-se igualmente que a massa renal e o fluxo sanguíneo diminuem no decorrer do ciclo de vida adulto, resultando em uma redução de 40% dos néfrons até a oitava década de vida (Fliser, Zeier, Nowack e Ritz, 1993).

Conhecer os princípios da farmacodinâmica e da farmacocinética e sua interação ajuda a explicar a relação dose-resposta (i. e., quanto medicamento é necessário para exercer o efeito terapêutico) (Moroney, 2013a). A relação dose-resposta é determinada em função da potência e da eficácia. A *potência* refere-se à dose necessária de um medicamento para que haja ligação com uma determinada classe de receptor, enquanto a *eficácia* diz respeito à capacidade do medicamento de ativar uma alteração conformacional nesses receptores (Moroney, 2013b.).

Um entendimento básico de neurobiologia, farmacodinâmica e farmacocinética pode servir de base para a apreciação do mecanismo de ação de determinadas classes de medicamentos e dos efeitos terapêuticos pretendidos, bem como dos possíveis efeitos colaterais que poderiam afetar o seu impacto em uma população de idosos. Este capítulo aborda detalhadamente algumas das principais classes de medicamentos que podem afetar a cognição/comportamento e o estado psicológico, um aspecto relevante para a população geriátrica. Antes dessa discussão, no entanto, são consideradas as maneiras como os neuropsicólogos podem contribuir para o tratamento de idosos submetidos a intervenção psicofarmacológica.

Contribuições dos neuropsicólogos para as intervenções psicofarmacológicas

Embora os neuropsicólogos normalmente não sejam responsáveis pela prescrição direta de medicamentos, eles podem, em conjunto com a equipe responsável pelo tratamento, desempenhar um papel valioso para ajudar a verificar quem pode ser um bom candidato a esse tipo de intervenção e monitorar os resultados, tanto positivos como negativos.

Avaliação abrangente da função atual

A atividade principal dos neuropsicólogos está centrada na avaliação abrangente da função cognitiva/comportamental e emocional atual do idoso. O resultado desse tipo de avaliação pode incluir a identificação de sintomas clinicamente significativos (tanto cognitivos como psicológicos) que poderiam beneficiar-se de intervenção farmacológica. Por exemplo, um idoso com depressão em uma fase avançada da vida pode ser um candidato a intervenção psicológica, mas também se beneficiaria de uma medicação adequada (p. ex., um antidepressivo) para melhorar os efeitos do tratamento.

Estabelecimento de possíveis obstáculos à adesão

Independentemente da razão para o uso de um medicamento, a capacidade do idoso de aderir a um regime de tratamento pode ser afetada por vários fatores, entre eles razões psicológicas (p. ex., apatia associada a depressão, preocupação com os efeitos colaterais) e razões de natureza cognitiva (p. ex., esquecer de tomar o medicamento, tomar acidentalmente doses extras, não conseguir cumprir regimes complexos) (Davies e O'Mahony, 2015). Ao trabalhar com idosos com prescrição de medicamentos, é importante implementar planos que respaldem o uso adequado desses medicamentos, seja por meio do uso de cronômetros e porta-comprimidos ou da ajuda de um membro da família ou outro cuidador que lhes forneça a medicação. Depois de fazer uma abrangente avaliação do funcionamento cognitivo e emocional atual, os neuropsicólogos podem fornecer informações importantes que respaldem a adesão efetiva do idoso a um regime de medicação que maximize a probabilidade de efeitos terapêuticos.

Monitoramento da resposta à intervenção

Uma característica singular da avaliação neuropsicológica é o uso de testes neuropsicométricos padronizados para avaliar a cognição, além de medidas clínicas padronizadas do funcionamento psicológico. Esses escores de teste padronizados podem determinar uma importante linha de base pré-tratamento, a fim de monitorar a subsequente resposta à intervenção. Por exemplo, o neuropsicólogo pode constatar que o idoso apresenta comprometimento cognitivo leve (CCL) amnésico e encaminhá-lo a um neurologista que institua um ensaio de 6 meses de medicação destinada a melhorar o funcionamento cognitivo. Depois de 6 meses de tratamento (ou em outros intervalos clinicamente relevantes), a avaliação neuropsicológica pode ser repetida para verificar se a medicação teve um impacto significativo na função cognitiva do paciente. Considerando-se que determinados medicamentos podem ter efeitos colaterais significativos, suficientemente sérios para justificar a interrupção da medicação, o neuropsicólogo pode fornecer informações sobre a magnitude do aparente benefício para que o paciente possa pesar os prós e contras de continuar o uso do medicamento.

Várias medidas podem ser utilizadas para amplo rastreamento cognitivo. Por exemplo, o MMSE (Folstein, Folstein e McHugh, 1975) é uma medida conhecida tanto por pesquisadores como por profissionais de saúde e pode ser rápida e facilmente administrada, seja por neuropsicólogos ou por médicos. Entretanto, trata-se de uma ferramenta um tanto simples possivelmente destituída da discriminação fina para observar as melhoras – ou os declínios – em pessoas com CCL em estágio inicial. Por outro lado, a Dementia Rating Scale 2nd Edition, (DRS-2; Jurica, Leitten e Mattis, 2001) é uma medida ligeiramente mais longa, mas permite um rastreamento aprofundado da função cognitiva atual entre múltiplos domínios. Essa medida e seus respectivos escores também são bastante conhecidos nos campos da pesquisa e da prática clínica entre diversas disciplinas. O ideal, se o tempo permitir, é que o neuropsicólogo possa fornecer um rastreamento neuropsicométrico mais personalizado para avaliar a função cognitiva antes e depois da instituição de um ensaio de medicamentos. Ao repetir esses testes, o neuropsicólogo é aconselhado a computar os índices de mudança confiável (IMC) para verificar se a alteração tem relevância clínica e importância estatística (ver Cap. 5; Duff, 2012; Frerichs e Tuokko, 2005). Se houver formas alternativas de um determinado teste (p. ex., para certas tarefas de aprendizagem de lista de itens), tem-se outra alternativa para o uso dos IMC. Vale ressaltar que, em uma população de idosos, as evidências de respaldo à "melhora" relacionada à medicação pode não significar necessariamente uma melhora absoluta nos escores dos testes, mas sim uma estabilidade de desempenho e a ausência de um maior declínio entre as avaliações. Por outro lado, a aparente melhora com a repetição da administração poderia ocorrer em função dos efeitos práticos (Calamia, Markon e Tranel, 2012). Acredita-se que os IMC normalmente sejam responsáveis pelas alterações clinicamente significativas que ocorrem além do impacto dos efeitos práticos (Goldberg et al., 2015).

Outro aspecto do monitoramento da resposta à intervenção consiste em verificar se os medicamentos têm efeitos colaterais iatrogênicos que afetam negativamente a função cognitiva/comportamental e psicológica. Por exemplo, um idoso pode estar apresentando dificuldades cognitivas associadas a dor crônica. A prescrição de um medicamento para dor pode ajudar a melhorar os sintomas da dor; entretanto, o próprio medicamento poderia ter efeitos nocivos sobre a cognição, por exemplo, causando sedação (Pickering e Lussier, 2015). Nesse caso, também, o melhor que o neuropsicólogo tem a fazer é inteirar-se sobre os diversos medicamentos que o idoso pode estar tomando e sobre quaisquer possíveis efeitos sobre a cognição, o humor e o comportamento.

Classes de medicamentos e sua potencial influência sobre o funcionamento cognitivo/comportamental e emocional em idosos

Considerações gerais

A American Geriatrics Society criou os critérios Beers para o uso de medicamentos potencialmente inadequados para idosos. Trata-se de uma lista de determinados medicamentos que devem ser evitados em idosos em geral, bem como de medicamentos cujas dosagens devem ser alteradas quando utilizados em populações que sofrem de certas doenças ou síndromes. A lista de critérios de Beers é atualizada regularmente pela American Geriatrics Society (a atualização mais recente ocorreu em 2015) e encontra-se disponível no site *http://onlinelibrary.wiley.com/doi/10.1111/jgs.13702/full*. Os neuropsicólogos devem rever essa lista e familiarizar-se com os tipos de medicamentos normalmente contraindicados para idosos.

Inquestionavelmente, vários medicamentos podem melhorar a saúde física, cognitiva e emocional dos idosos. Desse modo, o uso de medicamentos na população geriátrica é complicado por vários fatores. Para começar, os idosos tendem a apresentar multimorbidade (ou seja, múltiplos diagnósticos), o que aumenta a probabilidade de polifarmácia e, por sua vez, a possibilidade de reações adversas aos medicamentos, tanto em nível individual como multiplicativo (Davies e O'Mahony, 2015). Além disso, como observado anteriormente, o uso de medicamentos é complicado ainda mais em idosos com comprometimento cognitivo manifesto, independentemente do contexto em que o medicamento é receitado. Em razão dos declínios de memória, em particular da memória prospectiva (van den Berg et al., 2012), os idosos podem esquecer-se do horário de tomar os medicamentos e perder as doses, o que resulta em uma dosagem subterapêutica. Por outro lado, um declínio da memória episódica, ou até mesmo da atenção, pode significar que o idoso não se dá conta ou não se lembra de ter tomado uma determinada dose e, então, acaba tomando doses extras, o que aumenta o risco de sérios efeitos colaterais e toxicidade medicamentosa.

Dependendo de sua função, o neuropsicólogo pode ter um contato mais frequente com o idoso do que o responsável por administrar a medicação, por exemplo, por meio de sessões regulares de psicoterapia ou de reabilitação cognitiva, permitindo mais oportunidades de monitorar, por meio de observação, a resposta do paciente ao tratamento e reunir evidências empíricas sugestivas de uma resposta adversa ao medicamento. Em uma situação ideal, os cuidadores do idoso formariam uma equipe que trabalhasse de forma colaborativa para prestar assistência ampla e integrada multimodal nos casos em que as decisões relacionadas à instituição de intervenções – farmacológicas ou de qualquer outra natureza – sejam baseadas na teoria e em evidências, e que a sua eficácia seja monitorada por medidas válidas e confiáveis.

Medicamentos que melhoram o funcionamento cognitivo

O envelhecimento da população da geração *baby boomer* significa não apenas maiores proporções de idosos nas sociedades, mas também um crescente número de idosos que podem sofrer declínio cognitivo não normativo (Versijpt, 2014). Os principais esforços clínicos e de pesquisa têm sido direcionados a encontrar agentes modificadores das doenças para desacelerar ou retardar a taxa de progressão do envelhecimento cognitivo normal para a demência, mas nenhuma intervenção demonstrou curar ou, até mesmo, alterar de forma confiável o curso da doença de Alzheimer (DA) (Jiang, Yu e Tan, 2012). O desenvolvimento, os testes e a prescrição de intervenções farmacológicas têm sido um importante foco das pesquisas sobre o envelhecimento, se não para curar a doença subjacente, pelo menos para desacelerar o curso de declínio do CCL para a demência, amenizar os principais sintomas do declínio cognitivo e melhorar a qualidade de vida associada à condição. Além disso, na medida em que o uso de medicamentos puder desacelerar ou retardar o declínio, isso terá implicações tangíveis para a economia de custo, tanto para o paciente como para o sistema de saúde (Versijpt, 2014).

Na seção a seguir, são analisadas as principais classes de medicamentos e indicações para a sua eficácia em pessoas com CCL e demência. Há uma preponderância de evidência sobre a DA, embora a evidência de outros tipos de demência esteja aumentando com o tempo. Em pessoas com declínio cognitivo subjetivo (DCS), a questão da medicação destinada a melhorar o funcionamento cognitivo ainda não foi totalmente explorada; dada a heterogeneidade das etiologias do DCS, não se sabe ao certo qual o possível alvo desses medicamentos (Smart et al., 2017). O uso de medicamentos para melhorar o funcionamento cognitivo deve ser conduzido com cautela em idosos saudáveis, considerando-se que os efeitos colaterais desses medicamentos devem ser ponderados em relação à incerteza de quaisquer benefícios preventivos.

Inibidores da acetilcolinesterase e dos antagonistas do receptor N-metil-D-aspartato

Trata-se de duas classes de medicamentos receitados com mais frequência para idosos em diversos estágios de declínio cognitivo. Às vezes, esses medicamentos são receitados isoladamente; outras, de forma combinada. Muitos dos ensaios disponíveis comparam esses medicamentos entre si para verificar sua eficácia e segurança em uma determinada população de pacientes.

A DA está associada à depleção da acetilcolina, um neurotransmissor implicado na movimentação suave dos músculos e na função da memória. A colinesterase é a enzima que acelera a quebra da acetilcolina na sinapse. Consequentemente, os inibidores da acetilcolinesterase (IAChE) causa um aumento da transmissão colinérgica no sistema nervoso central e na zona periférica mediante a inibição da ação da colinesterase (Birks, 2006). Os principais exemplos desses medicamentos incluem a tacrina, a donepezila, a rivastigmina e a galantamina. A tacrina tem um perfil de efeitos colaterais tão graves que hoje já não é mais receitada (Winslow, Onysko, Stob e Hazlewood, 2011). Por comparação, os outros três agentes produzem efeitos colaterais semelhantes; esses efeitos são menos frequentes e graves do que a tacrina, mas, em hipótese nenhuma, completamente benignos. Uma recente metanálise que considerou a eficácia e segurança dos IAChE indicou que os efeitos colaterais relatados com mais frequência eram de natureza gastrintestinal (p. ex., náusea, vômitos, diarreia e anorexia). Comparadas ao placebo, a donepezila, a rivastigmina e a galantamina mostraram risco significativamente mais elevado de efeitos adversos, bem como de abandono do estudo, em comparação com as pessoas tratadas com placebo (Tan et al., 2014). Os critérios de Beers (American Geriatrics Society, 2015) observam que os IAChE não devem ser receitados a pacientes com histórico de síncope, em virtude do elevado risco de hipotensão ortostática ou de bradicardia.

Os antagonistas do receptor N-metil-D-aspartato (NMDA) funcionam bloqueando a atividade glutamatérgica excessiva, visto que a toxicidade glutamatérgica é conhecida por afetar negativamente a memória (McShane, Areosa Sastre e Minakaran, 2006). O principal antagonista do receptor NMDA disponível para ser receitado é a memantina, bem como um medicamento mais novo que combina memantina com donepezila. Embora os IAChE tendam a ser favorecidos nos estágios leve a moderado da DA, a memantina tende a ser receitada com mais frequência – e, aparentemente, é mais eficaz – nos estágios mais graves da doença (Di Santo, Prinelli, Adorni, Caltagirone e Musicco, 2013). Uma recente metanálise examinou a eficácia e a segurança dos três principais AChEIs e da memantina. Esse estudo sugeriu que a memantina tem um perfil de efeitos colaterais mais benigno e, comparada ao placebo, não foi associada a um risco elevado de eventos adversos, como aqueles normalmente relatados em relação aos IAChE (Tan et al., 2014).

A seguir, serão discutidas as evidências existentes para o uso dos IAChE e dos antagonistas do receptor NMDA nos principais subtipos de demência. Embora uma série de ensaios individuais tenha examinado o impacto de medicamentos específicos, há um número excessivo a ser individualmente revisto e resumido aqui. Em vez disso, optou-se por apresentar evidências basicamente de revisões sistemáticas e metanálises recentes. Quando possível, foram incluídas especificamente as *Cochrane Database Reviews*, que são revisões sistemáticas de pesquisas primárias nas áreas de assistência médica e políticas de saúde, normalmente baseadas em ensaios clínicos controlados randomizados (ECR), conduzidos sob rigorosas diretrizes de análise e relato e internacionalmente reconhecidas como o padrão mais elevado de assistência à saúde baseada em evidências (Evidently Cochrane, 2016).

Comprometimento cognitivo leve

A lógica existente por trás do uso de medicamentos que melhoram o funcionamento cognitivo é de que, se implementados em um estágio suficientemente precoce, esses agentes poderiam retardar ou desacelerar a taxa de declínio para a demência. Desse modo, o impacto desses medicamentos nas pessoas com CCL tem sido um tema de grande interesse nas áreas clínica e de pesquisa. Infelizmente, no entanto, a literatura resultante de duas revisões recentes não apresentou razões convincentes para o uso de tratamentos farmacológicos para o CCL. Russ e Morling (2012) conduziram uma *Cochrane Review* sobre a eficácia e a segurança dos IAChE para o CCL. Essa revisão incluiu 9 estudos duplo-cegos controlados com placebo e envolveu mais de 5.000 participantes com CCL amplamente definido. Os autores observaram que era difícil combinar os resultados em virtude da variação na duração dos ensaios entre os estudos. Os resultados não indicaram nenhuma forte evidência de efeito benéfico sobre o risco de progressão para a demência em um acompanhamento de 1, 2 ou 3 anos, com pouca evidência do efeito dos IAChE nos testes de cognição. Fitzpatrick-Lewis, Warren, Ali, Sherifali e Raina (2015) conduziram uma revisão sistemática e uma metanálise mais recentes com achados comparáveis àqueles de Russ e Morling (2012). Foram incluídos 17 estudos entre 2010 e 2014 que envolveram adultos da comunidade diagnosticados com CCL amplamente definido. Incluíram-se não apenas ensaios com IAChE, mas também um estudo comportamental e um estudo que usou a vitamina E. Entre os estudos farmacológicos, não houve nenhum benefício significativo oferecido pelos IAChE, em comparação com o grupo de controle na Alzheimer's Disease Assessment Scale-Cognitive Subscale (ADAS-Cog) ou no MMSE.

De certa forma, a falta de resultados convincentes nessas duas revisões recentes não surpreende, dada a evidência de várias questões metodológicas nessa pesquisa. Presume-se que a lógica para a prescrição de IAChE, medicamentos específicos para DA, estaria baseada no princípio de que o CCL envolve inevitavelmente um declínio para a DA. Entretanto, o CCL é uma condição muito heterogênea quanto à maneira como se apresenta, à sua possível etiologia e também ao risco de um declínio subsequente para a demência. Ambas as revisões citadas incluíram participantes com CCL amplamente definido, sem especificar que os pacientes tinham que ter CCL associado a DA pré-clínica, como nos critérios de Albert et al. (2011). Com uma amostra altamente heterogênea de pessoas com CCL, seria de se esperar que, na melhor das hipóteses, os achados fossem mistos. Além disso, embora as pessoas com CCL amnésico apresentem risco mais elevado de declínio para DA, não se trata necessariamente de associação de 1:1. Quanto ao modelo biopsicossocial, há um grande número de fatores que moderam a associação entre a função cerebral subjacente (incluindo a integridade dos sistemas neurotransmissores) e a função cognitiva atual, incluindo a reserva cognitiva, as atividades cognitiva e social e a saúde física. Por fim, o uso de medidas como a ADAS-Cog e o MMSE pode não ser sensível e/ou específico o suficiente para realmente detectar o CCL por uma perspectiva psicométrica. Portanto, é fácil entender por que, na melhor das hipóteses, pode haver resultados mistos na avaliação do impacto dos IAChE e de outros medicamentos destinados a desacelerar ou evitar o declínio para a demência.

Com base nesses resultados, pode-se dizer que, apesar da falta de evidências convincentes até o momento, as diversas questões metodológicas em jogo sugerem que é necessário um trabalho mais aprofundado para afirmar que IAChE e outros medicamentos não ajudam as pessoas com CCL. No Capítulo 7, discutiu-se sobre algumas das maneiras pelas quais as pessoas com CCL poderiam ser caracterizadas com mais rigor nas amostras clínicas e de pesquisa. Talvez com uma definição operacional mais precisa do tipo de CCL e da etiologia presumida, bem como uma caracterização psicométrica mais aprofundada, pudesse haver uma definição mais específica dos medicamentos. Além disso, no futuro, valerá a pena examinar se a participação concomitante em intervenções cognitivas/comportamentais ou até mesmo psicológicas (discutidas nos próximos capítulos) potencializa o impacto das intervenções farmacológicas.

Doença de Alzheimer

Tan et al. (2014) conduziram uma metanálise para examinar a eficácia e a segurança dos três principais IAChE e da memantina para o tratamento da DA nos diversos estágios de gravidade da doença. Os autores observam que, embora muitas diretrizes regionais específicas promovam o uso desses medicamentos para diversos estágios da DA, seu uso não deixa de ter controvérsias, e a utilidade clínica em relação a custo-efetividade já foi questionada. A revisão sistemática desses agentes rendeu 23 ECR sobre a DA com mais de 11.000 participantes. Observaram-se efeitos significativos de todos os medicamentos sobre a cognição em todos os 11 estudos que utilizaram a ADAS-Cog para avaliar a função cognitiva; todos os participantes apresentaram demência de grau leve a moderado. Os autores observaram que esses achados podem, em parte, ter sido decorrentes da piora do estado do grupo tratado com placebo, e não a uma melhora explícita dos grupos tratados com agentes ativos. A eficácia observada desses medicamentos em relação à função cognitiva não pareceu variar em função da gravidade da doença. Entretanto, isso pode ser atribuído a um artefato estatístico, e não a uma observação clínica real. Ou seja, os autores afirmam ter escolhido a ADAS-Cog como a sua medida básica da função cognitiva. Entretanto, como eles observam, essa medida foi utilizada somente em estudos de participantes com demência de grau leve a moderado, não com demência grave. Portanto, a ausência de achados significativos pode ser decorrente da exclusão de estudos e participantes com demência mais grave, o que poderia levar a uma restrição da amplitude dos sintomas de referência para o controle dos efeitos diferenciais dos medicamentos.

Para uma avaliação global das alterações, 12 entre 17 estudos relataram melhores resultados na escala Clinician's Interview Based Assessment of Change, 9 dos quais incluíram pessoas com demência de grau leve a moderado e 3 com demência grave. Observaram-se efeitos terapêuticos em relação aos três IAChE, mas não em relação à memantina. Onze estudos (7 com demência de grau leve a moderado) avaliaram os sintomas comportamentais utilizando o Neuropsychiatric Inventory (Cummings et al., 1984) e nenhum benefício foi observado, exceto em relação à donepezila de 10 mg e à galantamina de 24 mg. Por fim, 12 estudos relataram alterações nos resultados funcionais com base na escala Alzheimer's Disease Cooperative Study-Activities of Daily Living, 5 dos quais incluíram participantes com gravidade leve a moderada, e os restantes, pessoas com demência grave. Todos os medicamentos e doses produziram um efeito significativo sobre os resultados funcionais, exceto a donepezila 5 mg. Com base nesses achados, os autores concluíram que os IAChE e a memantina são relativamente seguros e eficazes para indivíduos com sintomas de demência com vários graus de gravidade.

Para ser eficaz, os IAChE requerem a disponibilidade residual das quantidades adequadas de acetilcolina endógena. Desse modo, a eficácia desses medicamentos deve diminuir de acordo com a gravidade da doença, o que provavelmente explica por que os IAChE têm sido favorecidos na presença de DA de grau leve a moderado. A metanálise de Tan et al. (2014) anteriormente citada não diferenciou os efeitos dos medicamentos em função da gravidade da doença. Entretanto, Di Santo et al. (2013) conduziram uma metanálise de ECR controlados com placebo dos IAChE para verificar se são observados diferentes efeitos dos medicamentos em função da progressão da doença. Os dados foram combinados entre os ensaios clínicos para examinar separadamente os efeitos dos IAChE e da memantina para a cognição, o estado funcional (i. e., atividades da vida diária) e os transtornos comportamentais e psicológicos. A gravidade da demência foi medida com o auxílio do MMSE, a fim de investigar possíveis efeitos diferenciais em função da gravidade da doença.

A metanálise incluiu 34 ECR dos IAChE e 6 estudos da memantina. Os efeitos sobre a cognição (disponível em todos os 40 estudos), em geral, foram de pequena a média intensidade. Esses efeitos independem da gravidade da demência para os IAChE; somente a memantina demonstrou tendência a ser mais eficaz para participantes com demência mais grave. Em 23 estudos que avaliaram os resultados funcionais, todos os ensaios que utilizaram a memantina, exceto um, demonstraram melhora (pequeno efeito), novamente com a memantina demonstrando tendência a ser mais eficaz em pacientes com demência mais grave. Dezoito estudos sobre resultados comportamentais e psicológicos foram heterogêneos em termos de métodos e resultados, dificultando a extração de conclusões sólidas.

Os autores observam algumas limitações aos seus achados. Primeiro, o número comparativamente menor de estudos sobre a memantina ($n = 6$) pode significar um quadro incompleto da eficácia desse medicamento, especialmente em diversos estágios do processo patológico. Segundo, entre os IAChE, a maioria dos dados disponíveis foram sobre a donepezila, de modo que não se pode excluir a possibilidade de que os achados significativos sobre os IAChE sejam atribuídos aos efeitos desse medicamento, comparados à rivastigmina ou à galantamina. Terceiro, a maioria dos ensaios teve a duração de 6 meses, de modo que os dados nada dizem sobre a eficácia em longo prazo ou as condições sob as quais o medicamento deve ser suspenso. A principal conclusão a que se chega é de que tanto os IAChE como a memantina podem ser eficazes para melhorar a cognição e o estado funcional, independentemente da gravidade da doença. Essa conclusão contraria as diretrizes prevalentes em muitos países, segundo as quais os IAChE são eficazes em estados mais brandos da doença e a memantina deve ser reservada àqueles com demência mais grave.

Em suma, os dados empíricos disponíveis sugerem que os IAChE e a memantina são relativamente seguros em pessoas com DA em diversos níveis de gravidade. Tomando-se por base as medidas utilizadas nos diversos estudos, esses medicamentos são associados a efeitos geralmente pequenos sobre a cognição e o estado funcional. Entretanto, outros dados são necessários para que se possa verificar se esses medicamentos desaceleram a taxa de declínio nos casos mais brandos de demência. Além disso, valeria a pena avaliar se os medicamentos combinados a intervenções não farmacológicas, como a reabilitação cognitiva, têm efeitos sinergísticos sobre a preservação da função cognitiva presente ou o retardo da taxa de declínio subsequente.

Comprometimento cognitivo vascular e demência vascular

Depois da DA, a demência vascular (Dva) é a segunda forma mais prevalente de demência. Além dos casos "puros" de Dva, há também um grande número de idosos que demonstram tanto DA como patologia vascular, manifestadas como demência mista (Birks, McGuinness e Craig, 2013). O comprometimento cognitivo vascular (CCV) e a Dva podem surgir a partir de várias patologias vasculares distintas, incluindo (mas não se limitando a) múltiplos pequenos acidentes vasculares cerebrais (AVC), um único AVC ou isquemia da substância branca (i. e., demência subcortical). Dada a variedade de etiologias, tem sido difícil identificar alvos específicos de tratamento da mesma maneira como os IAChE foram criados para tratar as supostas deficiências de acetilcolina na DA (O'Brien e Thomas, 2015). Desse modo, não existem atualmente tratamentos farmacológicos estabelecidos para CCV e Dva.

Birks et al. (2013) conduziram uma *Cochrane Review* de ECR controlados com placebo da rivastigmina para CCV, Dva e demência mista. Esse estudo foi baseado na noção de que a redução dos níveis de acetilcolina e acetiltransferase é comum à DA e ao CCV, e os IAChE, como a rivastigmina, são benéficos na DA. Os autores revisaram três ensaios, com 40, 50 e 710 participantes, respectivamente. No primeiro ensaio conduzido com pessoas portadoras de demência subcortical (escores médios de 13 e 13,4 no MMSE nos grupos tratados com medicamentos *vs.* placebo, respectivamente) 26 semanas de tratamento com rivastigmina não demonstraram benefício significativo sobre o placebo em relação aos sintomas neuropsiquiátricos, ao estado funcional ou ao escore global. No segundo ensaio, os participantes com CCV (escores de 23,7 e 23,9 no MMSE nos grupos tratados com medicamentos *vs.* placebo, respectivamente), não demonstraram nenhuma melhora significativa das capacidades cognitivas, dos sintomas psiquiátricos, do estado funcional ou do escore global depois de 24 semanas de tratamento com rivastigmina. No terceiro e maior dos ensaios, os participantes com as formas cortical e subcortical de Dva (escore médio de 19,1 no MMSE para os grupos tratados com medicamentos e placebo) foram tratados durante 24 semanas com rivastigmina. Os pesquisadores observaram vantagem estatística significativa na resposta cognitiva à rivastigmina, mas nenhum efeito sobre a impressão geral de mudança ou sobre as medidas não cognitivas. Além disso, um número significativamente maior de participantes selecionados de modo aleatório para tratamento com rivastigmina (razão de chances [OR, na sigla em inglês] = 2,02) apresentou efeitos gastrintestinais adversos e tendência a abandonar o tratamento (OR = 2,66). Portanto, existe evidência de tentativa para o uso de rivastigmina em pessoas com diversas formas de CCV, baseada somente em um grande ensaio clínico, o que deve ser considerado dentro da probabilidade de efeitos medicamentosos adversos tão significativos a ponto de ensejar o abandono do tratamento.

Mais recentemente, Chen, Zhang, Wang, Yuan e Hu (2016) conduziram uma metanálise atualizada sobre a eficácia dos IAChE na Dva. Com base nos resultados de 12 estudos, tanto donepezila *versus* placebo como galantamina *versus* placebo foram associados a uma melhora significativa na ADAS-Cog em doses diárias de 5 e 10 mg, sem que fosse observada essa melhora no MMSE. O interessante, ao contrário dos achados do estudo anterior sobre o CCV, é que a rivastigmina não demonstrou relação com nenhuma melhora significativa na ADAS-Cog, apesar de tomar por base apenas 2 estudos. De um modo geral, o tratamento com IAChE foi associado a uma probabilidade 2 vezes maior de descontinuidade decorrente de eventos adversos (OR combinada = 1,966), números semelhantes àqueles relatados na revisão de Birks et al. (2013).

Em suma, as evidências favoráveis aos IAChE e os antagonistas do receptor NMDA em pessoas com comprometimento cognitivo de etiologia vascular são limitadas e de eficácia mista, na melhor das hipóteses. Além disso, existe uma preocupação em relação à taxa e à gravidade das reações adversas aos medicamentos nessa população. Como observado, consideradas as diversas manifestações do CCV e da Dva, a falta de resultados convincentes talvez não seja nenhuma surpresa. Ao contrário da DA, no entanto, os fatores de risco vascular podem ser controlados proativamente por meio de mudanças no estilo de vida e outros medicamentos (p. ex., anti-hipertensivos); isso pode ser uma via mais produtiva para a intervenção farmacológica até que se verifiquem alvos mais precisos para os medicamentos destinados a melhorar o funcionamento cognitivo.

Comprometimento cognitivo relacionado a doença de Parkinson, demência da doença de Parkinson e demência com corpos de Lewy

Acredita-se que a perda de neurônios dopaminérgicos seja a principal neuropatologia subjacente à doença de Parkinson (DP) e, desse modo, a maioria dos medicamentos utilizados para controlar os sintomas da DP incluem um mecanismo de ação que aumenta a disponibilidade dopaminérgica. Várias revisões sistemáticas e metanálises foram conduzidas nessa área nos últimos 5 anos. Em 2011, a Movement Disorder Society apresentou uma revisão atualizada baseada em evidências do tratamento dos sintomas não motores da DP (Seppi et al., 2011). O tratamento desses sintomas pode ser mais desafiador do que aqueles de outros subtipos de demência, dado o provável uso concomitante de medicamentos dopaminérgicos para controlar os sintomas motores. Essa revisão baseada em evidências examinou 54 estudos sobre ECR, tanto farmacológicos como não farmacológicos, publicados entre 2002 e 2010.

O único medicamento considerado eficaz para a demência da DP foi a rivastigmina; as evidências foram insuficientes para a donepezila, a galantamina e a memantina. Vale notar que essa revisão baseada em evidências ofereceu outras recomendações para o tratamento da depressão e da psicose nessa população específica. Os ensaios tinham duração de apenas 6 meses, razão pela qual não foram observados quaisquer benefícios em longo prazo.

Rolinski, Fox, Maidment e McShane (2012) conduziram uma *Cochrane Review* dos IAChE em condições como comprometimento cognitivo relacionado à DP, demência da DP e demência com corpos de Lewy (DCL). Os autores revisaram 6 estudos sobre ECR que incluíram várias das medidas cognitivas, neuropsiquiátricas e de atividades da vida diária. Em termos de função cognitiva global, não existem dados disponíveis sobre DCL ou comprometimento cognitivo relacionado à DP. Dos três ensaios sobre pessoas com demência da DP, os IAChE se mostraram superiores ao placebo em relação à função cognitiva global, sem nenhuma diferença entre os tipos de medicamentos (i. e., rivastigmina *vs.* donepezila). Houve vários indicadores de melhora da função cognitiva em pessoas com demência da DP e comprometimento cognitivo relacionado à DP, mas não DCL. Os dados combinados indicaram um efeito do tratamento sobre o transtorno de comportamento, especificamente nos ensaios de 18 semanas ou mais com a rivastigmina, também excluindo aqueles com DCL. Houve um efeito positivo combinado dos IAChE sobre as atividades da vida diária. Em termos de segurança e tolerabilidade, houve mais desistências e ocorrência de eventos adversos nos grupos submetidos a tratamento, inclusive com maior incidência de tremores e outros sintomas parkinsonianos, mas não de quedas. Esses efeitos foram observados nos ensaios da rivastigmina, mas não da donepezila. Entretanto, o número de efeitos adversos graves não diferiu entre o medicamento e o placebo, e o número de mortes, na verdade, foi menor nos grupos tratados com medicamento do que naqueles que receberam placebo. Em suma, as evidências parecem respaldar o uso dos IAChE em pessoas com comprometimento cognitivo relacionado à DP e à demência da DP, mas com apenas um estudo conduzido sobre pessoas com DCL, faltam evidências para que se façam recomendações sólidas nessa área.

Outra revisão sistemática e outra metanálise foram conduzidas por Pagano et al. (2015) para examinar a eficácia e a segurança dos IAChE para a DP. Quatro ECR duplo-cegos foram qualificados para inclusão, com um total de 941 pacientes participantes, o que indica que esses medicamentos melhoram a função cognitiva e retardam a taxa de declínio cognitivo, mas não reduzem o risco de quedas. Nenhuma diferença foi observada entre a donepezila e a rivastigmina. Por outro lado, os IAChE não pareceram aumentar os tremores e outros efeitos adversos dos medicamentos, o que parece ter sido determinado basicamente por um único estudo que utilizou a rivastigmina, sugerindo que esse medicamento talvez contribua para a manifestação de mais efeitos colaterais.

Em suma, algumas evidências sugerem que os IAChE são eficazes em pessoas com comprometimento cognitivo relacionado a DP e demência de DP, embora alguns estudos indiquem um risco possivelmente mais elevado de agravamento dos tremores. Além disso, não existem evidências para DCL e, do ponto de vista empírico, essa condição é de difícil tratamento em razão dos sintomas neuropsiquiátricos concomitantes. O controle do processo patológico subjacente por meio de medicamentos dopaminérgicos pode contribuir para a manutenção da função cognitiva, embora, com o tempo, esses medicamentos possam também resultar em efeitos iatrogênicos, inclusive transtornos do controle dos impulsos.

Demências menos frequentes

Li, Hai, Zhou e Dong (2015) conduziram uma *Cochrane Review* sobre a eficácia e a segurança dos IAChE para demências mais raras associadas a diversas condições neurológicas. Os autores incluíram as demências associadas a doença de Huntington (DH), arteriopatia cerebral autossômica dominante com infartos subcorticais e leucoencefalopatia (CADASIL), degeneração frontotemporal (DFT), esclerose múltipla e paralisia supranuclear progressiva (PSP). Eles revisaram 8 ECR, todos duplo-cegos e controlados com placebo, incluindo um total de 567 participantes. Metade dos ensaios (i. e., 4) foi conduzida com participantes com esclerose múltipla, sendo dois com DH, um com DFT, um com CADASIL e nenhum com PSP. Considerados conjuntamente, os dados sugerem que os IAChE estão associados a uma melhora em testes neuropsicológicos distintos para pessoas com esclerose múltipla, DH e CADASIL (p. ex., memória de reconhecimento, fluência verbal, flexibilidade cognitiva), embora nenhum impacto significativo tenha sido observado em termos de melhora do nível cognitivo geral, das atividades da vida diária ou da qualidade de vida, suscitando dúvidas em relação à relevância ecológica dessa melhora em testes cognitivos distintos. Com ensaios tão pequenos e dados tão limitados, não se pode extrair nenhuma conclusão clara sobre a eficácia dos IAChE para formas mais raras de demências, embora, em termos de segurança, esses medicamentos tenham sido associados a um maior número de efeitos colaterais de natureza gastrintestinal em comparação com o placebo.

Interpretação dos dados de ensaios clínicos sobre o impacto dos medicamentos destinados a melhorar a função cognitiva

As revisões disponíveis sugerem que os IAChE e determinados antagonistas do receptor NMDA podem ser úteis em diversos estágios da DA e da

DP, com evidências mistas, na melhor das hipóteses, para etiologias de natureza vascular e dados insuficientes sobre a DCL e outros tipos de demência menos frequentes. A condução de ensaios farmacológicos em pessoas com declínio cognitivo em uma fase avançada da vida é um desafio. Mesmo quando há controle de determinadas variáveis relacionadas a fatores como gravidade/cronicidade da doença, pode haver alguma variabilidade em relação às comorbidades clínicas e psiquiátricas, bem como outras variáveis moderadoras, como a reserva cognitiva. Talvez seja preciso explorar abordagens alternativas quanto ao formato usual dos ECR, como séries de caso $n = 1$ rigorosamente controladas em que a eficácia desses medicamentos em pacientes individuais possa ser investigada, incluindo avaliações ecologicamente mais relevantes do funcionamento diário em resposta a esses medicamentos.

A Tabela 10.1 contém um resumo das evidências em relação aos três principais IAChE e da memantina em idosos com diferentes etiologias de comprometimento cognitivo, incluindo os benefícios e quaisquer riscos observados.

Medicamentos destinados a melhorar o estado presente de humor e a função psicológica

Os idosos podem apresentar uma série de transtornos psiquiátricos. Essas condições podem aparecer pela primeira vez em uma fase avançada da vida, ou podem ter se manifestado inicialmente muitos anos antes da idade adulta mais avançada. Alguns dos distúrbios mais comuns incluem depressão e ansiedade, bem como transtorno bipolar e psicose. A avaliação neuropsicológica pode contribuir com informações vitais para o diagnóstico dos transtornos psicológicos em idosos. As estimativas da prevalência dos transtornos psicológicos em uma fase mais avançada da vida provavelmente variam consideravelmente de acordo com a amostra, em especial as diferenças entre as amostras comunitárias, as unidades ambulatoriais, os ambientes de reabilitação e as instalações de assistência domiciliar. Desse modo, o neuropsicólogo deve considerar o ambiente para a condução da avaliação do idoso, levando em consideração as taxas basais de determinados distúrbios mentais e seus prováveis antecedentes e consequências.

Existem convincentes evidências de que determinados distúrbios mentais têm uma forte base biológica e, portanto, poderiam beneficiar-se da intervenção farmacológica. Por essa razão, os neuropsicólogos tendem a trabalhar com idosos que apresentem transtornos psicológicos e já estejam tomando medicamentos psicotrópicos ou que tenham sido encaminhados para avaliação para os fins desse tratamento. *Psicotrópicos* é o termo usado para designar medicamentos criados especificamente para alterar o humor e a função

Tabela 10.1 Uso dos IAChE e do antagonista do receptor NMDA para declínio cognitivo

Problema clínico	Benefícios	Riscos
CCL	Evidências mínimas de respaldo ao uso de IAChE ou outros medicamentos destinados a melhorar o funcionamento cognitivo em pessoas com CCL	Efeitos colaterais semelhantes àqueles observados em pessoas com comprometimento cognitivo mais grave
Demência da DA	Tanto os IAChE como a memantina produzem efeitos positivos sobre a cognição e o estado funcional, independentemente da gravidade da doença. Menos dados disponíveis sobre os resultados comportamentais e funcionais, embora aparentemente favoráveis. A maioria das evidências existentes favorece o uso da donepezila	Efeitos gastrintestinais com o medicamento vs. placebo. Evidências insuficientes em relação ao momento de interromper o uso (i. e., quando os riscos superam os benefícios)
CCV e Dva	Achados mistos em relação aos efeitos benéficos da rivastigmina sobre a cognição, mas não em relação às alterações gerais ou às medidas não cognitivas	Efeitos colaterais gastrintestinais suficientemente graves para justificar a interrupção do tratamento com a rivastigmina
Demência da DP, comprometimento cognitivo relacionado à DP e DCL	As melhores evidências favorecem a rivastigmina no tratamento da demência da DP; evidências insuficientes para outros medicamentos. Os IAChE são eficazes para a demência da DP e para melhorar a cognição, os transtornos de comportamento e o funcionamento diário. O impacto sobre a DCL não é claro, e faltam evidências que respaldem o uso desses agentes no comprometimento cognitivo relacionado à DP. A donepezila e a rivastigmina demonstraram melhorar a cognição, retardar a taxa de declínio cognitivo e reduzir os transtornos de comportamento na demência da DP	Os IAChE e a memantina oferecem risco aceitável sem monitoramento especializado. Maior risco de tremores e outros efeitos adversos, mas não de quedas, especialmente com a rivastigmina. Aumento dos tremores em pessoas com demência da DP. Evidências insuficientes em relação ao impacto sobre o risco de quedas em pessoas com demência da DP e comprometimento cognitivo relacionado à DP

(continua)

Tabela 10.1 Uso dos IAChE e do antagonista do receptor NMDA para declínio cognitivo *(continuação)*

Problema clínico	Benefícios	Riscos
Demências menos comuns	Algumas evidências sobre o benefício em testes cognitivos distintos na presença de esclerose múltipla, DH e CADASIL; nenhuma evidência clara de benefício para o funcionamento cognitivo em geral, as atividades da vida diária ou a qualidade de vida	Maior ocorrência de efeitos colaterais gastrintestinais em comparação com o placebo

psicológica. Dentro dessa designação geral, existem vários tipos de medicamentos criados para tratar sintomas ou distúrbios específicos, dos quais os mais comuns são os antidepressivos, os ansiolíticos (medicamentos antiansiedade) e os estabilizadores do humor. Cada um desses agentes é discutido a seguir, com exemplos de medicamentos e as evidências de eficácia e efeitos colaterais disponíveis.

Antidepressivos

A depressão em uma idade avançada pode afetar negativamente a cognição, bem como aumentar o risco de desenvolvimento de demência. Desse modo, é essencial um controle abrangente da depressão – que pode incluir tanto psicoterapia como medicamentos – para a saúde geral e o bem-estar dos idosos. Uma ressalva a essa afirmação é a presença de transtornos de humor de natureza normativa ou que façam parte das preocupações existenciais normais em uma idade avançada. Por exemplo, a tristeza é uma parte comum da idade adulta mais avançada (Malkinson e Bar-Tur, 2014). Como tal, ela não deve ser tratada com medicamentos. A exceção é a tristeza prolongada ou o luto profundo associado a uma perda brusca ou traumática (Hartz, 1986; Horowitz et al., 1997), que poderia transformar-se em uma grande depressão. Aproximadamente 25 a 30% das pessoas que sofreram uma grande perda desenvolveram depressão clínica (Preston et al., 2017), e, nesses casos, talvez valha a pena considerar o uso de medicamentos em conjunto com a psicoterapia. Além disso, os idosos podem enfrentar preocupações existenciais ou passar por uma "revisão de vida" (Bhar, 2014) que resulte em estados de humor negativos. Nesse caso, também não se trata necessariamente de um contexto que exige o uso de medicamentos, mas uma psicoterapia adequada que ajude a pessoa a entender e lidar com as preocupações de uma fase mais avançada da vida. Isso ressalta a necessidade de avaliação psicológica e psiquiátrica abrangente para que se compreenda melhor a natureza de qualquer distúrbio de humor que o idoso apresente e para que se considere se os medicamentos são parte adequada do plano de tratamento.

Existem várias classes importantes de antidepressivos baseadas em seu sistema neurotransmissor específico. Esses agentes incluem os inibidores seletivos de recaptação da serotonina (ISRS), aqueles que visam à norepinefrina ou dopamina, inibidores de recaptação de serotonina e norepinefrina (IRSN), antidepressivos tricíclicos (ADT) e inibidores da monoamina oxidase (IMAO). Desses medicamentos, os ISRS são considerados um tratamento de primeira linha para a depressão em uma fase avançada da vida, dado o seu baixo perfil de eventos adversos, que incluem náusea e cefaleia (Taylor, 2014). A fluoxetina, a sertralina e a paroxetina constituem exemplos de ISRS. Taylor (2014) analisou as evidências de ECR para os ISRS na depressão em uma idade avançada e constatou que os estudos maiores tendem a encontrar efeitos significativos que favorecem os ISRS sobre o placebo. As taxas de resposta dos ISRS (i. e., >50% de redução dos sintomas) variam de 35 a 60%, em comparação com as taxas de resposta do placebo, que variam de 26 a 40%. Da mesma forma, os dados disponíveis sobre as taxas de remissão apresentaram uma variação de 32 a 44% para os ISRS, em comparação com 19 a 26% com o placebo. Os ISRS, como a venlafaxina e a duloxetina, podem ser usados como agentes de segunda linha quando não se obtém uma resposta satisfatória ao tratamento com ISRS. Embora os estudos sugiram que a eficácia desses agentes não difere, os efeitos adversos podem ser mais frequentes com os IRSN (Oslin et al., 2003; Schatzberg e Roose, 2006). Por fim, os ADT, como amitriptilina ou a imipramina, demonstraram eficácia comparável aos ISRS e aos IRSN, razão pela qual podem ser considerados se nenhuma dessas duas classes de medicamentos for eficaz. Entretanto, os critérios de Beers incluem os ADT – bem como a paroxetina – como possivelmente inadequados para idosos em virtude da probabilidade de efeitos adversos, como os efeitos anticolinérgicos e a hipotensão ortostática (American Geriatrics Society, 2015).

Os Centers for Disease Control and Prevention (CDC) dos EUA estimam que cerca de 80% dos idosos tenham, pelo menos, uma condição crônica de saúde (p. ex., dor crônica, doença cardiovascular), o que aumenta ainda mais a prevalência de depressão (CDC, 2015). O controle da depressão com medicamentos no contexto de comorbidades clínicas pode impor significativos desafios, inclusive interações medicamentosas que alteraram a eficácia dos medicamentos, bem como maior probabilidade de efeitos colaterais graves (Davies e O'Mahony, 2015; Taylor, 2014). Além disso, independentemente da classe do medicamento, uma recente metanálise constatou que os antidepressivos contribuíram para aumento de 1,68 da OR de quedas entre idosos (Woolcott et al., 2009). Por essa razão, o uso de antidepressivos, embora importante, deve ser rigorosamente monitorado em virtude da possibilidade de eventos adversos, sobretudo quando são receitados outros medicamentos que não ISRS.

Ansiolíticos

Os transtornos de ansiedade são relativamente comuns em idosos, embora menos comuns do que em adultos mais jovens, e com alta comorbidade com depressão (Wolitzky-Taylor, Castriotta, Lenze, Stanley e Craske, 2010). Os idosos podem ter histórico pré-mórbido de transtornos de ansiedade ou sofrer uma nova crise de preocupação ou ansiedade associada ao declínio da saúde física ou, até mesmo, ao declínio cognitivo percebido (Rabin et al., 2017). Pesquisas recentes revelaram complexas inter-relações entre a ansiedade e o comprometimento cognitivo em uma idade avançada, possivelmente moderadas pela disfunção do eixo hipotálamo-pituitária-suprarrenal (Joshi e Pratico, 2013; Pietrzak et al., 2015a, 2015b). Apesar da prevalência dos transtornos de ansiedade em idosos, em comparação com a depressão, existe uma literatura relativamente menos empírica sobre o controle efetivo dos transtornos de ansiedade nos idosos, incluindo o uso de intervenções psicofarmacológicas (Hendricks, 2014). Da mesma forma, existem dados limitados sobre a eficácia relativa de determinados medicamentos ou a utilidade do tratamento de longo prazo (Gonçalves e Byrne, 2012; Pinquart e Duberstein, 2007).

As principais classes de medicamentos associadas ao tratamento da ansiedade são os benzodiazepínicos (tanto de curta ação como de ação prolongada), bem como as atípicas e não benzodiazepínicos e outros agentes diversos com propriedades ansiolíticas, como determinados betabloqueadores, anti-histamínicos e antidepressivos. Os benzodiazepínicos interagem com os receptores benzodiazepínicos, que têm alta densidade no sistema límbico, a região do cérebro intimamente associada à expressão das emoções, incluindo o medo (Preston et al., 2017). Os neurônios secretores de ácido gama-aminobutírico (GABA) também estão diretamente relacionados ao circuito do medo e à ansiedade (Möhler, 2013); os receptores benzodiazepínicos estão localizados juntamente com os receptores do GABA, que normalmente funcionam como receptores inibitórios pré-sinápticos. Em geral, os benzodiazepínicos são considerados uma opção eficaz para o controle dos sintomas da ansiedade em curto prazo, embora o uso prolongado não seja aconselhado em virtude do forte potencial para o abuso e a dependência (Preston et al., 2017).

Embora os benzodiazepínicos possam ser uma opção viável de tratamento para adultos mais jovens e de meia-idade, os idosos são particularmente vulneráveis a efeitos adversos com essa classe de medicamentos, inclusive a sedação (Preston et al., 2017). As benzodiazepinas já foram associadas a um aumento de 1,57 da OR de quedas (Woolcott et al., 2019), bem como a uma chance 3 vezes maior de delírio (Clegg e Young, 2011). A lista de critérios de Beers observa que todos os benzodiazepínicos aumentam o risco de comprometimento cognitivo, delírio, quedas, fraturas e acidentes com veículos automotores, embora alguns agentes com ação prolongada (p. ex., clonazepam, diazepam, flurazepam) possam ser aceitáveis em contextos específicos, como distúrbio generalizado grave de ansiedade, retirada do etanol e distúrbios do sono com movimentos oculares rápidos. Os autores aconselham ainda que os benzodiazepínicos não sejam usadas em pessoas com demência ou com prometimento cognitivo, em função da incidência de efeitos adversos sobre o sistema nervoso central (American Geriatrics Society, 2015).

As evidências disponíveis de várias revisões sugerem que os medicamentos antidepressivos podem ser uma alternativa viável para o controle de determinados transtornos de ansiedade em idosos (Pinquart e Duberstein, 2007; Wolitzky-Taylor et al., 2010). Em uma revisão sistemática e metanálise dos tratamentos para ansiedade em uma fase avançada da vida, Gonçalves e Byrne (2012) constataram que tanto os benzodiazepínicos (OR = 0,19) como os antidepressivos (OR = 0,46) demonstravam efeitos estatisticamente significativos no tratamento. O efeito mais eficaz dos antidepressivos no tratamento, além de seu perfil mais seguro de efeitos colaterais, respalda o uso desses agentes como o tratamento favorito para idosos. A exemplo dos estudos anteriores, uma revisão mais recente conduzida por Hendricks (2014) destaca os ISRS como a opção preferida de antidepressivo sobre as demais classes. O autor sugere também uma abordagem de prescrição mais sutil, baseada na cronicidade e na gravidade da ansiedade. Mais especificamente, ele sugeriu que a terapia cognitivo-comportamental seja preferida em qualquer um desses transtornos de ansiedade manifestados em fase tardia ou naqueles com sintomas leves a moderados de ansiedade; enquanto a ansiedade manifestada precocemente/crônica, mais grave e comórbida, com depressão é mais bem controlada com ISRS. É lógico que as mesmas preocupações em relação aos efeitos adversos dos medicamentos antidepressivos receitados para depressão devem ser levadas em consideração no controle da ansiedade. Em geral, é recomendável que os medicamentos sejam prescritos na proporção de 50% da dose normal para adultos mais jovens, com um aumento igualmente lento da dose com o passar do tempo, se necessário.

Estabilizadores do humor

O transtorno bipolar é uma condição que pode ser diagnosticada no início da vida, mas persiste até uma fase mais avançada da idade adulta e normalmente é controlada com agentes estabilizadores do humor. O tratamento de primeira linha para o transtorno bipolar é o lítio; entretanto, o seu mecanismo de ação ainda não é totalmente conhecido. O lítio tem uma estreita janela terapêutica e, por essa razão, os níveis sanguíneos devem ser continuamente monitorados para verificação da toxicidade, que pode ser fatal. O lítio está associado a uma série de outros efeitos colaterais, como distúrbio gastrintestinal, hipotireoidismo, erupção e lesões semelhantes a acne, além de pequenas alterações da função cardiovascular (Preston et al., 2017). Três outros medicamentos frequentemente utilizados para transtorno bipolar são o divalproex, a carbamazepina e a lamotrigina, todos agentes anticonvulsivantes. A carbamazepina é associada a efeitos sobre o trato gastrintestinal e o sistema nervoso central (p. ex., sedação, tontura, sonolência, visão turva e falta de coordenação), enquanto o divalproex produz efeitos colaterais semelhantes com menor frequência e gravidade. Nesse caso, também, os níveis sanguíneos devem ser monitorados quanto à sua possível toxicidade. A lamotrigina produz efeitos colaterais semelhantes relacionados à dose administrada, além de uma reação dermatológica potencialmente letal conhecida como síndrome de Stevens-Johnson (Preston et al., 2017).

Uma recente metanálise das taxas populacionais de prevalência de distúrbios mentais em idosos estimou taxas de ocorrência de transtorno bipolar de 0,53% para doença presente e de 1,10% para doença ocorrida ao longo da vida, e níveis notavelmente mais baixos comparados à prevalência de depressão (16,52%) e transtorno de ansiedade generalizada (6,36%) no decorrer da vida (Volkert, Schulz, Härter, Wlodarczyk e Andreas, 2013). Diniz, Nunes, Machado-Vieira e Forlenza (2011) apresentaram uma abrangente revisão das evidências disponíveis para o controle do transtorno bipolar geriátrico, com vários pontos que merecem menção. Primeiro, eles observaram que geralmente faltam evidências para orientar o controle do transtorno bipolar geriátrico, e que em razão das diferenças farmacocinéticas, não se pode supor que o controle do transtorno em adultos mais jovens e de meia-idade resultará em uma opção segura para os idosos. Segundo, o uso dos estabilizadores do humor pode causar ou agravar o comprometimento cognitivo, especialmente com o uso de polimedicamentos, embora os efeitos sejam aparentemente reversíveis mediante a interrupção do medicamento. O interessante é que os estabilizadores do humor foram associados a um risco mais elevado de demência, mas somente com o uso de anticonvulsivantes; o lítio, na verdade, foi associado a um risco mais baixo, e já foi sugerido que pode produzir efeitos neuroprotetores. Terceiro, os estabilizadores do humor estão associados a um maior risco de síndrome metabólica (SMet) (ou seja, risco de doença cardiovascular, diabetes melito e mortalidade prematura), que aumenta com a idade. Isso seria um motivo de preocupação para qualquer idoso, mas especialmente para aqueles que já apresentam fatores de risco vascular (p. ex., hipertensão) ou Dva. Olanzapina e clozapina, especificamente, parecem ser os agentes associados a maior risco de SMet. Por fim, os idosos com transtorno bipolar apresentam risco elevado de suicídio, o que é muito preocupante porque esses indivíduos geralmente têm menos tendência a buscar tratamento de saúde mental do que os adultos mais jovens e de meia-idade.

A lista de critérios de Beers fornece orientação sobre as possíveis contraindicações para o uso de agentes estabilizadores do humor em idosos. A recomendação é de que a carbamazepina seja usada com cautela em função do risco mais elevado da síndrome da secreção inadequada de hormônios antidiuréticos e hiponatremia. Olanzapina e clozapina, medicamentos antipsicóticos que podem ser receitados para transtorno bipolar, podem reduzir o limiar de convulsões e estão associados a fortes propriedades anticolinérgicas; desse modo, os médicos desaconselham o uso desses medicamentos (American Geriatrics Society, 2015). Diniz et al. (2011) observaram que o lítio pode ter efeitos neuroprotetores; entretanto, a lista de critérios de Beers alerta para o fato de que a toxicidade do lítio pode ser potencializada pelo uso concomitante de IAChE, que podem ser receitados a alguém com CCL ou demência, como observado anteriormente (American Geriatrics Society, 2015). Nesse caso, portanto, devem-se pesar os riscos e benefícios do controle dos sintomas cognitivos e dos sintomas bipolares, a fim de evitar reações adversas graves aos medicamentos. O divalproex e a lamotrigina não são mencionados explicitamente pelos critérios.

Antipsicóticos

A psicose pode ser um fenômeno particularmente desafiador para ser controlado em idosos. Além dos indivíduos que envelhecem com transtornos psicóticos primários persistentes por toda a vida (p. ex., esquizofrenia) e transtornos esquizoafetivos, a psicose pode manifestar-se também em uma idade adulta mais avançada, conjuntamente com delírio, demência, uso abusivo de substâncias químicas e DP (Broadway e Mintzer, 2007). Reinhardt e Cohen (2015) observam que, embora a prevalência dos transtornos psicóticos em uma fase mais avançada da vida seja bastante elevada – um risco vitalício estimado de 23% – existe uma impressionante escassez de evidências disponíveis sobre os tratamentos efetivos – tanto farmacológicos como não farmacológicos – para esses distúrbios.

Os chamados medicamentos antipsicóticos de primeira geração incluem agentes como a clorpromazina, a tioridazina e o haloperidol. Esses medicamentos são potentes bloqueadores dos receptores sinápticos D2 de dopamina, e o grau de bloqueio do receptor prediz a sua potência clínica. Esses medicamentos são conhecidos também como neurolépticos, dados os seus potentes efeitos colaterais neurológicos, que incluem sintomas extrapiramidais como parkinsonismo, distonia e acatisia (intensa inquietação), este último associado a um elevado risco de suicídio (Preston et al., 2017). Entre outros efeitos adversos dos neurolépticos, estão os efeitos anticolinérgicos (aos quais os idosos já são sensíveis) e os efeitos antiadrenérgicos, que podem levar à hipotensão ortostática e a um alto risco de quedas. Os antipsicóticos de segunda geração ou "atípicos" oferecem um maior bloqueio da serotonina e produzem graus variáveis de bloqueio dos receptores D2 de dopamina. O perfil de efeitos colaterais desses agentes é considerado mais favorável do que aquele dos medicamentos da geração mais antiga, com menor probabilidade de sintomas extrapiramidais. Entretanto, esses medicamentos podem causar efeitos colaterais anticolinérgicos e antiadrenérgicos, forte sedação e efeitos metabólicos significativos, como ganho de peso, desregulação da glicemia e alteração do metabolismo lipídico. Clozapina, aripiprazol, olanzapina, quetiapina, risperidona e ziprasidona constituem exemplos de agentes antipsicóticos atípicos (Preston et al., 2017).

Não é incomum receitar com segurança um medicamento antipsicótico para auxiliar no controle dos sintomas de adultos mais jovens e de meia-idade. Entretanto, a maioria desses medicamentos é claramente contraindicada para idosos, de acordo com a lista de critérios de Beers (American Geriatrics Society, 2015). Para começar, muitos desses medicamentos possuem fortes propriedades anticolinérgicas, às quais os idosos, em geral, são reconhecidamente mais sensíveis (Ruscin e Linnebaur, 2014). Mais significativos, talvez, são os claros riscos do elevado grau de morbidade e mortalidade com esses medicamentos. Por exemplo, embora a agitação e o delírio possam ser resultantes de um quadro psicótico, a lista de critérios desaconselha veementemente o uso de antipsicóticos nesse caso, dadas as evidências mistas de sua eficácia, bem como o potencial para efeitos medicamentosos adversos. Além disso, para pessoas com demência e transtorno grave de comportamento, tanto os antipsicóticos de primeira geração como os atípicos mais novos são contraindicados, a não ser que todas as intervenções comportamentais tenham falhado e o idoso represente sério risco de prejudicar a si mesmo ou a outros. Isso se deve ao elevado risco de declínio cognitivo, AVC e mortalidade geral associados a esses medicamentos (Greenblatt e Greenblatt, 2016). A clara indicação consiste em evitar esse tipo de medicamento, se possível, exceto em pessoas com esquizofrenia, transtorno bipolar ou para uso de curto prazo como antiemético durante a quimioterapia (American Geriatrics Society, 2015).

Por fim, os antipsicóticos não são aconselhados para pessoas com DP, dado o seu potencial para agravar os sintomas extrapiramidais. Isso constitui um desafio especial no tratamento de pessoas com DCL, que podem apresentar simultaneamente tanto sintomas de transtorno de movimento como sintomas psicóticos. De um modo geral, os medicamentos antipsicóticos devem ser receitados somente com extrema cautela, e o ideal é que somente quando outras opções já tiverem sido exploradas e esgotadas.

Resumo e considerações finais

A psicofarmacologia pode desempenhar um papel importante em uma formulação biopsicossocial do funcionamento cognitivo/comportamental e emocional presente em idosos em diversos estágios de declínio cognitivo. Cabe ao neuropsicólogo estar o mais bem informado possível sobre os diversos medicamentos que podem influenciar o funcionamento cognitivo e emocional em idosos. As intervenções farmacológicas oferecem certos benefícios, como facilidade e eficiência de administração (e possível custo-efetividade em curto prazo), em comparação com as intervenções não farmacológicas (Versijpt, 2014). Além disso, para pacientes cuja sintomatologia seja grave a ponto de afetar seu funcionamento cognitivo, os medicamentos podem servir de base para o uso de intervenções não farmacológicas, como a reabilitação cognitiva ou a psicoterapia. Contudo, existem riscos e limitações no fato de se depender basicamente das intervenções farmacológicas. Por exemplo, muitos dos medicamentos discutidos seriam receitados para uso prolongado, o que pode gerar custos significativos para o paciente, os cuidadores e o sistema de saúde (Bond et al., 2012; Pouryamout, Dams, Wasem, Dodel e Neumann, 2012). Além disso, muitos dos medicamentos psicotrópicos e destinados a melhorar o funcionamento cognitivo apresentam um perfil significativo de efeitos colaterais; para pessoas com determinadas condições clínicas, o uso desses medicamentos pode ser diretamente contraindicado (Winslow et al., 2011). Na prática clínica de rotina, o emprego da intervenção farmacológica deve ser altamente individualizado; qualquer paciente deve estar informado por completo dos possíveis riscos e benefícios e ser capaz de participar de forma ativa das escolhas informadas em relação ao seu tratamento.

Durante muitos anos, o foco da intervenção para pessoas com declínio cognitivo foi farmacológico. Tempo e recursos financeiros significativos foram alocados para o desenvolvimento e a avaliação de medicamentos, principalmente para DA, mas também aplicados a outros tipos de declínio cognitivo em uma fase avançada da vida. Existem algumas evidências de que medicamentos como os IAChE podem ser benéficos em pessoas com DA, conforme mensurado pelas medidas de rastreamento cognitivo, mas o impacto no comportamento diário permanece aberto para debate. Como observado nos capítulos anteriores, um dos benefícios pretendidos da identificação precoce dos pacientes no espectro é a possibilidade de implementar intervenções que possam desacelerar ou, até mesmo, evitar a evolução do declínio para a demência. Entretanto, há uma relativa escassez de evidências que respaldam o uso de medicamentos, como os IAChE para pessoas com CCL.

Existem muitas questões metodológicas nessa literatura; a mais proeminente é a forma de classificação e caracterização das pessoas com CCL. Considerando-se o CCL pela perspectiva da definição mais ampla e heterogênea, talvez não seja de surpreender que haja um número ínfimo de achados significativos. Para melhorar as pesquisas futuras nessa área, será necessária uma caracterização neuropsicológica mais precisa dos pacientes dos estudos. Dadas as influências biopsicossociais sobre a cognição, vários fatores podem moderar a resposta de qualquer pessoa à intervenção (p. ex., alguns dos diversos fatores de risco e proteção já discutidos), e esses fatores devem ser medidos sistematicamente nos estudos futuros. Outro esforço futuro válido seria a verificação do impacto das intervenções farmacológicas e não farmacológicas combinadas (i. e., cognitivas/comportamentais ou psicológicas) em pessoas com CCL. No âmbito mais amplo da psicologia clínica, muitos estudos indicaram, por exemplo, que as pessoas com depressão maior tratadas com a combinação de medicamentos e psicoterapia beneficiam-se mais do que aquelas tratadas com uma das duas modalidades isoladamente. Da mesma forma, embora os agentes farmacológicos possam, em si e por si sós, não melhorar a cognição, esses fármacos podem melhorar as funções mais básicas, como o impulso e a motivação, que, por sua vez, promovem a participação nas intervenções cognitivas/comportamentais ou psicológicas, levando a um efeito terapêutico global.

O uso de medicamentos que melhoram o funcionamento cognitivo no DCS é controverso: não apenas se trata de uma condição etiologicamente heterogênea, mas, ao contrário do que acontece com o CCL, os participantes apresentam um funcionamento neuropsicológico normal, suscitando, assim, questões éticas sobre os sintomas realmente visados pelas intervenções farmacológicas. Isso não significa que todos os medicamentos devam ser descartados para pessoas com DCS. Para aquelas com humor comórbido, ansiedade e preocupações com a saúde física, deve-se buscar o tratamento convencional, que pode incluir tratamento farmacológico, o que também pode demandar a verificação dos diferentes subtipos de DCS que possam ou não resultar em declínio posterior.

Por fim, muitos ensaios medicamentosos utilizam uma avaliação de resultados limitada ou restringem-se a medidas de rastreamento macroscópico que podem não ter sensibilidade suficiente para detectar alterações sutis nas funções cognitivas ou nas capacidades funcionais. Embora se entenda que os ensaios clínicos consomem enormes quantidades de tempo e recursos, o uso de medidas com maior probabilidade de detecção da resposta às intervenções seria um investimento válido para os estudos futuros. Na prática clínica individual, as diferentes medidas podem ser mais ou menos adequadas para pacientes individuais. Sugere-se que o leitor consulte o Capítulo 9 e a discussão sobre o formato experimental de caso único, que fornece algumas orientações sobre a maneira como o impacto dos medicamentos poderia ser verificado em pacientes individuais como parte desse formato de pesquisa.

Pontos-chave

✓ Os medicamentos são parte importante da conceitualização biopsicossocial do tratamento de idosos. Os psicólogos devem estar cientes das diferentes classes de medicamentos que podem ter efeitos diretos ou indiretos sobre a cognição, o humor e o funcionamento psicológico.

✓ É essencial que os psicólogos compreendam a farmacologia básica, os diferentes modos de funcionamento possíveis dos medicamentos nessa população e que estejam cientes daqueles medicamentos que possam causar efeitos iatrogênicos ou ser contraindicados para uso mais geral.

✓ Embora os neuropsicólogos não receitem medicamentos, eles podem conduzir uma avaliação funcional abrangente que permita determinar os medicamentos adequados a serem receitados. Esses profissionais podem também determinar os obstáculos à adesão ao tratamento, como motivação e memória, bem como a resposta à intervenção, utilizando vários testes sensíveis a alterações clínicas significativas.

✓ Os IAChE e os antagonistas do receptor NMDA são os medicamentos destinados a melhorar o funcionamento cognitivo receitados com mais frequência. A evidência mais sólida da eficácia desses agentes é para indivíduos já diagnosticados com demência, particularmente aqueles com DA e demência da DP. A literatura é mista em seu conteúdo sobre comprometimento cognitivo vascular e DCL, com evidências insuficientes sobre os tipos menos comuns de demência. Poucas evidências respaldam o uso desses medicamentos em pessoas com CCL, embora as questões metodológicas possam dificultar a capacidade de detectar efeitos significativos nesses estudos.

✓ Existem tratamentos empiricamente respaldados para a função psicológica, especificamente para depressão geriátrica, que podem oferecer benefícios secundários à cognição. Entretanto, alguns medicamentos devem ser utilizados com grande cautela em idosos (p. ex., os ansiolíticos), enquanto alguns outros são amplamente contraindicados (i. e., os antipsicóticos).

Apêndice 10.1

Recursos para a educação continuada sobre psicofarmacologia

Artigos e textos sugeridos

American Geriatrics Society Beers Criteria Update Expert Panel. (2015). American Geriatrics Society updated Beers Criteria for potentially inappropriate medication use in older adults. *Journal of the American Geriatrics Society, 63,* 2227–2246.

Preston, J. D., O'Neal, J. H., & Talaga, M. C. (2017). *Handbook of clinical psychopharmacology for therapists* (8th ed.). Oakland, CA: New Harbinger.

Outros recursos de educação continuada

Várias entidades profissionais que servem aos psicólogos oferecem recursos de educação continuada pertinentes ao tema da psicofarmacologia clínica. Alguns desses recursos são cursos pré-gravados, enquanto outros são cursos contínuos por tempo limitado (p. ex., 14 semanas) conduzidos *on-line* com leitura dirigida e painéis de discussão interativos. Cada país provavelmente possui entidades profissionais que oferecem esse tipo de educação continuada; segue-se uma relação dessas instituições.

American Psychological Association (APA)

Atualmente oferece um videocurso *on-demand* sobre "Aspectos Básicos da Psicofarmacologia".
www.apa.org/education/ce/ccw0005.aspx

Canadian Psychological Association (CPA)

Atualmente oferece um curso sobre o "Guia de Psicofarmacologia do Psicólogo".
www.cpa.ca/professionaldevelopment/webcourses

National Academy of Neuropsychology (NAN)

Atualmente oferece cursos com duração de 1 semestre (ou seja, 14 semanas) sobre psicofarmacologia clínica e neuroanatomia clínica, ambos com informações atualizadas pertinentes ao tema da psicofarmacologia em idosos. Mais informações sobre os recursos da NAN encontram-se disponíveis no site: http://nanonline.org/nan/Continuing_Education/NAN/Continuing_Education.aspx?hkey=dcd8fb99-079a-4093-9aeb-7bc667c7a98a.

CAPÍTULO 11

Intervenções cognitivas e comportamentais

Neste capítulo, são analisadas as estratégias de intervenção cognitiva e comportamental para idosos dentro do espectro do declínio cognitivo. Começa-se com uma análise dos princípios teóricos pertinentes a esse assunto, seguida por uma análise da literatura empírica contemporânea nesse campo ainda embrionário. Por fim, apresenta-se um modelo prático e exemplos ilustrativos da aplicação das intervenções cognitivas em diversos estágios de declínio cognitivo, bem como um exemplo de caso.

Primeiro, uma nota ao leitor sobre a maneira como é utilizado o termo *intervenções cognitivas e comportamentais*: esse termo foi escolhido por ser o mais representativo do conteúdo deste capítulo. Diante de uma possível confusão com a terapia cognitivo-comportamental (uma intervenção empírica para transtornos psicológicos e de humor, extensamente discutida no Cap. 12), cogitou-se omitir o termo *comportamental*. Entretanto, dizer que as intervenções abordadas neste capítulo são de natureza apenas cognitiva não é uma afirmação precisa, dado que algumas estratégias de reabilitação, por exemplo, visam à mudança de comportamento de uma pessoa, não necessariamente à mudança do funcionamento cognitivo. Considerou-se também o termo mais amplo *intervenções não farmacológicas* (INF), utilizado em outras fontes (Smart et al., 2017). Entretanto, as INF consistem potencialmente em qualquer intervenção não medicamentosa, incluindo nutrição e medicamentos complementares/alternativos, não abordados neste texto. Desse modo, *intervenções cognitivas e comportamentais*, embora imperfeita, foi considerada a melhor terminologia para abranger o escopo do conteúdo deste capítulo.

Fundamentos teóricos

O ideal é que a assistência global integrada de idosos com declínio cognitivo inclua uma combinação das diversas modalidades de intervenção abordadas neste livro – farmacológica, cognitiva/comportamental, psicológica e apoio de cuidadores. Desse modo, embora este capítulo aborde especificamente o uso das intervenções cognitivas e comportamentais, bem como as evidências existentes de sua eficácia, o ideal é que esses métodos não sejam utilizados aleatoriamente, mas implementados dentro do contexto de uma ou mais dessas outras intervenções. Na prática, os profissionais de saúde são aconselhados a utilizar o mesmo processo de conceitualização de caso biopsicossocial cientista-profissional que eles normalmente utilizariam na assistência clínica de rotina.

Neuroplasticidade em uma fase avançada da vida

A última década testemunhou uma rápida proliferação da literatura sobre intervenções cognitivas e comportamentais para idosos com declínio cognitivo. Dois grandes avanços prepararam o terreno para isso. O primeiro foi a literatura sobre neuroplasticidade, especialmente a plasticidade dependente da experiência (PDE). Kleim e Jones (2008) definem a PDE como "a notável capacidade [dos neurônios] de alterar a sua estrutura e função em resposta a vários tipos de pressão interna e externa, incluindo o treinamento comportamental...[é] o mecanismo pelo qual o cérebro danificado reaprende o comportamento perdido em resposta à reabilitação" (p.225). Até relativamente pouco tempo, acreditava-se que o cérebro era mais maleável e adaptativo no início da vida e que os danos causados ao cérebro na idade adulta intermediária e avançada limitavam a capacidade de recuperação funcional (Jellinger e Attems, 2013). Os profissionais de saúde e pesquisadores podem mostrar-se reticentes em executar intervenções cognitivas e comportamentais em idosos, ou ter objetivos modestos em relação à provável melhora. Entretanto, tanto os modelos animais como humanos indicam que o cérebro pode continuar a mudar de forma adaptativa em resposta ao treinamento, mesmo na velhice (Greenwood e Parasuraman, 2010). Esse achado levou a maior otimismo em relação ao potencial para a intervenção não farmacológica. Na realidade, o campo das pesquisas sobre a demência está começando a se orientar para a prevenção primária e secundária do comprometimento cognitivo patológico nos estágios iniciais da trajetória de declínio, mesmo antes que os sintomas clínicos se evidenciem (Imtiaz, Tolppanen, Kivipelto e Soininen, 2014).

A neuroplasticidade assume, pelo menos, duas formas principais – estrutural e funcional – e, cada vez mais, acumulam-se evidências de que ambas podem ocorrer na velhice em resposta à intervenção estruturada. *Plasticidade estrutural* envolve alterações na estrutura subjacente do cérebro em resposta ao treinamento. A neurogênese – ou o crescimento de novos neurônios – já foi considerada uma característica apenas do sistema nervoso em desenvolvimento (Jellinger e Attems, 2013). Entretanto, os modelos animais indicam que a neurogênese hipocampal pode ocorrer após o exercício físico (Foster, Rosenblatt e Kuljiš, 2011; Yau, Gil-Mohapel, Christie e So, 2014), um achado importante, considerando-se que a doença de Alzheimer, por exemplo, tem relação com a neurodegeneração das células hipocampais (Winner, Kohl e Gage, 2011). Esses achados corroboram a crescente literatura que examina os benefícios cognitivos do exercício físico em idosos (p. ex., Karr, Areshenkoff, Rast e Garcia-Barrera, 2014). Por outro lado, o termo *plasticidade funcional* denota alterações na organização funcional do cérebro com ou sem qualquer alteração concomitante na estrutura cerebral. Um exemplo de plasticidade funcional é o "deslocamento posterior-anterior do cérebro" em resposta ao envelhecimento (Davis, Dennis, Daselaar, Fleck e Cabeza, 2008). Os estudos de neuroimageamento indicam que, quando comparados os idosos saudáveis a adultos mais jovens, ambos os grupos geralmente demonstram desempenho comparável nas tarefas cognitivas; entretanto, os idosos demonstram maior recrutamento das regiões frontais do cérebro para manter o mesmo desempenho na execução das tarefas (Park e McDonough, 2013; Reuter-Lorenz, 2013). Acredita-se que isso esteja associado ao uso das capacidades de controle executivas para permitir que os idosos compensem as perdas sofridas em outras áreas, como a recuperação da memória episódica (Bouazzaoui et al., 2013).

A investigação nuançada do potencial para a neuroplasticidade do cérebro humano encontra respaldo por um aumento paralelo na sofisticação cada vez maior dos métodos de neuroimagem avançado, bem como do acesso a eles. Por exemplo, a ressonância magnética estrutural (RMe) demonstrou evidências de aumento da espessura e do volume corticais em resposta ao treinamento, como a meditação (Luders, 2014; Smart, Segalowitz, Mulligan, Koudys e Gawryluk, 2016). Por outro lado, métodos como a ressonância magnética funcional (RMf) podem mostrar, em tempo real, a função do cérebro em processo de envelhecimento em resposta às demandas de diversas tarefas, permitindo a confirmação ou desconfirmação das teorias existentes sobre o envelhecimento cognitivo (Park e McDonough, 2013). As escalas de tempo e os mecanismos da neuroplasticidade no envelhecimento podem diferir daqueles observados na idade adulta intermediária e mais jovem (Jellinger e Attems, 2013). Além disso, a neuroplasticidade estrutural e funcional pode ocorrer em ordens temporais diferentes e se estabelecer antes que se evidenciem alterações no comportamento manifesto (Valkanova, Rodriguez e Ebmeier, 2014). Isso ressalta o valor de uma abordagem multimodal de avaliação dos resultados das intervenções, defendida neste capítulo.

A neuroplasticidade torna-se ainda mais relevante quando se considera o conceito de *reserva cognitiva*, ou seja, a noção de que existem diferenças individuais que moderam o impacto da patologia cerebral subjacente nas funções cognitivas e comportamentais manifestas (Stern, 2009, 2012). Vários fatores que contribuem para a reserva cognitiva foram identificados, incluindo mais tempo de educação formal, maior realização profissional, melhor saúde física e envolvimento social. Comparadas àquelas com reserva mais baixa, as pessoas com uma reserva cognitiva mais elevada tendem a suportar o impacto da patologia cerebral por mais tempo antes de demonstrar um comprometimento cognitivo significativo. O mais importante é que, em vez de ser uma diferença estática individual, pode-se contribuir para a reserva cognitiva mesmo na velhice, permitindo que a pessoa tome providências no sentido de amenizar a manifestação ou a taxa de declínio cognitivo. Esse achado é respaldado por modelos animais que mostram que os ambientes enriquecidos e a atividade física influenciam positivamente a neurogênese hipocampal em animais adultos (Kent, Oomen, Bekinschtein, Bussey e Saksida, 2015). Juntos, esses achados sugerem que o reforço da reserva cognitiva é um dos mecanismos pelos quais a neuroplasticidade é percebida, e incentiva o envolvimento ativo dos idosos em todos os níveis de declínio cognitivo.

Reabilitação cognitiva por lesões cerebrais adquiridas

O segundo maior avanço que respalda a proliferação das intervenções em idosos é o campo da reabilitação cognitiva para lesões cerebrais adquiridas. Embora as pesquisas sobre a neuroplasticidade produzam evidências dos mecanismos neurobiológicos subjacentes que respaldam a restauração e recuperação da função, a reabilitação cognitiva fornece informações sobre a maneira como essa restauração e a recuperação ocorrem na prática. Refere-se aqui à reabilitação cognitiva como uma abordagem de intervenção holística e integrativa que pode incluir tanto abordagens restaurativas como compensatórias destinadas a melhorar as funções cognitivas e psicológicas, com especial ênfase à tradução para o funcionamento diário e o comportamento adaptativo (Sohlberg e Mateer, 2001). Embora ainda seja uma subdisciplina comparativamente jovem no campo da neuropsicologia clínica, as duas últimas décadas testemunharam o acúmulo de um volume substancial de literatura que respalda a aplicação da reabilitação cognitiva para lesões cerebrais adquiridas (Cicerone et al., 2011; Mateer e Smart, 2013). Em geral, existe uma confusão na literatura sobre idosos em relação à nomenclatura das diversas intervenções cognitivas e comportamentais, com os termos *reabilitação cognitiva*, *treinamento cognitivo* e *estimulação cognitiva* geralmente utilizados de forma intercambiável, em que pesem as abordagens metodológicas e os resultados previstos serem bastante diferentes (Clare e Woods, 2004; Gates e Sachdev, 2014). Neste capítulo, tais termos são esclarecidos e é apresentado um modelo clínico sobre quando e onde essas abordagens podem ser mais ou menos úteis. Embora a reabilitação cognitiva esteja começando a ser aplicada a idosos, adianta-se também a posição de que há muito a aprender por meio da literatura existente sobre reabilitação cognitiva por lesões cerebrais adquiridas, em que as evidências são bastante sólidas.

Evidências empíricas para intervenções cognitivas e comportamentais

Até o momento, as intervenções farmacológicas isoladas não foram capazes de retardar de forma confiável a progressão para a demência. No decorrer da última década, houve um enorme aumento do volume de trabalhos empíricos sobre as abordagens não farmacológicas, especialmente as intervenções cognitivas e comportamentais. De um modo geral, os idosos estão bem servidos por um programa de assistência global integrada que inclui tanto intervenções farmacológicas como cognitivas/comportamentais e psicossociais. Ao mesmo tempo, as intervenções não farmacológicas, incluindo as intervenções cognitivas e comportamentais, têm vantagens distintas. Embora muitos estudos mostrem a estabilização ou a melhora do funcionamento cognitivo com o uso de medicamentos, o impacto tangível no comportamento diário permanece uma questão em aberto. O custo dos ensaios clínicos com medicamentos é alto, assim como os custos contínuos da prescrição de medicamentos para o paciente e o sistema de saúde (Bond et al., 2012; Pouryamout et al., 2012). Embora os trabalhos realizados em termos de análise econômica formal das intervenções não farmacológicas sejam limitados (Davis, Bryan, Marra, Hsiung e Liu-Ambrose, 2015), seria razoável supor que o custo de desenvolvimento e implementação dessas intervenções é menor do que o dos medicamentos. Para começar, muitas intervenções existentes podem ser moldadas para uma população idosa e nela testadas, sem que se precise reinventar um novo método. Além disso, ao contrário dos medicamentos, uma gama mais ampla de profissionais devidamente treinados pode implementar essas intervenções, inclusive os psicólogos, bem como alguns profissionais de saúde aliados, como fonoaudiólogos e terapeutas ocupacionais. Por fim, as intervenções cognitivas e comportamentais, mesmo quando ineficazes, raramente produzem efeitos colaterais significativos, ao contrário dos medicamentos destinados a melhorar o funcionamento cognitivo, que podem produzir efeitos colaterais importantes. Esses muitos benefícios, bem como a teoria e as evidências da neuroplasticidade em uma idade avançada, servem de incentivo para a implementação das intervenções cognitivas e comportamentais, evitando que se dependa das intervenções farmacológicas isoladas.

A literatura nessa área é prolífica, razão pela qual uma análise exaustiva dos estudos primários existentes foge ao escopo deste livro. Em vez disso, apresenta-se aqui uma análise das revisões sistemáticas e metanálises recentes dos principais tipos de intervenção cognitiva (i. e, treinamento cognitivo, reabilitação e estimulação cognitivas) nos diversos estágios de declínio cognitivo (i. e, envelhecimento saudável, declínio cognitivo subjetivo [DCS], comprometimento cognitivo leve [CCL] e demência). Essa análise baseada em evidências, juntamente com os princípios teóricos mencionados, fornece o contexto para uma discussão sobre a maneira como esses métodos podem ser aplicados de forma idiográfica a pacientes individuais.

Diferentes abordagens teóricas à intervenção

Antes de explorar a literatura em detalhes, deve-se notar que a interpretação desta pode ser um desafio em virtude das inconsistências da terminologia das intervenções. Três tipos principais de intervenção foram utilizados na população idosa – treinamento cognitivo, reabilitação cognitiva e estimulação cognitiva – que, tal como tradicionalmente concebidos, possuem diferentes mecanismos de administração e de resultados previstos (Gates e Sachdev, 2014; Tuokko e Smart, 2014). Clare e Woods (2004) sugeriram definições específicas para essas intervenções no contexto de pacientes idosos. O *treinamento cognitivo* envolve a prática dirigida de um conjunto de tarefas padronizadas destinadas a produzir impacto em funções cognitivas específicas com vários níveis de dificuldade. Essas tarefas podem ser oferecidas a indivíduos ou grupos em formato impresso (lápis e papel) ou computadorizado (p. ex., treinamento computadorizado da memória de trabalho). A *estimulação cognitiva* normalmente se aplica a pessoas com diagnóstico de demência. Essa abordagem, derivada de trabalhos anteriores sobre a terapia de orientação para a realidade (Taulbee e Folsom, 1966), refere-se a uma série de atividades prazerosas que produzem estímulo geral para o raciocínio, a concentração e a memória e, normalmente, ocorre dentro de um contexto social. Por fim, a *reabilitação cognitiva* concentra-se mais nas necessidades e nos objetivos individuais do paciente. De acordo com Clare e Woods (2004), essa técnica visa a melhorar a função diária, e não o desempenho nos testes cognitivos, e incorpora o uso de práticas compensatórias, em vez de se concentrar na restituição da função, como no treinamento cognitivo.

Essa nomenclatura confere clareza metodológica à literatura empírica, particularmente para ensaios clínicos que procuram determinar a eficácia de quaisquer dessas intervenções de forma isolada. Embora, de um modo geral, seja possível concordar com essas definições, observa-se que, na prática clínica, elas podem ser menos precisas. Por exemplo, no campo da reabilitação por lesões cerebrais adquiridas, tanto os proponentes iniciais como os proponentes atuais defendem uma abordagem integrada de multicomponentes (p. ex., Ben-Yishay e Gold, 1990; Cicerone et al., 2008, 2011). Em outras palavras, o que pode ser amplamente considerado como "reabilitação cognitiva", na realidade, envolve uma mistura de atividades restauradoras (p. ex., treinamento da atenção), uso de estratégias compensatórias (p. ex., treinamento com livro de memória) e estimulação cognitiva (p. ex., socialização em grupo, arteterapia). Mesmo no campo da intervenção em idosos, reconhece-se que esses três tipos de intervenção podem ocorrer conjuntamente em qualquer nível de declínio cognitivo (Gates e Sachdev, 2014). Bahar-Fuchs, Clare e Woods (2013) afirmam que a abrangente orientação da reabilitação cognitiva é de natureza colaborativa centrada no cliente e baseada em objetivos ecologicamente relevantes.

Intervenções cognitivas e comportamentais para idosos saudáveis

À medida que o campo das pesquisas sobre a demência tende à prevenção primária, antes da manifestação dos sintomas clínicos (Imtiaz et al., 2014; Thal, 2006), há um crescente interesse pelas intervenções cognitivas e comportamentais para idosos saudáveis. Consequentemente, a preponderância dessa literatura concentra-se nas diversas formas de treinamento cognitivo, em contrapartida à reabilitação ou à estimulação, cuja amostra é apresentada na próxima seção.

Treinamento cognitivo computadorizado

Nos últimos anos, a literatura tem refletido uma explosão de interesse pelas intervenções com treinamento cognitivo computadorizado (TCC), ou "treinamento cerebral". Esse interesse foi despertado, em parte, pela pronta disponibilidade de programas oferecidos comercialmente, como Lumosity and Nintendo BrainAge. As intervenções com TCC agradam por várias razões, como a padronização dos exercícios de treinamento, a capacidade de uso em casa e os métodos de aplicação visualmente estimulantes. No campo das intervenções cognitivas, este talvez seja um dos temas de estudo mais controversos. Análises conflitantes têm sido publicadas sobre a relativa eficácia, ou falta de eficácia, dos programas de treinamento cerebral (Simons et al., 2016). Estimativas de vendas recentes dos programas comerciais de TCC sugerem US$ 1 bilhão por ano, indicando que o TCC é um negócio em expansão (The Economist, 2013). Consequentemente, existe uma preocupação de que as empresas comerciais com interesse financeiro adquirido possam superestimar ou interpretar mal as evidências empíricas que respaldam os benefícios cognitivos associados a esses programas. Isso é exemplificado pelo recente processo judicial coletivo contra o Lumosity (Federal Trade Commission, 2016). Considerando-se que os idosos geralmente constituem um alvo primário desses programas, muitos dos quais afirmam driblar ou prevenir o declínio cognitivo, é importante analisar criticamente a literatura disponível e considerar os eventuais benefícios específicos, se houver, desses programas de treinamento.

Lampit, Hallock e Valenzuela (2014) conduziram uma revisão sistemática e uma metanálise dos programas de TCC com idosos cognitivamente saudáveis. Essa revisão foi uma novidade na medida em que o TCC era definido de forma restrita e não incluía dados conjuntos de outras intervenções cognitivas, mas apenas de ensaios controlados randomizados (ECR). Os estudos elegíveis tiveram que envolver idosos saudáveis acima de 60 anos e mais de 4 horas de prática em tarefas computadorizadas padronizadas ou *videogames* com uma clara lógica cognitiva, em comparação com uma condição de controle ativo ou passivo. Após a remoção de um *outlier*, 52 ensaios com 4.885 participantes foram considerados aptos a ser incluídos, com a exclusão de apenas um estudo como *outlier*. A metanálise indicou um efeito geral pequeno, mas estatisticamente significativo, para o TCC em relação ao grupo de controle (g de Hedges = 0,22, intervalo de confiança [IC] de 95% = 0,15-0,29). Observaram-se efeitos pequenos a moderados para domínios cognitivos específicos, com os maiores efeitos relacionados à velocidade de processamento (g de Hedges = 0,31, IC de 95% = 0,11-0,50) e às habilidades visuoespaciais (g de Hedges = 0,30, IC de 95% = 0,07-0,54), efeitos modestos para a memória não verbal (g de Hedges = 0,24, IC de 95% = 0,09-0,38) e os menores efeitos para a memória verbal (g de Hedges = 0,08, IC de 95% = 0,01-0,15). Embora a memória de trabalho como uma variável de resultado tenha produzido efeitos modestos (g de Hedges = 0,22, IC de 95% = 0,09-0,35), o treinamento da memória de trabalho isoladamente foi considerado ineficaz. O TCC não produziu quaisquer efeitos significativos em relação à atenção ou às funções executivas.

O poder das análises da memória verbal e das funções executivas foi considerado adequado; e as medidas de resultado, apropriadas para as intervenções. Por essa razão, os autores se sentiram confiantes para determinar que a eficácia insignificante dessas intervenções se deve, na realidade, ao treinamento propriamente dito, e não à falta de poder. Havia dados suficientes disponíveis para examinar os fatores moderadores do tratamento, indicando que as intervenções domiciliares eram ineficazes se comparadas às intervenções em grupo. Isso talvez seja atribuído à incapacidade de manter a fidelidade ao tratamento (i. e., seguir os protocolos de tratamento predeterminados) em condições não supervisionadas e/ou à falta de reforço positivo de um intervencionista *in vivo*. O interessante é que uma frequência de mais de três sessões de treinamento por semana mostrou-se menos eficaz do que três ou menos sessões, embora as sessões de menos de 30 minutos pareçam ser ineficazes, uma vez que a plasticidade sináptica é mais provável depois de 30 a 60 minutos de treinamento (Lüscher, Nicoll, Malenka e Muller, 2000). Por fim, os estudos relataram somente os efeitos pós-intervenção imediatos. Esta é uma limitação importante, considerando-se o fato de que, se o TCC tiver por objetivo a prevenção primária, é possível que não se observem benefícios preventivos por meses ou até mesmo anos após o período de intervenção ativa.

A revisão de Lampit et al. (2014) indica que os benefícios do TCC em curto prazo são, na melhor das hipóteses, modestos. Isso reflete uma extensa revisão muito recente conduzida por Simons et al. (2016) que, de modo semelhante, demonstra que o TCC tende a melhorar o desempenho em tarefas treinadas, com evidências limitadas de transferência próxima para tarefas correlatas e muito poucas evidências de longa transferência distante para comportamentos ecologicamente relevantes. Entretanto, embora essas rigorosas revisões sistemáticas e metanálises constituam comentários importantes sobre o estado de evidência para o TCC, há uma importante ressalva que permanece sem solução. Para que o objetivo da prevenção primária se realize, isso significa retardar ou evitar a progressão da condição para o declínio cognitivo anormal (Thal, 2006). Para determinar os possíveis benefícios preventivos do TCC, os estudos requerem necessariamente um acompanhamento em longo prazo. Por exemplo, estima-se que a hipotética conversão temporal do DCS para o CCL e a demência seja de 15 anos (Reisberg et al., 2008). É compreensível que alguns estudos tenham esse tipo de acompanhamento em razão de limitações financeiras e de tempo. Desse modo, o que parece ser resultados nulos em curto prazo poderia traduzir-se em benefícios positivos muito mais tarde, especialmente quando os participantes continuam a envolver-se de forma ativa com o material fornecido nas intervenções.

Um exemplo de estudo com acompanhamento de longo prazo é o estudo Advanced Cognitive Training for Independent and Vital Elderly (ACTIVE), um ECR multicentros em larga escala que investigou o impacto longitudinal do treinamento cognitivo em idosos saudáveis. Nesse estudo, 2.832 participantes com idades entre 65 e 94 anos foram designados para 1 entre 4 grupos de intervenção e submetidos a 10 sessões de 60 a 75 minutos durante 5 a 6 semanas: memória verbal episódica, raciocínio, velocidade de processamento ou controle sem contato. Um treinamento de reforço com quatro sessões foi administrado aos três grupos de intervenções 11 meses após o período de intervenção ativa. Os resultados iniciais desse estudo (incluídos na revisão de Lampit et al., 2014) indicaram que o treinamento em domínios cognitivos específicos resultou na melhora imediata desse domínio (baseada em testes neuropsicológicos específicos), com as mais altas taxas de melhora evidenciadas na velocidade de processamento (87% dos participantes) e no raciocínio (74% dos participantes), em contrapartida aos resultados obtidos para a memória (26% dos participantes). As sessões de reforço aumentaram os benefícios somente para os grupos da velocidade de processamento e do raciocínio, os quais se mantiveram durante o acompanhamento de 2 anos. Não foram observadas quaisquer alterações no funcionamento cognitivo diário depois de 2 anos, embora, para idosos saudáveis, esta possa ser uma janela demasiadamente curta para que se observem benefícios significativos (Ball et al., 2002).

Recentemente, o grupo ACTIVE publicou os resultados de um acompanhamento de 10 anos de seus participantes (Rebok et al., 2014). Quarenta e quatro por cento da amostra original foram preservados depois de 10 anos. Do grupo original submetido a sessões de reforço no relatório de Ball et al. (2002), 60% foram submetidos a novas sessões de reforço 3 anos após a intervenção. Utilizaram-se testes neuropsicológicos para reavaliar a função cognitiva, incluindo também medidas de autorrelato e desempenho das atividades instrumentais da vida diária. Os benefícios pós-intervenção imediatos em termos de raciocínio e velocidade de processamento foram mantidos no acompanhamento de 10 anos, mas não em termos de memória. Da mesma forma, o efeito sobre a intervenção no raciocínio foi pequeno (0,23) sobre o resultado do raciocínio, enquanto a intervenção na velocidade produziu um efeito médio a grande (0,66) sobre o resultado da velocidade depois de 10 anos. Em termos de manutenção da função cognitiva, 73,6% dos participantes do grupo do raciocínio e 70% dos participantes do grupo da velocidade demonstraram desempenho em, ou acima de, seus respectivos níveis de capacidade cognitiva, comparados a 61,7 e 48,8% dos participantes do grupo de controle. Quanto ao desempenho nas atividades instrumentais da vida diária autorrelatadas, observou-se declínio em todos os grupos a partir do 2º ano; o grau de declínio foi menor nos grupos de intervenção *versus* controle entre o 3º e o 5º anos, e essa diferença se manteve até o 10º ano. O interessante é que o treinamento não produziu nenhum efeito direto sobre as medidas de desempenho reais das atividades instrumentais da vida diária. No que tange à disparidade entre as medidas de autorrelato e as medidas de desempenho, os autores observam que o comportamento objetivo diário provavelmente é multifatorial quanto às suas influências, incluindo fatores como saúde geral, classe social e gênero, bem como fatores cognitivos específicos não abordados nesse estudo. Todavia, esse ECR em larga escala sugere que os efeitos do treinamento cognitivo para determinados domínios pode se manter ao longo do tempo, exercendo efeitos protetores sobre o declínio cognitivo e mantendo o funcionamento cognitivo diário percebido.

Treinamento cognitivo e exercício físico

A literatura sobre o exercício físico propriamente dito foi discutida no Capítulo 9 no contexto da manutenção geral da saúde física. Alguns estudos compararam ou examinaram os efeitos interativos do treinamento físico e do treino cognitivo (TC). Por exemplo, Karr et al. (2014) examinaram o impacto do TC em idosos. O "TC" foi interpretado de forma ampla, incluindo o TC, a reabilitação, o exercício e a remediação. Todos os idosos acima de 65 anos foram incluídos, ou seja, aqueles com e sem comprometimento cognitivo patológico. O efeito geral do TC foi pequeno e positivo (0,26; IC de 95% = 0,13-0,39). Esse resultado não foi significativamente diferente daquele observado em relação ao exercício físico isolado (0,12; IC de 95% = 0,04-0,20), embora com tendência ao TC demonstrar mais eficácia. Essa diferença pode ter sido determinada por benefícios vivenciados pelos participantes saudáveis, visto que o TC foi considerado eficaz para eles, mas não para aqueles com CCL e demência. A limitação dessa análise é a definição muito ampla e totalmente abrangente de TC, que impede a identificação de tipos específicos de intervenção cognitiva que podem ser preferencialmente eficazes em idosos saudáveis.

Em uma recente revisão, Lauenroth, Ioannidis e Teichmann (2016) compararam os efeitos multiplicativos do TC e do exercício físico para qualquer das duas modalidades isoladamente. Comparado à revisão de Karr et al. (2014), o TC foi definido de forma mais restrita e pareceu compatível com a definição de Clare e Woods (2004). Vinte artigos atenderam aos critérios de inclusão – ensaios controlados ou ECR que incluíram uma condição de TC e exercício físico combinados, dos quais 13 empregaram essas intervenções concomitantemente, e 7 de forma consecutiva. Dezoito dos estudos revisados demonstraram um impacto positivo sobre a cognição (normalmente, atenção e/ou função executiva/memória de trabalho), dos quais, 17 incluíram treinamento aeróbico ou de força, ou uma combinação de ambos. Vale notar que os benefícios positivos parecem limitados às funções cognitivas treinadas, com pouca evidência de transferência próxima para tarefas não treinadas e nenhuma avaliação específica das capacidades funcionais do dia a dia. Dos dois estudos que examinaram especificamente o funcionamento cognitivo diário, o primeiro relatou uma melhora generalizada tanto no grupo submetido a intervenção como no grupo de controle, enquanto o segundo relatou benefícios específicos para os grupos concomitantes do TC/exercício físico e das condições de exercício físico/psicoeducação, mas não para o exercício físico ou o TC isoladamente. De um modo geral, essa revisão sugere que as intervenções multicomponentes, que combinam exercício físico com TC podem oferecer benefícios adicionais para a cognição, além de qualquer das duas intervenções isoladamente. Além disso, o exercício é um aspecto importante da saúde física geral e constitui uma recomendação apropriada para a maioria dos idosos, independentemente do estado cognitivo do paciente.

Reabilitação cognitiva

A reabilitação cognitiva normalmente é empregada quando o paciente já apresenta déficits manifestos na função cognitiva e/ou no comportamento diário. Desse modo, a literatura disponível sobre idosos saudáveis é menor do que aquela existente sobre indivíduos com CCL e demência. Dito isso, uma recente revisão conduzida por Mowzowski, Lampit, Walton e Naismith (2016) examinou o impacto do treinamento cognitivo estratégico (TCE) destinado a melhorar o funcionamento executivo. Embora essa revisão tenha se concentrado no "treinamento", a descrição do TCE parece ter muito mais semelhança com a reabilitação descrita sob a nomenclatura de Clare e Woods (2004). Mowzowski et al. descrevem o TCE como uma técnica que envolve inerentemente mais ênfase na prática supervisionada e dirigida, focada em métodos mais compensatórios do que restauradores, e que proporciona ao paciente meios alternativos de alcançar seus objetivos (Sitzer, Twamley e Jeste, 2006). O TCE normalmente tem como alvo principal o funcionamento executivo (FE). Considerando-se que grande parte da literatura sobre intervenção visa à memória, o exame do treinamento do FE se destaca, sobretudo, porque o domínio cognitivo está mais intimamente ligado aos comportamentos do dia a dia e às atividades instrumentais da vida diária (Tuokko e Smart, 2014). Além disso, diante do fato de que grande parte da literatura sobre o TC é dificultada pela evidência insignificante de transferência de treinamento, os métodos destinados a melhorar o FE – e, portanto, os comportamentos do dia a dia – mostram-se promissores como formas de intervenção ecologicamente relevantes.

A revisão conduzida por Mowzowski et al. (2016) incluiu qualquer ensaio controlado com adultos acima de 50 anos em que o TCE foi ministrado em casa ou pessoalmente, e qualquer aspecto do FE foi o alvo principal do treinamento. As intervenções computadorizadas foram permitidas somente quando o computador fornecia uma plataforma de instrução estratégica (em contrapartida ao treinamento do tipo exercício e prática) e, nesse caso também, quando o FE era o alvo. A revisão gerou 13 estudos com idosos saudáveis, dos quais 11 foram ECR. Onze estudos tinham por objetivo o raciocínio indutivo, enquanto os outros 2 concentraram-se no comportamento direcionado para objetivos e relacionado a problemas e tarefas do cotidiano. A dosagem das sessões variou de 5 a 24, com uma média de 10,4 sessões nos estudos. Os estudos variaram também quanto ao método administrado (ou seja, em grupo *versus* individualizado, centro de pesquisas *versus* em casa). Quanto aos efeitos da intervenção, 10 entre 11 estudos demonstraram transferência próxima para tarefas não treinadas do FE, com efeito moderado (p. ex., g de Hedges > 0,3). Quatro entre 8 estudos que avaliaram o acompanhamento de longo prazo constataram que esses benefícios foram mantidos no decorrer do tempo, especificamente na área do raciocínio indutivo. Para a transferência distante, somente 1 entre 6 estudos que a avaliaram constataram benefícios pós-teste imediatos, embora 2 outros ensaios que não demonstraram benefício imediato tenham demonstrado benefícios no acompanhamento longitudinal. A análise dos efeitos da transferência é importante, uma vez que (1) encontrar qualquer evidência de transferência é algo significativo, dado que o declínio das atividades instrumentais da vida diária está associado à transição do CCL para a demência e que (2) os achados sugerem que pode haver alguns atrasos na verificação da transferência para o comportamento do dia a dia. De um modo geral, os resultados informam a utilidade do TCE em idosos saudáveis como estratégia de prevenção primária contra o declínio do FE (e, possivelmente, o declínio nas atividades instrumentais da vida diária) e indicam a importância do acompanhamento longitudinal para que se conheça realmente o impacto da intervenção. Embora as evidências obtidas sejam promissoras, as limitações da revisão incluem a consagrada dificuldade em avaliar o FE, bem como a grande heterogeneidade metodológica das abordagens utilizadas. Além disso, embora os autores também pretendessem encontrar evidências sobre pessoas com CCL, essas evidências foram quantitativa e qualitativamente limitadas, impedindo qualquer síntese significativa. Considerando-se que as pessoas com CCL apresentam elevado risco de declínio das atividades instrumentais da vida diária e demência, essa área de intervenção preventiva secundária requer uma investigação mais profunda.

Intervenções cognitivas e comportamentais para DCS

Comparado a outros estágios da trajetória do declínio cognitivo em uma fase avançada da vida, o fenômeno do DCS é menos conhecido, inclusive pelo fato de que algumas pessoas afetadas demonstram declínio subsequente anormal. Não é de surpreender, portanto, que a literatura sobre as intervenções cognitivas e comportamentais para esse grupo de indivíduos seja notavelmente menor do que aquela disponível sobre pessoas com CCL e demência. Os primeiros critérios operacionais propostos para o declínio cognitivo subjetivo foram publicados em 2014, os critérios de Jessen (Jessen et al., 2014). Antes disso, foram conduzidas duas revisões sistemáticas sobre idosos saudáveis com queixas de natureza cognitiva. A primeira dessas revisões, conduzida por Metternich, Kosch, Kristen, Härter e Hüll (2010), envolveu uma metanálise de 14 ECR de qualquer intervenção não farmacológica para pessoas com queixas em relação à memória subjetiva. Juntamente com esses estudos, Meternich et al. incluíram diversas abordagens, de psicoeducação a treinamento padronizado de memória e reestruturação cognitiva (como aquela utilizada na terapia cognitiva). Os resultados primários foram o autorrelato sobre a memória, o humor e o bem-estar, bem como medidas objetivas de memória. A reestruturação cognitiva demonstrou reduzir as queixas autorrelatadas em relação à memória, enquanto o treinamento da memória não reduziu as queixas. Por outro lado, somente o treinamento da memória melhorou a função da memória objetiva. Esses resultados indicam a especificidade do mecanismo de ação sobre resultados específicos. Quanto às limitações do estudo, embora a lógica da revisão sistemática aparentemente tenha se concentrado no impacto das intervenções não farmacológicas voltadas para as queixas sobre a memória subjetiva em idosos, os autores não especificaram uma faixa de idade para os participantes dos critérios da revisão sistemática, tampouco separaram dos idosos saudáveis as pessoas com preocupações significativas sobre o funcionamento cognitivo.

Canevelli et al. (2013) conduziram a segunda revisão sistemática, a qual incluiu 6 estudos dirigidos a indivíduos com queixas em relação à função cognitiva subjetiva. Cada intervenção foi estruturada como um programa de TC, geralmente voltado para a memória episódica, embora outros domínios cognitivos (p. ex., atenção e função executiva) tenham eventualmente sido considerados. Da mesma forma, a avaliação de acompanhamento ateve-se principalmente à memória, embora uma tenha se concentrado de forma exclusiva na função executiva. Embora cada estudo tenha relatado alguma melhora na função cognitiva em suas amostras, os estudos variaram amplamente quanto às características e à viabilidade de implementação. Uma vantagem da revisão foi o fato de ter se concentrado somente em pessoas com queixas em relação à função cognitiva subjetiva (e não em idosos saudáveis). Entretanto, os autores incluíram ensaios clínicos de qualquer intervenção não farmacológica, não especificando se limitaram a revisão a ECR ou mesmo a ensaios controlados de qualquer tipo, suscitando questões sobre o rigor dos estudos em que suas conclusões estão baseadas. Além disso, a exemplo da revisão de Metternich et al. (2010), os autores não especificaram que tenha sido estabelecida uma faixa etária para os participantes ou que os estudos tenham sido limitados a idosos.

Muitos dos estudos incluídos nessas duas revisões sistemáticas anteriores limitaram a especificação de seus participantes, e não ficou claro quantos realmente seriam classificados como portadores de DCS. Os critérios de Jessen para DCS (Jessen et al., 2014) só foram publicados recentemente. É possível que, com critérios operacionais mais rigorosos para a classificação do DCS, uma reanálise dos estudos existentes possa revelar diferentes efeitos das intervenções cognitivas e comportamentais nesse grupo. Consequentemente, Smart et al. (2017) conduziram uma revisão sistemática atualizada e uma metanálise dos ensaios controlados das intervenções não farmacológicas e seus efeitos sobre o funcionamento cognitivo, comportamental e psicológico em pessoas acima de 55 anos com DCS amplamente interpretado com base nos critérios de Jessen. Após a análise de elegibilidade, somente aqueles que envolviam intervenção cognitiva e comportamental foram finalmente incluídos, totalizando 11 estudos. Dadas as limitadas informações disponíveis para os resultados autorrelatados, a metanálise (n = 9 estudos) restringiu-se aos resultados cognitivos. O efeito para os resultados cognitivos foi pequeno para todos os estudos (d de Cohen = 0,22), mas o efeito foi maior quando concentrado somente nos estudos com intervenções cognitivas, em contrapartida a outros tipos de intervenção (d de Cohen = 0,37).

Em virtude da quantidade limitada de dados disponíveis, o estudo teve algumas limitações. Primeiro, foi necessário considerar os resultados cognitivos como um indicador global, em vez de conseguir verificar os efeitos individuais para domínios cognitivos específicos. Segundo, não foi possível testar os efeitos moderadores para variáveis como idade e gênero. Terceiro, com um foco maior na eficácia, as medidas de resultados tenderam a concentrar-se nos resultados cognitivos e psicométricos e não avaliaram as medidas ecologicamente relevantes para verificar a transferência de treinamento. Por fim, os ensaios tenderam a concentrar-se somente nos resultados pós-teste imediatos, de modo que os efeitos preventivos primários dessas intervenções permanecem desconhecidos. Apesar dessas limitações, essa análise fornece evidências preliminares de que as intervenções cognitivas e comportamentais são eficazes em pessoas com DCS e merecem uma investigação mais aprofundada em termos de eficácia e benefícios preventivos em longo prazo. As evidências disponíveis são insuficientes para testar os benefícios relativos do treinamento e da reabilitação, o que oferece outra área para investigação futura.

Intervenções cognitivas e comportamentais na presença de CCL

As pessoas com CCL constituem um grupo singular, visto que algumas declinam para a demência, outras permanecem estáveis e há aquelas ainda que, na verdade, demonstram uma reversão à saúde cognitiva (Albert et al., 2011). Isso ressalta a importância dos múltiplos tipos de intervenção nesse estágio – de restituição e compensação – que são exploradas no contexto das evidências disponíveis.

Treinamento cognitivo

Hill et al. (2017) conduziram uma metanálise das intervenções de TCC para pessoas com CCL e demência, um estudo que, ao que consta, foi o primeiro do tipo. O trabalho incluiu 17 estudos sobre pessoas com CCL, envolvendo 686 participantes (TCC = 351). Os estudos precisaram utilizar exclusivamente o TCC, ou, se combinado a outro tipo de intervenção, isso teve que ser considerado na condição de controle. Os resultados indicaram que, para pessoas com CCL, a eficácia geral dos resultados cognitivos foi moderada e estatisticamente significativa (k = 17, g = 0,35, IC de 95% = 0,20-0,51), a qual os autores observaram ser, na verdade, maior do que o efeito anteriormente relatado para idosos saudáveis e para doença de Parkinson (DP). Isso aconteceu independentemente de o estudo ter envolvido um grupo de controle ativo (k = 11, g = 0.40, IC de 95% = 0,17-0,63) ou um grupo de controle passivo (k = 6, g = 0,32, IC de 95% = 0,09-0,55). Contataram-se efeitos específicos para atenção, memória de trabalho e aprendizado e memória verbais, mas não para velocidade de processamento, linguagem, função executiva, habilidades visuoespaciais ou atividades instrumentais da vida diária. Observaram-se efeitos positivos também sobre o funcionamento psicossocial (k = 8, g = 0,52, IC de 95% = 0,01-1,03). Apesar dos achados positivos, os estudos tenderam a ter amostras pequenas, possivelmente subestimando os efeitos clínicos dessas intervenções. Além disso, a maioria dos estudos concentrou-se exclusivamente nos resultados de curto prazo após a intervenção; por essa razão, se o TCC desacelera ou não a taxa de declínio (ou as taxas de conversão) para a demência permanece uma questão em aberto.

Reabilitação cognitiva

Huckans et al. (2013) apresentaram um abrangente modelo teórico de CCL e conduziram uma revisão baseada em evidências dos ECR de diversas terapias de reabilitação cognitiva (TRC) para os sintomas específicos do CCL. O escopo da revisão envolveu a avaliação da eficácia das TRC para idosos com CCL quanto ao impacto em curto prazo (ou seja, < 1 mês após a intervenção) e em longo prazo (ou seja, > 1 mês após a intervenção) no desempenho cognitivo objetivo, bem como nas queixas em relação ao funcionamento cognitivo subjetivo, no funcionamento cognitivo diário, na qualidade de vida, na gravidade dos sintomas neuropsiquiátricos e em outros constructos correlatos. Os autores procuraram também verificar se as TRC desempenham o papel de prevenção secundária (Thal, 2006), examinando o impacto das taxas de conversão em demência. Embora os relatos sejam de que a revisão foi sobre as TRC, os parâmetros de busca para a revisão incluíram estudos dentro da classe do treinamento cognitivo, em consonância com o modelo teórico dos autores, segundo o qual o treinamento restaurador pode englobar um aspecto da reabilitação cognitiva (Huckans et al., 2013).

A revisão final incluiu 14 ECR. De um modo geral, as 7 intervenções no estilo de vida demonstraram um impacto positivo no desempenho cognitivo objetivo. Especificamente, o exercício aeróbico melhorou o funcionamento executivo, e as intervenções mais longas impactaram múltiplos domínios cognitivos. O exercício anaeróbico (p. ex., treinamento de resistência e *tai chi*) foi associado a uma significativa melhora da atenção, da memória e da função executiva. Outras intervenções incluíram uma dieta com baixo teor de gordura/índice glicêmico (melhorando a memória visual) e a prática de caligrafia como atividade estimulante da cognição (melhorando a cognição geral). Um estudo sobre o treinamento restaurador da atenção demonstrou efeitos limitados sobre as tarefas não treinadas, enquanto um estudo sobre o treinamento da memória compensatória melhorou a autoeficácia da memória e o funcionamento diário, o qual se mantinha 6 meses após a intervenção. Duas abrangentes intervenções concentraram-se na memória. Em ambos os estudos, o maior impacto parece ter sido decorrente da administração de estratégias compensatórias e de psicoeducação, o que levou ao endosso de melhores capacidades de memória, bem como a um maior conhecimento e uso das estratégias. Entretanto, nenhum dos dois grupos demonstrou melhor desempenho da memória objetiva. Por fim, três estudos revisaram as intervenções multimodais, produzindo achados mistos; os estudos com amostras maiores demonstraram maior poder de detecção de efeitos significativos sobre a cognição objetiva, com benefícios adicionais observados no conhecimento e uso das estratégias compensatórias e dos sintomas neuropsiquiátricos. De um modo geral, os autores consideram as evidências animadoras, mas inconclusivas, em virtude das várias limitações metodológicas encontradas na literatura revisada. Essas limitações incluem métodos questionáveis de classificação do CCL, intensidade ou "dose" questionável das intervenções empregadas, baixo poder de detecção de efeitos significativos, medidas possivelmente destituídas de sensibilidade, acompanhamento de longo prazo limitado e, geralmente, um foco restrito na cognição global para a exclusão de outros resultados importantes, como os sintomas neuropsiquiátricos, o funcionamento diário e a qualidade de vida.

O impacto funcional das intervenções para o CCL

Uma recente revisão sistemática e metanálise conduzidas por Chandler, Parks, Marsiske, Rotblatt e Smith (2016) tiveram a finalidade específica de examinar o impacto diário dos ensaios controlados das intervenções cognitivas no CCL, em contrapartida ao foco exclusivo no desempenho cognitivo objetivo. Considerando-se o fato de que o funcionamento cognitivo diário começa a sofrer erosão à medida que as pessoas transitam do CCL para a demência, as intervenções capazes de preservar o funcionamento cognitivo diário são ecologicamente relevantes e poderiam servir como um importante meio de prevenção secundária (Thal, 2006). Dos 30 artigos incluídos nessa análise, 14 foram de base terapêutica, 10 foram multimodais e 6 foram intervenções computadorizadas. A exemplo de outras revisões, é difícil tirar conclusões gerais com base em uma quantidade limitada de evidências empíricas, bem como em uma significativa heterogeneidade de métodos e resultados. Desse modo, a metanálise geral dos estudos viáveis ($n = 24$) sugeriu um pequeno efeito positivo sobre os resultados do dia a dia. Observaram-se efeitos significativos sobre o humor, as atividades da vida diária e a metacognição. As intervenções computadorizadas (normalmente baseadas na restituição) demonstraram tendência a melhorar o humor, enquanto as intervenções terapêuticas não. Por outro lado, os efeitos sobre o desempenho das atividades da vida diária foram observados com mais frequência nas intervenções terapêuticas, enquanto as intervenções computadorizadas não demonstraram nenhum efeito desse tipo. Quanto às intervenções multimodais, a combinação da atividade física com a intervenção cognitiva pareceu ser particularmente benéfica. A qualidade de vida não foi afetada por qualquer tipo de intervenção. Chandler et al. especularam que isso poderia ser atribuído a vários fatores, inclusive à complexidade da qualidade de vida, bem como ao fato de que poderia haver um impacto negativo do tempo e do esforço necessário para participar da intervenção, especialmente se a transferência de treinamento para a vida cotidiana não fosse explicitamente enfatizada.

Intervenções cognitivas e comportamentais para a demência

Há uma considerável base de evidências acumuladas em relação às intervenções cognitivas e comportamentais para pessoas com demência, incluindo revisões sistemáticas e metanálises separadas para cada um dos três tipos principais de intervenção: treinamento, reabilitação e estimulação.

Treinamento cognitivo

Bahar-Fuchs, Clare e Woods (2013) conduziram uma *Revisão Cochrane* atualizada sobre o TC e a reabilitação cognitiva para a DA e demência vascular (Dva) de grau leve a moderado. A intenção foi examinar o impacto sobre os resultados cognitivos e não cognitivos nos indivíduos afetados e nos cuidadores primários, em curto, médio e longo prazos. Identificaram-se 11 ECR que envolveram TC. Houve uma significativa heterogeneidade nos tipos de intervenção empregados, em sua duração e no formato de administração (p. ex., individual e em grupo; com lápis e papel e no computador). Da mesma forma, visou-se a uma ampla variedade de processos cognitivos, como atenção e concentração, memória, linguagem, função executiva e habilidades perceptuais e motoras. Os resultados primários foram de natureza cognitiva e não cognitiva para os pacientes com demência; os resultados secundários envolveram o curso da demência, os biomarcadores patológicos da demência e os resultados para o cuidador da família. A metanálise não indicou quaisquer efeitos benéficos do TC em relação às condições de controle sobre quaisquer dos resultados primários ou secundários identificados. Os estudos analisados foram considerados de qualidade baixa a moderada.

De um modo geral, os resultados não respaldaram o uso do TC para pessoas com demência. Entretanto, Bahar-Fuchs, Clare e Woods (2013) observaram que isso pode, em parte, ser atribuído ao uso de medidas de resultado inadequadas, particularmente o uso de testes neuropsicológicos padronizados. O uso desses testes subentende a transferência de treinamento para tarefas não treinadas, cuja evidência é altamente equívoca (Owen et al., 2010). Em vez disso, os estudos futuros devem incorporar medidas do comportamento cotidiano, especialmente tarefas que simulem aquelas envolvidas no treinamento, que podem ser mais sensíveis aos efeitos do treinamento. Além disso, nenhum dos estudos incluídos nessa revisão avaliou o impacto do TC nos resultados de longo prazo relacionados à trajetória da demência (p. ex., taxas de admissão subsequente à assistência domiciliar). Considerando-se que a neuroplasticidade no cérebro dos idosos provavelmente é mais prolongada do que em indivíduos mais jovens, é possível que os efeitos do treinamento necessitem de períodos mais longos (e talvez de maiores doses de tratamento) para demonstrar efeitos terapêuticos. De um modo geral, os achados sugeriram a necessidade de uma maior variedade de medidas de resultados, inclusive aquelas com um foco mais ecológico, bem como um acompanhamento mais longo para verificar se as intervenções do TC alteram a trajetória do declínio cognitivo em pessoas com demência.

Como observado na revisão das intervenções para idosos saudáveis, o campo do TCC demonstrou uma expansão maciça. Foram conduzidas pelo menos duas revisões importantes que examinaram o impacto dessas intervenções em pessoas com demência. A primeira dessas revisões permitiu uma análise separada das pessoas com CCL e demência (Hill et al., 2017). Hill et al. incluíram 12 estudos sobre pessoas com demência, envolvendo 389 participantes (TCC = 201). Diferentemente das revisões anteriores, esses estudos utilizaram apenas o TCC, e não intervenções multicomponentes que tenham utilizado o TCC com a estimulação ou a reabilitação cognitivas. Apesar dos achados animadores para pessoas com CCL, o TCC não foi considerado benéfico para pessoas já diagnosticadas com demência. Os únicos estudos que constataram efeitos clinicamente significativos utilizaram abordagens não tradicionais ao TCC, incluindo realidade virtual e Nintendo Wii. Isso sugere que as abordagens computadorizadas mais imersivas são mais estimulantes e pessoalmente envolventes do que o TCC tradicional. Esse achado é compatível com a abordagem geral de estimulação cognitiva considerada benéfica na presença de demência e vale a pena ser investigado nas pesquisas futuras.

O segundo estudo, conduzido por García-Casal et al. (2017), envolveu uma revisão sistemática e uma metanálise das intervenções cognitivas computadorizadas especificamente para pessoas com demência. A pesquisa dos autores incluiu aspectos como recreação cognitiva, reabilitação cognitiva, estimulação cognitiva e TC. Os diagnósticos de demência incluíram DA, demência frontotemporal (DFT), Dva e DA e Dva combinadas. A revisão final incluiu 12 estudos, com qualidade metodológica aceitável, de acordo com os critérios de Downs e Black (1998). Esses critérios foram escolhidos para permitir uma avaliação de validade externa (ou seja, generalização). Assim como ocorre com outros estudos, houve grande diversidade de dose e modalidade (i. e., individual *versus* em grupo) de cada intervenção. As medidas de resultado incluíram cognição (p. ex., ADAS-Cog, MMSE), depressão, ansiedade e generalização (p. ex., atividades da vida diária e melhorias na vida cotidiana). Os resultados da metanálise indicaram que as intervenções computadorizadas tiveram efeitos moderados sobre a cognição (diferença média padronizada [*DMP*] = -0,69, IC de 95% = -1,02 a -0,37), depressão (*DMP* = 0,74; IC de 95% = 0,31-1,17) e ansiedade (*DMP* = 0,55; IC de 95% = 0,07-1,04). Observaram-se benefícios significativamente maiores para as intervenções computadorizadas em comparação com as não computadorizadas para cognição (*DMP* = 0,48; IC de 95% = 0,09-0,87) e depressão (*DMP* = 0,96; IC de 95% = 0,25-1,66). Entretanto, não foram constatados quaisquer efeitos significativos nas atividades da vida diária, um achado que reflete aquele de outros estudos, colocando em dúvida a transferência de treinamento após as intervenções cognitivas computadorizadas (Owen et al., 2010).

Reabilitação cognitiva

A intenção da *Revisão Cochrane* anteriormente mencionada, conduzida por Bahar-Fuchs et al. (2013), foi incluir ensaios do TC e da reabilitação cognitiva para demência. Entretanto, somente um ECR sobre a reabilitação cognitiva foi identificado e subsequentemente analisado. Nesse único estudo conduzido por Clare et al. (2010), 69 participantes com DA ou DA combinada com Dva foram escolhidos aleatoriamente para a intervenção ativa, a terapia de relaxamento ou nenhuma intervenção. A reabilitação cognitiva foi ministrada em 8 sessões semanais de 1 hora, conduzidas nas casas dos participantes. A intervenção teve por finalidade abordar os objetivos pessoais significativos identificados de maneira colaborativa e com base em que as intervenções individualizadas foram desenvolvidas. Os participantes receberam recursos de auxílio e estratégias compensatórios, treino prático para a manutenção da atenção e da concentração, bem como técnicas de controle do estresse. Os cuidadores participaram dos 15 minutos finais de cada sessão para fins de facilitação da prática domiciliar entre as sessões. Os resultados indicaram que a reabilitação cognitiva resultou em benefícios de curto prazo em termos de competência autoavaliada e satisfação na realização de objetivos pessoais significativos, capacidade de memória e qualidade de vida em geral. Comparados à condição de controle, os cuidadores envolvidos na reabilitação cognitiva também demonstraram melhores relações sociais após a intervenção. Um subgrupo de participantes submeteu-se a ressonância magnética funcional antes e depois da intervenção, a qual sugeriu alterações funcionais no cérebro que respaldam os efeitos seletivos para o grupo da reabilitação. Esse estudo de alta qualidade, juntamente com os ensaios sobre reabilitação cognitiva incluídos na revisão conduzida por García-Casal et al. (2017), sugere que a reabilitação cognitiva para demência requer mais pesquisa e investigação clínica.

Estimulação cognitiva

Woods, Aguirre, Spector e Orrell (2012) conduziram uma *Revisão Cochrane* sobre os efeitos da estimulação cognitiva para melhorar o funcionamento cognitivo em pessoas com demência. Os participantes foram diagnosticados primariamente com DA, Dva ou DA e Dva combinadas. A revisão foi baseada no ECR que incorporou algum tipo de medida de alterações cognitivas (incluindo testes de memória e orientação), com uma duração mínima de intervenção de 1 mês. A estimulação cognitiva foi definida com base na definição operacional de Clare e Woods (2004), pela qual foram necessárias intervenções para gerar exposição a atividades cognitivas generalizadas, e não treinamento em qualquer modalidade específica. A revisão final incluiu 15 estudos, com um total de 718 participantes (407 dos quais submetidos a intervenção ativa, 311 nos grupos de controle). Os métodos foram relativamente heterogêneos, com participantes oriundos de várias situações, e as intervenções variaram de forma significativa em intensidade e duração. As intervenções normalmente foram ministradas em grupos para melhorar o funcionamento social, assim como incluíram também cuidadores da família.

Os resultados da metanálise indicaram que a estimulação cognitiva produziu claros benefícios para a função cognitiva ($DMP = 0,41$, IC de 95% = 0,25-0,57), que persistiram depois de 1 a 3 meses de acompanhamento após a conclusão da intervenção. A medida utilizada com mais frequência foi a ADAS-Cog, seguida pelo MMSE e as escalas de informação/orientação dos

Clifton Assessment Procedures for the Elderly (CAPE). Conduziram-se análises secundárias das variáveis não cognitivas (e de amostras menores), constatando-se benefícios para a qualidade de vida e o bem-estar autorrelatados (*DMP* = 0,38, IC de 95% = 0,11-0,65) e avaliações dos funcionários sobre a interação e a comunicação sociais (*DMP* = 0,44, IC de 95% = 0,17-0,71). Entretanto, nenhuma melhora foi constatada em termos de humor, atividades da vida diária, função comportamental em geral, comportamento problemático ou resultados relativos aos cuidadores da família. Apesar do pequeno número de estudos de qualidade variável e pequenas amostras, essa revisão produziu evidências oriundas de múltiplos ensaios de que a estimulação cognitiva tem um efeito benéfico sobre as pessoas com demência de grau leve a moderado, além dos efeitos produzidos pelos medicamentos. Com esse respaldo preliminar à eficácia dessas intervenções, são necessárias mais evidências para investigar a eficácia e o significado clínico das alterações cognitivas após a estimulação cognitiva.

Ressalvas interpretativas na revisão da literatura existente

Uma revisão das evidências contemporâneas disponíveis apresenta-se promissora para diversos tipos de intervenções cognitivas e comportamentais nos diversos estágios do declínio cognitivo em uma fase avançada da vida. Embora as evidências disponíveis sejam animadoras, algumas questões de interpretação devem ser consideradas ao se revisar essa literatura como um todo; essas questões geram mais considerações para futuras pesquisas e para a prática clínica nessa área.

A primeira preocupação se relaciona com a medida dos resultados, em geral limitados aos resultados cognitivos e, especificamente, aos escores dos testes neuropsicológicos. Dada a neuroplasticidade das escalas temporais na idade adulta avançada (Jellinger e Attems, 2013), é possível observar alterações nas medidas diretas da atividade cerebral antes da manifestação do comportamento (Valkanova et al., 2014). Entretanto, essas medidas ou não foram o alvo das revisões sistemáticas/metanálises ou não foram coletadas pelos estudos de pesquisa individuais. Além disso, a restituição da função cognitiva não é um objetivo primário de muitos tipos de intervenção, incluindo o treinamento compensatório no contexto da reabilitação cognitiva. Isso pode levar a resultados falso-negativos ou a uma subestimação dos efeitos terapêuticos (Chandler et al., 2016). Nesse caso, os testes neuropsicológicos podem ser medidas de resultado menos adequadas do que os instrumentos ecologicamente orientados, não utilizados com frequência. Esses dois fatores sugerem que muitos resultados nulos podem ser atribuídos a uma instrumentação inadequada, e não a intervenções ineficazes propriamente ditas.

A segunda questão está relacionada à escala temporal do acompanhamento. O objetivo da maioria das intervenções – especialmente daquelas para idosos saudáveis e aqueles com DCS e CCL – é a prevenção. Entretanto, para que a prevenção seja verificada, isso subentende, necessariamente, comparar as taxas de declínio ao longo do tempo naqueles submetidos a intervenção, em contrapartida aos grupos de controle. A maioria dos estudos é conduzida na forma prototípica de ECR, tendo como alvo a validade interna e o acompanhamento de curto prazo após a intervenção. Embora útil para determinar a prova de princípio, esse tipo de formato não explica a utilidade da prevenção em longo prazo. Na realidade, mais de um estudo mencionado nessa revisão da literatura indicou que os benefícios da intervenção só se evidenciaram meses ou até mesmo anos após a conclusão do tratamento ativo. Este é outro fator capaz de explicar os resultados nulos em curto prazo e também a necessidade de buscar resultados em um prazo mais longo ao avaliar o verdadeiro impacto terapêutico dessas intervenções.

Outra questão significativa é o que se considera ser o padrão comprobatório da evidência empírica. As pesquisas clínico-psicológicas depositam forte ênfase na abordagem do modelo médico da pesquisa de resultados, concentrando-se nos ECR como a forma de evidência empírica mais válida em nível interno. Os ECR e outras formas de ensaios controlados normalmente constituem a fonte primária de evidência incluída nas revisões sistemáticas e metanálises. Entretanto, o acesso a participantes com diagnósticos clínicos é um desafio maior do que a participantes saudáveis, o que significa que os estudos de intervenção geralmente podem ter amostras pequenas e não ter força suficiente para detectar efeitos significativos em nível de grupo. Isso pode resultar no problema do arquivamento, quando intervenções promissoras não são relatadas por falta de achados significativos (Franco, Malhotra e Simonovits, 2014). Além disso, os ECR favorecem os tratamentos em que as intervenções são homogêneas e os resultados são rigorosamente especificados e mensurados com facilidade. Isso significa que, provavelmente, é mais fácil avaliar o TC, com resultados cognitivos, utilizando-se ECR do que outros métodos de intervenção mais complexos ou multifacetados ou com múltiplos objetivos de resultado (i. e., reabilitação e estimulação cognitivas). Consequentemente, os efeitos dessas intervenções podem ser subestimados nos formatos normais de ECR.

Uma observação final em relação aos ECR é que esses estudos visam essencialmente a determinar a eficácia de uma intervenção, utilizando as amostras mais homogêneas sob as condições mais bem controladas (Chambless e Hollon, 1998). Esse foco tem sido adequado nessa fase relativamente inicial de construção de uma base de evidências. Entretanto, não se sabe ao certo até que ponto, se for o caso, essas intervenções se traduziriam na prática clínica de rotina, na qual os pacientes normalmente apresentam múltiplas comorbidades e outros fatores biopsicossociais capazes de afetar sistematicamente o impacto da intervenção. Além disso, a aplicação da intervenção no mundo real em geral envolve simultaneamente múltiplas modalidades (como se defende neste livro), cujo impacto pode ser de difícil verificação com o uso de formatos restritos de ECR. Para que esse campo avançar, é preciso mais atenção aos formatos de eficácia, com maior ênfase à aplicação no mundo real e à avaliação de resultados ecologicamente relevantes (Chambless e Hollon, 1998). Uma alternativa aos ECR poderia ser incentivar a compilação e publicação de mais formatos de estudo de controle de caso $n = 1$ (Bahar-Fuchs et al., 2013), também conhecidos como formatos experimentais de caso único (Tate et al., 2016) e discutidos em detalhes no Capítulo 9.

Aplicação prática das intervenções cognitivas e comportamentais

O entendimento da literatura teórica, bem como das evidências empíricas existentes, serve de base para a construção de uma conceitualização de caso individualizada para a intervenção cognitiva e comportamental em idosos. Aqui, é fornecida a orientação sobre como implementar esse tipo de conceitualização de caso na prática clínica de rotina. O foco será, naturalmente, a implementação específica das intervenções cognitivas e comportamentais. Ao final deste capítulo, são fornecidos mais recursos sobre como implementar alguns dos protocolos terapêuticos específicos discutidos. É claro que qualquer plano de intervenção deve começar com – e fundamentar-se em – uma avaliação abrangente da função cognitiva e psicológica, seguindo as recomendações apresentadas na primeira metade deste livro. Essa avaliação não apenas apresentará os alvos da intervenção, mas também elucidará as variáveis que podem moderar o impacto da intervenção (p. ex., funcionamento pré-mórbido e psicossocial).

Derivação dos objetivos clinicamente significativos

Em consonância com o tema deste livro, é importante considerar o estágio de declínio cognitivo ao verificar a intervenção cognitiva e comportamental mais apropriada. O estágio de declínio provavelmente interage com o tipo de intervenção, ou seja, treinamento, reabilitação e estimulação (Gates e Sachdev, 2014), e uma incongruência entre os dois pode predispor o paciente a fracasso desnecessário. Em termos gerais, a intervenção cognitiva e comportamental tem por finalidade melhorar a função cognitiva presente e/ou evitar ou desacelerar a taxa de declínio, algo também conhecido como prevenção primária, secundária e terciária (Thal, 2006). O treinamento, a reabilitação ou a estimulação cognitiva podem ser mais ou menos enfatizados, dependendo do estágio de declínio cognitivo e dos objetivos de intervenção do paciente. A seguir, a Tabela 11.1 apresenta um amplo panorama de como os objetivos clínicos podem ser concebidos em função do nível de declínio funcional do paciente.

Tabela 11.1 Estrutura teórica e conceitual para a aplicação de intervenções cognitivas e comportamentais em função do estágio de declínio cognitivo

Questão clínica	Características	Abordagem de tratamento	Estratégias de intervenção
Envelhecimento normal e DCS	Pequenos lapsos cognitivos dentro do escopo e da gravidade de outros idosos de perfil demográfico semelhante (p. ex., dificuldade para encontrar as palavras); significativa preocupação com o significado desses lapsos, como no caso do DCS	Manter a função presente. Concentrar-se na prevenção primária fornecendo informações sobre as alterações esperadas decorrentes do envelhecimento cognitivo normal, bem como enfatizando a tomada de medidas ativas destinadas a reforçar a reserva cognitiva	• Psicoeducação no caso de insuficiências cognitivas normais relacionadas à idade, bem como o efeito das variáveis situacionais, como humor, sono e níveis de glicemia sobre o desempenho cognitivo • TC para promover o engajamento mental • Incentivar o engajamento físico, mental e social para aumentar a reserva cognitiva • Manter a saúde física

(continua)

Tabela 11.1 Estrutura teórica e conceitual para a aplicação de intervenções cognitivas e comportamentais em função do estágio de declínio cognitivo *(continuação)*

Questão clínica	Características	Abordagem de tratamento	Estratégias de intervenção
CCL e respectivas variantes	Comprometimento cognitivo além dos níveis decorrentes do envelhecimento normal (p. ex., >1,5 *DP* abaixo do desempenho de indivíduos de perfil demográfico semelhante), mas com as atividades instrumentais da vida diária inalteradas. O CCL, nesse caso, inclui os pródromos da DA e de outros tipos de demência (p. ex., comprometimento cognitivo vascular [CCV])	Desacelerar o declínio; continuar empenhado em melhorar a reserva cognitiva, bem como uma combinação de TC e treinamento compensatório para compensar os déficits presentes	• Psicoeducação na presença de alterações cognitivas normais e anormais • TC para promover a estimulação mental • Adaptação dos protocolos de reabilitação cognitiva com respaldo empírico para idosos (p. ex., treinamento de estratégia de memória, treinamento de estratégia metacognitiva, treinamento de atenção plena) • Continuar atividades destinadas a formar reserva cognitiva • Psicoterapia para auxiliar nas reações emocionais ao comprometimento cognitivo e à mudança dos papéis de vida (ver Cap. 11)

(continua)

Tabela 11.1 Estrutura teórica e conceitual para a aplicação de intervenções cognitivas e comportamentais em função do estágio de declínio cognitivo *(continuação)*

Questão clínica	Características	Abordagem de tratamento	Estratégias de intervenção
Demências (diversos tipos)	Comprometimento cognitivo substancialmente abaixo do envelhecimento normal (i. e., >2 *DP* abaixo do nível de indivíduos com mesmo perfil) com comprometimento de uma ou mais atividades instrumentais da vida diária	Desacelerar o declínio; manter a segurança e a independência em casa, quando viável; facilitar a subsequente transição para a assistência supervisionada em tempo integral	Reabilitação cognitiva voltada para objetivos realistas, mas significativos Treinamento em rotinas de tarefas específicas com o uso da memória de procedimento preservada (p. ex., cuidados pessoais/ higiene pessoal) Manter a estimulação e o engajamento mentais e sociais ideais, em congruência com os interesses anteriores do indivíduo (p. ex., música, dança, artes, cinema)

Idosos saudáveis e DCS

Pacientes nos estágios iniciais do declínio cognitivo apresentam pequenos lapsos da função cognitiva que podem ou não causar preocupação e têm pouco ou nenhum impacto considerável no funcionamento cognitivo diário. O abrangente objetivo da intervenção para esses pacientes consiste em mantê-los nesse nível pelo maior tempo possível. Antes de iniciar a intervenção cognitiva, a psicoeducação sobre o envelhecimento cognitivo é um ponto de partida válido para o início do tratamento. Muitas preocupações dos idosos em relação à função presente podem ser atribuídas à falta de informação precisa sobre o envelhecimento cognitivo; por outro lado, as evidências sugerem que tanto a autoeficácia da metamemória como da memória têm uma pequena, porém confiável, relação com o desempenho da memória objetiva (Beaudoin e Desrichards, 2011; Crumley, Stetler e Horhota, 2014). O fornecimento de informações precisas sobre como o cérebro muda com a idade, bem como sobre as estratégias compensatórias, pode levar a significativos benefícios psicológicos. A psicoeducação pode ser ministrada informalmente ou por meio de um protocolo de tratamento manualizado, como o Memory and Aging Program, do Rotman-Baycrest Center (Troyer, 2001; Vandermorris et al., 2016; Wiegand, Troyer, Gojmerac e Murphy, 2013). Possuir informações precisas sobre o envelhecimento cognitivo pode empoderar os idosos para fazer opções informadas sobre como manter a saúde cognitiva, incluindo formas de reforçar a reserva cognitiva.

Com base na literatura revisada, embora não se possa transferir para os comportamentos do dia a dia, o TC poderia servir como uma forma de envolvimento mental. Em suma, qualquer programa de TC deve ser suficientemente desafiador, de alta intensidade e frequência, e intrinsecamente agradável para o paciente. As evidências analisadas também ressaltam a importância da dose adequada (i. e., pelo menos 60 minutos por sessão), administrada com suporte terapêutico, e não em casa e conduzida pelo paciente. Para promover a motivação, pode valer a pena explicar aos pacientes o conceito de reserva cognitiva (Stern, 2009, 2012) e como a participação em exercícios mentais desafiadores é uma das maneiras de contribuir para essa reserva. A reabilitação cognitiva em forma de treinamento em estratégia metacognitiva pode servir de suporte compensatório para idosos que percebem desafios nos comportamentos do dia a dia (ainda que não atualmente evidentes). Dentro do contexto da prevenção primária, o aprendizado de estratégias metacognitivas pode promover "bons hábitos" capazes de atenuar a taxa de qualquer declínio futuro do funcionamento cognitivo diário.

Embora não haja nenhuma revisão formal sobre esse assunto, a estimulação cognitiva pode respaldar as contribuições para a reserva cognitiva em idosos saudáveis, e os pacientes devem ser incentivados a permanecer, na medida do possível, mental, física e socialmente engajados. Isso poderia incluir quaisquer atividades, como aprender a tocar um instrumento musical, aprender um novo idioma ou frequentar aulas de dança. Por exemplo, uma nova pesquisa conduzida por Park et al. (2013) selecionou idosos saudáveis para 3 meses de participação em atividades cognitivas de alta demanda, especificamente, confecção de acolchoados, aprendizado de fotografia digital ou uma combinação de ambos. Grupos sociais e tarefas cognitivas de baixa demanda sem contato social foram usados como condições de comparação. No pós-teste, os pesquisadores contataram que, em comparação com as condição de controle, a memória episódica mostrou-se melhor para participantes envolvidos com as atividades cognitivamente exigentes. Em um estudo de acompanhamento, o mesmo grupo de pesquisadores (McDonough, Haber, Bischof e Park, 2015) constatou que a participação em tais atividades promoveu a eficiência neural, como evidenciado pelo desempenho apresentado em uma tarefa de classificação semântica com dois níveis de dificuldade. Especificamente, o grupo da estimulação cognitiva demonstrou maior modulação da atividade neural nos córtices frontal medial, temporal lateral e parietal, em comparação com as condições de controle. Algumas dessas ativações se mantiveram depois de 1 ano de acompanhamento. Esses novos achados sugerem que continuar envolvido em atividades mentalmente desafiadoras pode promover a reserva cognitiva em idosos saudáveis, e são compatíveis com os modelos animais que demonstram que os ambientes enriquecidos influenciam positivamente a neurogênese hipocampal em animais adultos (Kent et al., 2015).

A ausência de achados significativos para os grupos sociais surpreendeu os pesquisadores, considerando-se que os benefícios das relações sociais foram documentados em outra parte da literatura sobre o envelhecimento. Talvez não seja a socialização em si que influencia a reserva cognitiva, mas a maneira como a pessoa se relaciona com os outros. Essa noção seria respaldada pelos achados da literatura que sugerem que dançar socialmente, por exemplo, contribui para a reserva cognitiva (ver Kshtriya, Barnstaple, Rabinovich e DeSouza, 2015). A dança é uma atividade complexa que envolve coordenação e regulação motoras, aprendizagem procedimental e habilidades interpessoais. Os participantes desfrutam o aspecto social e, geralmente, a música associada, ambos capazes de promover o aprendizado por meio da ativação dos sistemas de recompensa dopaminérgicos (Hamid et al., 2016).

Em geral, como recomendações aos pacientes, sugere-se o envolvimento em atividades mentalmente estimulantes e desafiadoras, mas também agradáveis. Nesse caso, também seguindo os princípios da plasticidade dependente da experiência, é provável que os benefícios sejam observados na medida em que a atividade seja suficientemente desafiadora, de intensidade/duração suficiente e agradável.

Por fim, uma parte importante de qualquer plano de cuidados com a saúde cognitiva, mas certamente para idosos normais do ponto de vista cognitivo no momento, é a manutenção da boa saúde física. Especificamente, deve-se cuidar da saúde cardiovascular, visto que o comprometimento cognitivo vascular é reconhecido como a segunda etiologia mais comum de demência e que os fatores de risco vascular são amplamente modificáveis (Alzheimer's Association, s.d.).

Indivíduos com CCL

Pacientes com CCL já demonstram comprometimento cognitivo, além do envelhecimento normal, e podem ou não apresentar sutis dificuldades nas atividades funcionais de ordem mais elevada (p. ex., dificuldade para cuidar das finanças).

O abrangente objetivo desses pacientes é a prevenção secundária, ou seja, atenuar a taxa de progressão do declínio. O estudo anteriormente discutido, conduzido por Huckans et al. (2013) forneceu um abrangente modelo teórico de CCL que produz múltiplos alvos para a intervenção não farmacológica. Os quatro principais componentes do modelo de TRC dos autores são: (1) treinamento cognitivo restaurador, (2) treinamento cognitivo compensatório, (3) intervenções no estilo de vida e (4) intervenções psicoterapêuticas. Embora Clare e Woods (2004) tenham apresentado um delineamento bem definido entre treinamento, reabilitação e estimulação cognitivos, o modelo de Huckans et al. (2013) é mais comparável à abordagem de reabilitação cognitiva holística para lesões cerebrais adquiridas (Ben-Yishay e Gold, 1990; Cicerone et al., 2008). Com base nas evidências analisadas e na prática clínica, acredita-se que esse modelo forneça uma heurística e base clínica úteis para a conceitualização de caso em pessoas com CCL.

Vários estudos revisados indicaram o benefício da psicoeducação para pessoas com CCL, o que pode proporcionar estratégias compensatórias, promover um estilo de vida saudável e oferecer suporte psicológico. Semelhante aos idosos cognitivamente normais no momento, a psicoeducação pode empoderar pacientes com CCL a fazer escolhas proativas e aprender formas de compensar suas dificuldades. Desse modo, na população com CCL especificamente, a psicoeducação deve ser administrada de forma criteriosa. Muitas pessoas com CCL podem continuar a ter consciência de suas dificuldades (Kalbe et al., 2005; Lehrer et al., 2015). Essa consciência em relação ao comprometimento cognitivo pode levar a quadros de depressão, ansiedade e temores em relação ao futuro, especialmente ao desenvolvimento de demência. Essa condição é exacerbada ainda pelo fato de que o CCL é um diagnóstico com resultado e curso de progressão incertos (Albert et al., 2011). Os efeitos psicológicos do comprometimento cognitivo podem ser tratados de duas maneiras: por meio de intervenção psicológica formal e/ou alimentando-se a confiança e a autoeficácia mediante envolvimento do paciente em intervenções que melhorem a função cognitiva presente. Muitas pessoas com CCL e seus cuidadores relatam que a qualidade de vida e a autoeficácia são os resultados mais desejáveis da intervenção, não um melhor desempenho cognitivo propriamente dito (Barrios et al., 2016). Paralelamente ao seu programa para idosos saudáveis, o Rotman-Baycrest Center criou o Learning the Ropes for Living with MCI, um protocolo de intervenção manualizado que oferece psicoeducação a pessoas com CCL (Anderson, Murphy e Troyer, 2012). Esse programa oferece orientação sobre o CCL, formas de melhorar a reserva cognitiva, treinamento de estratégia compensatória para a memória, bem como apoio da família àqueles que cuidam de alguém com CCL.

Demência

Pacientes com demência demonstram pronunciado comprometimento cognitivo além do envelhecimento normal, em níveis que impedem o funcionamento cognitivo diário. Dependendo da gravidade da demência, os pacientes podem apresentar anosognosia, que pode interferir no tratamento. Em algum ponto do curso da doença, eles podem fazer a transição e deixar suas casas para morar em um estabelecimento com regime de assistência integral (p. ex., casa de repouso). O objetivo nesse estágio é desacelerar a taxa de declínio contínuo, mantendo, ao mesmo tempo, o máximo possível, a autonomia e a dignidade do paciente, bem como o seu envolvimento geral com a vida. Como observado anteriormente, existem evidências limitadas, mas promissoras, de que a reabilitação cognitiva pode ser produtiva para pessoas com demência, bem como o treinamento em rotinas de tarefas específicas que utilizam a memória de procedimento preservada (p. ex., cuidados pessoais/higiene pessoal, uso de um livro de memória). A estimulação cognitiva também pode ser benéfica, embora a literatura não indique que uma atividade específica seja mais benéfica do que outra. Dada a importância do prazer e da motivação intrínseca como respaldo à plasticidade dependente da experiência (Kleim e Jones, 2008), recomenda-se manter a estimulação e o envolvimento mentais e sociais ideais, de acordo com os interesses individuais anteriores do paciente (p. ex., música, dança, arte, cinema). O filme *Alive Inside* (Rossato-Bennett, 2014) apresenta uma nítida ilustração do poder terapêutico da música personalizada em pacientes com comprometimento cognitivo e comunicativo significativo. Por fim, existem poucas evidências sugestivas de que o TC seja benéfico para pessoas com demência, além de quaisquer efeitos da estimulação que podem ser decorrentes, especificamente, da participação em plataformas computadorizadas. Como sempre, na medida do possível, qualquer programa de intervenção deve ser fundamentado em um processo colaborativo baseado na identificação dos objetivos mais significativos (porém, realistas) do paciente.

Intervenções para processos específicos *versus* tarefas específicas

Após considerar o nível presente de declínio cognitivo do paciente e trabalhar com ele de forma colaborativa para delinear os seus objetivos, podem-se envidar esforços no sentido de implementar várias intervenções para alcançar esses objetivos. Existem duas amplas abordagens de intervenção cognitiva: a intervenção para processos específicos e a intervenção para tarefas específicas (Tuokko e Smart, 2014). Primeiro, pode-se visar a um processo cognitivo específico com a noção de que haverá transferência para atividades do mundo real que exijam essa habilidade. Nas intervenções para processos específicos, pode-se adotar uma *abordagem de restituição* (i. e., semelhante ao treinamento cognitivo) ou uma *abordagem de compensação* (i. e., uma abordagem compensatória).

Como observado nas revisões anteriores baseadas em evidências, a literatura sobre o treinamento cognitivo mostra ótimas evidências do impacto nas tarefas treinadas, mas evidências reduzidas para as tarefas não treinadas (transferência próxima) e os comportamentos do dia a dia (transferência distante). Se o treinamento cognitivo for utilizado, por exemplo, para manter um idoso saudável mentalmente engajado e estimulado, a transferência ecológica pode ser motivo de menos preocupação. Entretanto, se o objetivo for a transferência para os comportamentos do dia a dia, é bem provável que isso ocorra com a prática terapêutica, incluindo o reflexo metacognitivo e as conexões explícitas com situações do mundo real (Mowzowski et al., 2016). A memória de trabalho é conhecida por declinar com o envelhecimento normal (Daselaar e Cabeza, 2013), e o treinamento nessa área tem sido o tema de muitos estudos, também com limitadas evidências de transferência (Melby-Lervåg e Hume, 2013; Melby-Lervåg, Redick e Hulme, 2016). Entretanto, a inclusão do suporte metacognitivo, bem como a conexão explícita com situações do dia a dia (p. ex., recordar-se de números de telefone ou de listas de mantimentos ou acompanhar a linha de raciocínio de uma conversa) podem promover a transferência. Algumas intervenções, na verdade, combinam restituição e compensação. Um bom exemplo é o treinamento da atenção plena, que exige que os participantes se engajem em uma prática diária destinada a melhorar a autorregulação da atenção e da emoção, com a intenção explícita de transportar a consciência atenta para a vida cotidiana. As pesquisas têm regularmente documentado o impacto positivo da atenção plena no cérebro e nas funções psicológicas em populações saudáveis e clínicas (Chiesa, Calati e Serretti, 2011; Lutz, Slagter, Dunne e Davidson, 2008; MacLean et al., 2010), bem como em populações neurológicas (Azulay, Smart, Mott e Cicerone, 2013; Cairncross e Miller, 2016; Chen et al., 2011; Novakovic-Agopian et al., 2010). O treinamento da atenção plena em idosos ainda está em um estágio relativamente incipiente, mas se mostra promissor no sentido de melhorar as funções neural e cognitiva (Gard, Hölzel e Lazar, 2014; Luders, 2014; Smart et al., 2016; Smart e Segalowitz, 2017; Smoski, McClintock e Keeling, 2016). Tomando-se por base a literatura existente, as intervenções para processos específicos podem ser benéficas para idosos em todos os estágios de declínio.

A segunda abordagem é a intervenção para tarefas específicas, na qual o objetivo é o treinamento para uma tarefa específica, como cuidados pessoais e higiene pessoal ou, até mesmo, tarefas multietapas mais complexas, como o preparo de refeições simples ou lembrar-se de tomar medicamentos (Loewenstein e Acevedo, 2009). Esse tipo de intervenção tem o benefício de não exigir o uso de memória episódica (ou memória explícita) ou capacidades metacognitivas. Desse modo, pode ser mais benéfico em pessoas com comprometimento cognitivo significativo e demência. Depois de controlar os efeitos da velocidade de processamento ou da memória de trabalho (Seidler, Bo e Anguera, 2012), pode-se treinar o paciente em comportamentos relacionados a tarefas específicas utilizando sistemas de memória implícita, como a memória de procedimento, os quais em geral são relativamente preservados no envelhecimento (Voelcker-Rehage, 2008). O emprego dessa abordagem significaria especificar e sequenciar uma série de etapas em que o paciente treinaria utilizando a aprendizagem sem erros e a prática comportamental para garantir a codificação apenas das etapas precisas, e não dos comportamentos não focados na tarefa (Wilson, Baddeley, Evans e Shiel, 1994). O reforço e o *feedback* positivo reforçariam a aquisição e a subsequente implementação dessas etapas. Um exemplo é a adoção do hábito diário de anotar tudo em um livro de memória e lembrar-se de olhar o livro diariamente para rever as atividades do dia, bem como de verificar os eventos do dia subsequente. Uma revisão baseada em evidências da literatura sobre terapia ocupacional encontrou sólidas evidências de respaldo às intervenções multicomponentes para melhorar e manter as atividades instrumentais da vida diária em idosos (Orellano, Colon e Arbesman, 2012). O benefício desse tipo de intervenção é que mesmo pacientes com um comprometimento cognitivo mais grave podem participar ativamente da intervenção cognitiva e comportamental a serviço da promoção de sua própria autoeficácia e autonomia. Entretanto, deve-se notar que os efeitos do treinamento normalmente são específicos para a tarefa em questão e tendem a não se generalizar para outras tarefas (Lustig, Shah, Seidler e Reuter-Lorenz, 2009). Tampouco esses efeitos proporcionam ao indivíduo as habilidades necessárias para lidar com uma situação em que há um desvio imprevisto da rotina, como um saque a descoberto inesperado da conta bancária da pessoa (Tuokko e Smart, 2014).

Princípios da PDE

Embora o profissional de saúde possa escolher o tipo adequado de intervenção, se não for implementada corretamente, ela pode não produzir efeitos significativos. É aí que o retorno ao conceito de neuroplasticidade torna-se útil. Se um tratamento não é ministrado na dose suficiente (i. e., frequência, intensidade e longevidade), qualquer plasticidade consequente provavelmente será frágil e estará sujeita a deteriorar-se com o decorrer do tempo. Em seu trabalho teórico sobre a plasticidade dependente da experiência (PDE), Kleim e Jones (2008) discutem os 10 princípios essenciais a serem considerados na aplicação de intervenções destinadas a facilitar a neuroplasticidade. Em termos amplos, é importante que qualquer intervenção leve em consideração o seguinte:

- A intervenção é suficientemente envolvente e reforçadora?
- O paciente compreende a relevância dessa intervenção para os comportamentos do dia a dia?
- A intervenção é suficientemente desafiadora para incentivar novos aprendizados?
- A intervenção ocorre com intensidade e frequência suficientes para promover mudanças?

A Tabela 11.2 resume esses princípios, bem como o seu significado específico no contexto das intervenções para idosos.

Tabela 11.2 Resumo dos princípios de Kleim e Jones (2008) da plasticidade dependente da experiência, adaptada com as implicações adicionais para intervenções em idosos

Princípio	Descrição	Implicações
Usar ou perder	A falha de acionamento de funções cerebrais específicas pode levar à degradação funcional	Ressalta a importância de os idosos permanecerem mentalmente engajados e desafiados, não obstante o nível de declínio cognitivo
Usar e melhorar	O treinamento que aciona uma função cerebral específica pode melhorar essa função	As melhoras no desempenho comportamental provocam alterações na estrutura e na função subjacentes do cérebro. Isso respalda a importância das medidas neurais diretas (p. ex., EEG/PRE [potenciais relacionados a eventos], RMf, RMe) como resultado das intervenções cognitivas e comportamentais em idosos, não apenas daquelas que visam à cognição
Especificidade	A natureza da experiência de treinamento dita a natureza da plasticidade	O aprendizado de um novo material é o que aciona a plasticidade, não a mera repetição de habilidades e capacidades já adquiridas. Isso ressalta a importância da novidade e do desafio em qualquer atividade de treinamento

(continua)

Tabela 11.2 Resumo dos princípios de Kleim e Jones (2008) da plasticidade dependente da experiência, adaptada com as implicações adicionais para intervenções em idosos *(continuação)*

Princípio	Descrição	Implicações
A repetição é importante	A indução da plasticidade requer repetição suficiente	As sessões regulares de intervenção e a prática domiciliar, durante um período de várias semanas, respaldam a "efetividade" da neuroplasticidade (i. e., potencialização em longo prazo). Não existe um padrão-ouro, mas algumas revisões sugerem 1-3 sessões/semana
A intensidade é importante	A indução da plasticidade requer intensidade de treinamento suficiente	A dose individual (i. e., a duração) de qualquer sessão específica é importante, bem como o desafio apresentado nessa sessão. Não existe um padrão-ouro, mas algumas revisões sugerem sessões de, pelo menos, 30-60 min para que haja plasticidade
O tempo é importante	As diferentes formas de plasticidade ocorrem em diferentes momentos durante o treinamento	Isso aponta para o fato de que os eventos moleculares, celulares e estruturais podem ocorrer em diferentes ordens temporais, inclusive antes da mudança de comportamento, o que respalda a necessidade de medidas neurais diretas para a verificação dos efeitos da intervenção
A proeminência é importante	A experiência de treinamento deve ser suficientemente proeminente para induzir a plasticidade	É preciso repetição suficiente para induzir a plasticidade. Para manter o engajamento com o decorrer do tempo, é preciso motivação e recompensa em razão do "viés de positividade", segundo o qual os idosos tendem a ater-se às experiências positivas. A ligação da intervenção aos objetivos de vida declarados reforça esse respaldo à proeminência

(continua)

Tabela 11.2 Resumo dos princípios de Kleim e Jones (2008) da plasticidade dependente da experiência, adaptada com as implicações adicionais para intervenções em idosos *(continuação)*

Princípio	Descrição	Implicações
A idade é importante	A plasticidade induzida pelo treinamento é mais imediata em cérebros mais jovens	A plasticidade pode ocorrer de forma mais imediata também em cérebros intactos (i. e., no início da trajetória do declínio cognitivo). Essa condição é compatível com as evidências existentes que sugerem que a restituição após o treinamento cognitivo é mais evidente em indivíduos com um comprometimento cognitivo mais leve
Transferência	A plasticidade em resposta a uma determinada experiência de treinamento pode melhorar a aquisição de comportamentos semelhantes	Os autores discutem a evidência de que, em modelos animais, o exercício pode ter um efeito potencializador sobre outras formas de plasticidade induzida pelo treinamento. Isso respalda os estudos que combinam exercício físico com treinamento cognitivo, além de sugerir que os programas multimodais podem ter mais efeito do que aqueles voltados para domínios individuais da função (embora essa última afirmativa exija uma investigação mais profunda)
Interferência	A plasticidade em resposta a uma determinada experiência pode interferir na aquisição de outros comportamentos	O fato de se permitir que os indivíduos desenvolvam estratégias compensatórias mais fáceis de serem executadas (i. e., "maus hábitos") pode causar formas mal-adaptadas de plasticidade que interferem na recuperação de outras funções. Isso sugere a necessidade de se ensinar estratégias compensatórias desde o início e respalda o uso do treinamento de estratégias para indivíduos com menor grau de comprometimento como uma forma de prevenção primária

Medidas de resultados

Ao revisar os estudos individuais sobre intervenção publicados na literatura empírica, observa-se claramente que há vezes em que as medidas de resultados não são adequadas para o constructo em estudo ou não possuem sensibilidade suficiente para detectar alterações significativas no decorrer do tempo. Isso obscurece os possíveis efeitos terapêuticos e pode justificar alguns resultados nulos. A medida de resultados pode ocorrer em vários níveis; nos estudos de pesquisa, os resultados podem ser mais sofisticados e envolver um ou mais tipos de neuroimagem, como RMe e RMf ou eletrofisiologia cognitiva. Essas ferramentas funcionam como um complemento às medidas comportamentais e autorrelatadas, podendo explicar os mecanismos de ação da intervenção propriamente dita (Campanella, 2013; Suo et al., 2016). Entretanto, o profissional de saúde comum não tem pronto acesso a essas ferramentas para pacientes individuais. Todavia, é fundamental que as medidas de resultados escolhidas sejam específicas para o constructo objeto da intervenção e incluam a transferência distante para comportamentos do dia a dia, bem como as alterações nos escores dos testes cognitivos objetivos.

Os testes neuropsicológicos e as medidas de autorrelato são considerados uma parte padronizada da avaliação de referência realizada antes do tratamento e fornecem informações importantes sobre os possíveis alvos de intervenção e fatores moderadores (p. ex., sintomas graves de depressão). Deve-se ter o cuidado de utilizar medidas com graus suficientes de confiabilidade, validade e dados normativos adequados para idosos. O ideal é que as medidas sejam criadas especificamente com a população idosa em mente (p. ex., Geriatric Depression Scale e Adult Manifest Anxiety Scale-Elderly Version). Tomando-se por base as revisões baseadas em evidências anteriormente discutidas, os testes neuropsicológicos podem ser muito úteis para a avaliação da transferência próxima para as intervenções de treinamento cognitivo, mas podem resultar em falso-negativos para as intervenções de reabilitação cognitiva ou de estimulação cognitiva. Se for determinado que a repetição da avaliação neuropsicológica é uma medida de resultados adequada, é importante tomar providências no sentido de garantir que quaisquer alterações observadas sejam clinicamente significativas, além dos meros efeitos práticos. Quando possível, é benéfico computar os índices de mudança confiável (IMC) para avaliar as alterações anteriores e posteriores. Como existem muitas maneiras diferentes de computar os IMC, recomenda-se que o leitor consulte Duff (2012) e Frerichs e Tuokko (2005) para uma introdução aos IMC e sua aplicação prática, bem como o Capítulo 5, no qual a avaliação das alterações foi discutida com alguns detalhes.

No caso da reabilitação e estimulação cognitivas, é possível que a intervenção não tenha por objetivo melhorar a função cognitiva em si, mas restaurar a capacidade funcional e a adaptação funcional ao declínio cognitivo (Chandler et al., 2016). Isso faz dos testes neuropsicológicos uma métrica menos produtiva da melhora apresentada após a intervenção. Para aqueles que desejam utilizar testes padronizados, os métodos de avaliação ecologicamente mais relevantes tendem a ser mais sensíveis aos efeitos da intervenção. O uso desses métodos está se tornando mais frequente como um complemento aos testes neuropsicológicos típicos criados inicialmente para verificar os níveis de comprometimento da função cerebral, mas que não representam necessariamente o funcionamento cognitivo diário (Rabin, Burton e Barr, 2007). Testes como o Test of Everyday Attention (Robertson, Ward, Ridgeway e Nimmo-Smith, 1996) ou o Memory for Intentions Test (Raskin e Buckheit, 2010) constituem exemplos de instrumentos padronizados ecologicamente orientados. Como alternativa, pode-se utilizar uma abordagem estritamente comportamental para medir o aumento dos comportamentos desejáveis (p. ex., comportamentos pró-sociais) e a redução dos comportamentos mal-adaptados (p. ex., chutar, xingar). Isso requer a identificação de comportamentos-alvo concretos e específicos prontamente observáveis e medidos com segurança. O profissional de saúde deve especificar um período-base de observação durante o qual o comportamento-alvo é observado, e a contagem da frequência, especificada; novas contagens de frequência podem ser obtidas durante a intervenção e o acompanhamento, podendo-se administrar testes estatísticos do qui-quadrado para testar diretamente o impacto da intervenção.

Considerações especiais no tratamento da anosognosia

Na aplicação de qualquer intervenção cognitiva e comportamental, o profissional de saúde deve considerar o nível presente de consciência do paciente. Especificamente, a presença de anosognosia é cada vez mais provável à medida que o declínio cognitivo progride, em especial do CCL para a demência (Kalbe et al., 2005; Lehrer et al., 2015). A anosognosia tende a influenciar a capacidade do paciente de identificar objetivos significativos e manejáveis, bem como a sua disposição para participar da intervenção. O impacto da anosognosia deve ser tratado antes que se realize qualquer intervenção cognitiva específica e requer a sua própria abordagem de tratamento, discutida no Capítulo 9.

Criação de uma conceitualização geral de caso

A literatura empírica sobre a intervenção cognitiva e comportamental em idosos é entravada pelas inconsistências da terminologia dos tipos de intervenção. Além disso, a falta de correlação entre o mecanismo de ação pretendido com o alvo específico da intervenção e as medidas de resultados adequadamente sensíveis e específicas pode levar a uma subestimação dos efeitos terapêuticos. A abordagem cientista-profissional consiste em tratar cada paciente individual como um estudo de caso $n = 1$, com claras hipóteses clínicas, uma intervenção ativa e medidas de resultados adequadas. A implementação de intervenções em idosos requer as mesmas habilidades de conceitualização de caso conhecidas dos psicólogos clínicos de outros domínios da prática. A Tabela 11.3 fornece alguns exemplos de como criar uma conceitualização de caso empiricamente informada e teoricamente sensata, do tipo flexível e sensível aos dados emergentes sobre a resposta do paciente à intervenção. Como observado nessa tabela, o comportamento diário comprometido pode estar associado a transtorno de mais de uma função cognitiva específica (p. ex., a incapacidade de recordar detalhes de uma conversa pode estar relacionada a dificuldades de recuperação da memória episódica ou à dificuldade de participação suficiente que impede a codificação inicial das informações). Em parte, essa questão é respondida pelo desempenho nos testes neuropsicológicos;

Tabela 11.3 Criação de uma conceitualização de caso teoricamente informada para uma intervenção cognitiva e comportamental

Comportamento cotidiano e impacto	Hipóteses clínicas	Intervenção	Avaliação de resultados
Dificuldade de recordar informações sobre eventos do dia a dia que afetam a participação nas conversas e geram constrangimento e ansiedade social	1. O comprometimento da recuperação da memória episódica interfere no acesso a informações anteriormente consolidadas 2. Concentração prejudicada que interfere na codificação inicial das informações, o que significa a impossibilidade de acesso posterior a essas informações	1. Treinamento de estratégia compensatória (p. ex., uso de um livro de memória para anotar detalhes importantes que surgem) 2. Treinamento da atenção plena para promover a autorregulação da atenção até o momento presente	1. Contagem de frequência dos lapsos de memória antes e depois da implementação de um livro de memória 2. Avaliação psicométrica da atenção antes e depois da intervenção, bem como contagem da frequência de lapsos de memória antes e depois do treinamento 3. Medidas de autorrelato de ansiedade e autoeficácia da memória incluídas em qualquer dos tipos de intervenção

(continua)

Tabela 11.3 Criação de uma conceitualização de caso teoricamente informada para uma intervenção cognitiva e comportamental *(continuação)*

Comportamento cotidiano e impacto	Hipóteses clínicas	Intervenção	Avaliação de resultados
Preocupação com o esquecimento ocasional do nome de pessoas conhecidas, números de telefone e itens de uma lista de compras	Sintomas do envelhecimento normal ou, possivelmente, de DCS	Administração de psicoeducação que inclua: 1. Informações sobre o envelhecimento cognitivo normal 2. Treinamento de estratégia compensatória (p. ex., uso de um livro de memória) 3. Incentivo à manutenção da saúde física	1. Endosso ao uso de estratégias e comportamentos positivos em relação à saúde 2. Medidas de autorrelato de queixas em relação ao funcionamento cognitivo, à metamemória e à autoeficácia da memória, bem como à depressão e à ansiedade 3. Monitoramento no decorrer do tempo, caso o indivíduo apresente DCS
Dificuldade para se lembrar de tomar os medicamentos e comparecer às consultas médicas	Lapsos de memória prospectiva atribuídos a: 1. Falha de codificação da associação entre a pista e o comportamento-alvo (i. e., lembrança episódica) e/ou 2. Falha de monitoramento do ambiente para verificação da incidência da pista (i. e., controle cognitivo/ lembrança prospectiva)	1. Aprendizagem sem erros para garantir a codificação precisa do significado das pistas 2. Uso da memória de procedimento para treinar o hábito de usar e verificar um dispositivo assistivo (p. ex., *smartphone* com calendário e sinais de alerta)	1. Contagem de frequência dos lapsos de memória antes e depois do treinamento 2. Medidas de autorrelato de metamemória e autoeficácia da memória incluídas em um dos dois tipos de intervenção

entretanto, a resposta à intervenção pode, por si só, fornecer informações sobre o comprometimento subjacente. Pode-se seguir inicialmente uma determinada hipótese clínica (p. ex., estratégias de compensação de memória) e, se o comportamento-alvo não melhorar, seguem-se, então, hipóteses clínicas alternativas (p. ex., treinamento da atenção). Isso ressalta a natureza iterativa da prática clínica teoricamente informada, bem como a necessidade da avaliação contínua a cada etapa da intervenção. O Apêndice 11.1 fornece uma amostra dos diferentes tipos de estratégias de intervenção que podem ser benéficos para diferentes problemas clínicos.

Para concluir, retorna-se agora ao caso de Sam, apresentado inicialmente no Capítulo 9, ilustrando as primeiras sessões de como ele foi envolvido na intervenção cognitiva e comportamental integrada ao trabalho psicológico.

No Capítulo 9, Sam havia se submetido a uma recente avaliação neuropsicológica. Os resultados indicaram um declínio do funcionamento intelectual, bem como comprometimentos das funções executivas (i. e., dificuldade com a mudança do foco de atenção, a adaptação ao novo e a solução de problemas, o automonitoramento e a autorregulação), bem como baixa velocidade de processamento. Essas dificuldades estavam ocorrendo no contexto dos sintomas de depressão e ansiedade, alguns em resposta à mudança das circunstâncias de vida em virtude da DP, bem como pelo relacionamento conflituoso com um de seus filhos.

Depois de fornecer a Sam um *feedback* sobre a avaliação neuropsicológica, foi apresentada a possibilidade da intervenção não farmacológica, pela qual ele estava ansioso. Explicou-se que havia vários métodos de intervenções disponíveis, mas que estes só seriam úteis se fosse possível situá-los dentro dos próprios objetivos do paciente. Depois de pensar sobre o assunto, Sam identificou os seguintes objetivos do tratamento:

1. Reduzir a sua ansiedade social para que ele pudesse fazer mais amizades.
2. Melhorar o relacionamento com seu filho.

Ao formar uma conceitualização de caso sobre Sam, surgiram os seguintes pontos-chave:

- Sam era um sujeito simpático e sociável que queria conhecer novas pessoas e fazer novos amigos, e a sociabilidade fazia parte de sua cultura, como uma pessoa de descendência italiana. Infelizmente, seus esforços no sentido de perseguir esse objetivo em geral eram frustrados. Ao tentar iniciar uma conversa com estranhos em cafés ou outros contextos sociais, ele não conseguia se expressar de forma eficaz e notava que as pessoas se

frustravam com ele e se afastavam. Com o tempo, isso levou a aumento de sua ansiedade social.
- Ficou evidente que, certas vezes em que tentava iniciar novos contatos sociais, ele se sentia indolente, mentalmente fatigado e tinha dificuldade para organizar seus pensamentos.
- Em razão das dificuldades de Sam com o automonitoramento e a autorregulação, ele não tinha consciência das vezes em que se sentia mentalmente menos perspicaz, predispondo-se ao fracasso.

A análise dos objetivos de tratamento de Sam oferece outra oportunidade para ministrar psicoeducação ao paciente sobre os efeitos de uma pessoa ter DP, como a doença não apenas afetou a sua cognição, mas também interferiu em seus objetivos de aumentar o contato social. Como profissionais de saúde, deve-se identificar o automonitoramento e a autorregulação como domínios para a reabilitação cognitiva. Entretanto, isso foi contextualizado para Sam visando a ajudá-lo a alcançar o seu objetivo de maior socialização. Ou seja, se aprendesse a automonitorar o seu estado cognitivo, fisiológico e emocional, ele poderia se planejar melhor e com antecipação para fazer contato social nas ocasiões em que estivesse se sentindo melhor. Desse modo, seria possível predispô-lo ao sucesso. Pelo caminho, também seriam tratados quaisquer pensamentos negativos automáticos ou de autossabotagem que estivessem atrapalhando o seu progresso. As primeiras 6 semanas de tratamento consistiram nas seguintes etapas:

- *Sessão 1*: na primeira semana, foi solicitado a Sam que controlasse sua motivação e atenção no decorrer de cada dia como uma forma de encontrar ocasiões em que ele estivesse sentindo maior ou menor perspicácia mental. Ele tinha que avaliar sua motivação e energia em uma escala de 5 pontos, na qual 1 seria pouco motivado; 5, supermotivado; e 3, com o nível ideal de motivação. Foi pedido que ele avaliasse minimamente a sua motivação 3 vezes ao dia – manhã, tarde e noite. Como havia uma preocupação com a possibilidade de Sam não ter memória prospectiva suficiente para se lembrar de fazer essas avaliações, ele foi questionado sobre se estaria disposto a fazer essa atividade pelo seu *smartphone*. Isso significava que seria possível programar um alarme de repetição 3 vezes por dia para avisá-lo no momento em que ele deveria observar como estava se sentindo, o que ele poderia registrar no programa de anotações de seu celular. Isso não apenas lhe permitiria coletar dados sobre a sua motivação, mas também serviria como um alerta externo para o automonitoramento, o que, com o tempo, esperava-se que começasse a se generalizar. Em outras palavras, foi oferecida uma forma de "atenção plena externa".

- *Sessão 2:* após 1 semana de coleta de dados sobre a motivação de Sam, foi possível resgatar os dados de seu *smartphone* e colocá-los visualmente em um gráfico rudimentar, de modo que ele pudesse ver a oscilação dos seus níveis de motivação e energia no decorrer dos dias. Utilizando esses dados, determinou-se que ele se sentia em seu nível ideal no meio da manhã, depois de tomar um bom desjejum e a sua primeira dose de medicamento dopaminérgico. Este passou a ser o horário-alvo para Sam participar das sessões de prática comportamental e trabalhar tanto o automonitoramento como a ansiedade social. Ele foi orientado a concluir mais uma semana de registros para verificar o seu nível ideal de motivação e energia e também para oferecer-lhe mais suporte na atenção plena externa. Em seguida, foi programada a sessão seguinte para o meio da manhã, a fim de que ele pudesse participar de um experimento comportamental *in vivo* envolvendo o automonitoramento e a ansiedade social.
- *Sessão 3:* na sessão seguinte, Sam se mostrou hesitante, mas estava disposto a tentar um experimento comportamental. O seu objetivo autoidentificado consistia em ir a uma cafeteria e puxar conversa com um estranho. Criou-se uma hierarquia de 10 pontos de experiências potencialmente provocadoras de ansiedade, na qual "conversar com uma mulher bonita" contava 8 pontos de 10, e conversar com o barista que estava servindo a sua bebida contava 4 pontos; desse modo, o objetivo desse experimento passou a ser a conversa com o barista. Em seguida, Sam avaliou seu nível de motivação e energia na ocasião, que ele classificou como 2 pontos em uma escala de 5. Ele classificou também as suas unidades subjetivas de ansiedade (USD) como 4 pontos em uma escala de 10, o que significa levemente ansioso. Embora este tenha sido o período autoidentificado ideal do dia de Sam, o objetivo era predispô-lo ao sucesso. Caso ele encontrasse dificuldades cognitivas na ocasião, ele seria orientado a ensaiar uma breve conversa que poderia ter com o barista, cujas pistas ele anotou em um cartão para levar no bolso. Em seguida, a equipe foi até a cafeteria com Sam, mas manteve-se a distância para que ele pudesse engajar-se no experimento comportamental de forma independente, mesmo sabendo que havia um profissional de saúde por perto, caso ele precisasse de ajuda. Sam concluiu o exercício com êxito e todos retornaram ao consultório para fazer o relatório. Sam atribuiu 3 pontos ao seu nível de motivação em uma escala de 5 pontos, e 6 pontos às suas USD em uma escala de 10 pontos – logo, tanto a motivação como a ansiedade aumentaram, mas em níveis toleráveis. Sam afirmou estar um pouco decepcionado consigo mesmo por ter se confundido no momento de arranjar dinheiro trocado para a sua bebida, quando percebeu a impaciência do barista. Abordou-se o seu diálogo interno negativo sobre o

seu desempenho, e ele foi ajudado a reavaliar a situação com orgulho e *feedback* positivo pela sua disposição em tentar o experimento e aproximar-se um passo de seu objetivo. Como dever de casa, Sam deveria tentar pelo menos um experimento comportamental em que ele procuraria conversar com um estranho no seu momento ideal do dia e relataria a experiência na semana seguinte.

- *Sessão 4:* conferiu-se a experiência da semana anterior. Sam relatou sentir-se bastante desmoralizado pelo seu desempenho no experimento conduzido durante a sessão, mas, no decorrer da semana, ele conseguiu dizer para si mesmo que, pelo menos, estava tentando. A essa altura, desenvolve-se a hipótese de que uma exposição mais direta ao treinamento da atenção plena poderia ser útil para Sam. Praticando a atenção plena, ele poderia melhorar a sua capacidade de tratar do momento presente, ajudando-se a manter o foco na conversa, e, quando ele cometesse um "deslize", aprender a não tecer julgamentos e a aceitar-se. Baseados em sua função cognitiva de referência, não havia certeza de que Sam seria capaz de engajar-se imediatamente no treinamento da atenção plena. Seu *smartphone* pré-programado com alarmes ao longo do dia continuou sendo usado, incentivando-o a tratar de sua experiência e a ser gentil consigo mesmo. Nas sessões subsequentes, foi possível fazer a transição para os exercícios dirigidos de atenção plena utilizando um gravador de áudio que Sam usava para praticar em casa. Ele relatava estar se sentindo mentalmente mais alerta e conseguindo ter mais consciência de quando começava a sentir fadiga ou a ter dificuldade para pensar com clareza. Isso foi então alavancado à condição de novos experimentos comportamentais durante as sessões e fora delas para aproximá-lo de seu objetivo de aumentar a sua socialização e fazer novas amizades.

Resumo e considerações finais

Hoje existem muitas possibilidades animadoras de intervenções cognitivas e comportamentais em idosos, reforçadas pelos avanços da neurociência básica e aplicada, bem como da reabilitação cognitiva. As evidências sugerem que os idosos em todo estágio de declínio cognitivo podem e devem beneficiar-se de várias habilidades e programas de treinamento, contrariando a noção de que o declínio cognitivo é algo a ser passivamente tolerado e inevitável. A neuroplasticidade estrutural e funcional é possível na idade adulta avançada, embora em escalas de tempo possivelmente mais longas do que em pessoas mais jovens; consequentemente, essas intervenções podem não apenas melhorar a função cognitiva presente, mas também oferecer proteção contra um declínio futuro (i. e., prevenção primária e secundária).

A última década, especificamente, tem testemunhado uma rápida expansão do volume de literatura sobre intervenções não farmacológicas em idosos a cada nível da trajetória do declínio cognitivo, com o surgimento de achados animadores para diversas intervenções cognitivas/comportamentais e psicológicas. Entretanto, novos trabalhos são necessários para solidificar a base de evidências e impulsionar o campo. No caso das intervenções cognitivas e comportamentais, é preciso haver também uma melhor caracterização dos participantes, não apenas em termos de estabelecimento de diagnósticos, mas também de identificação de possíveis fatores moderadores da intervenção, como a função pré-mórbida e a função neuropsicológica de referência. Além disso, é preciso prestar mais atenção à especificação *a priori* do mecanismo de ação de uma determinada intervenção, bem como à especificação dos resultados adequados para fins de verificação da resposta à intervenção. Para esse fim, os pesquisadores precisam consultar a literatura sobre outras áreas, como a reabilitação cognitiva, para saber quais as funções cognitivas mais ou menos passíveis de restituição (p. ex., a atenção) e quais provavelmente se beneficiariam mais das abordagens compensatórias (p. ex., a memória). As medidas neuropsicológicas podem ser adequadas para intervenções baseadas na restituição, mas menos adequadas para abordagens compensatórias que podem ser mais bem avaliadas pelo exame das medidas ecologicamente relevantes e do comportamento diário. Além disso, estudos como o ensaio ACTIVE indicam que os efeitos da intervenção podem ocorrer depois de meses ou até mesmo anos após o término da fase de intervenção ativa. Isso ressalta a importância do acompanhamento longitudinal e também adverte contra a assunção de que a ausência de achados significativos imediatamente após a intervenção seja necessariamente um verdadeiro resultado nulo. Por fim, grande parte da literatura existente é baseada em um modelo de prova de princípio que utiliza formatos de ECR estritamente controlados com populações relativamente homogêneas. Várias revisões sistemáticas e metanálises já respaldaram a eficácia de diversas intervenções cognitivas e comportamentais. Considerando-se o número rapidamente crescente de idosos que necessitam de assistência, o campo precisa sair "da contemplação para a ação" e começar a concentrar-se mais em formas de eficácia que testem algumas dessas mesmas intervenções em amostras clínicas mais representativas. Para uma discussão mais detalhada sobre os fatores a serem considerados nas intervenções cognitivas e comportamentais, indicam-se as recomendações propostas na revisão sistemática e na metanálise de Smart et al. (2017) sobre intervenções não farmacológicas para pessoas com DCS.

Pontos-chave

✓ Neste capítulo, foram abordadas as 3 principais modalidades de treinamento cognitivo, reabilitação cognitiva e estimulação cognitiva, cada uma aparentemente capaz de produzir efeitos diferenciais baseados no estágio de declínio cognitivo.

✓ O treinamento cognitivo em geral parece ser mais eficaz para indivíduos com comprometimento cognitivo minimamente manifesto (i. e., idosos saudáveis e aqueles com DCS), embora a transferência de treinamento para a vida diária continue sendo objeto de controvérsias.

✓ A reabilitação cognitiva mostra-se promissora em indivíduos com CCL, bem como naqueles com demência.

✓ A estimulação cognitiva é eficaz também em pessoas com demência. Embora nem sempre testado empiricamente, o treinamento cognitivo pode, na realidade, funcionar como uma forma de estimulação cognitiva em indivíduos que apresentem um comprometimento mais leve, servindo para reforçar o engajamento mental e contribuir para a reserva cognitiva.

✓ Recomenda-se situar qualquer intervenção no contexto dos objetivos do paciente. Isso tornará a intervenção ecologicamente mais relevante e promoverá a motivação intrínseca, sobretudo quando as tarefas representam um desafio.

✓ A psicoeducação também parece ser eficaz em idosos saudáveis, naqueles com DCS e em pacientes com CCL, e, se administrada de forma criteriosa, pode melhorar a motivação e a participação em outras formas de intervenção.

✓ Por fim, é fundamental que o resultado adequado seja utilizado para o tipo de intervenção empregada, observando-se que os escores dos testes neuropsicológicos podem nem sempre ser a medida de resultados mais apropriada.

Apêndice 11.1

Recursos para intervenções cognitivas e comportamentais

Para leitores não familiarizados com os diversos tipos de intervenções cognitivas e comportamentais, segue aqui uma amostra daqueles que merecem uma investigação mais aprofundada, bem como outras fontes de informação que respaldam o envolvimento nesse trabalho.

Visão geral da reabilitação cognitiva

Sohlberg, M. M. & Mateer, C. A. (2001). *Cognitive rehabilitation: an integrative neuropsychological approach* (2nd ed.). New York: Guilford Press. Embora seja um livro mais antigo, trata-se de um clássico texto do tipo cientista-profissional que discute a neurociência básica e aplicada e a neuroplasticidade, além de apresentar uma introdução aos diversos tipos de intervenção para a atenção, a memória e as funções executivas. O livro é extremamente prático e contém diversos exemplos de casos que mostram como aplicar essas intervenções. Para o leitor novato no campo da reabilitação cognitiva, este é um excelente ponto de partida.

Intervenções manualizadas para o envelhecimento saudável e o CCL

O Rotman-Baycrest Institute criou programas de intervenção manualizada que se encontram disponíveis para a venda a indivíduos qualificados, entre os quais:

- *Memory and Aging Program* para idosos saudáveis e
- *Learning the Ropes Program* para pessoas com CCL.

As informações sobre a compra desses programas encontram-se disponíveis no site *www.baycrest.org/care/care-programs/centre-for-memory-and-neurotherapeutics/neuropsychology-and-cognitive-health/clinical-tools*.
Os pesquisadores do Rotman-Baycrest Institute criaram também uma intervenção para dificuldades da função executiva intitulado treinamento para o gerenciamento de objetivos (GMT, na sigla em inglês), experimentado em idosos:
Levine, B., Stuss, D. T., Winocur, G., Binns, M. A., Fahy, L., Mandic, M., ... Robertson, I. H. (2007). Cognitive rehabilitation in the elderly: effects on

strategic behavior in relation to goal management. *Journal of the International Neuropsychological Society, 13*, 143–152.

Stuss, D. T., Robertson, I. H., Craik, F. I., Levine, B., Alexander, M. P., Black, S., . . . Winocur, G. (2007). Cognitive rehabilitation in the elderly: a randomized trial to evaluate a new protocol. *Journal of the International Neuropsychological Society, 13*, 120–131.

van Hooren, S. A., Valentijn, S. A., Bosma, H., Ponds, R. W., van Boxtel, M. P., Levine, B., . . . Jolles, J. (2007). Effect of a structured course involving goal management training in older adults: a randomised controlled trial. *Patient Education and Counseling, 65*, 205–213.

As informações sobre o treinamento em GMT e como adquirir o material de intervenção, encontram-se disponíveis no *site* http://shop.baycrest.org/collections/the-goal-management-training-program.

Além disso, o Rotman-Baycrest Institute sedia *workshops* regulares de "treinamento de treinadores" para esses diversos programas, cujas informações encontram-se no *site* da instituição.

Livro sobre CCL

Anderson, N. A., Murphy, K. J., & Troyer, A. K. (2012). *Living with mild cognitive impairment: a guide to maximizing brain health and reducing risk of dementia*. New York: Oxford University Press.

Esse livro será útil para profissionais de saúde e pacientes, na medida em que contém material do programa Learning the Ropes for MCI criado no Rotman-Baycrest Institute.

Instituições

O American Congress of Rehabilitation Medicine (*www.acrm.org*) é uma das instituições interdisciplinares mais respeitadas no campo da prática de reabilitação baseada em evidências. A instituição fornece informações sobre intervenções baseadas em evidências, bem como *workshops* e outros treinamentos para profissionais, além de grupos de interesse especial em reabilitação por lesões cerebrais e em reabilitação geriátrica, os quais seriam úteis oportunidades de formação de rede para aqueles que pretendem aprender mais e fazer contato com outros profissionais que utilizam intervenções cognitivas e comportamentais em idosos.

A Alzheimer's Association (*www.alz.org*) sedia anualmente uma das maiores conferências do mundo sobre ciência de vanguarda e prática em DCS, CCL e demência. Como membro da instituição da Alzheimer's Association, a International Society to Advance Alzheimer's Research and Treatment (ISTA-

-ART), a pessoa pode associar-se a diversas áreas de interesse profissional (professional interest areas – PIA. A PIA sobre intervenções não farmacológicas (*https://act.alz.org/site/SPageServer?pagename=ISTAART_PIA_NPI*) seria de particular interesse para aqueles que atuam na área de intervenções não farmacológicas. As PIA sediam várias reuniões de negócios e pesquisas na conferência anual, também oferecendo uma importante oportunidade para a formação de redes e a colaboração com outros profissionais de saúde e pesquisadores.

CAPÍTULO 12

Intervenções psicológicas

Idosos com diversos níveis de declínio cognitivo podem apresentar dificuldades psicológicas significativas. Entendidos dentro da estrutura biopsicossocial, os sintomas psicológicos podem influenciar a função cognitiva ou, por outro lado, ser uma expressão do declínio cognitivo subjacente. Além disso, os sintomas psicológicos podem manifestar-se como um ajuste a dificuldades de saúde ou surgir de forma iatrogênica em decorrência do controle farmacológico dessas dificuldades. A avaliação e o controle das dificuldades psicológicas deve ser um aspecto rotineiro da assistência a idosos. No Capítulo 10, foram discutidas as abordagens farmacológicas de controle dos sintomas psicológicos e cognitivos. Neste capítulo, apresenta-se uma estrutura conceitual de como as dificuldades psicológicas podem manifestar-se na idade adulta avançada, além de diversas abordagens psicoterapêuticas para tratar esses desafios. Por fim, conclui-se com um exemplo de caso de como a intervenção psicológica pode ser implementada em pacientes com comprometimento cognitivo. Para começar, retome-se aqui o caso de Sam para ilustrar parte do material apresentado neste capítulo.

Sam é um cidadão ítalo-canadense destro de 66 anos com doença de Parkinson (DP). Ele foi encaminhado para avaliação da função cognitiva presente em virtude de queixas sobre o seu declínio cognitivo percebido, particularmente no decorrer dos últimos 3 anos. Entretanto, durante a avaliação, ficou claro que Sam tinha um histórico de depressão, bem como transtorno do estresse pós-traumático (TEPT) associado ao fato de ter testemunhado eventos traumáticos como policial de carreira. Sam havia se submetido a tratamento de TEPT anteriormente e apresentado melhora de muitos de seus sintomas. Entretanto, ele apresenta constantes queixas de ansiedade social associada às suas dificuldades cognitivas e aos sintomas motores, o que interfere em sua capacidade de fazer novas amizades. Parte da ansiedade social tem relação também com uma mudança de autoconceito associada aos sintomas motores em decorrência da DP, uma vez que Sam não era mais uma pessoa tão ativa quanto antes. Além disso, Sam relata uma angústia significativa em relação ao conflituoso relacionamento com um de seus filhos adultos e quer desesperadamente encontrar formas de melhorar essa relação. O relacionamento de Sam com o seu pai era muito difícil, em parte porque seu pai podia estar sofrendo de TEPT depois de ter servido na Segunda Guerra Mundial. Embora Sam tenha um relacionamento muito amoroso com sua esposa e o outro filho, a descrição atual e o histórico dos relacionamentos sugerem que Sam demonstra um estilo ansioso de apego. Isso provavelmente se deve a um relacionamento instável com seu pai, bem como à imigração para o Canadá quando criança, deixando muitos membros da família na Itália. Embora apresente um histórico de depressão, Sam nega a presença de sintomas atualmente. Ele não tem histórico ou relato atual de ideias, planos ou pensamentos suicidas. Ao contrário, ele relata forte consciência de sua mortalidade e um desejo de aproveitar a sua aposentadoria da melhor maneira possível. Além da DP, o histórico clínico de Sam não é contribuidor, e um exame clínico completo recente não demonstrou nenhuma condição digna de nota. As pessoas que tomam agonistas dopaminérgicos para DP podem apresentar risco de síndrome de desregulação da dopamina, uma síndrome neurocomportamental que envolve sintomas de controle dos impulsos, como jogo patológico e hipersexualidade. Entretanto, Sam nega quaisquer desses sintomas e não tem nenhum histórico de vícios, que podem ser um fator de risco para a síndrome de desregulação dopaminérgica. Ele nega o uso de qualquer substância (inclusive tabaco), e apenas bebe 1 a 2 drinques no fim de semana com sua esposa.

Consideração dos fatores que contribuem para o funcionamento psicológico

Embora Sam tenha se apresentado para uma avaliação neuropsicológica no contexto de um (suposto) declínio cognitivo relacionado à DP, ao aprender mais sobre ele, nota-se que vários fatores poderiam estar contribuindo para o seu funcionamento psicológico atual, além da mera presença da DP. Antes de desenvolver a doença, Sam acumulou uma vida inteira de experiências que poderiam estar influenciando o seu quadro atual, entre as quais a imigração, as questões iniciais de vínculo, o estresse no trabalho e o funcionamento da família. Como vem sendo defendido consistentemente ao longo de todo este livro, a adoção de uma abordagem biopsicossocial informada do ponto de vista do desenvolvimento é necessária para permitir a formulação de caso mais abrangente possível sobre o funcionamento cognitivo atual de Sam e, consequentemente, o tratamento necessário para ajudá-lo.

Muitos fatores podem afetar o humor e o comportamento em qualquer idade, inclusive em idosos. Para prestar a assistência mais eficaz possível, é necessária uma avaliação detalhada desses fatores antes de iniciar a intervenção. Os *fatores fisiológicos*, como sono inadequado, desregulação da glicemia, uso de substâncias ilícitas e medicamentos podem afetar o estado psicológico, no qual o delírio é o exemplo mais extremo. Na medida em que esses fatores são modificáveis e tratáveis, um exame clínico abrangente deve sempre ser uma etapa fundamental antes de iniciar uma intervenção de base mais psicológica. A consulta com o médico de atenção primária do paciente pode facilitar esse objetivo, uma vez que ele pode encaminhar o paciente a um neurologista ou psiquiatra para exames mais detalhados, como um exame clínico abrangente.

O *funcionamento psicológico pré-mórbido* é fundamental para que se conheça a longevidade, o curso e a evolução das dificuldades presentes, inclusive para determinar as intervenções, se houver, que foram úteis no passado. Em virtude dos efeitos de coorte, os idosos mais velhos (i. e., > 80 anos) podem ter tido exposição limitada às intervenções psicológicas, além de carregarem o estigma das doenças mentais (Faber, 2004). Isso requer a socialização desses pacientes com a ideia da intervenção psicológica realizada de maneira atenciosa e sensível. Independentemente dos diagnósticos anteriores, o funcionamento psicológico pré-mórbido pode incluir também estilos de apego e fatores de personalidade pré-mórbida (p. ex., neuroticismo, lócus de controle, autoeficácia) capazes de influenciar a participação na intervenção. O *contexto psicossocial* mais amplo inclui fatores como estabilidade econômica, situação de vida atual e apoio interpessoal. Os fatores culturais determinantes – incluindo os efeitos de coorte – tendem a influenciar a resposta de uma pessoa às circunstâncias vigentes, inclusive as ideias em relação ao significado de doença mental e do estigma correlato (Gerolimatos, Gregg e Edelstein, 2014). Da mesma forma, a cultura pode afetar o engajamento de um indivíduo e a sua subsequente resposta à intervenção, o que pode exigir a adaptação culturalmente adequada das intervenções padronizadas baseadas em evidências (Flynn, Cooper e Gary-Webb, 2013). Por fim, as *questões legais* merecem especial consideração no trabalho com uma clientela idosa, especialmente no que diz respeito à capacidade de distinguir ideias suicidas do desejo de cometer um suicídio medicamente assistido, que é uma prática legal em algumas jurisdições (Gerolimatos et al., 2014).

Avaliação do funcionamento psicológico

É fundamental que qualquer plano de intervenção comece com uma avaliação apropriada do funcionamento psicológico atual. Uma avaliação abrangente do funcionamento psicológico atual e pré-mórbido do paciente ajuda a determinar a conceitualização clínica adequada das dificuldades presentes e, por sua vez, a forma mais apropriada de intervenção. A fenomenologia dos transtornos do humor e da ansiedade em idosos, e em pessoas com transtornos neurológicos, pode diferir daquela das populações psiquiátricas. Por exemplo, a depressão geriátrica pode incluir sintomas de comprometimento cognitivo percebido ou real (Steffens e Potter, 2008), conforme refletido pelos itens da Geriatric Depression Scale (Yesavage et al., 1983) como "Você percebe ter mais problemas de memória do que a maioria das pessoas?". Medidas como a Adult Manifest Anxiety Scale – Elderly Version (AMAS-E; Lowe e Reynolds, 2006) permitem a separação dos sintomas psicológicos da ansiedade (em geral, artificialmente elevados em determinadas doenças neurológicas, como a DP), enquanto abordam sintomas que podem ser mais relevantes para os idosos em termos de desenvolvimento, como o medo do envelhecimento. Parece lógico que a medida de avaliação seja relevante para a intervenção utilizada (p. ex., o uso de autorrelato baseado na atenção plena para uma terapia cognitiva baseada na atenção plena). No Apêndice 12.1, apresenta-se uma lista de verificação das principais áreas de investigação para uma entrevista psicológica antes da intervenção.

Embora determinadas intervenções possam ser mais ou menos relevantes, dependendo do estágio de declínio cognitivo do indivíduo, nem sempre existe uma relação de 1:1 entre as duas. Nas seções que se seguem, são apresentados os parâmetros para a intervenção psicológica a idosos, organizados não por estágio de declínio cognitivo, mas de acordo com as seguintes áreas amplas que justificam a atenção clínica: (1) ajuste às mudanças em uma fase avançada da vida, (2) condições psicológicas diagnosticáveis, (3) síndromes neuropsiquiátricas e neurocomportamentais e (4) funcionamento familiar e com o cuidador. Esses parâmetros encontram-se resumidos na Tabela 12.1. Considerando-se que essa adaptação terapêutica pode precisar ocorrer de acordo com o funcionamento cognitivo atual, discute-se a questão quando pertinente. Aqui, o foco está nas intervenções psicológicas, as quais compreendem apenas uma parte de um plano de intervenção integrada que pode incluir parte ou toda a intervenção farmacológica, intervenção cognitiva e psicológica.

Ajuste às mudanças em uma fase avançada da vida

Tendências desenvolvimentais na experiência emocional

Contrariando os estereótipos populares, envelhecer não é motivo para negatividade e pessimismo. É claro que aqueles que têm histórico anterior de problemas com a saúde mental trazem esses mesmos problemas para uma fase posterior da vida, mas isso é diferente do pressuposto comum de que o envelhecimento em si e por si só seja uma causa de grande sofrimento psicológico. A trajetória normativa para a maioria dos adultos é uma bem-sucedida transição para uma fase mais avançada da vida, enfrentando prontamente os desafios desse período de desenvolvimento. Uma das razões para isso pode ser a priorização dos objetivos emocionais em uma idade mais avançada. Por exemplo, pesquisas relativamente sólidas documentaram o chamado viés de positividade, ou a tendência que os idosos têm a favorecer estados mentais positivos e voltar a atenção para informações positivas (Reed et al., 2014). Quando se trata de entender as raízes do viés de positividade, a teoria da seletividade socioemocional (Carstensen, Isaacowitz e Charles, 1999; Mather, 2012) postula que o avanço da idade traz maior conscientização em relação à mortalidade da pessoa e a sensação de que "o tempo está se esgotando". Esse pensamento leva os idosos a priorizarem a qualidade de seus relacionamentos e aproveitar ao máximo o tempo que lhes resta. Na realidade, Carstensen et al. (2011) realizaram um impressionante estudo longitudinal de 10 anos que incorporou múltiplas coortes etárias. Utilizando métodos de amostragem de experiência, eles constataram que as capacidades de regulação das emoções melhoram com o avanço da idade, com maiores experiências de emoção positiva e também de *sofrimento*, ou emoções mistas – por exemplo, o sentimento "agridoce" decorrente a experiência de passar o tempo com a pessoa amada e perceber que os momentos futuros podem ser limitados. Além disso, o acúmulo de experiência de vida e o concomitante aumento da sabedoria em decorrência da idade podem melhorar o processo de tomada de decisões, inclusive com uma tendência de considerar o contexto geral da vida e "não se ater a detalhes irrelevantes" (Worthy, Gorlick, Pacheco, Schyner e Maddox, 2011).

Essas pesquisas da ciência do desenvolvimento do ciclo de vida indicam que o sofrimento psicológico significativo não é necessariamente a norma para a maioria dos idosos. Desse modo, existem muitos estressores e dificuldades que os idosos enfrentam com a passagem do tempo que, se não abordados, podem afetar adversamente o funcionamento psicológico, o bem-estar e a qualidade de vida. Esses fatores incluem, mas não se limitam, a início do declínio cognitivo propriamente dito (ambos relacionados à idade e não normativos), comprometimento crônico da saúde, mudanças no sistema de vida, perda de entes queridos e desejo de encontrar sentido na vida. As perdas imprevisíveis ou "intempestivas" podem ser um desafio maior a ser enfrentado do que aquelas consideradas "tempestivas" (Cheek, 2010; Gorman, 2011). Muitas dessas mudanças podem ocorrer com o processo de envelhecimento em si, e somente quando o indivíduo atinge um nível de crítico de dificuldade, ele busca a intervenção. Por outro lado, um idoso que pressupõe que o estresse simplesmente faz parte do "envelhecimento" pode não buscar intervenção clínica. Por isso, é importante que o médico considere como o idoso está se ajustando a essas mudanças de vida e se a intervenção realmente se justifica.

Problemas crônicos de saúde

Como mencionado no Capítulo 10, o CDC estima que cerca de 80% dos idosos apresentem, pelo menos, um fator de comprometimento crônico da saúde, e 50% apresentem duas ou mais condições, o que eleva a possibilidade de depressão clínica (CDC, 2015). A terapia cognitivo-comportamental (TCC) já conta com uma sólida literatura de aplicação a várias condições crônicas de saúde, como dor, fadiga e condições clínicas crônicas em geral (Hofmann, Asnaan, Vonk, Sawyer e Fang, 2012). Como já discutido, o conhecimento psicossocial do funcionamento atual é o parâmetro essencial para a maioria dos psicólogos clínicos. Isso inclui o conhecimento de doenças crônicas, o que envolve determinantes de natureza biológica e psicossocial. No contexto das doenças crônicas, a TCC pode ser útil para reduzir diretamente os sintomas da doença em si, além de poder tratar o sofrimento emocional, como a depressão, que pode resultar da necessidade de lidar com um comprometimento crônico de saúde e, por sua vez, piorar a experiência da condição clínica. Braun, Karlin e Zeiss (2015) apresentam uma análise relativamente abrangente das evidências da aplicação da TCC a idosos com diversas condições clínicas. Eles encontraram evidências que respaldam esse tipo de terapia para insônia, artrite, condições cardíacas, diabetes e outras questões clínicas, como diversas condições causadoras de dor, síndrome do intestino irritável e síndrome de fadiga crônica. Em determinados contextos (p. ex., insônia), a TCC mostrou-se, pelo menos, tão eficaz quanto as intervenções farmacológicas, o que é animador, considerando as muitas questões relacionadas à polifarmácia e ao maior risco de reações medicamentosas adversas quando os idosos estão tomando vários medicamentos (ver mais detalhes no Cap. 10). Em uma seção mais adiante deste capítulo, será abordada de forma mais detalhada a aplicação da TCC a idosos com problemas primários de humor e ansiedade, incluindo a adaptação necessária a indivíduos com comprometimento cognitivo.

Preocupações existenciais

À medida que os idosos estão mais próximos do fim da vida do que do início, eles podem começar a enfrentar preocupações existenciais em relação ao significado e ao propósito de suas vidas, e como "encerrar" antes que suas vidas cheguem ao fim. Essas preocupações podem se dar no contexto das diversas transições ou perdas que podem ocorrer na velhice, como aposentadoria, alterações na saúde física e perda de entes queridos. Dependendo das circunstâncias da vida da pessoa, tanto presente como passada, essa análise existencial pode gerar sentimentos de ansiedade ou depressão. Nesse contexto, não se deseja patologizar o que pode fazer parte da negociação de uma fase normativa da vida, mas isso não significa que não se possa agir no sentido de ajudar o idoso a vencer efetivamente essa fase.

A terapia da reminiscência pertence a uma ampla categoria de intervenções que envolvem uma reflexão sobre as memórias autobiográficas, de abordagens mais livres, como a reminiscência simples, à abordagem mais estruturada de revisão da vida e da terapia da revisão de vida. Rememorar especificamente eventos positivos já demonstrou ser uma maneira de criar estados de humor positivos (Bryant, Smart e King, 2005); não é de surpreender, portanto, que a terapia da reminiscência tenha sido investigada como uma intervenção para a depressão em uma fase avançada da vida (Scogin, Welsh, Hanson, Stump e Coates, 2005). Bhar (2014) apresentou uma extensa análise sobre a questão da terapia da reminiscência na velhice. Nessa revisão da literatura empírica até 2013, ele fez um levantamento de 14 revisões sistemáticas e/ou metanálises, observando que os achados eram bastante heterogêneos em relação à eficácia dessa abordagem de intervenção para melhorar os resultados da saúde mental. Isso pode decorrer do fato de que a "terapia da reminiscência" é um termo amplo utilizado para designar várias terapias diferentes, com diferentes objetivos clínicos.

Os achados das diversas revisões discutidas por Bhar (2014) pareceram sugerir que, quanto mais estruturada a terapia (i. e., revisão de vida e terapia da revisão de vida *versus* reminiscência simples), maiores os benefícios para o humor e o funcionamento cognitivo. Além disso, os benefícios dessas terapias estruturadas pareceram ser mais pronunciados para depressão, com evidências insuficientes para outras questões clínicas, como ansiedade, problemas de memória ou comportamentos problemáticos associados a demência. Erik Erikson, o psicólogo de desenvolvimento, descreveu a velhice como uma fase da vida em que o principal conflito de desenvolvimento é a *integridade do ego contra o desespero* (Erikson, 1963). A pessoa pode resolver esse conflito analisando o seu passado e aceitando as suas decisões, a fim de fazer as pazes com a sua vida como um todo e a sua consequente identidade. A falta de resolução desse conflito pode resultar em depressão e desespero. Durante o processo de revisão de vida, o indivíduo segue um protocolo estruturado que progride em ordem cronológica da infância ao tempo presente. Refletindo sobre os eventos positivos e negativos vivenciados ao longo do tempo, a intenção é facilitar a tarefa do indivíduo de desenvolver uma história de vida significativa que envolva a integração e a aceitação dos acontecimentos positivos e negativos (Afonso, Bueno, Loureiro e Pereira, 2011; Westerhof, Bohlmeijer e Webster, 2010). A revisão de vida estrutura, não apenas sustenta, o desenvolvimento da integridade do ego, mas, quando realizada em conjunto com membros mais jovens da família (ou pessoas mais jovens, como estudantes de cursos universitários que tratam do envelhecimento), pode também promover o diálogo intergeracional e a transmissão de informações específicas sobre a coorte. Isso pode permitir que os idosos sintam que estão passando sabedoria e conhecimento para as gerações mais jovens, o que pode ser outro aspecto do cultivo à integridade do ego.

Terapias para o sofrimento e o luto

À medida que se envelhece, enfrentam-se várias perdas "tempestivas", como mudanças nos relacionamentos, ocupações, estado de saúde física e, naturalmente, luto pela morte de entes queridos. O sofrimento em resposta a essas perdas é uma parte normal e natural da vida (Malkinson e Bar-Tur, 2014). Desse modo, o sofrimento em si e por si só não é um distúrbio que justifique atenção clínica, mas pode ser uma questão a ser explorada dentro de um contexto de psicoterapia de apoio. Para médicos e pacientes, o livro *Wild edge of sorrow*, de Francis Weller (2015), é um excelente recurso. Weller, um experiente psicoterapeuta, discute o sofrimento e a perda a partir de uma perspectiva pan-cultural, enfatizando a sua universalidade e a importância de se fazer com que o sofrimento funcione de forma consciente e atenta. Ele discute também a importância do ritual e da cerimônia, e fornece recursos sobre como esse trabalho pode ser feito. Como discutido a seguir no contexto das intervenções para a família e os cuidadores, a exploração do papel do ritual e da cerimônia pode ser uma maneira de apoiar uma abordagem culturalmente sensível à discussão da dor.

Embora a maioria das pessoas consiga vencer a dor, uma minoria significativa de indivíduos pode ter dificuldade em processar a dor por várias razões. Por exemplo, a dor pela morte de um ente querido é uma experiência relativamente comum para os idosos. Entretanto, para aqueles que têm dificuldade em superar o sofrimento normativo, eles podem desenvolver o que se conhece como luto complicado (Hartz, 1986; Horowitz et al., 1997) ou, na nomenclatura do DSM-5, transtorno do luto complexo persistente (TLCP). No TLCP, o indivíduo apresenta sintomas 12 meses após a morte de alguém, sintomas que envolvem preocupação com os falecidos, sofrimento reativo relacionado à morte e transtorno de identidade social, inclusive o desejo de morrer para se reencontrar com os falecidos. Existem algumas evidências de que o luto complicado tende a ser associado a perdas "tempestivas" ou traumáticas de alguma forma, como a perda de um filho (Mac-Callum e Bryant, 2013; Shear, 2015). Shear (2015) discute as evidências disponíveis que respaldam a aplicação da terapia do luto complicado, sugerindo que a técnica seja considerada um tratamento de vanguarda para essa condição. No que tange às intervenções específicas para idosos, recentemente foram publicados alguns ensaios clínicos controlados randomizados (ECR) que examinaram a sua eficácia. Shear et al. (2014) compararam a eficácia de 16 sessões semanais de terapia do luto complicado (TLC) com a terapia interpessoal não focada no sofrimento (TIP). Eles constataram que, embora ambos os grupos tenham demonstrado melhora dos sintomas do luto complicado, a TLC resultou em um efeito significativamente maior sobre a gravidade da doença, a taxa de redução dos sintomas e a taxa de melhora desses sintomas. Esses achados são notáveis na medida em que o sofrimento é um dos focos essenciais da TIP, sugerindo que uma terapia específica focada no luto complicado é mais eficaz. Da mesma forma, Supiano e Luptak (2014) constataram que a terapia em grupo adaptada especificamente para o tratamento do luto complicado é mais eficaz para reduzir os sintomas do que a terapia em grupo padronizada. Recomenda-se também ao leitor Stroebe, Schut e van den Bout (2013), cujo livro editado contém vários capítulos sobre as diferentes abordagens terapêuticas de tratamento do luto complicado.

O luto seria considerado uma perda finita, o que significa ser um evento distinto no tempo com limites bem definidos. Entretanto, os idosos podem enfrentar também perdas não finitas, aquelas que não possuem limites e podem ocorrer de maneira repetitiva por período prolongado. A perda ambígua é definida como uma perda em que o indivíduo está fisicamente ausente, mas ainda psicologicamente presente na mente de seus entes queridos (como no caso da perda de militares em ação), ou psicologicamente ausente, mas fisicamente presente (como as pessoas com demência) (Boss e Yeats, 2014). Existem relatos de perda ambígua em cuidadores de pessoas com comprometimento cognitivo leve (CCL) e demência (Alzheimer Society of Canada, 2013). Em um trabalho recente, Ali e Smart (2016) constataram também que as próprias pessoas com CCL vivenciam a perda ambígua associada à erosão do próprio senso de identidade, bem como o curso incerto do declínio no CCL. Além disso, os entes queridos tendiam a minimizar o sofrimento emocional associado à experiência de perda cognitiva da pessoa. Embora eles provavelmente acreditassem estar sendo úteis, isso contribuía para sentimentos de privação do direito de sofrer (Corr, 2002). Em uma seção mais adiante sobre as intervenções para a família e os cuidadores, discutem-se os recursos para lidar com a perda ambígua e o sofrimento.

Transtornos psicológicos diagnosticáveis

Os idosos podem apresentar sintomas psicológicos significativos que extrapolam o escopo do ajuste ao envelhecimento normal, sintomas que justifiquem atenção clínica. O mais comum desses sintomas inclui transtornos de humor e ansiedade, os quais podem ser manifestações de um primeiro episódio em uma fase avançada da vida ou podem representar uma persistência ou reocorrência de antigas preocupações com a saúde mental. Luppa et al. (2012) conduziram uma revisão sistemática e uma metanálise da prevalência da depressão em uma fase avançada da vida e constataram que, embora as estimativas da prevalência variem significativamente de acordo com os métodos de classificação (i. e., até 9,3% para depressão maior e até 37,4% para transtornos depressivos), a depressão em uma fase avançada da vida é relativamente comum. Os transtornos de ansiedade também são relativamente comuns em idosos e apresentam alta comorbidade com a depressão, mas tendem a ser menos prevalentes em idosos do que em adultos mais jovens (Wolitzky-Taylor et al., 2010). Os transtornos psicológicos podem afetar de forma negativa a qualidade de vida e o bem-estar, bem como interferir na adaptação às mudanças normativas em uma idade avançada. Além disso, as evidências sugerem que a depressão e a ansiedade, em particular, podem ter efeitos secundários sobre a função cognitiva em uma fase avançada da vida e, em alguns casos, prenunciar um risco de subsequente declínio cognitivo patológico (i. e., anormal). Por exemplo, a depressão em uma fase avançada da vida já foi associada a um maior risco de demência por todas as causas, incluindo doença de Alzheimer (DA) e demência vascular (Dva) (da Silva et al., 2013; Diniz et al., 2013). Pesquisas recentes sugerem que a ansiedade pode moderar o nível de declínio cognitivo em idosos clinicamente normais Aß positivos, um fator de risco para DA, pelo qual os níveis mais elevados de ansiedade são preditivos de declínio acelerado (Pietrzak et al., 2015a). Mesmo o estresse na meia-idade pode prenunciar um risco de declínio cognitivo futuro, em cujo caso o estresse é considerado um marcador de disfunção do eixo hipotálamo-pituitária-suprarrenal, o que, por sua vez, representa um risco para o desenvolvimento de DA (Joshi e Pratico, 2013).

Existe uma vasta literatura disponível sobre as intervenções psicológicas empiricamente embasadas para idosos; isso inclui muitos capítulos excelentes e livros inteiros escritos sobre esse assunto (p. ex., Braun et al., 2015; Cuijpers, Kaylotaki, Pot, Park e Reynolds, 2014; Holland e Gallagher-Thompson, 2014; Laidlaw, 2014). O consenso geral é de que muitas ou a maioria das terapias empiricamente embasadas utilizadas em grupos etários mais jovens podem ser efetivamente aplicadas a idosos, com ou sem adaptação de desenvolvimento específica. Desse modo, esta seção tem por finalidade apresentar ao leitor alguns dos tratamentos empiricamente embasados mais proeminentes e como eles podem ser aplicados ou modificados para uso com idosos. Há informações adicionais sobre as modificações que podem ser necessárias para o respaldo à administração dessas intervenções a pessoas com declínio cognitivo. Vale lembrar que, embora o paciente possa apresentar um transtorno psicológico primário, isso não impede a presença de algumas das questões existenciais ou de adaptação tratadas na seção anterior, as quais talvez precisem ser inseridas na abordagem psicoterapêutica geral. Por fim, como observado, muitas psicoterapias parecem ser eficazes para idosos. A escolha de uma determinada abordagem psicoterapêutica para um paciente em particular depende de fatores específicos relacionados ao paciente (p. ex., visão de mundo, valores), bem como dos chamados fatores comuns, como a capacidade de construir uma relação colaborativa e solidária entre paciente e terapeuta. Desse modo, acredita-se que, para administrar efetivamente a psicoterapia a idosos, convém que os profissionais de saúde sejam treinados em diversas modalidades para atender melhor às necessidades de seus pacientes.

Terapia cognitivo-comportamental

A terapia cognitivo-comportamental (TCC) é um dos tratamentos baseados em evidências mais populares para idosos, amplamente aplicada a diversos transtornos e diagnósticos psicológicos. A TCC demonstrou ser eficaz para uma ampla variedade de transtornos, e existem muitos manuais específicos sobre o transtorno em questão para aplicação da TCC. Para aqueles a quem a TCC é algo relativamente novo, o livro de Judith Beck (2011), *Cognitive behavior therapy: basics and beyond*, é um clássico texto cientista-profissional que apresenta os princípios básicos dessa terapia, bem como uma orientação prática para a sua implementação em diversos contextos. Laidlaw (2014) e Braun et al. (2015) escreveram excelentes revisões das evidências e da aplicação da TCC especificamente para populações idosas. O trabalho desses autores é referenciado aqui, direcionando o leitor para essas citações visando a uma discussão mais profunda sobre esse tópico.

Laidlaw (2014) apresentou um panorama abrangente das evidências da TCC em idosos, bem como de sua aplicação ao tratamento de depressão e ansiedade. Com base nas evidências disponíveis, a TCC parece ser eficaz para a depressão em uma fase avançada da vida, embora as evidências sejam insuficientes para dizer que essa técnica seja inequivocamente mais eficaz do que outras formas de psicoterapia. A TCC individual é mais eficaz do que a TCC em grupo e é comparável em eficácia aos fármacos, embora os dados sobre esse assunto sejam limitados. Uma das limitações dessa literatura é que a maioria dos estudos é conduzida em participantes menos idosos, enquanto faltam dados sobre a coorte de participantes mais idosos. Recomenda-se consultar Thompson, Dick-Siskin, Coon, Powers e Gallagher-Thompson (2010), que criaram um protocolo específico de aplicação da TCC à depressão em uma idade avançada. Quanto à ansiedade, existem algumas evidências que respaldam a eficácia da TCC, mas elas são muito menos sólidas do que aquelas relacionadas à depressão. Por exemplo, a TCC para ansiedade parece ser substancialmente mais eficaz para adultos em idade produtiva do que para idosos. Laidlaw (2014) não diz por que, mas se poderia especular que a razão para essa discrepância possivelmente seja algumas das fontes de ansiedade na velhice, o que pode ser de natureza mais existencial. Por exemplo, se as preocupações de um idoso estão associadas à ansiedade em relação à morte (Fortner e Neimeyer, 1999; Hoelterhoff e Chung, 2013), talvez não seja adequado conceitualizar essas preocupações com base em padrões de pensamento disfuncional ou irracional. Por outro lado, as terapias existenciais ou baseadas na aceitação (discutidas a seguir) podem ser mais adequadas. Além disso, Laidlaw (2014) observa que há várias questões metodológicas com a literatura sobre a TCC para ansiedade, incluindo uma tendência ao uso de participantes menos idosos e daqueles de nível socioeconômico mais elevado com melhores condições de saúde física. Isso suscita questões sobre a generalização de quaisquer achados positivos. Considerando-se que os transtornos de ansiedade constituem uma classe heterogênea de sintomas, é notável que a maioria dos ensaios clínicos se concentre no transtorno de ansiedade generalizado, com evidências comparativamente menores sobre as fobias, o transtorno obsessivo-compulsivo e o TEPT.

Adaptação da TCC

É provável que grande parte das evidências sobre a TCC para idosos seja baseada em participantes cognitivamente intactos. Desse modo, é de se perguntar se a TCC poderia ser utilizada para idosos que demonstram declínio cognitivo significativo. Laidlaw (2014) observa que a atual base de evidências é limitada e consiste basicamente em estudos de caso ou estudos com pequenas amostras e achados mistos. O autor relata um promissor estudo de Paukert et al. (2010, 2013) que demonstrou resultados positivos após uma TCC modificada, em que os membros da família foram treinados para agir como terapeutas colaterais para pacientes com ansiedade diante da demência. Depositou-se maior ênfase nas técnicas comportamentais orientadas do que nas técnicas cognitivas, bem como na inclusão de pistas e outras estratégias específicas para facilitar a recuperação da memória. Embora as evidências atuais sejam limitadas, isso não impede que os profissionias de saúde experimentem esse trabalho com pacientes individuais. A seguir, são apresentadas várias estratégias de adaptação da TCC e de outras terapias baseadas em evidências a idosos com comprometimento cognitivo, avaliando o impacto dessa terapia adaptada em forma de um estudo de caso $n = 1$.

Existem algumas evidências preliminares de que essa adaptação pode ser benéfica. Por exemplo, Mohlman (2008) constatou que os idosos submetidos à TCC em virtude de transtorno generalizado de ansiedade e a treinamento concomitante de habilidades executivas beneficiaram-se mais do que aqueles submetidos a TCC somente. Uma ressalva é a aplicação da TCC a pacientes com *perseveração*, um aspecto específico da disfunção executiva. A ruminação é um sintoma comum em diversos transtornos psicológicos, e pedir aos pacientes que procurem estar atentos aos seus pensamentos e controlá-los pode ser contraproducente a ponto de eles perseverarem nesses pensamentos e não conseguirem se desvencilhar efetivamente deles. Desse modo, o trabalho mental deve ser utilizado de forma criteriosa em pacientes com esse sintoma. Nesses casos, as abordagens baseadas na atenção plena, como a terapia cognitiva baseada na atenção plena, podem ser mais eficazes, dada a menor ênfase na reestruturação dos pensamentos do que no simples fato de notar e "desidentificar-se" de pensamentos difíceis. A TCC modificada foi desenvolvida especificamente também para tratar problemas de comportamento na presença de demência (James, 2014), assunto tratado na seção sobre agitação e comportamentos desafiadores.

Psicoterapia interpessoal

Embora várias terapias tenham um foco interpessoal, a TIP como abordagem específica conceitualiza a depressão como originária da angústia interpessoal que tem um dos seguintes focos principais: transição de papéis, disputa de papéis e luto complicado (Klerman, Weissman, Rounsaville e Chevron, 1984). É um tratamento com foco no problema em curto prazo e que adota uma abordagem de modelo clínico em relação à depressão, conectando as situações de vida atuais ao gatilho da depressão. O tratamento tem como principais objetivos resolver eventos de vida perturbadores, adquirir habilidades sociais e organizar a vida da pessoa (Markowitz e Weissman, 2004). A TIP é uma das intervenções mais bem validadas para o tratamento da depressão.

Embora exista uma base de evidências relativamente substancial da aplicação da TIP a amostras de jovens e adultos (Cuijpers et al., 2011), o número de estudos recentes que documentam a sua aplicação em idosos é limitado, embora alguns estudos mais antigos relatem que a técnica pode ser benéfica se combinada à farmacoterapia (p. ex., Lenze et al., 2002; Reynolds et al., 1999, 2006). Essa literatura relativamente escassa é surpreendente, considerando-se que o modelo teórico da TIP pareceria traduzir-se bem para as preocupações expressas pelos idosos. Por exemplo, a aposentadoria como evento normativo em uma fase avançada da vida poderia gerar mudanças de papéis e desafios emocionais durante a adaptação a esses novos papéis. Além disso, como já discutido, o sofrimento e o luto são questões que a maioria dos idosos provavelmente encontrará em algum ponto de suas vidas, seja o sofrimento normativo ou o luto complicado.

No que tange a estudos recentes, Heisel, Talbot, King, Tu e Duberstein (2015) adaptaram a TIP para idosos em risco de suicídio. Nesse pequeno ensaio-piloto não controlado, 17 idosos participaram de um curso de 16 sessões de TIP com o objetivo de discutir o risco de suicídio, aumentando o sentido da vida (SDV) e o bem-estar psicológico. No que diz respeito ao SDV, os autores se concentraram sobretudo nas preocupações existenciais do participantes, ajudando-os a encontrar sentido e cultivar relações significativas. No pós-teste, os participantes demonstraram maior bem-estar psicológico e redução dos sintomas de depressão e ideias suicidas. Embora sejam necessárias novas replicações com comparações aos grupos de controle, os achados sugerem que a TIP adaptada para idosos pode valer a pena. O estudo citado anteriormente, conduzido por Shear et al. (2014), constatou os benefícios da TIP como técnica de auxílio a idosos em estado de luto complicado, embora não com a mesma eficácia que a terapia específica para luto complicado. Dada a sólida base de evidências da TIP para depressão em outros estágios de desenvolvimento, pareceria conveniente conduzir novos estudos sobre a TIP para idosos. Para o leitor interessado, Hinrichsen e Clougherty (2006) dedicaram um livro inteiro à aplicação da TIP especificamente a idosos com depressão.

Intervenções baseadas na atenção plena

As intervenções baseadas na atenção plena (IBAP) fazem parte das chamadas psicoterapias da "terceira onda", um grupo heterogêneo de intervenções psicoterapêuticas que provaram a sua eficácia, sobretudo em populações clínicas consideradas difíceis de tratar (Kahl, Winter e Schweiger, 2012). Constituem exemplos de psicoterapias da terceira onda a terapia cognitiva baseada na atenção plena (TCBAP; Segal, Williams e Teasdale, 2012), a redução do estresse baseada na atenção plena (REBAT; Kabat-Zinn, 1990), a terapia comportamental dialética (TCD; Linehan, 2015) e a terapia da aceitação e do compromisso (TAC; Hayes, Strosahl e Wilson, 2012), um ingrediente comum entre componentes da atenção plena. Houve uma explosão de pesquisas sobre diversas IBAP na última década, com evidências de sua eficácia para vários problemas de saúde mental, tanto transtornos psiquiátricos primários (Hofmann, Sawyer, Witt e Oh, 2010) quanto transtornos psicológicos no contexto de doenças crônicas (Bohlmeijer, Prenger, Taal e Cuijpers, 2010). As IBAP podem ser particularmente relevantes para idosos. Embora a TCC tenha demonstrado ser eficaz em idosos, existem casos em que a técnica pode ser menos benéfica ou relevante. Por exemplo, desafiar a validade dos "pensamentos negativos" sobre as perdas e os desafios em uma fase avançada da vida pode ser menos produtivo porque os próprios pensamentos, embora talvez excessivos, podem não ser infundados por si sós (Petkus e Wetherell, 2013). Por outro lado, as IBAP concentram-se mais na desidentificação dos pensamentos do que na tentativa de desafiá-los, de tal modo que os pensamentos não definem quem a pessoa é ou o seu valor no mundo. Esse é um dos diversos raciocínios que Gillanders e Laidlaw (2014) utilizam em sua estrutura conceitual de respaldo à aplicação da TAC a idosos. Existem muito menos estudos empíricos sobre a TAC do que sobre a TCC, ou mesmo do que outras IBAP, mas a técnica se mostra promissora nessa população. Um benefício adicional das IBAP para idosos pode ser a melhora do funcionamento cognitivo, dada a evidência de que determinados tipos de IBAP, como a REBAT, podem melhorar diferentes aspectos da função cognitiva tanto em populações saudáveis como em populações clínicas (Chiesa et al., 2011; Gotink, Meijboom, Vernooij, Smits e Hunink, 2016), incluindo os idosos (Gard et al., 2014; Luders, 2014; Smart et al., 2016; Smart e Segalowitz, 2017). Abordam-se aqui apenas duas das recentes análises que examinaram o possível benefício da IBAP em idosos, o que provavelmente será uma área de atenção cada vez maior em face da proliferação das pesquisas sobre a atenção plena em geral, bem como do crescente reconhecimento de que a população em processo de envelhecimento está crescendo com rapidez e necessita de cuidados.

Kishita, Takei e Stewart (2016) conduziram uma metanálise da TCBAP e TAC para ansiedade e depressão em idosos com diversas condições físicas e psicológicas. Dez estudos foram considerados, 5 de TCBAP e 5 de TAC, a maioria em formato de grupo e com objetivo principal ($n = 7$) em amostras comunitárias, e não residenciais. Desses estudos, 7 relataram níveis significativos de redução da ansiedade, enquanto 9 relataram reduções significativas da depressão, ambos os casos com efeitos moderados (Hedges's $g = 0,58$ e $0,55$, respectivamente). Entretanto, os autores observaram várias questões metodológicas nos ensaios em questão, inclusive uma ausência generalizada de condições de controle ativo (encontradas em apenas um dos estudos), significativa heterogeneidade metodológica e possível viés de publicação que podem ter levado a uma superestimativa do efeito da ansiedade especificamente.

Geiger et al. (2016) também conduziram uma revisão para examinar o impacto dos ensaios de IBAP sobre o bem-estar físico e emocional em idosos. Quinze estudos foram incluídos nessa revisão, dos quais 7 utilizaram a REBAT ou a TCBAP, e os restantes utilizaram versões modificadas dessas intervenções adaptadas de acordo com a amostra específica em questão (p. ex., introdução de elementos da psicoeducação relacionada à idade, encurtamento das sessões práticas). Os resultados dos estudos indicaram efeitos geralmente positivos sobre diversas variáveis psicológicas, como depressão, ansiedade, estresse, problemas de sono e ruminação, embora alguns estudos tenham obtido resultados nulos. Constatou-se uma incoerência substancialmente maior nos resultados relacionados à saúde física, como resposta imune, pressão arterial e sintomas físicos autorrelatados. O interessante é que os poucos estudos que incluíram uma medida de autorrelato da atenção plena demonstraram consistentemente efeitos nulos. Geiger et al. (2016) observaram que isso poderia ser atribuído ao fato de os altos escores basais resultarem em um efeito teto. Em outras palavras, os idosos em geral podem relatar níveis mais elevados de atenção plena disposicional em virtude da maior atenção aos objetivos emocionais e à emoção positiva, como discutido no contexto da teoria da seletividade socioemocional de Carstensen et al. (1999). Desse modo, embora a intervenção possa demonstrar um impacto positivo em outras áreas, o autorrelato da plena atenção por si só pode demonstrar mudanças limitadas, uma vez que os idosos já relatam altos níveis disso como uma característica das diferenças individuais.

Semelhante à revisão de Kishita et al. (2016), Geiger et al. (2016) observaram falhas e incoerências metodológicas nos estudos que podem explicar alguns dos achados mistos, incluindo a incoerente modificação dos protocolos em alguns dos estudos. Entretanto, em vez de ser considerada uma deficiência, esta pode ser a tentativa dos autores dos estudos individuais de verificar a *efetividade*, e não a *eficácia*. Ou seja, a partir do momento em que um protocolo padronizado demonstra ser efetivo com o uso do formato de ECR mais controlado, o passo seguinte é verificar o desempenho desse tratamento em uma amostra clínica típica mais complexa e heterogênea em termos de apresentação. Os estudos de eficácia são de mais fácil avaliação em uma metanálise em razão da aplicação homogênea da intervenção, mas isso não torna os estudos de efetividade menos válidos. Além disso, a ausência de achados coerentes nos resultados relacionados à saúde física talvez não seja nenhuma surpresa, visto que os idosos tendem a variar em nível de comorbidades clínicas, uso de medicamentos e assim por diante. Se os estudos conseguirem estratificar as amostras para um rigoroso controle dessas variáveis, é questionável até que ponto os consequentes estudos seriam generalizáveis para o idoso típico. Por fim, nem a revisão de Kishita et al. (2016) nem a de Geiger et al. (2016) abordou a influência do estado cognitivo dos participantes nos diversos estudos. Os participantes com diferentes níveis de declínio cognitivo podem ter preocupações psicológicas peculiares (p. ex., pessoas com CCL que temem especificamente um futuro incerto), bem como necessidades cognitivas únicas quanto à maneira como o acesso ao material é disponibilizado. Este é o assunto da próxima seção, na qual são dadas sugestões de como adaptar adequadamente as intervenções psicológicas para pessoas com diferentes níveis de declínio cognitivo.

Adaptação adequada das intervenções para declínio cognitivo

As intervenções abordadas nesta seção são tratamentos baseados em evidências que documentaram a eficácia em uma população de idosos. Para profissionais de saúde e pesquisadores familiarizados com a aplicação desses protocolos em outros grupos etários e populações, é importante observar que as modificações e adaptações específicas provavelmente se justificam quando utilizam esses protocolos em idosos. Trata-se do processo conhecido como *adaptação* (Kreuter e Skinner, 2000). A adaptação pode ocorrer em várias dimensões, mas talvez a mais proeminente para o contexto atual seja a adaptação em função do nível presente de declínio cognitivo do indivíduo. Teoricamente, os transtornos de humor e ansiedade poderiam ocorrer em qualquer estágio da trajetória do declínio cognitivo. Entretanto, a maneira como a intervenção é administrada precisa levar em consideração a capacidade cognitiva atual do paciente e incluir modificações, quando necessário, para maximizar a probabilidade de um impacto positivo.

O termo *neuropsicoterapia* foi criado com a finalidade de designar o processo de adaptação da psicoterapia para indivíduos com comprometimento cognitivo, em cujo caso a psicoterapia é implementada como parte de um plano de tratamento integrado de neurorreabilitação (Judd, 1999). A neuropsicoterapia considera que os objetivos da terapia para pessoas com transtornos neurológicos e comprometimento cognitivo podem diferir daqueles de pacientes com transtornos psiquiátricos primários. Da mesma forma, a terapia precisa ser adaptada e disponibilizada para pacientes com deficiência cognitiva. Por exemplo, muitos tipos de intervenção envolvem a participação do paciente em atividades realizadas entre as sessões (p. ex., prática da atenção plena na respiração na REBAT, trabalho mental na TCC). Antes de designar essas atividades, deve-se considerar se o paciente apresenta dificuldades cognitivas que interfiram na implementação desse tipo de "tarefa de casa". Além disso, as dificuldades cognitivas podem contraindicar totalmente determinadas intervenções (p. ex., o raciocínio abstrato gravemente prejudicado tende a impedir a reestruturação cognitiva na TCC). As intervenções discutidas no Capítulo 10 podem ser utilizadas não apenas para a finalidade primária de melhorar o funcionamento cognitivo presente, mas também de administrar uma psicoterapia eficaz. A seguir, são apresentados alguns exemplos de adaptação da neuropsicoterapia, os quais podem ser aplicados aos tratamentos baseados em evidências abordados nesta seção, mas também a outros tipos de intervenção tratados neste capítulo, como a terapia da revisão de vida ou a terapia de alívio do sofrimento.

Dificuldades de memória episódica

Pacientes com dificuldades de memória episódica podem beneficiar-se do acesso ao diário da terapia, utilizado para registrar as informações de cada sessão, bem como para manter o controle de quaisquer exercícios a serem feitos em casa (p. ex., controlar pensamentos negativos automáticos, lembrar-se de reformular positivamente pensamentos negativos). O diário pode ser consultado todos os dias como uma forma de promover a consolidação das informações. É claro que, se o paciente tiver dificuldades de memória, ele pode esquecer-se de consultar o diário. Portanto, antes da implementação das tarefas psicológicas formais a serem executadas em casa, podem ser necessárias várias sessões para implementar o uso do diário da terapia. A memória de procedimento é uma forma sólida de memória comparativamente ao declínio cognitivo em uma fase avançada da vida, mesmo quando outras formas de memória estão em declínio (Seidler et al., 2012; Voelcker-Rehage, 2008). A memória de procedimento pode ser aproveitada para desenvolver o hábito de manter o diário da terapia no mesmo lugar e consultá-lo no mesmo horário todos os dias (p. ex., colocá-lo próximo à mesinha de cabeceira e consultá-lo antes de dormir). Ao adotar esse hábito, o paciente poderia ser avisado por um despertador, pelo cônjuge ou por um membro da família. Depois que a memória implícita de consultar o diário se estabelece, o diário pode ser utilizado para exercícios psicológicos mais tradicionais a serem realizados em casa. O envolvimento da família nessa fase pode ser particularmente produtivo se facilitar a recuperação da memória episódica de eventos importantes a serem registrados no diário. Além dos exercícios estruturados da terapia, o diário da terapia poderia ser uma maneira de registrar narrativas pessoais na terapia de revisão de vida, como visto na seção anterior. O diário da terapia pode também ser um lugar em que os pacientes podem escrever, com suas próprias palavras, a finalidade dos diferentes exercícios da terapia e a maneira como esses exercícios podem aproximá-los de seus próprios objetivos. Essa ferramenta pode ser utilizada para gerar motivação intrínseca, que constitui uma parte essencial de qualquer intervenção cognitiva ou psicológica.

Dificuldades com a memória prospectiva

Diversas formas de terapia utilizam a prática comportamental. Considerando o trabalho da neuroplasticidade, os pacientes tendem a beneficiar-se na medida em que participam regularmente dessa prática. Entretanto, as dificuldades com a memória prospectiva podem significar esquecer-se de participar regularmente dessa prática. Pistas externas podem ser empregadas para lembrar o paciente de se comprometer com a prática. Isso poderia ser feito por meio de um *smartphone* ou outro dispositivo com um alarme sonoro. Naturalmente, se o paciente tiver dificuldades com a memória episódica também, a pista em si e por si só não pode lembrá-lo do que deve ser feito. Muitos *smartphones* possuem um alarme que pode ser programado com um lembrete (p. ex., "hora de registrar o pensamento"), podendo-se também utilizar um aviso escrito juntamente com qualquer forma de alarme usada.

Dificuldades de linguagem

As dificuldades de linguagem não impedem necessariamente que uma pessoa participe da psicoterapia, mas requerem que o médico ou psicólogo seja mais criativo no sentido de conseguir aproveitar a experiência do paciente de forma significativa a ser trazida para a sessão. Em geral, utiliza-se a arteterapia em pessoas com demência como uma forma de estimulação cognitiva (Chancellor, Duncan e Chatterjee, 2013; Cowl e Gaugler, 2014; Young, Camic e Tischler, 2016), mas os formatos artísticos poderiam ser utilizados também para facilitar a participação de pacientes com um nível de funcionamento mais elevado. Por exemplo, em vez de preencher um registro do pensamento, o paciente pode querer desenhar ou pintar suas respostas. Da mesma forma, em vez de manter um diário escrito da terapia, o paciente pode preferir fotografar os eventos mais destacados do dia. Câmeras individuais acopladas ao corpo, como a SenseCam, foram usadas em pessoas com diversas formas de amnésia anterógrada como uma forma de investigar e remediar o comprometimento da memória (Allé et al., 2017). A fotografia e o vídeo oferecem ainda a vantagem de serem emocionalmente mais evocativos do que o material escrito, beneficiando, por sua vez, a memória, visto que o material com maior apelo afetivo demonstrou estar sujeito a níveis mais profundos de codificação (Kensinger, Allard e Krendl, 2014; LaBar e Cabeza, 2006). Por fim, os pacientes podem ter problemas de compreensão (ou formação de conceitos) que interferem na capacidade de compreender as tarefas da terapia. Ao final de cada sessão, é importante reservar um tempo para rever o material da sessão e permitir que o paciente relate em suas próprias palavras os principais "pontos da tarefa de casa", bem como o que ele entende da finalidade e dos benefícios de quaisquer exercícios de casa. Os pacientes devem ser incentivados a registrar esse entendimento em seu diário da terapia.

Disfunção executiva

Os problemas de disfunção executiva podem afetar a psicoterapia de várias maneiras. Especificamente, existem algumas evidências sugerindo que os idosos com disfunção executiva demonstram ser menos beneficiados pela TCC (Mohlman e Gorman, 2005). A disfunção executiva é um termo amplo que se aplica a vários processos distintos, cada um capaz de afetar de forma única a participação na psicoterapia, exigindo a sua própria estratégia de gerenciamento. Para os pacientes que têm dificuldade com o planejamento e a organização, o diário da terapia anteriormente mencionado pode oferecer um benefício adicional além da memória, se for organizado em diferentes seções relacionadas a aspectos distintos da vida do paciente. Garantir o uso de um único livro pelo paciente é algo também provavelmente mais produtivo para o paciente que faz anotações em muitos diários diferentes que poderiam se perder ou extraviar-se. No caso dos pacientes que têm dificuldade com o pensamento conceitual, o uso de imagens visuais ou da analogia pode ser útil para transmitir conceitos abstratos. Por exemplo, na REBAT, uma analogia útil consiste em descrever a mente como algo semelhante ao céu, limpo e claro, enquanto os pensamentos negativos ou complexos são simplesmente as nuvens passando. Os pacientes com dificuldades com a consciência emergente (Crosson et al., 1989) são capazes de compreender intelectualmente que eles têm um problema (p. ex., pensamento negativo, reatividade emocional), mas não conseguem detectá-lo no momento em que está ocorrendo. Um *smartphone* ou outro tipo de alarme que toque várias vezes ao dia pode agir como um dispositivo de auxílio externo que alerta o paciente para atentar-se à sua experiência naquele momento como uma forma de cultivar essa capacidade. Embora diversos tipos de dificuldades executivas possam ser contemplados, como observado anteriormente, a perseverança e a incapacidade de lidar com o raciocínio abstrato podem ser contraindicações para a TCC, em cujo caso pode ser conveniente explorar outras abordagens terapêuticas.

Em suma, muitos tratamentos baseados em evidências para populações mais jovens e de meia-idade podem ser efetivamente aplicados a idosos. Para aqueles que demonstram declínio cognitivo significativo, podem-se fazer modificações que respaldem a participação plena e permitam que eles se beneficiem desses tratamentos. Entretanto, o comprometimento cognitivo ou neurocomportamental pode ser tão significativo a ponto de impedir essas abordagens. Na próxima seção, serão discutidas algumas abordagens terapêuticas que podem ser benéficas para pacientes com esse nível de comprometimento.

Síndromes neuropsiquiátricas e neurocomportamentais

As duas seções anteriores descrevem circunstâncias sob as quais o idoso pode desenvolver sofrimento psicológico associado a fatores situacionais ou a um antigo histórico pré-mórbido desses problemas. Complementando esses contextos, os idosos podem apresentar sintomas e síndromes de origem neurogênica (i. e., endógenos a um processo subjacente de doença neurológica). Alguns exemplos incluem alucinações associadas à demência com corpos de Lewy (DCL), síndromes de falsa identificação delirante, como a síndrome de Capgras, e a síndrome de desregulação dopaminérgica associada ao uso excessivo de agonistas dopaminérgicos nos casos de transtornos de movimento. Alguns desses sintomas e síndromes neuropsiquiátricos podem estar associados ao comprometimento cognitivo que melhora com o tratamento (p. ex., delírio associado a infecção do trato urinário). Por outro lado, podem surgir sintomas iatrogênicos relacionados à medicação prescrita para outra condição, como os transtornos do controle de impulsos. Consequentemente, é fundamental que se faça um exame clínico completo e abrangente em qualquer adulto que apresente sintomas neuropsiquiátricos, uma vez que o tratamento de quaisquer condições subjacentes pode igualmente atenuar esses sintomas. O controle farmacológico de um processo subjacente de doença neurodegenerativa também pode atenuar os sintomas, como no caso da DP. Por outro lado, os médicos responsáveis pelo tratamento podem desejar explorar medicamentos psicotrópicos para o controle dos sintomas neuropsiquiátricos (Kales, Gitlin e Lysekos, 2015), embora não se possa depender dos fármacos, dados os muitos desafios associados ao uso de agentes farmacológicos em idosos. Embora os sintomas possam ser de origem neurogênica, essa é uma oportunidade única para os psicólogos utilizarem suas habilidades e conhecimentos nas intervenções psicológicas a fim de ajudar a controlar alguns desses sintomas complexos.

Psicose em uma fase avançada da vida

Existem várias causas de psicose na velhice, entre as quais, antigas condições pré-mórbidas, como esquizofrenia e transtorno bipolar. Se o transtorno for antigo, é possível que o indivíduo já esteja sob um regime efetivo de tratamento. Entretanto, é muito mais comum na velhice a psicose associada ao delírio e à demência. Jeste e Finkel (2000) compararam as características da psicose decorrente da DA com as da esquizofrenia, sugerindo que a fenomenologia desses transtornos é bastante distinta e suficientemente diferente para serem consideradas como síndromes separadas. Por exemplo, embora as alucinações auditivas sejam comuns na esquizofrenia, as alucinações visuais são muito mais comuns na DA (e também na DCL). Outra característica mais comum da psicose relacionada à demência é a presença de síndromes de falsa identificação delirante (SFID). A SFID mais conhecida é a síndrome de Capgras, na qual o indivíduo afetado acredita que outra pessoa, normalmente alguém próximo a ele, foi substituído por um impostor. A paranoia geralmente ocorre em conjunto com a síndrome de Capgras, na qual o impostor ou o "gêmeo maligno" é associado a intenções malevolentes em relação à pessoa. Podem ocorrer reduplicações, por exemplo, envolvendo lugares como a casa da pessoa (i. e., paramnésia reduplicativa) e estranhos falsamente identificados como amigos ou membros da família (i. e., síndrome de Fregoli) (Cipriani et al., 2013). Apesar da marcante natureza desses sintomas, constata-se que os pacientes em geral não os revelam, a menos que se indague especificamente sobre esses sintomas. Portanto, é fundamental que as perguntas de rastreamento de psicose e SFID façam parte de qualquer admissão psicológica, incluindo as seguintes:

- "Você alguma vez teve a sensação de que alguém próximo a você tivesse um irmão gêmeo ou um sósia? Isso alguma vez lhe provocou desconforto ou medo?"

- "Você alguma vez teve a sensação de que havia duas versões do mesmo lugar, como duas versões da sua casa ou da sua cidade?"
- "Você alguma vez teve a sensação de que as pessoas estão dispostas a magoá-lo ou prejudicá-lo de alguma forma?"
- "Você alguma vez teve a experiência de ver coisas que outras pessoas não conseguem enxergar ou de ouvir coisas que outras pessoas não conseguem ouvir?"

Ceglowski, de Dios e Depp (2014) analisaram a literatura disponível sobre psicose em idosos, observando que, apesar de sua ocorrência comum, o entendimento sobre o controle efetivo da condição ainda é limitado. Isso é particularmente preocupante, dado o alto ônus dos cuidadores associado a sintomas neuropsiquiátricos, como a psicose. Como observado no Capítulo 9, embora os agentes farmacológicos sejam um tratamento de primeira linha para as manifestações psicóticas iniciais, como a esquizofrenia, existem sérios cuidados em relação ao uso de medicamentos antipsicóticos em idosos em virtude dos elevados riscos de morbidade e mortalidade. Isso reforça a necessidade de intervenções psicológicas para controlar esses sintomas. Felizmente, existe uma base de evidências acumulada que respalda o treinamento das habilidades cognitivo-comportamentais e sociais (THCCS), uma forma de terapia cognitivo-comportamental combinada ao treinamento de habilidades sociais para melhorar o funcionamento diário de indivíduos com transtornos psicóticos (Granholm, McQuaid e Holden, 2016). Uma metanálise de 35 ensaios sobre a TCC indicaram melhora não apenas dos sintomas positivos, mas também dos sintomas negativos e do funcionamento diário (Wykes, Steel, Everitt e Tarrier, 2008).

Granholm, Holden, Link, McQuaid e Jeste (2013) avaliaram a aplicação do THCCS especificamente a participantes de meia-idade e mais velhos com esquizofrenia e transtorno esquizoafetivo. Sessenta e quatro participantes foram selecionados aleatoriamente para o THCCS ou para o contato de apoio grupal. O tratamento ativo consistiu em 36 sessões de grupo semanais ao longo de 9 meses. Um módulo desafiador do pensamento foi utilizado para abordar crenças derrotistas e de preconceito quanto à idade (p. ex., "Eu estou velho demais para mudar"), bem como crenças de franco delírio (p. ex., "Os espíritos me prejudicarão"). Dois outros módulos concentraram-se especificamente no treinamento das habilidades sociais e nas habilidades de solução de problemas, respectivamente. Os resultados indicam que, comparado à condição de controle, o THCCS levou a uma melhora pós-tratamento significativa funcional e na aquisição de habilidades. Ambos os grupos melhoraram as medidas de sintomas negativos (p. ex., motivação), ansiedade, depressão, satisfação com a vida e autoestima positiva. O interessante é que, em um estudo anterior conduzido por esse mesmo grupo, Granholm et al. (2008) examinaram a influência da função neuropsicológica basal sobre a resposta ao THCCS em comparação com o tratamento convencional em idosos com esquizofrenia. Os autores constataram que, embora o desempenho neuropsicológico mais baixo estivesse associado a um resultado funcional menos satisfatório em ambos os grupos de tratamento, o efeito para a intervenção ativa foi o mesmo, independentemente de o comprometimento neuropsicológico ser classificado como leve ou grave. Desse modo, o THCCS melhorou o funcionamento em relação ao tratamento convencional, mesmo para pessoas com substancial comprometimento neuropsicológico. Considerados conjuntamente, esses achados sugerem que o THCCS para SFID ou psicose relacionada à demência pode ser válido. Para o leitor interessado em saber mais sobre o THCCS, recomenda-se o manual de tratamento de Granholm et al. (2016).

Um dos maiores desafios em relação à SFID e à psicose é que essas condições podem levar à agitação e aumentar a possibilidade de prejuízo para a própria pessoa ou para os outros. Do ponto de vista clínico, observa-se que, apesar de suas melhores intenções, a família e os cuidadores em geral agravam inadvertidamente a agitação discutindo com os delírios do paciente. Em geral, nota-se que é benéfico oferecer psicoeducação tanto à família como aos prestadores de serviços de saúde (p. ex., médicos, enfermeiros, auxiliares de enfermagem para atendimento domiciliar), sobre a natureza da SFID e a maneira como minimizar a agitação. Uma das áreas de investigação futura (e aplicação clínica) poderia consistir em envolver a família como coterapeutas, ensinando-lhes habilidades rudimentares de TCC, como aquelas incorporadas ao THCCS, como uma maneira de engajar-se com os delírios do paciente sem aumentar a agitação. Os estudos conduzidos por Paukert et al. (2010, 2013) indicaram que a TCC modificada para o tratamento da ansiedade em caso de demência demonstrou ser útil quando os membros da família eram treinados para agir como terapeutas colaterais. Embora fora do campo dos idosos, Landa et al. (2016) obtiveram resultados promissores em resposta a um programa de TCC grupal e familiar para adolescentes e jovens adultos em risco de psicose, no qual a família foi ensinada a aplicar habilidades básicas da TCC. Além disso, a TCC orientada para a recuperação da psicose recomenda que a recuperação e os objetivos do paciente desempenhem um papel central no tratamento, em vez de reduzir sintomas como delírios. Os sintomas são abordados diretamente quando interferem na realização dos objetivos do paciente (Grant, Huh, Perivoliotis, Stolar e Beck, 2012). Essa abordagem orientada para objetivos está muito mais alinhada com a abordagem defendida no Capítulo 11 sobre as intervenções cognitivo-comportamentais. Em uma seção mais adiante, apresenta-se um exemplo de caso de um idoso que teve SFID após uma lesão cerebral traumática.

Agitação e comportamentos desafiadores

No contexto do delírio e da demência, um idoso pode apresentar não apenas transtorno cognitivo, mas também agitação e comportamentos desafiadores. Esses comportamentos podem manifestar-se de várias maneiras, como bater, socar, chutar, xingar e cuspir, entre outras. A origem desses comportamentos provavelmente é multifatorial e pode incluir dificuldades físicas, dificuldades perceptuais, alterações metabólicas, efeitos medicamentosos, estado emocional atual e pré-mórbido e função cognitiva atual (James, 2014; McGrath, 2008). Em pessoas com demência, a agitação também parece aumentar durante a transição do dia para a noite, um fenômeno conhecido como *sundowning* (Alzheimer's Association, 2017). Embora os ansiolíticos e antipsicóticos possam ser prescritos para acalmar esses sintomas, muitos médicos mostram-se compreensivelmente reticentes em receitar esses medicamentos, e, se o fizerem, certamente será por apenas um breve período. Como enfatizado, o uso de agentes farmacológicos em idosos, especialmente de medicamentos antipsicóticos, deve ser feito com extrema cautela, em virtude do maior risco de morbidade e mortalidade associado a esses agentes. Desse modo, é imperativo que os profissionais de saúde busquem abordagens não farmacológicas para controlar a agitação e os comportamentos desafiadores.

James (2014) apresentou uma abrangente análise das abordagens de intervenção não farmacológicas para o tratamento da demência, incluindo abordagens comportamentais, terapia de orientação para a realidade (hoje classificada como estimulação cognitiva), estimulação multissensorial, manipulação ambiental e musicoterapia, entre outras. Na maioria dos casos, James constatou que as evidências disponíveis eram muito limitadas ou de qualidade questionável para permitir afirmações amplas sobre a eficácia de qualquer abordagem isoladamente ou em comparação com outras abordagens. Entretanto, isso pode depender da maneira como a qualidade das evidências é julgada. O campo tende a favorecer a condução e a publicação de ECR como a forma primária de evidência sólida para uma intervenção. Embora os ECR tenham o formato de maior validade interna, em muitas situações a aplicação de um modelo de ECR não faz sentido. Por exemplo, ser capaz de conduzir um ECR normalmente significa a presença de uma massa crucial de participantes escolhidos de forma aleatória para um ou outro tratamento e pacientes considerados relativamente homogêneos ou que apresentam um diagnóstico primário. Logo se percebe por que esse modelo pode não funcionar bem em qualquer avaliação da eficácia das intervenções para agitação e comportamentos desafiadores. Em vez disso, contribuições para a base de evidências poderiam ser realizadas nessa área concentrando-se mais nos estudos de caso $n = 1$ rigorosamente controlados,

dos quais são necessários apenas 9 para atender aos critérios de Chambless para tratamentos eficazes (Chambless et al., 1998).

James (2014) apresentou um modelo de como aplicar a TCC a idosos com comportamentos desafiadores, mas essa abordagem exige que o paciente tenha algum nível necessário de função cognitiva. Essa abordagem requer que o paciente tenha entendimento dos aspectos básicos do modelo de TCC, como raciocínio abstrato, capacidade de ligar seus próprios pensamentos e comportamentos às consequências, e assim por diante. Para muitos idosos com comportamentos desafiadores no contexto da demência, é possível que essa abordagem não seja viável em virtude do escopo do comprometimento cognitivo. Do ponto de vista da prática clínica, os princípios do comportamentalismo e da terapia do comportamento podem ser eficazes em idosos com níveis mais elevados de comprometimento cognitivo. O benefício de uma abordagem comportamentalista consiste em impor demandas cognitivas mínimas sobre o indivíduo, o que torna o seu uso particularmente satisfatório em indivíduos com comprometimento cognitivo grave e, até mesmo, anosognosia. Moniz-Cook et al. (2012) conduziram uma *Revisão Cochrane* de 18 programas multicomponentes com um componente comportamental. As evidências disponíveis foram inconclusivas, mas promissoras, observando os efeitos positivos pós-intervenção para a frequência do comportamento desafiador (mas não a incidência ou a gravidade), e também para as reações do cuidador a esse tipo de comportamento (mas não ônus ou depressão).

Ao criar uma formulação de caso para lidar com a agitação e os comportamentos desafiadores, é fundamental que se crie uma análise biopsicológica do contexto desses comportamentos, considerando-se que as suas causas e fatores de contribuição provavelmente são multifatoriais (James, 2014). Além disso, um sólido entendimento dos princípios do aprendizado de reforço e do condicionamento informará como o comportamento mal-adaptativo pode ser extinto em favor de comportamentos mais adaptativos. Para o profissional de saúde relativamente inexperiente em abordagens comportamentais, recomenda-se *Don't shoot the dog!*, de Karen Pryor (2006). Embora trate da modificação do comportamento em um contexto canino, esse livro ilustra habilmente a maneira como a terapia comportamental pode funcionar em pacientes que não conseguem comunicar as fontes de seu sofrimento ou na falta de capacidade cognitiva para engajar-se em outros tipos de terapia. Outro recurso prático útil é o trabalho de McGrath (2008) sobre pessoas com lesão cerebral grave em um contexto de hospitalização, no qual é possível observar muitos dos mesmos tipos de comportamentos desafiadores observados em idosos com demência ou comprometimento cognitivo grave. No exemplo de caso de um paciente com SFID, discute-se a aplicação dos princípios comportamentais para reduzir a agitação e os comportamentos desafiadores, incluindo o uso da árvore de decisão da análise comportamental de McGrath (2008).

Transtornos do controle de impulsos

A DP é uma doença neurodegenerativa associada à perda progressiva dos neurônios dopaminérgicos nas vias nigroestriatais. O comprometimento motor associado à DP normalmente é tratado com medicamentos que aumentam a disponibilidade dopaminérgica, incluindo a L-dopa (um precursor da dopamina) e os agonistas dopaminérgicos. Esses medicamentos podem ser bastante eficazes para melhorar a função motora, embora as pessoas com DP normalmente necessitem tomá-los por tempo prolongado para manter a funcionalidade. Infelizmente, a última década revelou que o uso prolongado pode resultar em significativos efeitos colaterais neurocomportamentais para uma minoria significativa de pessoas. Os transtornos do controle de impulsos (TCI) pertencem a uma classe de distúrbios que envolve comportamentos mal-adaptativos associados a uma perda de controle dos impulsos, inclusive desinibição e comportamentos repetitivos e sem sentido. Por exemplo, observou-se que as pessoas com DP desenvolvem TCI como compulsão patológica por jogo, hipersexualidade e compulsão por comida e compras.

A síndrome da desregulação dopaminérgica (SDD) refere-se a uma forma específica de TCI associado ao uso excessivo de agonistas dopaminérgicos. Em geral, a SDD pode começar como uma resposta a um quadro de ansiedade grave em relação aos períodos de "inatividade" (i. e., oscilações na função motora à medida que a dose de um determinado medicamento perde o efeito), por meio dos quais as pessoas acumulam seus medicamentos e depois tomam quantidades maiores do que o normal. Entretanto, com o tempo, as pessoas afetadas vivenciam estados hedônicos positivos associados a esse uso excessivo de maneira semelhante ao vício, um sintoma conhecido como desregulação homeostática hedônica. Os sintomas adicionais da SDD, como *ações compulsivas* (i. e., comportamentos motores estereotipados e sem sentido, como verificar ou manipular objetos compulsivamente, escrever e reescrever *e-mails*) e *perambulação* (i. e., em que os pacientes literalmente caminham por horas a cada vez, em geral depois de ingerir grandes quantidades de agonistas dopaminérgicos).

De modo semelhante à SFID, a menos que os pacientes sejam especificamente questionados, é possível que eles não revelem de forma espontânea sintomas de TCI. Embora a DP avançada possa estar associada ao comprometimento cognitivo, como a disfunção executiva, as pessoas com TCI e SDD geralmente conservam a consciência intelectual em relação ao seu comportamento mal-adaptativo, mas se sentem impotentes para abandonar esse comportamento. Isso pode causar ainda sofrimento psicológico, constrangimento e vergonha. Portanto, é fundamental questionar com sensibilidade, porém de forma direta, a possível presença de TCI e SDD em pessoas com DP, especialmente aquelas que estão tomando agonistas dopaminérgicos. No caso daqueles não familiarizados com o TCI e a SDD na DP, recomenda-se consultar Katzenschlager e Evans (2014) para um panorama abrangente dessas síndromes.

Tanwani et al. (2015) conduziram uma revisão sistemática dos tratamentos para TCI e comportamentos correlatos na DP. Sete estudos atenderam aos critérios de inclusão. Embora cada estudo tenha demonstrado um efeito positivo sobre os sintomas do TCI, a maioria deles foi de qualidade inferior (i. e., evidência de classe IV), sugerindo grande necessidade de uma base de evidências mais sólida. Seis dos 7 ensaios envolveram intervenção farmacológica. A única intervenção psicológica relatada foi um ECR que comparou a TCC combinada à assistência médica padronizada com a assistência médica isolada em 45 pacientes com TCI (Okai et al., 2013). A intervenção ativa consistiu em 12 sessões de psicoeducação relacionada ao tratamento e aos possíveis efeitos adversos, conduzidas por enfermeiras. Comparada à condição de controle, a intervenção ativa foi associada a uma redução estatisticamente significativa dos comportamentos de controle de impulsos ($p = 0,002$) e uma redução da gravidade geral dos sintomas ($p = 0,004$).

Existe uma escassez de pesquisa de intervenção nessa área, o que não se deve apenas ao fato de o TCI e a SDD serem transtornos de baixa classificação basal. Em sua análise, Katzenschlager e Evans (2014) citam estimativas de prevalência de 13,7% ao longo da vida para TCI. Os comportamentos associados a essas condição em geral causam constrangimento e vergonha ao paciente, que pode relutar em revelar esses comportamentos, a menos que especificamente questionado. Portanto, os números disponíveis podem, na verdade, subestimar a verdadeira incidência e prevalência desses transtornos. Todavia, dado o potencial para um significativo sofrimento causado por essas condições, cabe aos profissionais que trabalham com pessoas que têm DP ou estão tomando medicamentos dopaminérgicos perguntar sobre os sintomas dessas condições. A SDD, especificamente, pode ser uma condição desafiadora em particular para ser controlada. Embora as pessoas afetadas possam utilizar seus medicamentos de maneira semelhante a outros fármacos usados em excesso, ao contrário de muitos tipos de dependência, as pessoas com DP realmente necessitam desses medicamentos para manter a função motora. Consequentemente, a abstinência pode não ser uma opção. Obviamente, são necessárias mais pesquisas nessa área.

Enquanto isso, para os profissionais de saúde que trabalham com pessoas com TCI e SDD, as intervenções com respaldo empírico existentes podem ser utilizadas para abordar os sintomas desses transtornos. Por exemplo, a SDD geralmente se desenvolve dentro de um contexto de ansiedade em relação às oscilações durante os períodos de "atividade/inatividade", e a desregulação homeostática hedônica geralmente é associada à crença de que estar "ativo" equivale a sentir-se "animado". Se o paciente tiver a capacidade cognitiva necessária, a TCC para ansiedade pode ser útil como forma de desafiar pensamentos errôneos, como a catastrofização do impacto de entrar em um período de "inatividade", bem como concepções errôneas em relação ao fato de estar em um período de "atividade". A psicoeducação sobre o uso terapêutico de medicamentos (*versus* a busca de estados hedônicos) também pode ser útil. Por outro lado, a entrevista motivacional demonstrou ser bem-sucedida no caso de vícios como o jogo (Yakovenko, Quigley, Hemmelgarn, Hodgins e Ronksley, 2015), que é uma manifestação comum do TCI na DP. Clinicamente, constata-se que as pessoas com TCI em geral conservam a consciência intelectual da natureza mal-adaptativa de seu comportamento, sugerindo que elas poderiam engajar-se na autorreflexão e ponderação dos prós e dos contras envolvidos na entrevista motivacional. Por fim, o envolvimento da família e dos cuidadores também pode ser útil, por exemplo, para monitorar o acesso aos medicamentos, embora isso deva ser feito com sensibilidade para não retirar a autonomia do paciente.

A função da família e dos cuidadores

O envolvimento da família e dos cuidadores geralmente é parte integrante da assistência a idosos ao longo de toda a trajetória do declínio cognitivo. Por exemplo, os idosos cognitivamente normais podem sofrer alterações no estado relacional associadas a eventos importantes da vida, como aposentadoria, mudança e doença física. Por outro lado, no caso de idosos com comprometimento cognitivo significativo, como CCL e demência, a assistência pode representar um ônus significativo de natureza multifatorial, incluindo aspectos sociais, emocionais, físicos e financeiros da vida (Beinart, Weiman, Wade e Brady, 2012; Kales et al., 2015; Richardson, Lee, Berg-Weger e Grossberg, 2013). Os primeiros trabalhos no campo da psiconeuroimunologia observaram que os cuidadores de pessoas com DA continuaram a demonstrar supressão da função imunológica mesmo após a morte de seu ente querido (Graham et al., 2006). Embora a assistência a alguém com comprometimento cognitivo possa ser um desafio, geralmente é a presença de sintomas neurocomportamentais que mais gera sofrimento para os cuidadores. A psicose em uma fase avançada da vida é associada a um ônus significativo para os cuidadores (Ceglowski et al., 2014). Além disso, embora a presença de níveis mais elevados de anosognosia geralmente esteja correlacionada a um melhor funcionamento psicológico do indivíduo afetado, essa falta de discernimento é associada a níveis mais elevados de sofrimento de seus cuidadores (Kelleher, Tolea e Galvin, 2015; Maki, Amari, Yamaguchi, Nakaaki e Yamaguchi, 2012). Nesta seção, discutem-se as evidências disponíveis para as intervenções psicológicas voltadas especificamente para as famílias e os cuidadores de idosos com comprometimento cognitivo e neurocomportamental.

Revisão da literatura disponível

Só nos últimos 5 anos, foi escrito um número considerável de revisões baseadas em evidências e capítulos sobre o tema das intervenções para a família e os cuidadores de pessoas com demência, respeitando o fato de se tratar de uma área de proeminente interesse para aqueles que servem à população idosa. Aqui foram resumidas e comentadas apenas determinadas revisões empíricas e teóricas recentes.

O fornecimento de informações sobre a demência, a maneira como essa condição pode afetar o paciente e como a família pode se preparar para as mudanças previstas são fatores importantes no apoio aos cuidadores. Beinart et al. (2012) revisaram a literatura sobre a psicoeducação e o ônus para os cuidadores na DA. Os autores constataram que a falta de informações precisas sobre a DA, bem como a sensação de obrigação moral de prestar assistência completa ao seu ente querido, levou famílias a retirarem-se de seu ambiente social e, por sua vez, sofrer de desesperança e depressão. A revisão conduzida pelos autores indicou que as intervenções multicomponentes (p. ex., incluindo a educação e o suporte psicossocial), bem como intervenções adaptadas de forma individual, foram particularmente eficazes para reduzir o ônus para os cuidadores. Esse achado reflete a observação de outras revisões (Qualls, 2014) de que as famílias e os cuidadores têm necessidades e desafios únicos e devem receber o apoio adequado.

Os cuidados com um familiar com demência representam um estressor crônico sobre o qual a família pode ter um controle percebido limitado e enfrentar sentimentos crônicos de dor e perda ambígua (Boss e Yeats, 2014). Já foi aqui discutida a aplicação da TAC a idosos em geral (Gillanders e Laidlaw, 2014). Márquez-González, Losada e Romero-Moreno (2014) recentemente exploraram a aplicação da TAC para cuidadores de pacientes com demência. A TAC reconhece a tendência do indivíduo a usar a evitação experimental como uma maneira de lidar com a emoção negativa, o que pode proporcionar alívio do sofrimento em curto prazo, mas é, em uma última análise, mal-adaptativa. Desse modo, a TAC incentiva o paciente a ter contato com a sua experiência presente de forma a diminuir a necessidade da evitação experimental. O apelo da TAC nessa população consiste em aprender a tolerar o que pode ser sofrimento emocional crônico, bem como cultivar a flexibilidade psicológica e a capacidade de agir de acordo com os próprios valores da pessoa. Embora a TAC seja teoricamente promissora como uma forma de aliviar o sofrimento dos cuidadores de pacientes com demência, Márquez-Gonzáles et al. observaram que, novamente, uma quantidade limitada de trabalhos tem sido conduzida nessa área, incluindo apenas três estudos-piloto que examinaram a TAC ou as intervenções baseadas na atenção plena nessa população. Para os leitores interessados em seguir esse trabalho com os cuidadores, Márquez-González et al. (2014) apresentam uma abrangente explicação teórica de como essa terapia poderia ser aplicada aos cuidadores de pacientes com demência.

É possível que muitas intervenções para os cuidadores não sejam acessíveis aos membros da família se exigirem que eles deixem o seu ente querido em casa enquanto vão a uma clínica para tratamento. Na melhor das hipóteses, essas intervenções podem impor um ônus financeiro extra à família, que agora deve buscar um cuidador temporário para ficar com o paciente enquanto a família participa da terapia. Com o advento da telemedicina, pesquisadores e profissionais de saúde estão se tornando mais criativos em relação à maneira como as intervenções são administradas, inclusive pela internet. Boots et al. (2014) conduziram uma revisão sistemática das intervenções de suporte baseadas na internet para cuidadores de pessoas com demência. Os autores incluíram 12 estudos na revisão, o que representou um dos quatro tipos de intervenção: um *site* com informações e suporte sobre a prestação de cuidados; um *site* com estratégias de cuidados adicionais; um *site* com suporte por *e-mail*; e um *site* com uma combinação de trabalho individual e interação com outros cuidadores *on-line*. Houve significativa variação nos métodos empregados entre os estudos (p. ex., dosagem, uso de um grupo de controle), e as evidências gerais foram consideradas como de baixa qualidade. Cinquenta por centro dos estudos demonstraram um pequeno, mas estatisticamente significativo, efeito sobre as medidas do bem-estar do cuidador, incluindo depressão, senso de competência, autoeficácia e segurança na tomada de decisões; entretanto, não foram constatados efeitos significativos em relação ao ônus para o cuidador. As intervenções que pareceram produzir os efeitos mais positivos foram multicomponentes por natureza (i. e., combinação de informações, contato com outros cuidadores) e adaptadas às necessidades de cuidados individuais. Esses achados sugerem que as intervenções baseadas na internet são promissoras e, com estudos de qualidade superior, poderão produzir-se evidências mais sólidas.

Estratégias práticas de suporte a famílias e cuidadores

Como anteriormente descrito, a literatura sobre a prestação de serviços de suporte às famílias e aos cuidadores é mista. Entretanto, não se deve supor que o trabalho com as famílias não proporcione algum conforto ou não seja eficaz. É mais provável que a falta de evidências coerentes seja um reflexo do fato de que as necessidades desses indivíduos são muito diversas e únicas da pessoa e que uma abordagem do tipo "tamanho único" possivelmente não é adequada. Em sua discussão sobre a aplicação da terapia familiar para cuidadores de pessoas com demência, Qualls (2014) observa que os tipos de suportes de que as famílias necessitam são muito individualizados; é difícil avaliar esse tipo de aplicação idiográfica do suporte familiar nos ECR, quando a intenção é oferecer os mesmos tipos de suporte e estratégias a todos os participantes. Cada sistema familiar é diferente e possui distintos níveis funcionais antes que o membro da família apresente declínio cognitivo. Além disso, os diferentes tipos de demência exercerão um ônus diferente sobre os entes queridos, do proeminente comprometimento da memória na DA aos transtornos executivos e neurocomportamentais na demência frontotemporal (DFT) e na DP (Nunnemann, Kurz, Leucht e Diehl-Schmid, 2012). Revisões como aquelas conduzidas por Boots et al. (2014) respaldam a controvérsia de que os programas de intervenção personalizados tendem a ser mais eficazes do que os programas genéricos para todos os pacientes. Por fim, os sistemas familiares diferem quanto ao seu estilo relacional, ao entendimento em relação à demência e à abordagem da prestação de cuidados em função da herança cultural (Pharr, Francis, Terry e Clark, 2014), o que pode ser uma dimensão em que precisa haver adaptação (Napoles, Chadila, Eversley e Moreno-John, 2010). Dentro desse contexto, a cultura pode interagir com as práticas religiosas ou espirituais e com os estilos de enfrentamento, devendo-se abrir espaço para as diversas maneiras como as famílias lidam com o estresse e encontrar sentido na adversidade. Nesta próxima seção, há sugestões práticas de como prestar suporte às famílias e aos cuidadores.

Psicoeducação

A psicoeducação é uma abordagem de intervenção padronizada utilizada tanto para pessoas com comprometimento cognitivo quanto para suas famílias e cuidadores. Pessoas bem informadas sentem-se mais empoderadas para fazer escolhas que respaldem seus próprios objetivos e os objetivos de seu ente querido. Como observado, Beinart et al. (2012) encontraram evidências de que a psicoeducação, especialmente quando adaptada para os cuidadores individuais, é benéfica. A psicoeducação geralmente começa durante a sessão de *feedback* neuropsicológico, mas pode continuar durante as repetidas visitas no decorrer do tratamento ou da reavaliação. Quanto ao conteúdo da psicoeducação, a primeira maneira de começar é prestar orientação sobre o tipo específico de demência ou de declínio cognitivo que a pessoa está vivenciando. Considerando-se que "demência" não é um termo global, os efeitos específicos sobre as famílias podem variar substancialmente de acordo com o tipo de demência envolvido. Por exemplo, ao cuidar de uma pessoa com DA, o estresse familiar pode ser proveniente da memória desgastada do indivíduo e da consequente falta de continuidade de seus relacionamentos. No caso de uma pessoa com DCL, o estresse pode estar associado à presença de proeminentes alucinações visuais e paranoia. Por fim, um comprometimento neurocomportamental significativo e características como apatia e redução da empatia podem ser condições particularmente desafiadoras para os cuidadores de pessoas com DFT, podendo estar relacionadas ao ônus mais elevado dos cuidados do que a DA (Nunnemann et al., 2012). No caso de famílias que têm algum conhecimento anterior de demência, pode estar baseado essencialmente na DA, dada a sua condição da forma mais conhecida e geralmente diagnosticada de demência. Portanto, o fato de ter um ente querido que apresente sintomas bastante diferentes daqueles esperados se ele tivesse DA pode ser algo bastante surpreendente e confuso. Conseguir associar os sintomas de uma pessoa a um determinado tipo de demência pode ser algo legitimador, bem como um sinal de reconhecimento e de empatia pela dificuldade da família em se relacionar com esses sintomas.

O conteúdo da psicoeducação provavelmente mudará ao longo da trajetória de declínio do paciente em função das necessidades da família e dos cuidadores; portanto:

- Fase inicial – fornecer informações sobre o diagnóstico; correlacionar os comportamentos observados com o diagnóstico específico; apresentar estratégias às famílias para ajudar a compensar as dificuldades (p. ex., utilizar lembretes/pistas) ou evitar aumentar a agitação (p. ex., abster-se de discutir com crenças delirantes).
- Embora o paciente conserve a capacidade, prestar suporte à família e aos cuidadores para a discussão das escolhas em relação ao futuro e às preferências de assistência (p. ex., procuração para tratamento de saúde, testamento vital).
- À medida que o declínio continua, oferecer validação emocional e suporte em função do estresse, bem como de possíveis reações de sofrimento à medida que o membro da família declina.

O ideal é que o profissional de saúde monitore o paciente no decorrer do tempo com repetidas avaliações, permitindo, assim, a criação de um relacionamento não apenas com o paciente, mas também com a família e os cuidadores do paciente. Os psicólogos geralmente se dão a um luxo que os médicos não têm: eles têm muito mais tempo de contato face a face com seus pacientes do que os médicos. Os pacientes e seus familiares quase sempre apreciam extremamente esse tempo a mais, em que uma ou duas simples palavras de reconhecimento ou aprovação ajudam muito. Essa relação que está se desenvolvendo permite que o profissional de saúde desdobre a psicoeducação em um ritmo e de maneira que possibilitem a integração efetiva das famílias. As famílias seguirão a sua própria trajetória emocional à medida que o seu ente querido declina, e esse ônus emocional provavelmente terá um impacto em sua capacidade de processar informações. As reuniões presenciais de *feedback* com o psicólogo podem ser úteis e proporcionar a sensação de carinho e segurança, mas não se pode supor que todas as informações factuais fornecidas nessas reuniões sejam assimiladas. É útil fornecer recursos adicionais que reforcem as informações transmitidas; desse modo, a família pode rever esses recursos com calma, reforçando-os com perguntas posteriormente. É importante também buscar um equilíbrio entre ser factual e não ser excessivamente pessimista. Nesta era tecnológica, pacientes ou familiares comuns geralmente recorrem à internet em busca de informação, e, infelizmente, grande parte das informações disponíveis sobre demência podem alimentar uma perspectiva muito deprimente. Felizmente, existem alguns excelentes recursos que os profissionais de saúde podem recomendar às famílias e aos cuidadores. Por exemplo, o San Francisco Memory and Aging Center, da University of California, possui um abrangente e muito acessível conjunto de recursos e vídeos disponibilizados no YouTube para cuidadores (http://memory.ucsf.edu/caregiving). Recursos específicos para DA, DFT e DP podem ser encontrados também por meio da Alzheimer's Association (*www.alz.org/care/overview.asp*), da Association for Frontotemporal Dementia (*www.theaftd.org*) e da Parkinson's Disease Foundation (*www.pdf.org/en/caregiving_fam_issues*), respectivamente. Fornecer *feedback* de natureza psicoeducativa e neuropsicológica é, em si e por si só, uma habilidade importante e repleta de nuances a ser dominada. Como já observado em outro momento, um excelente recurso recomendado ao profissional de saúde é *Feedbadk That Sticks*, de Armstrong e Postal (2013).

Técnicas de controle do estresse

O estresse crônico associado à prestação de assistência pode gerar um ônus emocional e físico, como discutido anteriormente nas pesquisas sobre psiconeuroimunologia. Os psicólogos têm à sua disposição várias técnicas que podem servir de suporte às famílias para o controle do estresse, como exercícios de relaxamento, imagem guiada e respiração profunda. As psicoterapias baseadas na atenção plena podem ser particularmente úteis nesse contexto; a prática da atenção plena não só proporciona alívio do estresse e respalda o bem-estar emocional, mas também cuida de algumas das questões existenciais decorrentes do fato de se assistir ao declínio cognitivo do ente querido. Como observado anteriormente, a TAC pode ser uma dessas abordagens promissoras (Márquez-González et al., 2014). Ao trabalhar com os cuidadores, é importante também enfatizar seus pontos fortes e desafios. Em sua análise da psicobiologia dos cuidados a pacientes com demência, Harmell, Chattillion, Roepke e Mausbach (2011) identificaram três amplos domínios de resiliência que podem servir de respaldo à saúde do cuidador – domínio pessoal, autoeficácia e estilo de enfrentamento. Esses são domínios úteis a se ter em mente na tarefa de ajudar os cuidadores a encontrar fontes de resiliência.

Reconhecimento do processo de luto

Como mencionado anteriormente, não é incomum os cuidadores sofrerem uma perda ambígua enquanto cuidam de um ente querido com significativo declínio cognitivo e demência. Embora seja importante minimizar os estressores agudos associados à função de cuidador, há um aspecto da experiência emocional a ser considerado: o processo crônico, compreensível e extremamente real que pode ocorrer dentro desse contexto. Para aqueles interessados em aprender mais sobre perda ambígua, recomenda-se consultar Pauline Boss, pesquisadora e profissional de saúde que se tornou sinônimo de seu tema. Especificamente, o seu livro *Loving someone who has dementia* (Boss, 2011) foi escrito para cuidadores, mas seria uma útil introdução para os profissionais de saúde também. Além disso, a Alzheimer Society of Canada (2013) criou uma excelente planilha para cuidadores que explica a experiência da perda ambígua e contém muitas estratégias úteis de autoassistência, bem como outros recursos de apoio. Como já observado, é imperativo que se adote uma abordagem culturalmente sensível nesse campo, visto que as normas do luto tendem a diferir de forma significativa entre os grupos culturais (Rosenblatt, 2012). Os profissionais de saúde precisam ter algum conhecimento instrumental das diferentes práticas culturais, religiosas e espirituais envolvidas quando se trata de morte. Em última análise, no entanto, os profissionais de saúde devem considerar a família como especialista nessa área, questionando em forma de perguntas abertas como a família poderia utilizar o ritual e a cerimônia com a finalidade de encontrar maneiras de ajudá-los nesse esforço. Como mencionado anteriormente, nesse sentido, *Wild edge of sorrow*, de Francis Weller (2015) é um excelente recurso tanto para os profissionais de saúde como para as famílias. Weller discute os aspectos normativos do luto e a necessidade de fazer o luto funcionar na comunidade da pessoa. Incentivar as famílias a prantearem juntas e com outros cuidadores, na comunidade, poderia ajudar muito a lidar com o sentimento de impotência que os cuidadores possam sentir.

Encaminhamento a outros profissionais

A família e os cuidadores necessitarão de diferentes tipos de apoio em distintos momentos ao longo da trajetória do declínio de seu ente querido.

Embora os psicólogos possuam um amplo e diversificado conjunto de habilidades, parte de seu papel pode consistir em fazer a triagem das famílias a serem encaminhadas a outros profissionais que possam atender melhor a essas necessidades. Por exemplo, uma necessidade de apoio emocional pode implicar o encaminhamento para psicoterapia individual, de casais ou familiar. Em seu capítulo sobre a terapia familiar com famílias em fase de envelhecimento, Qualls (2014) discute a terapia familiar para cuidadores – um modelo específico de terapia familiar que pode ser benéfico para o apoio a famílias de pessoas com declínio cognitivo e demência. Por outro lado, a necessidade de apoio instrumental pode implicar o encaminhamento a um assistente social que possa ajudar com o acesso à assistência prática e financeira ou o encaminhamento a um advogado especializado em assistência a idosos que possa auxiliar nas decisões relativas ao planejamento antecipado de tratamentos.

Este capítulo é concluído com a apresentação do caso clínico de Kate, uma paciente com SFID; esse caso envolveu a prestação de assistência à paciente, à sua família e à equipe de atendimento formal. Para exemplos de outros casos, recomenda-se a leitura do Capítulo 11, no qual discutiu-se o tratamento de Sam por meio de uma abordagem integrada de intervenção cognitiva/comportamental e psicológica.

> Kate é uma canadense de 82 anos de descendência europeia. Ela tem estenose espinal e osteoartrite, mas, fora isso, é relativamente saudável sem sinais importantes de declínio cognitivo ou demência. Kate lida bastante bem com a sua dor com o uso de medicamentos comercializados sem receita médica e, atualmente, não sofre de depressão ou ansiedade. Há 2 meses, caminhava do supermercado para casa quando foi atingida por um automóvel enquanto atravessava a rua. Em consequência do acidente, ela sofreu uma lesão cerebral traumática. Exames de neuroimagem realizados na fase aguda indicaram contusões frontoparietais, que se apresentavam maiores no lado direito, bem como lesão axonal difusa leve. Antes do acidente, Kate morava em seu próprio apartamento e era relativamente independente. Infelizmente, desde o acidente, ela passou a demonstrar transtornos de comportamento tão graves que seus filhos tiveram que contratar uma enfermeira em tempo integral para ela. Eles trouxeram Kate à nossa clínica para uma avaliação neuropsicológica a fim de que pudessem entender os problemas atuais da paciente e determinar se haveria algum tipo de tratamento benéfico.
>
> Durante a entrevista, descobrimos que Kate parece ter desenvolvido síndrome de Capgras desde o acidente. Ela está convencida de que sua filha, Maria, foi substituída por vários impostores, e que cada um deles está tentando matá-la. Essa situação é extremamente angustiante para Maria, dado

o ótimo relacionamento anterior que elas tinham. Mais recentemente, a síndrome de Capgras de Kate parece ter se estendido às enfermeiras e auxiliares da unidade de atendimento. Ela apresenta intensa paranoia e acredita que seu quarto está sendo vigiado por microfones e câmeras. Às vezes, ela se torna agitada a ponto de necessitar de sedação. A maioria das informações sobre a sua história é fornecida por sua filha e por seu genro, uma vez que Kate parece ter anosognosia e acredita que tudo está bem, a não ser pelos impostores que tentam machucá-la. Os testes neuropsicométricos indicam que Kate apresenta um perfil de memória amnésica (i. e., codificação, consolidação e recuperação prejudicadas), comprometimento visuoespacial e disfunção executiva.

Um trabalho eficaz com Kate envolve a tentativa de entender o seu comportamento, seus antecedentes e suas consequências, bem como oferecer psicoeducação à família e à equipe de atendimento formal, de modo a evitar a escalada de sua agitação. Começa-se com os seguintes passos para obter uma análise funcional do comportamento desafiador:

- Definir precisamente os comportamentos desafiadores (i. e., xingamentos e agressões físicas).
- Controlar a frequência e a ocorrência desses comportamentos por um determinado período (i. e., por um período de 3 dias, em diversos momentos do dia).
- Em seguida, utilizar a análise do qui-quadrado para verificar os momentos ou os contextos em que os comportamentos mal-adaptativos eram mais prevalentes, determinando que esses comportamentos eram mais prevalentes sob três condições: (1) quando a filha de Kate ia visitá-la, (2) na hora do almoço e (3) antes do jantar.
- Em seguida, examinar os *antecedentes* e as *consequências* desse mau comportamento nos diferentes contextos: (1) as visitas de sua filha desencadeavam a experiência de Capgras; (2) a hora do almoço era o período do dia em que havia muita atividade na unidade, e o quarto de Kate era perto da estação de enfermagem; e (3) as mudanças de comportamento antes do jantar eram supostamente uma manifestação de *sundowning*. Em cada caso, a outra pessoa tentava debater ou argumentar de forma lógica com Kate sobre os seus delírios, o que levava a uma escalada da agitação até que, por fim, a outra pessoa se retirava.

Em seguida, aplica-se a árvore de decisão da análise comportamental de McGrath (2008) para entender melhor o contexto dos comportamentos desafiadores de Kate. Essa etapa consistiu na consideração das seguintes questões:

- *O comportamento é uma resposta a um estado fisiológico interno?* Havia a preocupação de que a dor crônica de Kate não estivesse sendo adequadamente controlada e pudesse estar piorando ao final do dia, aumentando a sua irritabilidade e tendência a se comportar mal. Para lidar com essa possibilidade, a dose de seu medicamento para dor foi aumentada e a sua resposta foi monitorada nos dias subsequentes.
- *O nível de estimulação é adequado?* Kate recentemente sofreu uma lesão cerebral e é comum as pessoas afetadas apresentarem sensibilidade à estimulação sensorial, o que pode levar à desregulação emocional. O quarto de Kate ficava próximo à estação de enfermagem porque a equipe de atendimento queria observá-la. Entretanto, a hora do almoço pode ser bastante caótica e barulhenta, e especulou-se que Kate seria superestimulada, desencadeando ainda mais a sua paranoia e os seus comportamentos desafiadores. Para resolver esse problema, sugeriu-se à equipe de atendimento que ela fosse transferida para um quarto mais distante da estação de enfermagem, mas que fossem feitas verificações mais frequentes para assegurar que ela estivesse bem. A equipe de atendimento foi incentivada também a verificar o nível de iluminação e ruído no quarto de Kate; dada a sua anosognosia, não se poderia supor que ela estabelecesse a relação entre a superestimulação e o seu estado de agitação.
- *A pessoa está confusa ou amnésica?* Os dados formais de avaliação revelaram que Kate tinha um perfil de memória amnésica que provavelmente contribuía para a sua anosognosia. Ou seja, Kate não tinha lembrança de que havia sofrido uma lesão cerebral e não tinha consciência de que estava incapacitada, o que agravava ainda mais a sua ideação persecutória e a sua paranoia.
- *O comportamento é uma resposta a um gatilho específico existente no ambiente?* Como visto, a estimulação ambiental já foi identificada como um possível gatilho. Outro gatilho era o fato de a filha de Kate e a equipe de atendimento tentarem debater e argumentar de forma lógica com Kate quando ela se tornava paranoica. Dada a falta de consciência de Kate e os seus outros tipos de comprometimento cognitivo, essa argumentação só servia para agravar a sua agitação.

A família de Kate nunca tinha ouvido falar da síndrome de Capgras. Da mesma forma, a equipe da unidade de atendimento estava mais acostumada a trabalhar com pacientes com DA e outros tipos de demência e, por isso, não estava familiarizada com a maneira de lidar habilmente com pessoas com SFID. Por essa razão, era necessário aplicar a psicoeducação à família de Kate e aos cuidadores formais, tanto como uma forma de apoio a Kate quanto para reduzir o estresse e o ônus gerados pela necessidade de lidar com os comportamentos desafiadores de Kate. Segue um trecho de um panfleto criado para o caso:

> Kate está sofrendo de síndrome de Capgras. Em virtude de sua lesão, está havendo uma desconexão entre o seu "cérebro emocional" e o seu "cérebro lógico". Ela pode olhar para a sua filha Maria e reconhecê-la visualmente, mas algo lhe parece "estranho". Por estar apresentando um declínio do raciocínio lógico (funções executivas), ela não consegue entender o fato de que as coisas lhe parecem estranhas. Desse modo, a sua única opção é supor que Maria e outras pessoas estão tentando machucá-la. Esse processo não é racional; tentar explicar ou debater com Kate não funciona. Na realidade, isso parece deixá-la mais agitada. O nosso principal objetivo em prestar apoio a Kate é mantê-la calma e evitar que ela se agite. Identificamos alguns gatilhos ambientais, como controle inadequado da dor e excesso de estimulação sensorial. Outra coisa que podemos fazer é evitar argumentar com Kate quando ela relata delírios persecutórios. Podemos ser empáticos com ela e refletir como pode ser angustiante sentir o que ela está sentindo. Podemos também reconhecer o que ela está sentindo e redirecionar a sua atenção para outro assunto (refletir e redirecionar). Por exemplo, Kate identificava seus netos como uma fonte de alegria e felicidade, de modo que, quando os delírios se intensificam, podemos envolvê-la em uma conversa sobre eles ou pedir que ela faça algo de tricô para eles, já que sabemos que ela gosta de tal atividade. Se o mau comportamento dela se tornar extremo, podemos recorrer à "pausa imediata (TOOTS, do inglês *time-out on the spot*) – deixamos que Kate saiba que estamos fazendo uma pausa e vamos para o outro lado do quarto por alguns instantes até que ela se acalme. Ao empregar a técnica do TOOTS, estamos retirando o reforço positivo do comportamento agitado da paciente. Em outras palavras, se o comportamento agitado dela não tiver resposta, é menos provável que ela insista nele. Essa abordagem será mais eficaz se todos concordarmos em utilizá-la com a maior constância possível.

Depois de 1 mês, a família de Kate e a equipe de atendimento observaram alguma redução nos comportamentos desafiadores da paciente. Kate continuou a apresentar paranoia e delírios persecutórios, mas a família e a equipe de atendimento conseguiram acalmá-la nessas situações antes que se chegasse a um nível de agitação. A essa altura, havia se passado apenas 4 meses desde que Kate sofrera a lesão. Considerando-se que as pessoas com lesão cerebral traumática continuam a demonstrar recuperação espontânea no decorrer do primeiro ano após a lesão, havia esperança de que, com o passar do tempo, Kate pudesse demonstrar alguma diminuição desses sintomas, especialmente se houvesse uma melhora concomitante de seu funcionamento cognitivo e que pudesse ser usada para gerar conscientização em relação às suas dificuldades. A filha de Kate, Maria, conseguia interagir com sua mãe sem desencadear os delírios da síndrome de Capgras, mas os delírios ainda ocorriam com alguma frequência. Maria estava compreensivelmente muito triste com essa abrupta mudança de seu relacionamento com a mãe e tinha que se lembrar de que "não era nada pessoal", mas algo atribuível diretamente à lesão cerebral. Com o suporte terapêutico, ela conseguiu aprender a observar e apreciar os momentos positivos com sua mãe quando esses momentos, de fato, ocorriam.

Resumo e considerações finais

A prestação de assistência psicológica a idosos é um processo rico e envolvente que exige que o profissional de saúde recorra a diversos conjuntos de habilidades e recursos para prestar essa assistência. O objetivo deste capítulo foi apresentar ao leitor algumas das importantes questões que podem levar o idoso a merecer atenção clínica.

Além de melhorar o bem-estar psicológico, o reforço da função psicológica atual pode também proporcionar a estabilidade e a autoeficácia necessárias para facilitar o engajamento do idoso nas intervenções cognitivas e comportamentais. Ao mesmo tempo, é necessário conhecer o estágio atual de declínio cognitivo do indivíduo ao se considerar os objetivos mais adequados da psicoterapia para esse indivíduo, inclusive onde a adaptação pode ser necessária para atender aos déficits cognitivos concomitantes. Da mesma forma, é importante considerar que algumas das preocupações que um idoso apresenta podem ser adequadas do ponto de vista do desenvolvimento, como o sofrimento associado à mudança de papéis e atividades, bem como o luto. Embora seja adequado prestar apoio nesses casos, é importante não patologizar o que pode ser reações normativas às experiências de vida relevantes pela perspectiva do desenvolvimento.

A literatura sobre as intervenções psicológicas é promissora e contém evidências sugerindo que muitas ou a maioria das grandes intervenções com respaldo empírico para adultos mais jovens ou em idade produtiva são eficazes em idosos. Em determinadas áreas da prática clínica, como os transtornos de ansiedade e a psicose, essas intervenções podem ter um peso ainda maior, visto que os medicamentos para essas condições oferecem riscos significativos, quando não são totalmente contraindicados. Entretanto, é preciso direcionar maiores esforços para o estabelecimento da eficácia dessas intervenções na prática clínica de rotina, bem como para o impacto da adaptação (p. ex., para o nível de declínio cognitivo). Especialmente na área das intervenções para a família e cuidadores, embora as pesquisas tenham se proliferado nos últimos 5 a 10 anos, os achados permanecem mistos em virtude da observação de que as intervenções multicomponentes personalizadas podem ser mais impactantes do que muitas das intervenções controladas com mais rigor ou disseminadas de maneira homogênea. O formato experimental de caso único (Tate et al., 2016) referido anteriormente oferece uma via concreta pela qual os profissionais poderiam começar a testar e documentar a eficácia de várias intervenções na prática clínica de rotina com pacientes individuais.

Pontos-chave

✓ Contrariando os estereótipos populares, a maioria dos idosos encara o envelhecimento com emoções positivas e bem-estar psicológico. Ao mesmo tempo, as intervenções psicológicas podem beneficiar os idosos melhorando a saúde psicológica e, consequentemente, o funcionamento cognitivo.

✓ As amplas classes de interesse clínico incluem (1) as consideradas relevantes do ponto de vista do desenvolvimento, como o ajuste às mudanças em uma fase avançada da vida, (2) as condições psicológicas diagnosticáveis, (3) as síndromes neuropsiquiátricas e neurocomportamentais e (4) o funcionamento da família e dos cuidadores. As abordagens com respaldo empírico encontram-se disponíveis para cada uma dessas classes.

✓ Qualquer plano de intervenção deve começar com uma abrangente avaliação do funcionamento psicológico atual e pré-mórbido e com uma consideração dos fatores que poderiam afetar negativamente a saúde mental (p. ex., doença crônica, apoio social).

✓ É possível que a psicoterapia precise ser adaptada para acomodar a função cognitiva atual do idoso, incluindo as dificuldades com a memória, a linguagem e as funções executivas.

✓ A família e os cuidadores geralmente necessitam ter o seu próprio apoio emocional, e os profissionais de saúde e pesquisadores são incentivados a ser inovadores na maneira como disponibilizam o acesso a essas formas de apoio.

Apêndice 12.1

Perguntas básicas a serem feitas sobre a função psicológica durante a avaliação ou antes da intervenção

Anamnese psicológica pré-mórbida

____ Diagnósticos psiquiátricos anteriores (p. ex., depressão, ansiedade, transtorno bipolar, esquizofrenia)
____ Histórico de tratamento anterior (psicológico ou farmacológico)
____ Fatores de personalidade pré-mórbida (p. ex., lócus de controle, autoeficácia, estilo de enfrentamento)
____ Histórico do desenvolvimento
____ Relações familiares anteriores
____ Estilo de apego
____ Trauma de desenvolvimento
____ Anamnese da saúde mental da família

Contexto psicossocial

____ Atitudes em relação à saúde mental e ao tratamento
____ Fatores culturais (p. ex., língua, aculturação, atitudes em relação à intervenção)
____ Fatores socioeconômicos que podem influenciar a acessibilidade ao tratamento
____ Apoio social

Função psicológica atual

____ Sintomas de transtornos de humor e ansiedade
____ Ideias, planos ou intenções suicidas; diferenciar do desejo de praticar suicídio clinicamente assistido
____ Sintomas de psicose (p. ex., alucinações, delírios como a síndrome de Capgras, paramnésia reduplicativa)

Para pacientes com transtornos de movimento

____ Sintomas de TCI (p. ex., jogo patológico, hipersexualidade, compulsão por compras ou comida)

____ Sintomas de SDD (p. ex., acumulação de medicamentos, perambulação, ações compulsivas, desregulação homeostática hedônica)

Fatores clínicos/fisiológicos

____ Qualidade do sono/presença de distúrbio do sono
____ Qualidade da nutrição/hábitos alimentares/controle da glicemia
____ Uso atual e passado de álcool e substâncias químicas
____ Condições clínicas comórbidas
____ Medicamentos atuais
____ Exame diagnóstico de demência reversível

Prontidão para intervenção

____ Estágio de mudança; motivação para a mudança
____ Consciência/discernimento em relação às dificuldades presentes
____ Objetivos claramente identificáveis
____ Apoio à família/aos cuidadores para engajamento na intervenção

Referências

Aarts, S., van den Akker, M., Tan, F. E., Verhey, F. R., Metsemakers, J. F., & van Box-tel, M. P. (2011). Influence of multimorbidity on cognition in a normal aging popu- lation: A 12-year follow-up in the Maastricht Aging Study. *International Journal of Geriatric Psychiatry, 26*(10), 1046–1053.

Abbott, R. D., White, L. R., Ross, G. W., Masaki, K. H., Curb, J. D., & Petrovitch, H. (2004). Walking and dementia in physically capable elderly men. *JAMA, 292*(12), 1447–1453.

Abdulrab, K., & Heun, R. (2008). Subjective memory impairment: A review of its defi- nitions indicates the need for a comprehensive set of standardized and validated criteria. *European Psychiatry, 23,* 321–330.

Adamis, D., Devaney, A., Shanahan, E., McCarthy, G., & Meagher, D. (2015). Defin- ing "recovery" for delirium research: A systematic review. *Age and Ageing, 44*(2), 318–321.

Afonso, R. M., Bueno, B., Loureiro, M. J., & Pereira, H. (2011). Reminiscence, psy- chological well-being, and ego integrity in Portuguese elderly people. *Educational Gerontology, 37,* 1063–1080.

Ahmed, S., de Jager, C., & Wilcock, G. (2012). A comparison of screening tools for the assessment of mild cognitive impairment: Preliminary findings. *Neurocase, 18*(4), 336–351.

Alaszewski, A., Alaszewski, H., & Potter, J. (2004). The bereavement model, stroke and rehabilitation: A critical analysis of the use of a psychological model in professional practice. *Disability and Rehabilitation: An International, Multidisciplinary Journal, 26,* 1067–1078.

Albert, M., & Cohen, C. (1992). The Test for Severe Impairment: An instrument for the assessment of patients with severe cognitive dysfunction. *Journal of the American Geriatrics Society, 40*(5), 449–453.

Albert, M. S., DeKosky, S. T., Dickson, D., Dubois, B., Feldman, H. H., Fox, N. C., . . . Phelps, C. H. (2011). The diagnosis of mild cognitive impairment due to Alzheim- er's disease: Recommendations from the National Institute on Aging-Alzheimer's Association workgroups on diagnostic guidelines for Alzheimer's disease. *Alzheim- er's and Dementia, 7*(3), 270–279.

Albrecht, M. A., Masters, C. L., Ames, D., & Foster, J. K. (2016). Impact of mild head injury on neuropsychological performance in healthy older adults:

Longitudinal assessment in the AIBL Cohort. *Frontiers in Aging Neuroscience, 8*, 105.

Ali, J. I., & Smart, C. M. (2016). Mourning me: An interpretive description of grief and identity loss in older adults with mild cognitive impairment. *Alzheimer's and Dementia, 12*(7, Suppl.), 302.

Alladi, S., Bak, T. H., Duggirala, V., Surampudi, B., Shailaja, M., Shukla, A. K., . . . Kaul, S. (2013). Bilingualism delays age at onset of dementia, independent of edu- cation and immigration status. *Neurology, 81*(22), 1938–1944.

Allan, C. L., Sexton, C. E., Filippini, N., Topiwala, A., Mahmood, A., Zsoldos, E., . . . Ebmeier, K. P. (2016). Sub-threshold depressive symptoms and brain structure: A magnetic resonance imaging study within the Whitehall II cohort. *Journal of Affective Disorders, 204*, 219–225.

Allaz, A.-F., & Cedraschi, C. (2015). Emotional aspects of chronic pain. In G. Pickering & S. Gibson (Eds.), *Pain, emotion and cognition: A complex nexus* (pp. 21–34). New York: Springer.

Allé, M. C., Manning, L., Potheegadoo, J., Coutelle, R., Danion, J.-M., & Berna, F. (2017). Wearable cameras are useful tools to investigate and remediate autobio- graphical memory impairment: A systematic PRISMA review. *Neuropsychology Review, 27*(1), 81–99.

Almeida, O. P., Hulse, G. K., Lawrence, D., & Flicker, L. (2002). Smoking as a risk factor for Alzheimer's disease: Contrasting evidence from a systematic review of case–control and cohort studies. *Addiction, 97*(1), 15–28.

Alzheimer Society of Canada. (2013). Ambiguous loss and grief in dementia: A resource for individuals and families. Retrieved February 18, 2017, from *www.alzheimer. ca/~/media/Files/national/Core-lit brochures/ambiguous_loss_family_e.pdf*.

Alzheimer's Association. (2017). Sleep issues and sundowning. Retrieved February 16, 2017, from *www.alz.org/care/alzheimers-dementia-sleep-issues-sundowning.asp*.

Alzheimer's Association. (n.d.). Vascular dementia. Retrieved January 23, 2017, from *www.alz.org/dementia/vascular-dementia-symptoms.asp*.

Alzheimer's Disease Neuroimaging Initiative. (2011). ADNI 2 defining Alzheimer's dis- ease procedures manual. Retrieved February 4, 2017, from *http://adni.loni.usc. edu/wp content/uploads/2008/07/adni2-procedures-manual.pdf*.

Alzheimer's Disease Neuroimaging Initiative. (n.d.). About. Retrieved February 4, 2017, from *http://adni.loni.usc.edu/about*.

Amariglio, R. E., Becker, J. A., Carmasin, J., Wadsworth, L. P., Lorius, N., Sullivan, C., . . . Rentz, D. M. (2012). Subjective cognitive complaints and amyloid burden in cognitively normal older individuals. *Neuropsychologia, 50*, 2880–2886.

Amariglio, R. E., Townsend, M. K., Grodstein, F., Sperling, R. A., & Rentz, D. M. (2011). Specific subjective memory complaints in older persons may indicate poor cognitive function. *Journal of the American Geriatric Society, 59*, 1612–1617.

Amato, M. P., Zipoli, V., & Portaccio, E. (2006). Multiple sclerosis-related cognitive changes: A review of cross-sectional and longitudinal studies. *Journal of the Neu- rolgical Sciences, 245*(1–2), 41–46.

American Academy of Neurology. (n.d.). AAN guideline summary for clinicians: Detec- tion, diagnosis and management of dementia. Retrieved January 23, 2017, from *http://tools.aan.com/professionals/practice/pdfs/dementia_guideline.pdf*.

American Bar Association Commission on Law and Aging & American Psycho- logi- cal Association. (2008). Assessment of older adults with diminished capacity: A handbook for psychologists. Retrieved from *www.apa.org/pi/aging/programs/assessment/capacity-psychologist-handbook.pdf*.

American Educational Research Association, American Psychological Association, National Council on Measurement in Education. (2014). *Standards for educa- tional and psychological testing*. Washington, DC: Author.

American Geriatrics Society, Beers Criteria Update Expert Panel. (2015). Ameri- can Geriatrics Society updated Beers criteria for potentially inappropriate medication use in older adults. *Journal of the American Geriatrics Society, 63*, 2227–2246.

American Psychiatric Association. (1994). *Diagnostic and statistical manual of mental disorders* (4th ed.). Washington, DC: Author.

American Psychiatric Association. (2013). *Diagnostic and statistical manual of mental disorders* (5th ed.). Arlington, VA: Author.

American Psychological Association. (2002). Ethical principles of psychologists and code of conduct. *American Psychologist, 57*(12), 1060–1073. Retrieved January 23, 2017, from *www.apa.org/ethics/code*.

American Psychological Association. (2010). 2010 amendments to the 2002 "Ethical principles of psychologists and code of conduct." *American Psycho- logist, 65*(5), 493.

American Psychological Association. (2012). Guidelines for the evaluation of de- mentia and age-related cognitive change. *American Psychologist, 67*(1), 1–9.

American Psychological Association. (2014). Guidelines for psychological prac- tice with older adults. *American Psychologist, 69*(1), 34–65.

American Society for Pharmacology and Experimental Therapeutics. (n.d.). Ex- plore pharmacology. Retrieved October 15, 2016, from *www.aspet.org/uploadedfiles/ knowledge_center/pharmacology_resources/explorephm.pdf?n=7741*.

Amieva, H., Le Goff, M., Millet, X., Orgogozo, J. M., Peres, M., Barberger-Gateau, P., . . . Dartigues, J. F. (2008). Prodromal Alzheimer's disease: Successive emergence of the clinical symptoms. *Annals of Neurology, 64*, 492–498.

Amieva, H., Stoykova, R., Matharan, F., Helmer, C., Antonucci, T. C., & Dartigues, J.-F. (2010). What aspects of social network are protective for dementia?: Not the quantity but the quality of social interactions is protective up to 15 years later. *Psychosomatic Medicine, 72*(9), 905–911.

Andel, R., Crowe, M., Pedersen, N. L., Mortimer, J., Crimmins, E., Johansson, B., & Gatz, M. (2005). Complexity of work and risk of Alzheimer's disease: A population-based study of Swedish twins. *Journals of Gerontology: Series B: Psy- chological Sciences and Social Sciences, 60B*(5), P251–P258.

Andel, R., Kåreholt, I., Parker, M. G., Thorslund, M., & Gatz, M. (2007). Com- plex- ity of primary lifetime occupation and cognition in advanced old age. *Journal of Aging and Health, 19*(3), 397–415.

Andel, R., Vigen, C., Mack, W. J., Clark, L. J., & Gatz, M. (2006). The effect of edu- cation and occupational complexity on rate of cognitive decline in Alzheimer's patients. *Journal of the International Neuropsycholgical Society, 12*(1), 147–152. Anderson, N. A., Murphy, K. J., & Troyer, A. K. (2012). *Living with mild cognitive impairment: A guide to maximizing brain health and reducing risk of dementia.* New York: Oxford University Press.

Anderson-Mooney, A. J., Schmitt, F. A., Head, E., Lott, I. T., & Heilman, K. M. (2016). Gait dyspraxia as a clinical marker of cognitive decline in Down syndrome: A review of theory and proposed mechanisms. *Brain and Cognition, 104,* 48–57.

Anstey, K. J., Cherbuin, N., & Herath, P. M. (2013). Development of a new method for assessing global risk of Alzheimer's disease for use in population health approaches to prevention. *Prevention Science, 14*(4), 411–421.

Anstey, K. J., Lipnicki, D. M., & Low, L.-F. (2008). Cholesterol as a risk factor for dementia and cognitive decline: A systematic review of prospective studies with meta-analysis. *American Journal of Geriatric Psychiatry, 16*(5), 343–354.

Antonell, A., Fortea, J., Rami, L., Bosch, B., Balasa, M., Sánchez-Valle, R., . . . Lladó,

A. (2011). Different profiles of Alzheimer's disease cerebrospinal fluid biomarkers in controls and subjects with subjective memory complaints. *Journal of Neural Transmission (Vienna), 118,* 259–262.

Appollonio, I., Gori, C., Riva, G. P., Spiga, D., Ferrari, A., Ferrarese, C., & Frattola, L. (2001). Cognitive assessment of severe dementia: The test of severe impairment (TSI). *Archives of Gerontology and Geriatrics, 7*(Suppl.), 25–31.

Araujo, J. R., Martel, F., Borges, N., Araujo, J. M., & Keating, E. (2015). Folates and aging: Role in mild cognitive impairment, dementia and depression. *Ageing Research Review, 22,* 9–19.

Ardila, A. (2003). Culture in our brains: Cross-cultural differences in the brain-behavior relationships. In A. Toomela (Ed.), *Cultural guidance in the development of the human mind* (pp. 63–78). Westport, CT: Ablex.

Ardila, A. (2005). Cultural values underlying psychometric cognitive testing. *Neuro- psychology Review, 15*(4), 185–195.

Ardila, A. (2007). The impact of culture on neuropsychological test performance. In B.

P. Uzzell, M. Ponton, & A. Ardila (Eds.), *International handbook of cross-cultural neuropsychology* (pp. 23–44). Mahwah, NJ: Erlbaum.

Armstrong, C. L., & Morrow, L. (Eds.). (2010). *Handbook of medical neuropsychol- ogy: Applications of cognitive neuroscience.* New York: Springer Science + Busi- ness Media.

Armstrong, K., & Postal K. (2013). *Feedback that sticks: The art of effectively com- municating neuropsychological assessment results.* New York: Oxford University Press.

Attems, J., & Jellinger, K. A. (2014). The overlap between vascular disease and Alzheim- er's disease—lessons from pathology. *BMC Medicine, 12,* 206.

Attix, D. K., & Welsh-Bohmer, K. A. (Eds.). (2006). *Geriatric neuropsychology: Assessment and intervention.* New York: Guilford Press.

Auer, S. R., Sclan, S. G., Yaffee, R. A., & Reisberg, B. (1994). The neglected half of Alzheimer disease: Cognitive and functional concomitants of severe dementia. *Journal of the American Geriatrics Society, 42*(12), 1266–1272.

Australian and New Zealand Society for Geriatric Medicine. (2016). Position statement—Delirium in older people. *Australasian Journal on Ageing, 35*(4), 292. Azulay, J., Smart, C. M., Mott, T., & Cicerone, K. D. (2013). A pilot study examin- ing the effect of mindfulness-based stress reduction on symptoms of chronic mild traumatic brain injury/post-concussive syndrome. *Journal of Head Trauma Rehabilitation, 28,* 323–331.

Bahar-Fuchs, A., Clare, L., & Woods, B. (2013). Cognitive training and cognitive rehabilitation for mild to moderate Alzheimer's disease and vascular dementia [Review]. *Cochrane Database of Systematic Reviews, 6,* CD003260

Bak, T. H., Nissan, J. J., Allerhand, M. M., & Deary, I. J. (2014). Does bilingualism influence cognitive aging? *Annals of Neurology, 75*(6), 959–963.

Ball, K., Berch, D. B., Helmers, K. F., Jobe, J. B., Leveck, M. D., Marsiske, M., . . . the Advanced Cognitive Training for Independent and Vital Elderly Study Group. (2002). Effects of cognitive training interventions with older adults: A randomized controlled trial. *Journal of the American Medical Association, 288,* 2271–2281.

Baltes, P. B. (1987). Theoretical propositions of life-span developmental psychology: On the dynamics between growth and decline. *Developmental Psychology, 23*(5), 611–626.

Baltes, P. B., & Baltes, M. M. (1990). Psychological perspectives on successful aging: The model of selective optimization with compensation. In P. B. Baltes & M. M. Baltes (Eds.), *Successful aging: Perspectives from the behavioral sciences* (pp. 1–34). New York: Cambridge University Press.

Bandura, A. (1994). Self-efficacy. In V. S. Ramachandran (Ed.), *Encyclopedia of human behavior* (Vol. 4, pp. 71–81). New York: Academic Press.

Barnes, D. E., Cenzer, I. S., Yaffe, K., Ritchie, C. S., & Lee, S. J. (2014). A point- -based tool to predict conversion from mild cognitive impairment to probable Alzheimer's disease. *Alzheimer's and Dementia, 10*(6), 646–655.

Barnes, D. E., Covinsky, K. E., Whitmer, R. A., Kuller, L. H., Lopez, O. L., & Yaffe, K. (2009). Predicting risk of dementia in older adults: The late-life dementia risk index. *Neurology, 73*(3), 173–179.

Barnes, D. E., & Yaffe, K. (2011). The projected effect of risk factor reduction on Alzheimer's disease prevalence. *The Lancet Neurology, 10*(9), 819–828.

Barrios, P. G., Pabon, R. G., Hanna, S. M., Lunde, A. M., Fields, J. A., Locke, D. E. C., & Smith, G. E. (2016). Priority of treatment outcomes for caregivers and patients with mild cognitive impairment: Preliminary analyses. *Neurology and Therapy,* 1–10.

Baskys, A. (2004). Lewy body dementia: The litmus test for neuroleptic sensitivity and extrapyramidal symptoms. *Journal of Clinical Psychiatry, 65*(Suppl. 1), 16–22.

Bassuk, S. S., Glass, T. A., & Berkman, L. F. (1999). Social disengagement and incident cognitive decline in community-dwelling elderly persons. *Annals of Internal Medi- cine, 131*(3), 165–173.

Beard, R. L., & Neary, T. M. (2013). Making sense of nonsense: Experiences of mild cognitive impairment. *Sociology of Health and Illness, 35,* 130–146.

Beauchamp, T. L., & Childress, J. F. (2009). *Principles of biomedical ethics* (6th ed.). New York: Oxford University Press.

Beaudoin, M., & Desrichards, O. (2011). Are memory self-efficacy and memory perfor- mance related?: A meta-analysis. *Psychological Bulletin, 137*, 211–241.

Bechara, A. (2007). *Iowa gambling task*. Lutz, FL: Psychological Assessment Resources. Bechara, A., Damasio, A. R., Damasio, H., & Anderson, S. W. (1994). Insensitivity to future consequences following damage to human prefrontal cortex. *Cognition, 50*, 7–15.

Beck, J. S. (2011). *Cognitive behavior therapy: Basics and beyond* (2nd ed.). New York: Guilford Press.

Beinart, N., Weinman, J., Wade, D., & Brady, R. (2012). Caregiver burden and psycho- educational interventions in Alzheimer's disease: A review. *Dementia and Geriat- ric Cognitive Disorders Extra, 2*, 638–648.

Beland, F., Zunzunegui, M. V., Alvarado, B., Otero, A., & Del Ser, T. (2005). Trajec- tories of cognitive decline and social relations. *Journals of Geronto- logy: Series B: Psychological Sciences Social Sciences, 60*(6), 320–330.

Ben-Porath, Y., & Tellegen, A. (2008). *Minnesota Multiphasic Personality Inven- tory–2—Restructured Format*. San Antonio, TX: Pearson Assessments.

Ben-Yishay, Y., & Gold, J. (1990). Therapeutic milieu approach to neuropsycho- logical
rehabilitation. In R. L. Wood (Ed.), *Neurobehavioural sequelae of traumatic brain injury* (pp. 194–218). London: Taylor & Francis.

Bergman, I., & Almkvist, O. (2015). Neuropsychological test norms controlled for physical health: Does it matter? *Scandinavian Journal of Psychology, 56*(2), 140– 150.

Berkman, L. F., Glass, T., Brissette, I., & Seeman, T. E. (2000). From social inte- gration to health: Durkheim in the new millennium. *Social Sciences and Medicine, 51*(6), 843–857.

Bhar, S. S. (2014). Reminiscence therapy: A review. In N. A. Pachana & K. Laidlaw (Eds.), *The Oxford handbook of clinical geropsychology* (pp. 675–690). New York: Oxford University Press.

Bialystok, E., Craik, F. I., Binns, M. A., Ossher, L., & Freedman, M. (2014). Effects of bilingualism on the age of onset and progression of MCI and AD: Eviden- ce from executive function tests. *Neuropsychology, 28*(2), 290–304.

Bialystok, E., Craik, F. I., & Freedman, M. (2007). Bilingualism as a protection against the onset of symptoms of dementia. *Neuropsychologia, 45*(2), 459–464.

Bielak, A. A. M., Hultsch, D. F., Strauss, E., MacDonald, S. W. S., & Hunter, M. A. (2010). Intraindividual variability in reaction time predicts cognitive out- comes 5 years later. *Neuropsychology, 24*(6), 731–741.

Billioti de Gage, S., Moride, Y., Ducruet, T., Kurth, T., Verdoux, H., Tournier, M., ... Begaud, B. (2014). Benzodiazepine use and risk of Alzheimer's disease: Case–control study. *British Medical Journal, 349*, g5205.

Birks, J. (2006, January 25). Cholinesterase inhibitors for Alzheimer's disease. *Cochrane Database of Systematic Reviews, 1*, CD005593.

Birks, J., McGuinness, B., & Craig, D. (2013). Rivastigmine for vascular cogniti- ve impairment. *Database of Systematic Reviews, 5*, CD004744.

Bittles, A. H., Petterson, B. A., Sullivan, S. G., Hussain, R., Glasson, E. J., & Mont- gomery, P. D. (2002). The influence of intellectual disability on life expectancy. *Journals of Gerontology: Series A: Biological Sciences and Medical Sciences, 57*(7), M470–M472.

Blacker, D., Lee, H., Muzikansky, A., Martin, E. C., Tanzi, R., McArdle, J. J., ... Albert, M. (2007). Neuropsychological measures in normal individuals that pre- dict subsequent cognitive decline. *Archives of Neurology, 64,* 862–871.

Blackford, R. C., & La Rue, A. (1989). Criteria for diagnosing age-associated memory impairment: Proposed improvements for the field. *Developmental Neuropsychol- ogy, 5,* 295–306.

Blom, K., Emmelot-Vonk, M. H., & Koek, H. L. (2013). The influence of vascular risk factors on cognitive decline in patients with dementia: A systematic review. *Maturitas, 76*(2), 113–117.

Bohlmeijer, E., Prenger, R., Taal, E., & Cuijpers, P. (2010). The effects of mindfulness- based stress reduction therapy on mental health of adults with a chronic medical disease: A meta-analysis. *Journal of Psychosomatic Research, 68,* 539–544.

Boller, F., Verny, M., Hugonot-Diener, L., & Saxton, J. (2002). Clinical features and assessment of severe dementia: A review. *European Journal of Neurology, 9*(2), 125–136.

Bond, M., Rogers, G., Peters, J., Anderson, R., Hoyle, M., Miners, A., ... & Hyde, C. (2012). The effectiveness and cost-effectiveness of donepezil, galantamine, rivastigmine and memantine for the treatment of Alzheimer's disease (review of Technology Appraisal No. 111): A systematic review and economic model. *Health Technology Assessment, 16,* 1–470.

Bondi, M. W., Edmonds, E. C., Jak, A. J., Clark, L. R., Delano-Wood, L., McDonald, C. R., ... the Alzheimer's Disease Neuroimaging Initiative. (2014). Neuropsy- chological criteria for mild cognitive impairment improves diagnostic precision, biomarker associations, and progression rates. *Journal of Alzheimer's Disease, 42,* 275–289.

Bondi, M. W., & Smith, G. E. (2014). Mild cognitive impairment: A concept and diag- nostic entity in need of input from neuropsychology. *Journal of the International Neuropsychological Society, 20,* 129–134.

Bookheimer, S. Y., Strojwas, M. H., Cohen, M. S., Saunders, A. M., Pericak-Vance, M. A., Mazziotta, J. C., & Small, G. W. (2000). Patterns of brain activation in people at risk for Alzheimer's disease. *New England Journal of Medicine, 343*(7), 450–456.

Boone, K. B. (2009). Fixed belief in cognitive dysfunction despite normal neuropsycho- logical scores: Neurocognitive hypochondriasis? *The Clinical Neuropsychologist, 23,* 1016–1036.

Boots, L. M. M., Vugt, M. E., Knippenberg, R. J. M., Kempen, G. I. J. M., & Verhey, F. R. J. (2014). A systematic review of Internet-based supportive interventions for caregivers of patients with dementia. *International Journal of Geriatric Psychia- try, 29,* 331–344.

Borghesani, P. R., Weaver, K. E., Aylward, E. H., Richards, A. L., Madhyastha, T. M., Kahn, A. R., ... Willis, S. L. (2012). Midlife memory improvement predicts preservation of hippocampal volume in old age. *Neurobiology of Aging, 33*(7), 1148–1155.

Bosma, H., van Boxtel, M. P. J., Ponds, R. W. H. M., Houx, P. J., Burdorf, A., & Jolles, J. (2003). Mental work demands protect against cognitive impairment:

MAAS pro- spective cohort study. *Experimental Aging Research, 29*(1), 33-45.

Bosma, H., van Boxtel, M. P., Ponds, R. W., Jelicic, M., Houx, P., Metsemakers, J., & Jolles, J. (2002). Engaged lifestyle and cognitive function in middle and old-aged, non-demented persons: A reciprocal association? *Zeitschrift für Gerontologie und Geriatrie, 35*(6), 575-581.

Boss, P. (2011). *Loving someone who has dementia: How to find hope while coping with stress and grief.* San Francisco: Jossey-Bass.

Boss, P., & Yeats, J. R. (2014). Ambiguous loss: A complicated type of grief when loved ones disappear. *Bereavement Care, 33,* 63-69.

Bouazzaoui, B., Angel, L., Fay, S., Taconnat, L., Charlotte, F., & Isingrini, M. (2013). Does the greater involvement of executive control in memory with age act as a com- pensatory mechanism? *Canadian Journal of Experimental Psychology, 68,* 59-66. Bowers, M. E., & Yehuda, R. (2016). Intergeneratio- nal effects of PTSD on offspring glucocorticoid receptor methylation. In D. Spengler & E. Binder (Eds.), *Epigenetics and neuroendocrinology: Clinical focus on psychiatry* (Vol. 2, pp. 141-155). New York: Springer.

Braak, H., & Braak, E. (1998). Evolution of neuronal changes in the course of Alzheim- er's disease. *Journal of Neural Transmission Supplementum, 53,* 127-140.

Brandt, J., Spencer, M., & Folstein, M. (1988). The Telephone Interview for Cog- ni- tive Status. *Neuropsychiatry, Neuropsychology, and Behavioral Neurolo- gy, 1*(2), 111-117.

Braun, M. M., Karlin, B. E., & Zeiss, A. M. (2015). Cognitive-behavioral therapies in older adult populations. In C. M. Nezu & A. Nezu (Eds.), *The Oxford handbook of cognitive and behavioral therapies* (pp. 349-362). New York: Oxford University Press.

Bravo, G., Dubois, M.-F., Wildeman, S. M., Graham, J. E., Cohen, C. A., Painter, K., & Bellemare, S. (2010). Research with decisionally incapacitated older adults: Practices of Canadian research ethics boards. *IRB: Ethics and Human Research, 32*(6), 1-8.

Brink, T. L., Yesavage, J. A., Lum, O., Heersema, P. H., Adey, M., & Rose, T. L. (1982). Screening tests for geriatric depression. *The Clinical Gerontologist, 1*(1), 37-43.

Broadway, J., & Mintzer, J. (2007). The many faces of psychosis in the elderly. *Current Opinion in Psychiatry, 20,* 551-558.

Brown, G. G., Lazar, R. M., & Delano-Wood, L. (2009). Cerebrovascular disease. In

Grant & K. Adams (Eds.), *Neuropsychological assessment of neuropsychiatric and neuromedical disorders* (3rd ed., pp. 306-335). New York: Oxford Uni- versity Press.

Bruscoli, M., & Lovestone, S. (2004). Is MCI really just early dementia?: A sys- tematic review of conversion studies. *International Psychogeriatrics, 16,* 129-140.

Bryant, F. B., Smart, C. M., & King, S. P. (2005). Using the past to enhance the present: Boosting happiness through positive reminiscence. *Journal of Ha- ppiness Studies, 6,* 227-260.

Buckley, R. F., Maruff, P., Ames, D., Bourgeat, P., Martins, R. N., Masters, C. L., ... the AIBL Study. (2016a). Subjective memory decline predicts greater rates of clini- cal progression in preclinical Alzheimer's disease. *Alzheimer's and Dementia, 12,* 796–804.

Buckley, R., Saling, M. M., Ames, D., Rowe, C. C., Lautenschlager, N. T., Macaulay, S. L., ... the Australian Imaging Biomarkers and Lifestyle Study of Aging (AIBL) Research Group. (2013). Factors affecting subjective memory complaints in the AIBL aging study: Biomarkers, memory, affect, and age. *International Psychoge- riatrics, 25,* 1307–1315.

Buckley, R. F., Saling, M. M., Fromann, I., Wolfsgruber, S., & Wagner, M. (2015). Subjective cognitive decline from a phenomenological perspective: A review of the qualitative literature. *Journal of Alzheimer's Disease, 48,* S125–S140.

Buckley, R. F., Villemagne, V. L., Masters, C. L., Ellis, K. A., Rowe, C. C., Johnson, K., ... Amariglio, R. (2016b). A conceptualization of the utility of subjective cognitive decline in clinical trials of preclinical Alzheimer's disease. *Journal of Molecular Neuroscience, 60,* 354–361.

Bugnicourt, J. M., Godefroy, O., Chillon, J. M., Choukroun, G., & Massy, Z. A. (2013). Cognitive disorders and dementia in CKD: The neglected kidney–brain axis. *Journal of American Society of Nephrology, 24*(3), 353–363.

Burt, D. B., & Aylward, E. H. (1998). *Test battery for the diagnosis of dementia in individuals with intellectual disability.* Washington, DC: American Association on Mental Retardation.

Burt, D. B., & Aylward, E. H. (2000). Test battery for the diagnosis of dementia in individuals with intellectual disability. *Journal of Intellectual Disability Research, 44*(2), 175–180.

Buschke, H. (1973). Selective reminding for analysis of memory and learning. *Journal of Verbal Learning and Verbal Behavior, 12,* 543–550.

Bush, S. S. (2007). *Ethical decision making in clinical neuropsychology.* New York: Oxford University Press.

Bush, S. S. (2009). *Geriatric mental health ethics: A casebook.* New York: Springer. Bush, S. S., & Drexler, M. L. (2002). *Ethical issues in clinical neuropsychology.* Lisse, The Netherlands: Swets & Zeitlinger.

Busse, A., Bischkopf, J., Riedel-Heller, S. G., & Angermeyer, M. C. (2003). Mild cognitive impairment: Prevalence and incidence according to different diagnostic criteria: Results of the Leipzig Longitudinal Study of the Aged (LEILA75+). *British Journal of Psychiatry, 182,* 449–454.

Butt, Z. (2008). Sensitivity of the Informant Questionnaire on cognitive decline: An application of item response theory. *Aging, Neuropsychology, and Cognition, 15*(5), 642–655.

Butters, M. A., Young, J. B., Lopez, O., Aizenstein, H. J., Mulsant, B. H., Reynolds, C. F., 3rd, ... Becker, J. T. (2008). Pathways linking late-life depression to persistent cognitive impairment and dementia. *Dialogues in Clinical Neuroscience, 10*(3), 345–357.

Caamano-Isorna, F., Corral, M., Montes-Martinez, A., & Takkouche, B. (2006). Edu- cation and dementia: A meta-analytic study. *Neuroepidemiology, 26*(4), 226–232. Caddell, L. S., & Clare, L. (2013). How does identity relate to cognition and functional abilities in early-stage dementia? *Aging, Neuropsychology, and Cognition, 20*(1), 1–21.

Cairncross, M., & Miller, C. J. (2016). The effectiveness of mindfulness-based thera- pies for ADHD: A meta-analytic review. *Journal of Attention Disorders*.

Calamia, M., Markon, K., & Tranel, D. (2012). Scoring higher the second time around: Meta-analyses of practice effects in neuropsychological assessment. *The Clinical Neuropsychologist, 26*, 543–570.

Campanella, S. (2013). Why it is time to develop the use of cognitive event-related potentials in the treatment of psychiatric diseases. *Neuropsychiatric Disease and Treatment, 9*, 1835–1845.

Campbell, D. T., & Stanley, J. C. (1963). *Experimental and quasi-experimental designs for research*. Chicago: Rand McNally.

Canadian Institutes of Health Research, Natural Sciences and Engineering Research Council of Canada, & Social Sciences and Humanities Research Council of Can- ada. (2010). Tri-council Policy Statement: Ethical Conduct for Research Involving Humans. Retrieved from *www.pre.ethics.gc.ca/eng/policy-politique/initiatives/ tcps2-eptc2/Default*.

Canadian Psychological Association. (2017). Canadian code of ethics for psychologists (4th ed.). Retrieved from *www.cpa.ca/aboutcpa/committees/ethics/codeofethics*.

Canadian Study of Health and Aging Working Group. (1994). Canadian Study of Health and Aging: Study methods and prevalence of dementia. *Canadian Medical Association Journal, 150*, 899–913.

Canevelli, M., Adali, N., Tainturier, C., Bruno, G., Cesari, M., & Vellas, B. (2013). Cognitive interventions targeting subjective cognitive complaints. *American Jour- nal of Alzheimer's Disease and Other Dementias, 28*, 560–567.

Carcaillon, L., Brailly-Tabard, S., Ancelin, M. L., Tzourio, C., Foubert-Samier, A., Dartigues, J. F., . . . Scarabin, P. Y. (2014). Low testosterone and the risk of demen- tia in elderly men: Impact of age and education. *Alzheimer's and Dementia, 10*(5, Suppl.), S306–S314.

Carpenter, B. D., Strauss, M. E., & Ball, A. M. (1995). Telephone assessment of mem- ory in the elderly. *Journal of Clinical Geropsychology, 1*(2), 107–117.

Carroll, E., & Coetzer, R. (2011). Identity, grief and self-awareness after traumatic brain injury. *Neuropsychological Rehabilitation, 21*, 289–305.

Carstensen, L. (1993). Perspective on research with older families: Contributions of older adults to families and to family theory. In P. A. Cowan, D. Field, D. A. Han- sen, A. Skolnick, & G. E. Swanson (Eds.), *Family, self, and society: Toward a new agenda for family research* (pp. 353–360). Hillsdale, NJ: Erlbaum.

Carstensen, L., Isaacowitz, D., & Charles, S. T. (1999). Taking time seriously: A theory of socioemotional selectivity. *The American Psychologist, 54*, 165–181.

Carstensen, L. L., Turan, B., Scheibe, S., Ram, N., Ersner-Hershfield, H., Samanez-Larkin, G. R., . . . Nesselroade, J. R. (2011). Emotional experience improves with age: Evidence based on over 10 years of experience sampling. *Psychology and Aging, 26*, 21–33.

Carvalho, J. P., de Almeida, A. R., & Gusmao-Flores, D. (2013). Delirium rating scales in critically ill patients: A systematic literature review. *Revista Brasileira de Tera- pia Intensiva, 25*(2), 148–154.

Castanho, T. C., Amorim, L., Zihl, J., Palha, J. A., Sousa, N., & Santos, N. C. (2014). Telephone-based screening tools for mild cognitive impairment and dementia in aging studies: A review of validated instruments. *Frontiers in Aging Neuroscience, 6,* 16.

Cato, M. A., & Crosson, B. A. (2006). Stable and slowly progressive dementias. In D. K. Attix & K. A. Welsh-Bohmer (Eds.), *Geriatric neuropsychology: Assessment and intervention* (pp. 89–102). New York: Guilford Press.

Ceglowski, J., de Dios, L. V., & Depp, C. A. (2014). Psychosis in older adults. In N. A. Pachana & K. Laidlaw (Eds.), *The Oxford handbook of clinical geropsychology* (pp. 490–503). New York: Oxford University Press.

Centers for Disease Control and Prevention. (2015). Depression is not a normal part of growing older. Retrieved October 16, 2016, from *www.cdc.gov/aging/mental- health/depression.htm*.

Chambless, D. L., Baker, M. J., Baucom, D. H., Beutler, L. E., Calhoun, K. S., Crits- Christoph, P., . . . Woody, S. R. (1998). Update on empirically validated therapies: *The Clinical Psychologist, 51,* 3–16.

Chambless, D., & Hollon, S. D. (1998). Defining empirically supported therapies. *Jour- nal of Consulting and Clinical Psychology, 66,* 7–18.

Chan, R. C. K., Shum, D., Toulopoulou, T., & Chen, E. Y. H. (2008). Assessment of executive functions: Review of instruments and identification of critical issues. *Archives of Clinical Neuropsychology, 23*(2), 201–216.

Chancellor, B., Duncan, A., & Chatterjee, A. (2013). Art therapy for Alzheimer's dis- ease and other dementias. *Journal of Alzheimer's Disease, 39,* 1–11.

Chandler, M. J., Parks, A. C., Marsiske, M., Rotblatt, L. J., & Smith, G. E. (2016). Everyday impact of cognitive interventions in mild cognitive impairment: A sys- tematic review and meta-analysis. *Neuropsychology Review, 26,* 225–251.

Charles, R. F., & Hillis, A. E. (2005). Posterior cortical atrophy: Clinical presentation and cognitive deficits compared to Alzheimer's disease. *Behavioural Neurology, 16*(1), 15–23.

Chatterjee, A., & Farah, M. J. (2013). *Neuroethics in practice: Medicine, mind, and society.* New York: Oxford University Press.

Chatterjee, S., Peters, S. A., Woodward, M., Mejia Arango, S., Batty, G. D., Beckett, N., . . . Huxley, R. R. (2016). Type 2 diabetes as a risk factor for dementia in women compared with men: A pooled analysis of 2.3 million people comprising more than 100,000 cases of dementia. *Diabetes Care, 39*(2), 300–307.

Cheek, C. (2010). Passing over: Identity transition in widows. *International Journal of Aging and Human Development, 70,* 345–364.

Chelune, G. J., Naugle, R. I., Lüders, H., Sedlak, J., & Awad, I. A. (1993). Individual change after epilepsy surgery: Practice effects and base-rate information. *Neuro- psychology, 7*(1), 41–52.

Chen, A. J.-W., Novakovic-Agopian, T., Nycum, T., Song, S., Turner, G. R., Hills, N. K., . . . D'Esposito, M. (2011). Training of goal-directed attention regulation enhances control over neural processing for individuals with brain injury. *Brain, 134,* 1541–1554.

Chen, Y. D., Zhang, J., Wang, Y., Yuan, J. L., & Hu, W. L. (2016). Efficacy of cholinesterase inhibitors in vascular dementia: An updated meta-analysis. *European Neurology, 75,* 132–141.

Cherbuin, N., & Jorm, A. F. (2013). The IQCODE: Using informant reports to assess cognitive change in the clinic and in older individuals living in the community. In A. J. Larner (Ed.), *Cognitive screening instruments: A practical approach* (pp. 165-182). New York: Springer-Verlag.

Chertkow, H., Whitehead, V., Phillips, N., Wolfson, C., Atherton, J., & Bergman, H. (2010). Multilingualism (but not always bilingualism) delays the onset of Alzheimer disease: Evidence from a bilingual community. *Alzheimer Disease and Associated Disorder, 24*(2), 118-125.

Chételat, G., Villemagne, V. L., Bourgeat, P., Pike, K. E., Jones, G., Ames, D., . . . the Australian Imaging Biomarkers and Lifestyle Research Group. (2010). Relation- ship between atrophy and beta-amyloid deposition in Alzheimer disease. *Annals of Neurology, 67*, 317-324.

Chiesa, A., Calati, R., & Serretti, A. (2011). Does mindfulness improve cognitive abili- ties?: A systematic review of neuropsychological findings. *Clinical Psychology Review, 31*, 449-464.

Cho, A., Sugimura, M., Nakano, S., & Yamada, T. (2008). The Japanese MCI screen for early detection of Alzheimer's disease and related disorders. *American Journal of Alzheimer's Disease and Other Dementias, 23*(2), 162-166.

Choe, J. Y., Youn, J. C., Park, J. H., Park, I. S., Jeong, J. W., Lee, W. H., . . . Kim, K. W. (2008). The Severe Cognitive Impairment Rating Scale—An instrument for the assessment of cognition in moderate to severe dementia patients. *Dementia and Geriatric Cognitive Disorders, 25*(4), 321-328.

Choi, J., & Twamley, E. W. (2013). Cognitive rehabilitation therapies for Alzheimer's disease: A review of methods to improve treatment engagement and self-efficacy. *Neuropsychology Review, 23*, 48-62.

Christensen, H., Hofer, S. M., Mackinnon, A. J., Korten, A. E., Jorm, A. F., & Hender- son, A. S. (2001). Age is no kinder to the better educated: Absence of an association investigated using latent growth techniques in a community sample. *Psychological Medicine, 31*(1), 15-28.

Christensen, H., Mackinnon, A., Jorm, A. F., Henderson, A. S., Scott, L. R., & Korten, A. E. (1994). Age differences and interindividual variation in cognition in community-dwelling elderly. *Psychology and Aging, 9*(3), 381-390.

Cicerone, K. D., & Azulay, J. (2007). Perceived self-efficacy and life satisfaction after traumatic brain injury. *Journal of Head Trauma Rehabilitation, 22*, 257-266.

Cicerone, K. D., Langenbahn, D. M., Braden, C., Malec, J. F., Kalmar, K., Fraas, M., . . . Ashman, T. (2011). Evidence-based cognitive rehabilitation: Updated review of the literature from 2003 through 2008. *Archives of Physical Medicine and Reha- bilitation, 92*, 519-530.

Cicerone, K. D., Mott, T., Azulay, J., Sharlow-Galella, M. A., Ellmo, W. J., Para- dise, S., & Friel, J. C. (2008). A randomized controlled trial of holistic neuropsycho- logic rehabilitation after traumatic brain injury. *Archives of Physical Medicine and Rehabilitation, 89*, 2239-2249.

Cipriani, G., Vedovello, M., Ulivi, M., Lucetti, C., Di Fiorino, A., & Nuti, A. (2013). Delusional misidentification syndromes and dementia: A border zone between neurology and psychiatry. *American Journal of Alzheimer's Disease and Other Dementias, 28*, 671-678.

Clare, L. (2003). Managing threats to self: Awareness in early stage Alzheimer's dis- ease. *Social Science and Medicine, 57*(6), 1017-1029.

Clare, L., Linden, D. E. J., Woods, R., Whitaker, R., Evans, S. J., Parkinson, C. H., . . . Rugg, M. D. (2010). Goal-oriented cognitive rehabilitation for people with early- stage Alzheimer disease: A single-blind randomized controlled trial of clinical effi- cacy. *American Journal of Geriatric Psychiatry, 18*, 928–939.

Clare, L., Whitaker, C. J., Craik, F. I., Bialystok, E., Martyr, A., Martin-Forbes, P. A., . . . Hindle, J. V. (2014). Bilingualism, executive control, and age at diagnosis among people with early-stage Alzheimer's disease in Wales. *Journal of Neuropsy- chology, 10*(2), 163–185.

Clare, L., & Woods, R. T. (2004). Cognitive training and cognitive rehabilitation for people with early-stage Alzheimer's disease: A review. *Neuropsychological Reha- bilitation, 14*(4), 385–401.

Clark, L. R., Delano-Wood, L., Libon, D. J., McDonald, C. R., Nation, D. A., Bangen, K. J., . . . Bondi, M. W. (2013). Are empirically-derived subtypes of mild cognitive impairment consistent with conventional subtypes? *Journal of the International Neuropsychological Society, 19*, 635–645.

Clegg, A., & Young, J. B. (2011). Which medications to avoid in people at risk of delirium: A systematic review. *Age Ageing, 40*, 23–29.

Cohen, J. E. (2003). Human population: The next half century. *Science, 302*(5648), 1172–1175.

Colcombe, S., & Kramer, A. (2003). Fitness effects on the cognitive function of older adults: A meta-analytic study. *Psychological Science, 14*, 125–130.

Cole, M. G., & Dastoor, D. P. (1987). A new hierarchic approach to the measurement of dementia. *Psychosomatics: Journal of Consultation and Liaison Psychiatry, 28*(6), 298–304.

Coley, N., Ousset, P. J., Andrieu, S., Matheix Fortunet, H., Vellas, B., & The GuidAge Study Group. (2008). Memory complaints to the general practitioner: Data from the GuidAge study. *Journal of Nutrition, Health and Aging, 12*, 66S–72S.

Collins, O., & Kenny, R. A. (2007). Is neurocardiovascular instability a risk factor for cognitive decline and/or dementia?: The science to date. *Reviews in Clinical Ger- ontology, 17*(3), 153–160.

Colsher, P. L., & Wallace, R. B. (1991). Longitudinal application of cognitive function measures in a defined population of community-dwelling elders. *Annals of Epide- miology, 1*(3), 215–230.

Cooper, C., Bebbington, P., Lindesay, J., Meltzer, H., McManus, S., Jenkins, R., & Livingston, G. (2011). The meaning of reporting forgetfulness: A cross--sectional study of adults in the English 2007 Adult Psychiatric Morbidity Survey. *Age and Ageing, 40*, 711–717.

Cooper, C., Sommerlad, A., Lyketsos, C. G., & Livingston, G. (2015). Modifiable pre- dictors of dementia in mild cognitive impairment: A systematic review and meta- analysis. *American Journal of Psychiatry, 172*(4), 323–334.

Corner, L., & Bond, J. (2004). Being at risk of dementia: Fears and anxieties of older adults. *Journal of Aging Studies, 18*, 143–155.

Corr, C. A. (2002). Revisiting the concept of disenfranchised grief. In K. J. Doka (Ed.),
Disenfranchised grief (pp. 39–60). Champaign, IL: Research Press.

Coval, M., Crockett, D., Holliday, S., & Koch, W. (1985). A multi-focus assessment scale for use with frail elderly populations. *Canadian Journal on Aging, 4*(2), 101– 109.

Cowl, A. L., & Gaugler, J. E. (2014). Efficacy of creative arts therapy in treatment of Alzheimer's disease and dementia: A systematic literature review. *Activities, Adap- tation, and Aging, 38*, 281–330.

Craik, F. I., Bialystok, E., & Freedman, M. (2010). Delaying the onset of Alzheimer dis- ease: Bilingualism as a form of cognitive reserve. *Neurology, 75*(19), 1726–1729.

Craik, F. I. M., & Salthouse, T. A. (2008). *The handbook of aging and cognition* (3rd ed.). New York: Psychology Press.

Crawford, J. (2004). Psychometric foundations of neuropsychological assessment. In L. H. Goldstein & J. E. Mcneil (Eds.), *Clinical neuropsychology: A practical guide to assessment and management for clinicians* (pp. 121–140). West Sussex, UK: Wiley. Crawford, J. R., & Garthwaite, P. H. (2004). Statistical methods for single-case studies in neuropsychology: Comparing the slope of a patient's regression line with those of a control sample. *Cortex: A Journal Devoted to the Study of the Nervous Sys- tem and Behavior, 40*(3), 533–548.

Crawford, J. R., Garthwaite, P. H., Azzalini, A., Howell, D. C., & Laws, K. R. (2006). Testing for a deficit in single-case studies: Effects of departures from normality. *Neuropsychologia, 44*(4), 666–677.

Crawford, J. R., Garthwaite, P. H., & Howell, D. C. (2009). On comparing a single case with a control sample: An alternative perspective. *Neuropsychologia, 47*(13), 2690–2695.

Crawford, J. R., Garthwaite, P. H., & Slick, D. J. (2009). On percentile norms in neuro- psychology: Proposed reporting standards and methods for quantifying the uncer- tainty over the percentile ranks of test scores. *The Clinical Neuropsychologist, 23*(7), 1173–1195.

Crawford, J. R., & Howell, D. C. (1998). Comparing an individual's test score against norms derived from small samples. *The Clinical Neuropsychologist, 12*(4), 482– 486.

Crayton, L., Oliver, C., Holland, A., Bradbury, J., & Hall, S. (1998). The neuropsycho- logical assessment of age related cognitive deficits in adults with Down's syndrome. *Journal of Applied Research in Intellectual Disabilities, 11*(3), 255–272.

Crooks, V. C., Lubben, J., Petitti, D. B., Little, D., & Chiu, V. (2008). Social network, cognitive function, and dementia incidence among elderly women. *American Jour- nal of Public Health, 98*(7), 1221–1227.

Crooks, V. C., Parsons, T. D., & Buckwalter, J. G. (2007). Validation of the Cognitive Assessment of Later Life Status (CALLS) instrument: A computerized telephonic measure. *BioMed Central Neurology, 7*, 10.

Crosson, B., Barco, P., Velozo, C., Bolesta, M., Cooper, P., Werts, D., & Brobeck, T. (1989). Awareness and compensation in postacute head injury rehabilitation. *Jour- nal of Head Trauma Rehabilitation, 4*, 46–54.

Crumley, J. J., Stetler, C. A., & Horhota, M. (2014). Examining the relationship between subjective and objective memory performance in older adults: A meta- analysis. *Psychology and Aging, 29*, 250–263.

Crutch, S. J., Lehmann, M., Schott, J. M., Rabinovici, G. D., Rossor, M. N., & Fox, N. C. (2012). Posterior cortical atrophy. *The Lancet Neurology, 11*(2), 170–178.

Cuijpers, P., Geraedts, A. S., van Oppen, P., Andersson, G., Markowitz, J. C., & van Straten, A. (2011). Interpersonal psychotherapy for depression: A meta--analysis. *American Journal of Psychiatry, 168,* 581–592.

Cuijpers, P., Karyotaki, E., Pot, A. M., Park, M., & Reynolds, C. F. (2014). Managing depression in old age: Psychological interventions. *Maturitas, 79,* 160–169.

Cullum, C. M., Hynan, L. S., Grosch, M., Parikh, M., & Weiner, M. F. (2014). Tele- neuropsychology: Evidence for video teleconference-based neuropsychological assessment. *Journal of the International Neuropsychological Society, 20*(10), 1028–1033.

Cullum, C. M., Saine, K., Chan, L. D., Martin-Cook, K., Gray, K. F., & Weiner, M. F. (2001). Performance-based instrument to assess functional capacity in demen- tia: The Texas Functional Living Scale. *Neuropsychiatry, Neuropsychology, and Behavioral Neurology, 14*(2), 103–108.

Cummings, J., Mega, M., Gray, K., Rosenberg-Thompson, S., Carusi, D. A., & Gorn- bein, J. (1994). The Neuropsychiatric Inventory: Comprehensive assessment of psy- chopathology in dementia. *Neurology, 44,* 2308–2314.

Cutler, N. R., Shrotriya, R. C., Sramek, J. J., Veroff, A. E., Seifert, R. D., Reich, L. A., & Hironaka, D. Y. (1993). The use of the Computerized Neuropsychological Test Battery (CNTB) in an efficacy and safety trial of BMY 21,502 in Alzheimer's dis- ease. *Annals of the New York Academy of Science, 695,* 332–336.

da Silva, J., Gonçalves-Pereira, M., Xavier, M., & Mukaetova-Ladinska, E. B. (2013). Affective disorders and risk of developing dementia: Systematic review. *British Journal of Psychiatry, 202*(3), 177–186.

Darby, D. G., Pietrzak, R. H., Fredrickson, J., Woodward, M., Moore, L., Fredrickson, A., ... Maruff, P. (2012). Intraindividual cognitive decline using a brief computer- ized cognitive screening test. *Alzheimer's and Dementia, 8*(2), 95–104.

Daselaar, S., & Cabeza, R. (2013). Age-related decline in working memory and episodic memory. In K. N. Ochsner & S. Kosslyn (Eds.), *The Oxford handbook of cognitive neuroscience: Vol. 1. Core topics.* New York: Oxford University Press.

Davies, E. A., & O'Mahony, M. S. (2015). Adverse drug reactions in special populations—the elderly. *British Journal of Clinical Pharmacology, 80,* 796–807.

Davis, J. C., Bryan, S., Marra, C. A., Hsiung, G.-Y. R., & Liu-Ambrose, T. (2015). Challenges with cost-utility analyses of behavioral interventions among older adults at risk for dementia. *British Journal of Sport Medicine, 49,* 1343–1347.

Davis, S. W., Dennis, N. A., Daselaar, S. M., Fleck, M. S., & Cabeza, R. (2008). Qué pasa?: The posterior-anterior shift in aging. *Cerebral Cortex, 18,* 1201–1209.

de Jonghe, J. F. M., Wetzels, R. B., Mulders, A., Zuidema, S. U., & Koopmans, R. T.

C. M. (2009). Validity of the Severe Impairment Battery Short Version. *Journal of Neurology, Neurosurgery and Psychiatry, 80*(9), 954–959.

de la Torre, J. C. (2004). Is Alzheimer's disease a neurodegenerative or a vascular disor- der?: Data, dogma, and dialectics. *The Lancet Neurology, 3*(3), 184–190.

De Lepeleire, J., Heyrman, J., Baro, F., & Buntinx, F. (2005). A combination of tests for the diagnosis of dementia had a significant diagnostic value. *Journal of Clinical Epidemiology, 58*(3), 217–225.

De Santi, S., Pirraglia, E., Barr, W., Babb, J., Williams, S., Rogers, K., . . . de Leon, M.J. (2008). Robust and conventional neuropsychological norms: Diagnosis and pre- diction of age-related cognitive decline. *Neuropsychology, 22*(4, Suppl.), 469–484. Deary, I. J., Gow, A. J., Taylor, M. D., Corley, J., Brett, C., Wilson, V., . . . Starr, J. M. (2007). The Lothian Birth Cohort 1936: A study to examine influences on cognitive ageing from age 11 to age 70 and beyond. *BioMed Cetral Geriatrics, 7,* 28.

Deb, S., Hare, M., Prior, L., & Bhaumik, S. (2007). Dementia Screening Questionnaire for Individuals with Intellectual Disabilities. *British Journal of Psychiatry, 190,* 440–444.

Debanne, S. M., Patterson, M. B., Dick, R., Riedel, T. M., Schnell, A., & Rowland, D.Y. (1997). Validation of a Telephone Cognitive Assessment Battery. *Journal of the American Geriatrics Society, 45*(11), 1352–1359.

DeCarlo, C. A., Tuokko, H. A., Williams, D., Dixon, R. A., & MacDonald, S. W. (2014). BioAge: Toward a multi-determined, mechanistic account of cognitive aging. *Ageing Research Reviews, 18,* 95–105.

Deckers, K., van Boxtel, M. P., Schiepers, O. J., de Vugt, M., Munoz Sanchez, J. L., Anstey, K. J., . . . Kohler, S. (2015). Target risk factors for dementia prevention: A systematic review and Delphi consensus study on the evidence from observational studies. *International Journal of Geriatric Psychiatry, 30*(3), 234–246.

Delis, D. C., Kramer, J. H., Kaplan, E., & Ober, B. A. (2000). *California Verbal Learn- ing Test* (2nd ed.). San Antonio, TX: Pearson Assessments.

Dempster, F. N. (1992). The rise and fall of the inhibitory mechanism: Toward a uni- fied theory of cognitive development and aging. *Developmental Review, 12*(1), 45–75.

Denkinger, M. D., Nikolaus, T., Denkinger, C., & Lukas, A. (2012). Physical activity for the prevention of cognitive decline: Current evidence from observational and controlled studies. *Zeitschrift für Gerontologie und Geriatrie, 45*(1), 11–16.

Detre, J., & Bockow, T. B. (2013). Incidental findings in magnetic resonance imaging research. In A. Chatterjee & M. J. Farah (Eds.), *Neuroethics in practice: Medicine, mind, and society* (pp. 120–127). New York: Oxford University Press.

Di Santo, S. G., Prinelli, F., Adorni, F., Caltagirone, C., & Musicco, M. (2013). A meta- analysis of the efficacy of donepezil, rivastigmine, galantamine, and memantine in relation to severity of Alzheimer's disease. *Journal of Alzheimer's Disease, 35,* 349–361.

Diehl, M., Willis, S. L., & Schaie, K. W. (1995). Everyday problem solving in older adults: Observational assessment and cognitive correlates. *Psychology and Aging, 10*(3), 478–491.

Dik, M., Deeg, D. J., Visser, M., & Jonker, C. (2003). Early life physical activity and cognition at old age. *Journal of Clinical Experimental Neuropsychology, 25*(5), 643–653.

Dik, M. G., Jonker, C., Comijs, H. C., Bouter, L. M., Twisk, J. W., van Kamp, G. J., & Deeg, D. J. H. (2001). Memory complaints and APOE-epsilon4 accelerate cogni- tive decline in cognitively normal elderly. *Neurology, 57,* 2217–2222.

Diniz, B. S., Butters, M. A., Albert, S. M., Dew, M. A., & Reynolds, C. F., 3rd. (2013). Late-life depression and risk of vascular dementia and Alzheimer's disease: System- atic review and meta-analysis of community-based cohort studies. *British Journal of Psychiatry, 202*(5), 329–335.

Diniz, B. S., Nunes, P. V., Machado-Vieira, R., & Forlenza, O. V. (2011). Current phar- macological approaches and perspectives in the treatment of geriatric mood disor- ders. *Current Opinion in Psychiatry, 24,* 473–477.

Doniger, G. M., Dwolatzky, T., Zucker, D. M., Chertkow, H., Crystal, H., Schweiger, A., & Simon, E. S. (2006). Computerized cognitive testing battery identifies mild cognitive impairment and mild dementia even in the presence of depressive symptoms. *American Journal of Alzheimer's Disease and Other Dementias, 21*(1), 28–36.

Doody, R. S., Strehlow, S. L., Massman, P. J., Feher, E. P., Clark, C., & Roy, J. R. (1999). Baylor Profound Mental Status Examination: A brief staging measure for profoundly demented Alzheimer disease patients. *Alzheimer Disease and Associ- ated Disorders, 13*(1), 53–59.

Dosa, D., Intrator, O., McNicoll, L., Cang, Y., & Teno, J. (2007). Preliminary deriva- tion of a Nursing Home Confusion Assessment Method based on data from the Minimum Data Set. *Journal of the American Geriatric Society, 55*(7), 1099–1105. Dougherty, J. H., Jr., Cannon, R. L., Nicholas, C. R., Hall, L., Hare, F., Carr, E., . . . Arunthamakun, J. (2010). The computerized self test (CST): An interactive, Internet accessible cognitive screening test for dementia. *Journal of Alzheimers Disease, 20*(1), 185–195.

Downs, S. H., & Black, N. (1998). The feasibility of creating a checklist for the assess- ment of the methodological quality of both randomised and non-randomised stud- ies of health care interventions. *Journal of Epidemiology and Community Health, 52,* 377–384.

Draper, B., Peisah, C., Snowdon, J., & Brodaty, H. (2010). Early dementia diagnosis and the risk of suicide and euthanasia. *Alzheimer's and Dementia, 6,* 75–82.

Duberstein, P. R., Chapman, B. P., Tindle, H. A., Sink, K. M., Bamonti, P., Robbins, J., . . . the Ginkgo Evaluation of Memory (GEM) Study Investigators. (2011). Person- ality and risk for Alzheimer's disease in adults 72 years of age and older: A six-year follow-up. *Psychology and Aging, 26,* 351–362.

Duff, K. (2012). Evidence-based indicators of neuropsychological change in the indi- vidual patient: Relevant concepts and methods. *Archives of Clinical Neuropsy- chology, 27,* 248–261.

Duff, K., Beglinger, L. J., Moser, D. J., & Paulsen, J. S. (2010). Predicting cognitive change within domains. *The Clinical Neuropsychologist, 24*(5), 779–792.

Dwolatzky, T., Dimant, L., Simon, E. S., & Doniger, G. M. (2010). Validity of a short computerized assessment battery for moderate cognitive impairment and dementia. *International Psychogeriatrics, 22*(5), 795–803.

Dwolatzky, T., Whitehead, V., Doniger, G. M., Simon, E. S., Schweiger, A., Jaffe, D., & Chertkow, H. (2003). Validity of a novel computerized cognitive battery for mild cognitive impairment. *BioMed Central Geriatrics, 3*, 4.

Edmonds, E. C., Delano-Wood, L., Clark, L. R., Jak, A. J., Nation, D. A., McDonald, C. R., . . . Bondi, M. W. for the Alzheimer's Disease Neuroimaging Initiative. (2015a). Susceptibility of the conventional criteria for MCI to false positive diag- nostic errors. *Alzheimer's and Dementia, 11*, 415–424.

Edmonds, E. C., Delano-Wood, L., Galasko, D. R., Salmon, D. P., Bondi, M. W., & the Alzheimer's Disease Neuroimaging Initiative. (2014). Subjective cognitive com- plaints contribute to misdiagnosis of mild cognitive impairment. *Journal of the International Neuropsychological Society, 20*, 836–847.

Edmonds, E. C., Delano-Wood, L., Galasko, D. R., Salmon, D. P., & Bondi, M. W., & the Alzheimer's Disease Neuroimaging Initiative. (2015b). Subtle cognitive decline and biomarker staging in preclinical Alzheimer's disease. *Journal of Alzheimer's Disease, 47*, 231–242.

Edwards, E. R., Spira, A. P., Barnes, D. E., & Yaffe, K. (2009). Neuropsychiatric symp- toms in mild cognitive impairment: Differences by subtype and progression to dementia. *International Journal of Geriatric Psychiatry, 24*(7), 716–722.

Egerhazi, A., Berecz, R., Bartok, E., & Degrell, I. (2007). Automated Neuropsychological Test Battery (CANTAB) in mild cognitive impairment and in Alzheimer's disease. *Progress in Neuropsychopharmacology and Biology Psychiatry, 31*(3), 746–751.

Einstein, G. O., & McDaniel, M. A. (1990). Normal aging and prospective memory. *Journal of Experimental Psychology: Learning, Memory, and Cognition, 16*, 717–726.

Elliott, R. (2003). Executive functions and their disorders. *British Medical Bulletin, 65*, 49–59.

Elliott-King, J., Shaw, S., Bandelow, S., Devshi, R., Kassam, S., & Hogervorst, E. (2016). A critical literature review of the effectiveness of various instruments in the diagnosis of dementia in adults with intellectual disabilities. *Alzheimers Dement (Amsterdam), 4*, 126–148.

Elwood, R. W. (2001). MicroCog: Assessment of cognitive functioning. *Neuropsychol- ogy Review, 11*(2), 89–100.

Engel, G. L. (2012). The need for a new medical model: A challenge for biomedicine. *Psychodynamic Psychiatry, 40*(3), 377–396.

Ericsson, I., Malmberg, B., Langworth, S., Haglund, A., & Almborg, A. H. (2011). KUD—A scale for clinical evaluation of moderate-to-severe dementia. *Journal of Clinical Nursing, 20*(11–12), 1542–1552.

Erikson, E. H. (1963). *Childhood and society*. New York: Norton.

Erlanger, D. M., Kaushik, T., Broshek, D., Freeman, J., Feldman, D., & Festa, J. (2002). Development and validation of a web-based screening tool for monitoring cogni- tive status. *Journal of Head Trauma Rehabilitation, 17*(5), 458–476.

Ernst, A., Moulin, C. J. A., Souchay, C., Mograbi, D. C., & Morris, R. (2016). Anosog- nosia and metacognition in Alzheimer's disease: Insights from experimental psy- chology. In J. Dunlosky & S. Tauber (Eds.), *The Oxford handbook of metamem- ory* (pp. 451–472). New York: Oxford University Press.

Etgen, T., Chonchol, M., Forstl, H., & Sander, D. (2012). Chronic kidney disease and cognitive impairment: A systematic review and meta-analysis. *American Journal of Nephrology, 35*(5), 474–482.

Evidently Cochrane. (2016, November). What are *Cochrane Reviews?* Retrieved November 20, 2016, from *www.evidentlycochrane.net/what-are-cochrane-reviews.*

Faber, M. A. (2014). The realities of growing older. In J. A. Sugar, R. J. Rieske, H. Hol- stege, & M. A. Faber (Eds.), *Introduction to aging: A positive, interdisciplinary approach* (pp. 37–112). New York: Springer.

Fagundes, C. P., Glaser, R., & Kiecolt-Glaser, J. K. (2013). Stressful early life experi- ences and immune dysregulation across the lifespan. *Brain, Behavior, and Immu- nity, 27C,* 8–12.

Falleti, M. G., Maruff, P., Collie, A., & Darby, D. G. (2006). Practice effects associated with the repeated assessment of cognitive function using the CogState Battery at 10-minute, one week and one month test–retest intervals. *Journal of Clinical and Experimental Neuropsychology, 28*(7), 1095–1112.

Farias, S. T., Mungas, D., Harvey, D. J., Simmons, A., Reed, B. R., & DeCarli, C. (2011). The measurement of everyday cognition: Development and validation of a short form of the Everyday Cognition scales. *Alzheimer's and Dementia, 7*(6), 593–601.

Farias, S. T., Mungas, D., Reed, B. R., Cahn-Weiner, D., Jagust, W., Baynes, K., & DeCarli, C. (2008). The measurement of everyday cognition (ECog): Scale develop- ment and psychometric properties. *Neuropsychology, 22,* 531–544.

Farmer, M. E., Kittner, S. J., Rae, D. S., Bartko, J. J., & Regier, D. A. (1995). Educa- tion and change in cognitive function: The Epidemiologic Catchment Area Study. *Annal of Epidemiology, 5*(1), 1–7.

Feart, C., Samieri, C., & Barberger-Gateau, P. (2015). Mediterranean diet and cogni- tive health: An update of available knowledge. *Current Opinion in Clinical Nutri- tion and Metabolic Care, 18*(1), 51–62.

Federal Trade Commission. (2016, January 5). Lumosity to pay $2 million to settle FTC deceptive advertising charges for its "brain training" program. Retrieved Decem- ber 27, 2016, from *www.ftc.gov/news-events/press-releases/2016/01/lumosity- pay-2 million-settle-ftc-deceptive-advertising-charges.*

Ferraro, F. R. (Ed.). (2016). *Minority and cross-cultural aspects of neuropsychological assessment: Enduring and emerging trends* (2nd ed.). New York: Taylor & Francis. Fillenbaum, G. G. (1988). *Multidimensional functional assessment of older adults: The Duke older Americans resources and services procedures.* Hillsdale, NJ: Erlbaum.

Fillit, H. M., Simon, E. S., Doniger, G. M., & Cummings, J. L. (2008). Practicality of a computerized system for cognitive assessment in the elderly. *Alzheimer's and Dementia, 4*(1), 14–21.

Fink, H. A., Hemmy, L. S., MacDonald, R., Carlyle, M. H., Olson, C. M., Dysken, M. W., . . . Wilt, T. J. (2015). Intermediate and long-term cognitive outcomes after cardiovascular procedures in older adults: A systematic review. *Annals of Internal Medicine, 163,* 107–117.

Fitzpatrick-Lewis, D., Warren, R., Ali, M. U., Sherifali, D., & Raina, P. (2015). Treat- ment for mild cognitive impairment: A systematic review and meta-analysis. *Cana- dian Medical America Journal Open, 3,* E419–E427.

Fliser, D., Zeier, M., Nowack, R., & Ritz, E. (1993). Renal functional reserve in healthy elderly subjects. *Journal of the American Society of Nephrology, 3*, 1371–1377.

Flynn, S. J., Cooper, L. A., & Gary-Webb, T. L. (2013). The role of culture in promot- ing effective clinical communication, behavior change, and treatment adherence. In L. R. Martin & M. R. DiMatteo (Eds.), *The Oxford handbook of health com- munication, behavior change, and treatment adherence* (pp. 267–285). New York: Oxford University Press.

Folstein, M. F., Folstein, S. E., & McHugh, P. R. (1975). "Mini-mental state": A practi- cal method for grading the cognitive state of patients for the clinician. *Journal of Psychiatric Research, 12*, 189–198.

Fong, T. G., Jones, R. N., Shi, P., Marcantonio, E. R., Yap, L., Rudolph, J. L., ... Inouye, S. K. (2009). Delirium accelerates cognitive decline in Alzheimer disease. *Neurology, 72*(18), 1570–1575.

Fortin, A., & Caza, N. (2014). A validation study of memory and executive functions indexes in French-speaking healthy young and older adults. *Canadian Journal on Aging, 33*(1), 60–71.

Fortner, B. V., & Neimeyer, R. A. (1999). Death anxiety in older adults: A quantitative review. *Death Studies, 23*, 387–411.

Foster, P. P., Rosenblatt, K. P., & Kuljiš, R. O. (2011). Exercise-induced cognitive plas- ticity, implications for mild cognitive impairment and Alzheimer's disease. *Fron- tiers in Neurology, 2*, 28.

Fox, C., Lafortune, L., Boustani, M., & Brayne, C. (2013). Debate and analysis: The pros and cons of early diagnosis in dementia. *British Journal of General Practice, 63*, 612.

Franceschi, C., & Campisi, J. (2014). Chronic inflammation (inflammaging) and its potential contribution to age-associated diseases. *Journals of Gerontology Series A: Biological Sciences and Medical Sciences, 69*(1, Suppl.), S4–S9.

Franco, A., Malhotra, N., & Simonovits, G. (2014). Publication bias in the social sci- ences: Unlocking the file drawer. *Science, 345*, 1502–1505.

Frank, L., Lloyd, A., Flynn, J. A., Kleinman, L., Matza, L. S., Margolis, M. K., ... Bullock, R. (2006). Impact of cognitive impairment on mild dementia patients and mild cognitive impairment patients and their informants. *International Psychoge- riatrics, 18*, 151–162.

Fratiglioni, L. (1993). Epidemiology of Alzheimer's disease: Issues of etiology and valid- ity. *Acta Neurologica Scandinavica, 145*(Suppl.), 1–70.

Fratiglioni, L., Wang, H. X., Ericsson, K., Maytan, M., & Winblad, B. (2000). Influ- ence of social network on occurrence of dementia: A community-based longitudi- nal study. *The Lancet, 355*(9212), 1315–1319.

Freedman, M., Alladi, S., Chertkow, H., Bialystok, E., Craik, F. I., Phillips, N. A., ... Bak, T. H. (2014). Delaying onset of dementia: Are two languages enough? *Behav- ioral Neurology, 2014*, 808137.

Frerichs, R. J., & Tuokko, H. A. (2005). A comparison of methods for measuring cogni- tive change in older adults. *Archives of Clinical Neuropsychology, 20*(3), 321–333. Frerichs, R. J., & Tuokko, H. A. (2006). Reliable change scores and their relation to perceived change in memory: Implications for the diagnosis of mild cognitive impairment. *Archives of Clinical Neuropsychology, 21*(1), 109–115.

Frisardi, V., Panza, F., Seripa, D., Imbimbo, B. P., Vendemiale, G., Pilotto, A., & Sol- frizzi, V. (2010). Nutraceutical properties of Mediterranean diet and cognitive decline: Possible underlying mechanisms. *Journal of Alzheimer's Disease, 22*(3), 715–740.

Fritsch, T., Smyth, K. A., McClendon, M. J., Ogrocki, P. K., Santillan, C., Larsen, J. D., & Strauss, M. E. (2005). Associations between dementia/mild cognitive impair- ment and cognitive performance and activity levels in youth. *Journal of the Ameri- can Geriatrics Society, 53*(7), 1191–1196.

Fujii, D. (2017). *Conducting a culturally informed neuropsychological evaluation.* Washington, DC: American Psychological Association.

Ganguli, M., Lee, C.-W., Snitz, B. E., Hughes, T. F., McDade, E., & Chang, C.-C. H. (2015). Rates and risk factors for progression to incident dementia vary by age in a population cohort. *Neurology, 84*(1), 72–80.

Ganguli, M., Snitz, B. E., Lee, C.-W., Vanderbilt, J., Saxton, J. A., & Chang, C.-C.H. (2010). Age and education effects and norms on a cognitive test battery from a population-based cohort: The Monongahela–Youghiogheny Healthy Aging Team. *Aging and Mental Health, 14*(1), 100–107.

García-Casal, J. A., Loizeau, A., Csipke, E., Franco-Martín, M., Perea-Bartolomé, M. V., & Orrell, M. (2017). Computer-based cognitive interventions for people living with dementia: A systematic review and meta-analysis. *Aging and Mental Health, 21*(5), 454–467.

Gard, T., Hölzel, B. K., & Lazar, S. W. (2014). The potential effects of meditation on age-related cognitive decline: A systematic review. *Annals of the New York Acad- emy of Sciences, 1307,* 89–103.

Gardner, R. C., Burke, J. F., Nettiksimmons, J., Kaup, A., Barnes, D. E., & Yaffe, K. (2014). Dementia risk after traumatic brain injury vs nonbrain trauma: The role of age and severity. *JAMA Neurology, 71*(12), 1490–1497.

Gates, N., & Sachdev, P. (2014). Is cognitive training an effective treatment for preclini- cal and early Alzheimer's disease? *Journal of Alzheimer's Disease, 42,* S551–S559. Gatz, M., Jang, J. Y., Karlsson, I. K., & Pedersen, N. L. (2014). Dementia: Genes, environments, interactions. In D. Finkel & C. A. Reynolds (Eds.), *Behavior genetics of cognition across the lifespan* (pp. 201–231). New York: Springer Science + Business Media.

Gatz, M., Reynolds, C. A., John, R., Johansson, B., Mortimer, J. A., & Pedersen, N. L. (2002). Telephone screening to identify potential dementia cases in a population- based sample of older adults. *International Psychogeriatrics, 14*(3), 273–289.

Gatz, M., Reynolds, C., Nikolic, J., Lowe, B., Karel, M., & Pedersen, N. (1995). An empirical test of telephone screening to identify potential dementia cases. *Interna- tional Psychogeriatrics, 7*(3), 429–438.

Geda, Y. E., Roberts, R. O., Knopman, D. S., Christianson, T. J., Pankratz, V. S., Ivnik, R. J., . . . Rocca, W. A. (2010). Physical exercise, aging, and mild cog- nitive impair- ment: A population-based study. *Archives Neurology, 67*(1), 80–86.

Geiger, P. J., Boggero, I. A., Brake, C. A., Caldera, C. A., Combs, H. L., Peters, J. R., & Baer, R. A. (2016). Mindfulness-based interventions for older adults: A review of the effects on physical and emotional well-being. *Mindfulness, 7,* 296–307.

Geldmacher, D. S., Levin, B. E., & Wright, C. B. (2012). Characterizing healthy sam- ples for studies of human cognitive aging. *Frontiers in Aging Neuroscience, 4,* 23. Gerolimatos, L. A., Gregg, J. J., & Edelstein, B. A. (2014). Interviewing older adults. In N. A. Pachana & K. Laidlaw (Eds.), *The Oxford handbook of clinical geropsychology* (pp. 163–183). New York: Oxford University Press.

Ghisletta, P., Bickel, J. F., & Lovden, M. (2006). Does activity engagement protect against cognitive decline in old age?: Methodological and analytical considerations. *Journal of Gerontology Series B: Psychological Sciences and Social Sci- ences, 61*(5), 253–261.

Gibson, S. J. (2015). The pain, emotion, and cognition nexus in older persons and in dementia. In G. S. Pickering & S. Gibson (Eds.), *Pain, emotion and cognition: A complex nexus* (pp. 231–247). New York: Springer.

Gifford, K. A., Liu, D., Lu, Z., Tripodis, Y., Cantwell, N., Palmisano, J., . . . Jefferson, A. L. (2014). The source of cognitive complaints differentially predicts diagnostic conversion in non-demented older adults. *Alzheimer's and Dementia, 10,* 319–327. Gillanders, D., & Laidlaw, K. (2014). ACT and CBT in older age: Towards a wise syn- thesis. In N. A. Pachana & K. Laidlaw (Eds.), *The Oxford handbook of clinical geropsychology* (pp. 637–657). New York: Oxford University Press.

Go, R. C. P., Duke, L. W., Harrell, L. E., Cody, H., Bassett, S. S., Folstein, M. F., . . . Blacker, D. (1997). Development and validation of a Structured Telephone Inter- view for Dementia Assessment (STIDA): The NIMH Genetics Initiative. *Journal of Geriatric Psychiatry and Neurology, 10*(4), 161–167.

Goesling, J., Clauw, D. J., & Hassett, A. L. (2013). Pain and depression: An integrative review of neurobiological and psychological factors. *Current Psychiatry Reports, 15,* 421.

Gold, B. T., Johnson, N. F., & Powell, D. K. (2013). Lifelong bilingualism contributes to cognitive reserve against white matter integrity declines in aging. *Neuropsycho- logia, 51*(13), 2841–2846.

Gold, B. T., Kim, C., Johnson, N. F., Kryscio, R. J., & Smith, C. D. (2013). Lifelong bilingualism maintains neural efficiency for cognitive control in aging. *Journal of Neuroscience, 33*(2), 387–396.

Gold, D. A. (2012). An examination of instrumental activities of daily living assessment in older adults and mild cognitive impairment. *Journal of Clinical and Experimen- tal Neuropsychology, 34,* 11–34.

Goldberg, T. E., Harvey, P. D., Wesnes, K. A., Snyder, P. J., & Schneider, L. S. (2015). Practice effects due to serial cognitive assessment: Implications for preclinical Alzheimer's disease randomized controlled trials. *Alzheimer's and Dementia, 1,* 103–111.

Goldstein, F. C., & Levin, H. S. (2001). Cognitive outcomes after mild and moderate traumatic brain injury in older adults. *Journal of Clinical and Experimental Neu- ropsychology, 23,* 739–752.

Gonçalves, D. C., & Byrne, G. J. (2012). Interventions for generalized anxiety disorder in older adults: Systematic review and meta-analysis. *Journal of Anxiety Disor- ders, 26,* 1–11.

Gorelick, P. B., Scuteri, A., Black, S. E., Decarli, C., Greenberg, S. M., Iadecola, C., . . . Seshadri, S. (2011). Vascular contributions to cognitive impairment and dementia: A statement for healthcare professionals from the American Heart Association/ American Stroke Association. *Stroke, 42*, 2672–2713.

Gorman, E. (2011). Chronic degenerative conditions, disability, and loss. In D. L. Har- ris (Ed.), *Counting our losses: Reflecting on change, loss, and transition in every- day life* (pp. 195–208). New York: Routledge/Taylor & Francis Group.

Gotink, R. A., Meijboom, R., Vernooij, M. W., Smits, M., & Hunink, M. G. M. (2016). 8-week Mindfulness Based Stress Reduction induces brain changes similar to tra- ditional long term meditation practice: A systematic review. *Brain and Cognition, 108*, 32–41.

Grace, J., & Malloy, P. (2001). *Frontal Systems Behavior Scale: Professional manual*. Lutz, FL: Psychological Assessment Resources.

Grady, C. (2012). The cognitive neuroscience of ageing. *Nature Reviews Neuroscience, 13*, 491–505.

Grady, C. L., McIntosh, A. R., Rajah, M. N., Beig, S., & Craik, F. I. M. (1999). The effects of age on the neural correlates of episodic encoding. *Cerebral Cortex, 9*(8), 805–814.

Graham, J. E., Christian, L. M., & Kiecolt-Glaser, J. K. (2006). Stress, age, and immune function: Toward a lifespan approach. *Journal of Behavioral Medicine, 29*(4), 389–400.

Graham, J. E., Rockwood, K., Beattie, B. L., Eastwood, R., Gauthier, S., Tuokko, H., & McDowell, I. (1997). Prevalence and severity of cognitive impairment with and without dementia in an elderly population. *The Lancet, 349*, 1793–1796.

Granholm, E., Holden, J., Link, P. C., McQuaid, J. R., & Jeste, D. V. (2013). Random- ized controlled trial of cognitive behavioral social skills training for older consum- ers with schizophrenia: Defeatist performance attitudes and functional outcome. *American Journal of Geriatric Psychiatry, 21*, 251–262.

Granholm, E. L., McQuaid, J. R., & Holden, J. L. (2016). *Cognitive-behavioral social skills training for schizophrenia: A practical treatment guide*. New York: Guilford Press.

Granholm, E. L., McQuaid, J. R., Link, P. C., Fish, S., Patterson, T., & Jeste, D. V. (2008). Neuropsychological predictors of functional outcome in Cognitive Behav- ioral Social Skills Training for older people with schizophrenia. *Schizophrenia Research, 100*, 133–143.

Grant, P. M., Huh, G. A., Perivoliotis, D., Stolar, N. M., & Beck, A. T. (2012). Ran- domized trial to evaluate the efficacy of cognitive therapy for low-functioning patients with schizophrenia. *Archives of General Psychiatry, 69*, 121–127.

Green, R. C., Green, J., Harrison, J. M., & Kutner, M. H. (1994). Screening for cogni- tive impairment in older individuals: Validation study of a computer- based test. *Archives Neurology, 51*(8), 779–786.

Greenblatt, H. K., & Greenblatt, D. J. (2016). Use of antipsychotics for the treat- ment of behavioral symptoms of dementia. *Journal of Clinical Pharmacology, 56*, 1048–1057.

Greenwood, P., & Parasuraman, R. (2010). Neuronal and cognitive plasticity: A neurocognitive framework for ameliorating cognitive aging. *Frontiers in Aging Neuroscience, 2,* 150.

Grosch, M. C., Weiner, M. F., Hynan, L. S., Shore, J., & Cullum, C. M. (2015). Video teleconference-based neurocognitive screening in geropsychiatry. *Psychiatry Research, 225*(3), 734–735.

Gualtieri, C. T. (2004). Computerized neurocognitive testing and its potential for mod- ern psychiatry. *Psychiatry (Edgmont), 1*(2), 29–36.

Gualtieri, C. T., & Johnson, L. G. (2005). Neurocognitive testing supports a broader concept of mild cognitive impairment. *American Journal of Alzheimer's Disease and Other Dementias, 20*(6), 359–366.

Gualtieri, C. T., & Johnson, L. G. (2006). Reliability and validity of a computerized neurocognitive test battery, CNS Vital Signs. *Archives of Clinical Neuropsychol- ogy, 21*(7), 623–643.

Gurland, B. J., Dean, L. L., Copeland, J., Gurland, R., & Golden, R. (1982). Criteria for the diagnosis of dementia in the community elderly. *The Gerontologist, 22,* 180–186.

Haag, M. D., Hofman, A., Koudstaal, P. J., Stricker, B. H., & Breteler, M. M. (2009). Statins are associated with a reduced risk of Alzheimer disease regardless of lipo- philicity: The Rotterdam Study. *Journal of Neurology, Neurosurgery and Psychia- try, 80*(1), 13–17.

Hageman, W. J., & Arrindell, W. A. (1993). A further refinement of the Reliable Change (RC) Index by improving the pre–post difference score: Introducing RCID. *Behav- iour Research and Therapy, 31*(7), 693–700.

Hageman, W. J., & Arrindell, W. A. (1999a). Clinically significant and practical!: Enhancing precision does make a difference: Reply to McGlinchey and Jacobson, Hsu, and Speer. *Behaviour Research and Therapy, 37*(12), 1219–1233.

Hageman, W. J., & Arrindell, W. A. (1999b). Establishing clinically significant change: Increment of precision and the distinction between individual and group level of analysis. *Behaviour Research and Therapy, 37*(12), 1169–1193.

Hamer, M., & Chida, Y. (2009). Physical activity and risk of neurodegenerative disease: A systematic review of prospective evidence. *Psychological Medicine, 39*(1), 3–11. Hamid, A. A., Pettibone, J. R., Mabrouk, O. S., Hetrick, V. L., Schmidt, R., Vander Weele, C. M., . . . Berke, J. D. (2016). Mesolimbic dopamine signals the value of work. *Nature Neuroscience, 19,* 117–126.

Hammers, D., Spurgeon, E., Ryan, K., Persad, C., Barbas, N., Heidebrink, J., . . . Gior- dani, B. (2012). Validity of a brief computerized cognitive screening test in demen- tia. *Journal of Geriatric Psychiatry and Neurology, 25*(2), 89–99.

Hammers, D., Spurgeon, E., Ryan, K., Persad, C., Heidebrink, J., Barbas, N., . . . Gior- dani, B. (2011). Reliability of repeated cognitive assessment of dementia using a brief computerized battery. *American Journal of Alzheimer's Disease and Other Dementias, 26*(4), 326–333.

Hardman, R. J., Kennedy, G., Macpherson, H., Scholey, A. B., & Pipingas, A. (2016). Adherence to a Mediterranean-style diet and effects on cognition in adults: A qualitative evaluation and systematic review of longitudinal and prospective trials. *Frontiers in Nutrtion, 3,* 22.

Harmell, A. L., Chattillion, E. A., Roepke, S. K., & Mausbach, B. T. (2011). A review of the psychobiology of dementia caregiving: A focus on resilience factors. *Current Psychiatry Reports, 13*, 219–224.

Harrell, K. M., Wilkins, S. S., Connor, M. K., & Chodosh, J. (2014). Telemedicine and the evaluation of cognitive impairment: The additive value of neuropsychological assessment. *Journal of American Medical Directors Association, 15*(8), 600–606. Harrell, L. E., Marson, D., Chatterjee, A., & Parrish, J. A. (2000). The Severe Mini- Mental State Examination: A new neuropsychologic instrument for the bedside assessment of severely impaired patients with Alzheimer disease. *Alzheimer Disease and Associated Disorders, 14*(3), 168–175.

Hartley, A. A. (1993). Evidence for the selective preservation of spatial selective atten- tion in old age. *Psychology and Aging, 8*(3), 371–379.

Hartz, G. W. (1986). Adult grief and its interface with mood disorder: Proposal of a new diagnosis of complicated bereavement. *Comprehensive Psychiatry, 27*, 60–64. Haslam, C., Morton, T. A., Haslam, S. A., Varnes, L., Graham, R., & Gamaz, L. (2012). "When the age is in, the wit is out": Age-related self--categorization and deficit expectations reduce performance on clinical tests used in dementia assessment. *Psychology and Aging, 27*(3), 778–784.

Hassiotis, A., Strydom, A., Allen, K., & Walker, Z. (2003). A memory clinic for older people with intellectual disabilities. *Aging and Mental Health, 7*(6), 418–423.

Haxby, J. V. (1989). Neuropsychological evaluation of adults with Down's syndrome: Patterns of selective impairment in non-demented old adults. *Journal of Mental Deficiency Research, 33*(3), 193–210.

Hayden, K. M., Norton, M. C., Darcey, D., Ostbye, T., Zandi, P. P., Breitner, J. C., & Welsh-Bohmer, K. A. (2010). Occupational exposure to pesticides increases the risk of incident AD: The Cache County study. *Neurology, 74*(19), 1524–1530.

Hayes, S. C., Strosahl, K., & Wilson, K. G. (2012). *Acceptance and commitment ther- apy: The process and practice of mindful change* (2nd ed.). New York: Guilford Press.

Hays, P. (1996). Culturally responsive assessment with diverse older clients. *Profes- sional Psychology: Research and Practice, 27*, 188–193.

Heaton, R. K., Grant, I., & Matthews, C. G. (1991). *Comprehensive norms for an expanded Halstead-Reitan Battery: Demographic corrections, research findings and clinical applications*. Odessa, FL: Psychological Assessment Resources.

Heaton, R. K., Miller, S. W., Taylor, M. J., & Grant, I. (2004). *Revised comprehensive norms for an expanded Halstead-Reitan Battery: Demographically adjusted neuropsychological norms for African American and Caucasian adults scoring program*. Odessa, FL: Psychological Assessment Resources.

Heilbronner, R. L., Sweet, J. J., Attix, D. K., Krull, K. R., Henry, G. K., & Hart, R. P. (2010). Official position of the American Academy of Clinical Neuropsychology on serial neuropsychological assessments: The utility and challenges of repeat test administrations in clinical and forensic contexts. *The Clinical Neuropsychologist, 24*(8), 1267–1278.

Heisel, M. J., Talbot, N. L., King, D. A., Tu, X. M., & Duberstein, P. R. (2015). Adapt- ing interpersonal psychotherapy for older adults at risk of suicide. *American Jour- nal of Geriatric Psychiatry, 23,* 87–98.

Hendricks, G.-J. (2014). Therapeutics in late-life anxiety disorders: An update. *Current Treatment Options in Psychiatry, 1,* 27–36.

Herr, M., & Ankri, J. (2013). A critical review of the use of telephone tests to identify cognitive impairment in epidemiology and clinical research. *Journal of Telemedi- cine and Telecare, 19*(1), 45–54.

Hess, T. M., & Blanchard-Fields, F. (1999). *Social cognition and aging.* San Diego, CA: Academic Press.

Hildebrand, R., Chow, H., Williams, C., Nelson, M., & Wass, P. (2004). Feasibi- lity of neuropsychological testing of older adults via videoconference: Impli- cations for assessing the capacity for independent living. *Journal of Teleme- dicine and Telec- are, 10*(3), 130–134.

Hill, J., McVay, J. M., Walter-Ginzburg, A., Mills, C. S., Lewis, J., Lewis, B. E., & Fillit, H. (2005). Validation of a Brief Screen for Cognitive Impairment (BSCI) administered by telephone for use in the Medicare population. *Disease Ma- nage- ment, 8*(4), 223–234.

Hill, N. T. M., Mowszowski, L., Naismith, S. L., Chadwick, V. L., Valenzuela, M., & Lampit, A. (2017). Computerized cognitive training in older adults with mild cog- nitive impairment or dementia: A systematic review and meta-a- nalysis. *American Journal of Psychiatry, 174*(4), 329–340.

Hinrichsen, G. A., & Clougherty, K. F. (2006). *Interpersonal psychotherapy for depressed older adults.* Washington, DC: American Psychological Association.

Hoelterhoff, M., & Chung, M. C. (2013). Death anxiety and well-being: Coping with life threatening events. *Traumatology, 19,* 280–291.

Hofer, S. M., & Alwin, D. F. (2008). *Handbook of cognitive aging: Interdiscipli- nary perspectives.* Thousand Oaks, CA: SAGE.

Hoffman, R., & Gerber, M. (2013). Evaluating and adapting the Mediterranean diet for non-Mediterranean populations: A critical appraisal. *Nutrition Re- views, 71*(9), 573–584.

Hofmann, S. G., Asnaan, A., Vonk, I. J. J., Sawyer, A. T., & Fang, A. (2012). The efficacy of cognitive behavioral therapy: A review of meta-analyses. *Cogniti- ve Therapy and Research, 36,* 427–440.

Hofmann, S. G., Sawyer, A. T., Witt, A. A., & Oh, D. (2010). The effect of mind- fulness- based therapy on anxiety and depression: A meta-analytic review. *Journal of Con- sulting and Clinical Psychology, 78,* 169–183.

Holland, A. J., Hon, J., Huppert, F. A., & Stevens, F. (2000). Incidence and cour- se of dementia in people with Down's syndrome: Findings from a popula- tion-based study. *Journal of Intellectual Disability Research, 44*(2), 138–146.

Holland, J. M., & Gallagher-Thompson, D. (2014). Interventions for mental health problems in later life. In D. H. Barlow (Ed.), *The Oxford handbook of clini- cal psychology* (pp. 810–836). New York: Oxford University Press.

Holtzer, R., Goldin, Y., Zimmerman, M., Katz, M., Buschke, H., & Lipton, R. B. (2008). Robust norms for selected neuropsychological tests in older adults. *Archives of Clinical Neuropsychology, 23*(5), 531–541.

Horn, J. L. (1982). The aging of human abilities. In B. B. Wolman (Ed.), *Handbook of developmental psychology* (pp. 847-870). Englewood Cliffs, NJ: Prentice Hall.

Horowitz, M. J., Siegel, B., Holen, A., Bonnano, G. A., Milbrath, C., & Stinson, C. H. (1997). Diagnostic criteria for complicated grief disorder. *American Journal of Psychiatry, 154*, 904-910.

Hsu, B., Cumming, R. G., Waite, L. M., Blyth, F. M., Naganathan, V., Le Couteur, D. G., . . . Handelsman, D. J. (2015). Longitudinal relationships between reproductive hormones and cognitive decline in older men: The Concord Health and Ageing in Men Project. *Journal of Clinical Endocrinology Metabolism, 100*(6), 2223-2230.

Hsu, L. M. (1989). Reliable changes in psychotherapy: Taking into account regression toward the mean. *Behavioral Assessment, 11*(4), 459-467.

Hsu, L. M. (1999). A comparison of three methods of identifying reliable and clinically significant client changes: Commentary on Hageman and Arrindell. *Behaviour Research and Therapy, 37*(12), 1195-1202.

Hu, X., Weber, B., Kleinschmidt, H., & Jessen, F. (2014). Delay discounting in sub- jects with subjective cognitive decline, elderly controls. *Alzheimer's and Dementia, 10*(4, Suppl.), P721-P722.

Huckans, M., Hutson, L., Twamley, E., Jak, A., Kaye, J., & Storzbach, D. (2013). Efficacy of cognitive rehabilitation therapies for mild cognitive impairment (MCI) in older adults: Working toward a theoretical model and evidence-based interven- tions. *Neuropsychology Review, 23*, 63-80.

Huizenga, H., van Rentergem, J. A., Grasman, R. P. P. P., Muslimovic, D., & Schmand, B. (2016). Normative comparisons for large neuropsychological test batteries: User-friendly and sensitive solutions to minimize familywise false positives. *Jour- nal of Clinical and Experimental Neuropsychology, 38*(6), 611-629.

Hultsch, D. F., Hertzog, C., Small, B. J., & Dixon, R. A. (1999). Use it or lose it: Engaged lifestyle as a buffer of cognitive decline in aging? *Psychology of Aging, 14*(2), 245-263.

Hultsch, D. F., Strauss, E., Hunter, M. A., & MacDonald, S. W. S. (2008). Intraindi- vidual variability, cognition, and aging. In F. I. M. Craik & T. A. Salthouse (Eds.), *The handbook of aging and cognition* (3rd ed., pp. 491-556). New York: Psychol- ogy Press.

Ihle, A., Oris, M., Fagot, D., Baeriswyl, M., Guichard, E., & Kliegel, M. (2015). The association of leisure activities in middle adulthood with cognitive performance in old age: The moderating role of educational level. *Gerontology, 61*(6), 543-550.

Imtiaz, B., Tolppanen, A.-M., Kivipelto, M., & Soininen, H. (2014). Future directions in Alzheimer's disease from risk factors to prevention. *Biochemical Pharmacology, 88*, 661-670.

Inoue, M., Jimbo, D., Taniguchi, M., & Urakami, K. (2011). Touch Panel-type Demen- tia Assessment Scale: A new computer-based rating scale for Alzheimer's disease. *Psychogeriatrics, 11*(1), 28-33.

Irani, F., Kalkstein, S., Moberg, E. A., & Moberg, P. J. (2011). Neuropsychological per- formance in older patients with schizophrenia: A meta-analysis of cross-sectional and longitudinal studies. *Schizophrenia Bulletin, 37*(6), 1318–1326.

Iverson, G. L., Gardner, A. J., McCrory, P., Zafonte, R., & Castellani, R. J. (2015). A critical review of chronic traumatic encephalopathy. *Neuroscience and Biobehav- ioral Reviews, 56,* 276–293.

Ivnik, R. J., Malec, J. F., Smith, G. E., Tangalos, E. G., & Petersen, R. C. (1996). Neu- ropsychological tests' norms above age 55: COWAT, BNT, MAE Token, WRAT-R Reading, AMNART, Stroop, TMT, and JLO. *The Clinical Neuropsychologist, 10,* 262–278.

Ivnik, R. J., Smith, G. E., Lucas, J. A., Petersen, R. C., Boeve, B. F., Kokmen, E., & Tan- galos, E. G. (1999). Testing normal older people three or four times at 1- to 2-year intervals: Defining normal variance. *Neuropsychology, 13*(1), 121–127.

Jackson, J. D., Rentz, D. M., Aghjayan, S. L., Buckley, R. F., Meneide, T.-F., Sperling, R. A., & Amariglio, R. (2016). Subjective cognitive concerns are associated with objective memory performance in older Caucasian but not African-American per- sons. *Alzheimer's and Dementia, 12*(7, Suppl.), P1173.

Jacobson, N. S., Follette, W. C., & Revenstorf, D. (1984). Psychotherapy outcome research: Methods for reporting variability and evaluating clinical significance. *Behavior Therapy, 15*(4), 336–352.

Jacobson, N. S., & Truax, P. (1991). Clinical significance: A statistical approach to defining meaningful change in psychotherapy research. *Journal of Consulting and Clinical Psychology, 59*(1), 12–19.

Jak, A. (2012). The impact of physical and mental activity on cognitive aging. *Current Topics in Behavioral Neurosciences, 10,* 273–291.

Jak, A. J., Bondi, M. W., Delano-Wood, L., Wierenga, C., Corey-Bloom, J., Salmon, D. P., . . . Delis, D. C. (2009). Quantification of five neuropsychological approaches to defining mild cognitive impairment. *American Journal of Geriatric Psychiatry, 17,* 368–375.

James, B. D., Bennett, D. A., Boyle, P. A., Leurgans, S., & Schneider, J. A. (2012). Dementia from Alzheimer disease and mixed pathologies in the oldest old. *Journal of the American Medical Association, 307,* 1798–1800.

James, I. A. (2014). The use of CBT for behaviors that challenge in dementia. In N. A. Pachana & K. Laidlaw (Eds.), *The Oxford handbook of clinical geropsychology* (pp. 753–775). New York: Oxford University Press.

James, W. (1890). *Principles of psychology.* New York: Henry Holt.

Janelsins, M. C., Kesler, S. R., Ahles, T. A., & Morrow, G. R. (2014). Prevalence, mechanisms, and management of cancer-related cognitive impairment. *Interna- tional Review of Psychiatry, 26*(1), 102–113.

Janicki, M. P., & Dalton, A. J. (2000). Prevalence of dementia and impact on intellec- tual disability services. *Mental Retardation, 38*(3), 276–288.

Järvenpää, T., Rinne, J. O., Räihä, I., Koskenvuo, M., Löppönen, M., Hinkka, S., & Kaprio, J. (2002). Characteristics of two telephone screens for cognitive impair- ment. *Dementia and Geriatric Cognitive Disorders, 13*(3), 149–155.

Jefferson, A. L., Beiser, A. S., Himali, J. J., Seshadri, S., O'Donnell, C. J., Manning, W. J., . . . Benjamin, E. J. (2015). Low cardiac index is associated with incident demen- tia and Alzheimer disease: The Framingham Heart Study. *Circulation, 131*(15), 1333–1339.

Jellinger, K. A., & Attems, J. (2013). Neuropathological approaches to cerebral aging and neuroplasticity. *Dialogues in Clinical Neuroscience, 15*, 29–43.

Jeong, J. (2004). EEG dynamics in patients with Alzheimer's disease. *Clinical Neuro- physiology, 115*, 1490–1505.

Jessen, F., Amariglio, R. E., van Boxtel, M., Breteler, M., Ceccaldi, M., Chételat, G., . . . the Subjective Cognitive Decline Initiative (SCD-I) Working Group. (2014). A conceptual framework for research on subjective cognitive decline in preclinical Alzheimer's disease. *Alzheimer's and Dementia, 10*, 844–852.

Jessen, F., Feyen, L., Freymann, K., Tepest, R., Maier, W., Heun, R., . . . Scheef, L. (2006). Volume reduction of the entorhinal cortex in subjective memory impair- ment. *Neurobiology of Aging, 27*, 1751–1756.

Jessen, F., Wiese, B., Bachmann, C., Eifflaender-Gorfer, S., Haller, F., Kölsch, H., . . . the German Study on Aging, Cognition and Dementia in Primary Care Patients Study Group. (2010). Prediction of dementia by subjective memory impairment: Effects of severity and temporal association with cognitive im- pairment. *Archives of General Psychiatry, 67*, 414–422.

Jessen, F., Wolfsgruber, S., Wiese, B., Bickel, H., Mösch, E., Kaduszkiewicz, H., . . . for the German Study on Aging, Cognition and Dementia in Primary Care Patients. (2013). AD dementia risk in late MCI, in early MCI, and in subjec- tive memory impairment. *Alzheimer's and Dementia, 10*, 76–83.

Jeste, D. V., & Finkel, S. I. (2000). Psychosis of Alzheimer's disease and related demen- tias: Diagnostic criteria for a distinct syndrome. *American Journal of Geriatric Psychiatry, 8*, 29–34.

Jiang, T., Yu, J. T., & Tan, L. (2012). Novel disease-modifying therapies for Al- zheimer's disease. *Journal of Alzheimer's Disease, 31*, 475–492.

Jiao, J., Li, Q., Chu, J., Zeng, W., Yang, M., & Zhu, S. (2014). Effect of n-3 PUFA supplementation on cognitive function throughout the life span from infancy to old age: A systematic review and meta-analysis of randomized controlled trials. *American Journal of Clinical Nutrition, 100*(6), 1422–1436.

Johansson, P. E., & Terenius, O. (2002). Development of an instrument for early detec- tion of dementia in people with Down syndrome. *Journal of Intellectual and Developmental Disability, 27*(4), 325–345.

Jones, W. P., Loe, S. A., Krach, S. K., Rager, R. Y., & Jones, H. M. (2008). Auto- mated Neuropsychological Assessment Metrics (ANAM) and Woodcock- -Johnson III Tests of Cognitive Ability: A concurrent validity study. *The Clinical Neuropsy- chologist, 22*(2), 305–320.

Jonker, C., Geerlings, M. I., & Schmand, B. (2000). Are memory complaints predictive for dementia?: A review of clinical and population-based studies. *International Journal of Geriatric Psychiatry, 15*, 983–991.

Jordan, B. D. (2013). The clinical spectrum of sport-related traumatic brain inju- ry. *Nature Reviews Neurology, 9*(4), 222–230.

Jorm, A. F. (2001). History of depression as a risk factor for dementia: An upda- ted review. *Australian and New Zealand Journal of Psychiatry, 35*(6), 776–781.

Jorm, A. F. (2004). The Informant Questionnaire on Cognitive Decline in the Elderly (IQCODE): A review. *International Psychogeriatrics, 16*, 1–19.

Jorm, A. F., & Jacomb, P. A. (1989). The Informant Questionnaire on Cognitive Decline in the Elderly (IQCODE): Socio-demographic correlates, reliability, validity and some norms. *Psychological Medicine, 19*, 1015–1022.

Joshi, Y. B., & Pratico, D. (2013). Stress and HPA axis dysfunction in Alzheimer's dis- ease. In D. Pratico & P. Mecocci (Eds.), *Studies on Alzheimer's disease* (pp. 159– 165). New York: Springer.

Jozsvai, E., Kartakis, P., & Collings, A. (2002). Neuropsychological test battery to detect dementia in Down syndrome. *Journal on Developmental Disabilities, 9*(1), 27–34.

Judd, T. (1999). *Neuropsychotherapy and community integration: Brain illness, emo- tions and behaviour*. New York: Kluwer Academic/Plenum.

Jurica, P. J., Leitten, C. L., & Mattis, S. (2001). *Dementia Rating Scale-2: Profes- sional manual*. Lutz, FL: Psychological Assessment Resources.

Kabat-Zinn, J. (1990). *Full catastrophe living: Using the wisdom of your body and mind to face stress, pain, and illness*. New York: Delta.

Kahl, K. G., Winter, L., & Schweiger, U. (2012). The third wave of cognitive behav- ioural therapies: What is new and what is effective? *Current Opinion in Psychia- try, 25*, 522—528.

Kalantarian, S., Stern, T. A., Mansour, M., & Ruskin, J. N. (2013). Cognitive impair- ment associated with atrial fibrillation: A meta-analysis. *Annal of Internal Medi- cine, 158*(5, Pt. 1), 338–346.

Kalbe, E., Salmon, E., Perani, D., Holthoff, V., Sorbi, S., Elsner, A., . . . Herholz, K. (2005). Anosognosia in very mild Alzheimer's disease but not in mild cognitive impairment. *Dementia and Geriatric Cognitive Disorders, 19*, 349–356.

Kalechstein, A. D., van Gorp, W. G., & Rapport, L. J. (1998). Variability in clini- cal classification of raw test scores across normative data sets. *The Clinical Neuropsy- chologist, 12*(3), 339–347.

Kales, H. C., Gitlin, L. N., & Lyketsos, C. G. (2015). State of the art review: Assess- ment and management of behavioral and psychological symptoms of dementia. *British Medical Journal, 350*, 369.

Kalsy-Lillico, S., Adams, D., & Oliver, C. (2012). Older adults with intellectual dis- abilities: Issues in ageing and dementia. In E. Emerson, C. Hatton, K. Dickson, R. Gone, A. Caine, & J. Bromley (Eds.), *Clinical psychology and people with intel- lectual disabilities* (2nd ed., pp. 359–392). Oxford, UK: Wiley-Blackwell.

Kane, R. L., Roebuck-Spencer, T., Short, P., Kabat, M., & Wilken, J. (2007). Iden- ti- fying and monitoring cognitive deficits in clinical populations using Au- tomated Neuropsychological Assessment Metrics (ANAM) tests. *Archives of Clinical Neu- ropsychology, 22*(Suppl.), S115–S126.

Kang, C., Lee, G. J., Yi, D., McPherson, S., Rogers, S., Tingus, K., & Lu, P. H. (2013). Normative data for healthy older adults and an abbreviated version of the Stroop test. *The Clinical Neuropsychologist, 27*(2), 276–289.

Karel, M. J., Molinari, V., Emery-Tiburcio, E. E., & Knight, B. G. (2015). Pikes Peak conference and competency-based training in professional geropsycho- logy. In P. A. Lichtenberg, B. T. Mast, B. D. Carpenter, & J. Loebach Wetherell (Eds.), *APA handbook of clinical geropsychology: Vol. 1. History and status of the field and perspectives on aging* (pp. 19–43). Washington, DC: American Psycho- logical Association.

Karp, A., Paillard-Borg, S., Wang, H. X., Silverstein, M., Winblad, B., & Fratiglioni, L. (2006). Mental, physical and social components in leisure activities equally con- tribute to decrease dementia risk. *Dementia and Geriatric Cognitive Disorders, 21*(2), 65–73.

Karr, J. E., Areshenkoff, C. N., Rast, P., & Garcia-Barrera, M. A. (2014). An empirical comparison of the therapeutic benefits of physical exercise and cognitive training on the executive functions of older adults: A meta-analysis of controlled trials. *Neuropsychology, 28,* 829–845.

Katz, S., Moskowitz, R. W., Jackson, B. A., & Jaffe, M. W. (1963). Studies of illness in the aged: The index of ADL: A standardized measure of biological and psychoso- cial function. *JAMA, 185*(12), 94–99.

Katzenschlager, R., & Evans, A. (2014). Impulse control and dopamine dysregulation syndrome. In K. R. Chaudhuri, E. Tolosa, A. H. V. Schapira, & W. Poewe (Eds.), *Non-motor symptoms of Parkinson's disease* (2nd ed., pp. 420–435). New York: Oxford University Press.

Kave, G., Eyal, N., Shorek, A., & Cohen-Mansfield, J. (2008). Multilingualism and cognitive state in the oldest old. *Psychology of Aging, 23*(1), 70–78.

Kawas, C., Karagiozis, H., Resau, L., Corrada, M., & Brookmeyer, R. (1995). Reli- ability of the Blessed Telephone Information-Memory-Concentration test. *Journal of Geriatric Psychiatry and Neurology, 8*(4), 238–242.

Kazdin, A. E. (2011). *Single-case research designs: Methods for clinical and applied settings*. New York: Oxford University Press.

Kelleher, M., Tolea, M. I., & Galvin, J. E. (2015). Anosognosia increases caregiver bur- den in mild cognitive impairment. *International Journal of Geriatric Psychiatry, 31,* 799–808.

Kennedy, R. E., Williams, C. P., Sawyer, P., Allman, R. M., & Crowe, M. (2014). Comparison of in-person and telephone administration of the Mini-Mental State Examination in the University of Alabama at Birmingham Study of Aging. *Journal of the American Geriatrics Society, 62*(10), 1928–1932.

Kennelly, S., & Collins, O. (2012). Walking the cognitive "minefield" between high and low blood pressure. *Journal of Alzheimer's Disease, 32*(3), 609–621.

Kensinger, E. A., Allard, E. R., & Krendl, A. C. (2014). The effects of age on memory for socioemotional material: An affective neuroscience perspective. In P. Verhaegen & C. Hertzog (Eds.), *The Oxford handbook of emotion, social cognition, and problem-solving in adulthood* (pp. 26–46). New York: Oxford University Press.

Kensinger, E. A., & Gutchess, A. H. (2016). Cognitive aging in a social and affective context: Advances over the past 50 years. *Journals of Gerontology, Series B, Psy- chological Sciences, 72*(1), 61–70.

Kent, B. A., Oomen, C. A., Bekinschtein, P., Bussey, T. J., & Saksida, L. M. (2015). Cognitive enhancing effects of voluntary exercise, caloric restriction and environ- mental enrichment: A role for adult hippocampal neurogenesis and pattern separa- tion? *Current Opinion in Behavioral Sciences, 4,* 179–185.

Kim, B., & Feldman, E. L. (2015). Insulin resistance as a key link for the increased risk of cognitive impairment in the metabolic syndrome. *Experimental and Molecular Medicine, 47,* e149.

Kinsella, G. J. (2010). Everyday memory for everyday tasks: Prospective memory as an outcome measure following TBI in older adults. *Brain Impairment, 11*(1), 37–41.

Kinsella, G. J., Olver, J., Ong, B., Gruen, R., & Hammersley, E. (2014). Mild traumatic brain injury in older adults: Early cognitive outcome. *Journal of International Neuropsychological Society, 20*(6), 663–671.

Kinsella, G. J., Olver, J., Ong, B., Hammersley, E., & Plowright, B. (2014). Traumatic brain injury in older adults: Does age matter? In H. S. Levin, D. H. K. Shum, & R. C. K. Chan (Eds.), *Understanding traumatic brain injury: Current research and future directions* (pp. 356–369). New York: Oxford University Press.

Kishita, N., Takei, Y., & Stewart, I. (2016). A meta-analysis of third wave mindfulness- based cognitive behavioral therapies for older persons. *International Journal of Geriatric Psychiatry, 32*(12), 1352–1361.

Kit, K. A., Tuokko, H. A., & Mateer, C. A. (2008). A review of the stereotype threat lit- erature and its application in a neurological population. *Neuropsychology Review, 18*(2), 132–148.

Kleim, J. A., & Jones, T. A. (2008). Principles of experience-dependent neural plastic- ity: Implications for rehabilitation after brain damage. *Journal of Speech, Lan- guage, and Hearing Research, 51*, S225–S239.

Klerman, G. L., Weissman, M. M., Rounsaville, B. J., & Chevron, E. S. (1984). *Inter- personal psychotherapy of depression*. New York: Basic Books.

Kliegel, M., Martin, M., & Jäger, T. (2007). Development and validation of the Cogni- tive Telephone Screening Instrument (COGTEL) for the assessment of cognitive function across adulthood. *Journal of Psychology: Interdisciplinary and Applied, 141*(2), 147–170.

Knight, B. G., Karel, M. J., Hinrichsen, G. A., Qualls, S. H., & Duffy, M. (2009). Pikes Peak model for training in professional geropsychology. *American Psychologist, 64*(3), 205–214.

Knopman, D. S., Knudson, D., Yoes, M. E., & Weiss, D. J. (2000). Development and standardization of a new telephonic cognitive screening test: The Minnesota Cog- nitive Acuity Screen (MCAS). *Neuropsychiatry, Neuropsychology, and Behavioral Neurology, 13*(4), 286–296.

Knopman, D. S., Roberts, R. O., Geda, Y. E., Pankratz, V. S., Christianson, T. J. H., Petersen, R. C., & Rocca, W. A. (2010). Validation of the Telephone Interview for Cognitive Status modified in subjects with normal cognition, mild cognitive impairment, or dementia. *Neuroepidemiology, 34*(1), 34–42.

Kontos, P. C. (2012). Rethinking sociability in long-term care: An embodied dimension of selfhood. *Dementia: The International Journal of Social Research and Practice, 11*(3), 329–346.

Koocher, G. P., & Keith-Spiegel, P. (2008). *Ethics in psychology and the mental health professions: Standards and cases* (3rd ed.). New York: Oxford University Press.

Koppara, A., Frommann, I., Polcher, A., Parra, M. A., Maier, W., Jessen, F., . . . Wag- ner, M. (2015). Feature binding deficits in subjective cognitive decline and in mild cognitive impairment. *Journal of Alzheimer's Disease, 48*(Suppl. 1), S161–S170.

Korczyn, A. D., & Aharonson, V. (2007). Computerized methods in the assessment and prediction of dementia. *Current Alzheimer Research, 4*(4), 364–369.

Korner-Bitensky, N., Gélinas, I., Man-Son-Hing, M., & Marshall, S. (2005). Recommendations of the Canadian Consensus Conference on Driving Evaluation in Older Drivers. *Physical and Occupational Therapy in Geriatrics, 23*(2–3), 123–144.

Kowalski, K., Love, J., Tuokko, H., MacDonald, S., Hultsch, D., & Strauss, E. (2011). The influence of cognitive impairment with no dementia on driving restriction and cessation in older adults. *Accident Analysis and Prevention, 49*, 308–315.

Kral, V. A. (1962). Senescent forgetfulness: Benign and malignant. *Journal of the Cana- dian Medical Association, 86*, 257–260.

Kreuter, M. W., & Skinner, C. (2000). Tailoring: What's in a name? [Editorial]. *Health Education Research, 15*, 1–4.

Krinsky-McHale, S. J., & Silverman, W. (2013). Dementia and mild cognitive impair- ment in adults with intellectual disability: Issues of diagnosis. *Developmental Dis- abilities Research Reviews, 18*(1), 31–42.

Kroger, E., Verreault, R., Carmichael, P. H., Lindsay, J., Julien, P., Dewailly, E., . . . Laurin, D. (2009). Omega-3 fatty acids and risk of dementia: The Canadian Study of Health and Aging. *American Journal of Clinical Nutrition, 90*(1), 184–192.

Kshtriya, S., Barnstaple, R., Rabinovich, D. B., & DeSouza, J. F. X. (2015). Dance and aging: A critical review of findings in neuroscience. *American Journal of Dance Therapy, 37*, 81–112.

Kuiper, J. S., Zuidersma, M., Oude Voshaar, R. C., Zuidema, S. U., van den Heuvel, E. R., Stolk, R. P., & Smidt, N. (2015). Social relationships and risk of demen- tia: A systematic review and meta-analysis of longitudinal cohort studies. *Ageing Research and Review, 22*, 39–57.

Kuluski, K., Dow, C., Locock, L., Lyons, R. F., & Lasserson, D. (2014). Life interrupted and life regained?: Coping with stroke at a young age. *International Journal of Qualitative Studies on Health and Well-Being, 9*, 1–12.

Kuske, B., Wolff, C., Govert, U., & Muller, S. V. (2017). Early detection of dementia in people with an intellectual disability—A German pilot study. *Journal of Applied Research in Intellectual Disabilities, 30*, 49–57.

LaBar, K. S., & Cabeza, R. (2006). Cognitive neuroscience of emotional memory. *Nature Reviews Neuroscience, 7*, 54e64.

Lachman, M. E., Agrigoroaei, S., Tun, P. A., & Weaver, S. L. (2014). Monitoring cogni- tive functioning: Psychometric properties of the Brief Test of Adult Cognition by Telephone. *Assessment, 21*(4), 404–417.

Lahiri, D. K., Maloney, B., Basha, M. R., Ge, Y. W., & Zawia, N. H. (2007). How and when environmental agents and dietary factors affect the course of Alzheimer's disease: The "LEARn" model (latent early-life associated regulation) may explain the triggering of AD. *Current Alzheimer Research, 4*(2), 219–228.

Laidlaw, K. (2014). Cognitive-behavior therapy with older people. In N. A. Pachana & K. Laidlaw (Eds.), *The Oxford handbook of clinical geropsychology* (pp. 603– 621). New York: Oxford University Press.

Lampit, A., Hallock, H., & Valenzuela, M. (2014). Computerized cognitive training in cognitively healthy older adults: A systematic review and meta-analysis of effect modifiers. *PLOS Medicine, 11,* e1001756.

Landa, Y., Mueser, K. T., Wyka, K. E., Shreck, E., Jespersen, R., Jacobs, M. A., . . . Walkup, J. T. (2016). Development of a group and family-based cognitive behav- ioral therapy program for youth at risk for psychosis. *Early Intervention Psychia- try, 10,* 511–521.

Lanska, D. J., Schmitt, F. A., Stewart, J. M., & Howe, J. N. (1993). Telephone-assessed mental state. *Dementia, 4*(2), 117–119.

Lauenroth, A., Ioannidis, A. E., & Teichmann, B. (2016). Influence of combined physi- cal and cognitive training on cognition: A systematic review. *BioMed Central Geri- atrics, 16,* 141.

Laurin, D., Verreault, R., Lindsay, J., MacPherson, K., & Rockwood, K. (2001). Physi- cal activity and risk of cognitive impairment and dementia in elderly persons. *Archives of Neurology, 58*(3), 498–504.

Lawton, M. P., & Brody, E. M. (1969). Assessment of older people: Self-maintaining and instrumental activities of daily living. *The Gerontologist, 9,* 179–186.

Lawton, M. P., Moss, M. S., Fulcomer, M., & Kleban, M. H. (1982). A research and service oriented multilevel assessment instrument. *Journal of Gerontology, 37*(1), 91–99.

Le Carret, N., Lafont, S., Mayo, W., & Fabrigoule, C. (2003). The effect of education on cognitive performances and its implication for the constitution of the cognitive reserve. *Developmental Neuropsychology, 23*(3), 317–337.

Le Couter, D. G., & McLean, A. J. (1998). The aging liver: Drug clearance and oxygen diffusion barrier hypothesis. *Clinical Pharmacokinetics, 34,* 359–373.

Lecours, A., Sirois, M. J., Ouellet, M. C., Boivin, K., & Simard, J. F. (2012). Long-term functional outcome of older adults after a traumatic brain injury. *Journal of Head Trauma Rehabilitation, 27*(6), 379–390.

Lee, S., Buring, J. E., Cook, N. R., & Grodstein, F. (2006). The relation of education and income to cognitive function among professional women. *Neuroepidemiol- ogy, 26*(2), 93–101.

Lee, S. J., Ritchie, C. S., Yaffe, K., Stijacic Cenzer, I., & Barnes, D. E. (2014). A clinical index to predict progression from mild cognitive impairment to dementia due to Alzheimer's disease. *PLOS ONE, 9*(12), e113535.

Lehrer, J., Kogler, S., Lamm, C., Moser, D., Klug, S., Pusswald, G., . . . Auff, E. (2015). Awareness of memory deficits in subjective cognitive decline, mild cognitive impairment, Alzheimer's disease and Parkinson's disease. *International Psychoge- riatrics, 27,* 357–366.

Lenze, E. J., Dew, M. A., Mazumdar, S., Begley, A. E., Cornes, C., Miller, M. D., . . . Reynolds, C. F., III. (2002). Combined pharmacotherapy and psychotherapy as maintenance treatment for late-life depression: Effects on social adjustment. *Amer- ican Journal of Psychiatry, 159,* 466–468.

Leung, G. T. Y., & Lam, L. C. W. (2007). Leisure activities and cognitive impairment in late life—A selective literature review of longitudinal cohort studies. *Hong Kong Journal of Psychiatry, 17*(3), 91–100.

Levine, B., Stuss, D. T., Winocur, G., & Binns, M. A. (2007). Cognitive rehabilitation in the elderly: Effects on strategic behavior in relation to goal management. *Journal of the International Neuropsychological Society, 13,* 143–152.

Levinson, D., Reeves, D., Watson, J., & Harrison, M. (2005). Automated neuropsycho- logical assessment metrics (ANAM) measures of cognitive effects of Alzheimer's disease. *Archives of Clinical Neuropsychology, 20*(3), 403–408.

Levy, R. (1994). Aging-associated cognitive decline: Working Party of the International Psychogeriatric Association in collaboration with the World Health Organization. *International Psychogeriatrics, 6,* 63–68.

Lezak, M. D., Howieson, D. B., Bigler, E. D., & Tranel, D. (2012). *Neuropsychological assessment* (5th ed.). New York: Oxford University Press.

Lezak, M. D., Howieson, D. B., Loring, D. W., Hannay, H. J., & Fischer, J. S. (2004). *Neuropsychological assessment* (4th ed.). New York: Oxford University Press.

Li, J., Wang, Y. J., Zhang, M., Xu, Z. Q., Gao, C. Y., Fang, C. Q., . . . Zhou, H. D. (2011). Vascular risk factors promote conversion from mild cognitive impairment to Alzheimer disease. *Neurology, 76*(17), 1485–1491.

Li, L., Wang, Y., Yan, J., Chen, Y., Zhou, R., Yi, X., . . . Zhou, H. (2012). Clinical predictors of cognitive decline in patients with mild cognitive impairment: The Chongqing aging study. *Journal of Neurology, 259*(7), 1303–1311.

Li, Y., Hai, S., Zhou, Y., & Dong, B. R. (2015). Cholinesterase inhibitors for rarer dementias associated with neurological conditions. *Cochrane Database of System- atic Reviews, 3,* CD009444.

Libon, D. J., Rascovsky, K., Powers, J., Irwin, D. J., Boller, A., Weinberg, D., . . . Grossman, M. (2013). Comparative semantic profiles in semantic dementia and Alzheimer's disease. *Brain: A Journal of Neurology, 136*(8), 2497–2509.

Light, L. L. (2012). Dual-process theories of memory in old age: An update. In M. Naveh-Benjamin & N. Ohta (Eds.), *Memory and aging: Current issues and future directions* (pp. 97–124). New York: Psychology Press.

Lim, Y. Y., Ellis, K., Harrington, K., Ames, D., Martins, R., Masters, C., . . . Maruff, P. (2012). Use of the CogState Brief Battery in the assessment of Alzheimer's dis- ease related cognitive impairment in the Australian Imaging, Biomarkers and Life- style (AIBL) study. *Journal of Clinical and Experimental Neuropsychology, 34*(4), 345–358.

Lim, Y. Y., Jaeger, J., Harrington, K., Ashwood, T., Ellis, K. A., Stöffler, A., . . . Maruff, P. (2013). Three-month stability of the CogState brief battery in healthy older adults, mild cognitive impairment, and Alzheimer's disease: Results from the Australian Imaging, Biomarkers, and Lifestyle-Rate of Change Substudy (AIBL- ROCS). *Archives of Clinical Neuropsychology, 28*(4), 320–330.

Lin, J.-D., Wu, C.-L., Lin, P.-Y., Lin, L.-P., & Chu, C. M. (2011). Early onset ageing and service preparation in people with intellectual disabilities: Institutional managers' perspective. *Research in Developmental Disabilities, 32*(1), 188–193.

Lindbergh, C., Dishman, R. K., & Miller, S. L. (2016). Functional disability in mild cognitive impairment: A systematic review and meta-analysis. *Neuropsychology Review, 26,* 129–159.

Lindsay, J., Laurin, D., Verreault, R., Hebert, R., Helliwell, B., Hill, G. B., & McDow- ell, I. (2002). Risk factors for Alzheimer's disease: A prospective analysis from the Canadian Study of Health and Aging. *American Journal of Epidemiology, 156*(5), 445–453.

Linehan, M. M. (2015). *DBT skills training manual* (2nd ed.). New York: Guilford Press.

Lipton, R. B., Katz, M. J., Kuslansky, G., Sliwinski, M. J., Stewart, W. F., Verghese, J., . . . Buschke, H. (2003). Screening for dementia by telephone using the memory impairment screen. *Journal of American Geriatrics Society, 51*(10), 1382–1390.

Litvan, I., Goldman, J. G., Tröster, A. I., Schmand, B. A., Weintraub, D., Petersen, R. C., . . . Emre, M. (2012). Diagnostic criteria for mild cognitive impairment in Parkinson's disease: Movement Disorder Society Task Force guidelines. *Movement Disorders, 27,* 349–356.

Liu, Y. C., Yip, P. K., Fan, Y. M., & Meguro, K. (2012). A potential protective effect in multilingual patients with semantic dementia: Two case reports of patients speak- ing Taiwanese and Japanese. *Acta Neurologica Taiwan, 21*(1), 25–30.

Locke, D. E. C., Dassel, K. B., Hall, G., Baxter, L. C., Woodruff, B. K., Snyder, C. H., . . . Caselli, R. J. (2009). Assessment of patient and caregiver experiences of dementia-related symptoms: Development of the Multidimensional Assessment of Neurodegenerative Symptoms Questionnaire. *Dementia and Geriatric Cognitive Disorders, 27*(3), 260–272.

Lockwood, K. A., Alexopoulos, G. S., Kakuma, T., & Van Gorp, W. G. (2000). Sub- types of cognitive impairment in depressed older adults. *American Journal of Geri- atric Psychiatry, 8*(3), 201–208.

Loewenstein, D., & Acevedo, A. (2009). The relationship between instrumental activi- ties of daily living and neuropsychological performance. In T. D. Marcotte & I. Grant (Eds.), *Neuropsychology of everyday functioning* (pp. 93–112). New York: Guilford Press.

Loewenstein, D. A., Acevedo, A., Small, B. J., Agron, J., Crocco, E., & Duara, R. (2009). Stability of different subtypes of mild cognitive impairment among the elderly over a 2- to 3- year follow-up period. *Dementia and Geriatric Cognitive Disorders, 27,* 418–423.

Lopez, S. J., Edwards, L. M., Floyd, R. K., Magyar-Moe, J., Rehfeldt, J. D., & Ryder, J. A. (2001). Note on comparability of MicroCog test forms. *Perceptual and Motor Skills, 93*(3), 825–828.

Loring, D. W., & Bauer, R. M. (2010). Testing the limits: Cautions and concerns regard- ing the new Wechsler IQ and memory scales. *Neurology, 74,* 685–690.

Lott, I. T., & Dierssen, M. (2010). Cognitive deficits and associated neurological com- plications in individuals with Down's syndrome. *The Lancet Neurology, 9*(6), 623–633.

Lott, I. T., Doran, E., Nguyen, V. Q., Tournay, A., Movsesyan, N., & Gillen, D. L. (2012). Down syndrome and dementia: Seizures and cognitive decline. *Journal of Alzheimer's Disease, 29*(1), 177–185.

Lourida, I., Soni, M., Thompson-Coon, J., Purandare, N., Lang, I. A., Ukoumunne, O. C., & Llewellyn, D. J. (2013). Mediterranean diet, cognitive function, and demen- tia: A systematic review. *Epidemiology, 24*(4), 479–489.

Love, J., & Tuokko, H. (2015). Older driver safety: A survey of psychologists' attitudes, knowledge, and practices. *Canadian Journal on Aging, 35,* 393–404.

Low, L. F., Harrison, F., & Lackersteen, S. M. (2013). Does personality affect risk for dementia?: A systematic review and meta-analysis. *American Journal of Geriatric Psychiatry, 21*(8), 713–728.

Lowe, C., & Rabbitt, P. (1998). Test/re-test reliability of the CANTAB and ISPOCD neuropsychological batteries: Theoretical and practical issues: Cambridge Neuro- psychological Test Automated Battery, International Study of Post-Operative Cog- nitive Dysfunction. *Neuropsychologia, 36*(9), 915–923.

Lowe, P. A., & Reynolds, C. R. (2006). Examination of the psychometric properties of the Adult Manifest Anxiety Scale-Elderly Version scores. *Educational and Psycho- logical Measurement, 66*, 93–115.

Lucas, J. A., Ivnik, R. J., Smith, G. E., Bohac, D. L., Tangalos, E. G., Graff-Radford, N. R., & Petersen, R. C. (1998). Mayo's older Americans normative studies: Category fluency norms. *Journal of Clinical and Experimental Neuropsychology, 20*, 194– 200.

Luders, E. (2014). Exploring age-related brain degeneration in meditation practitioners. *Annals of the New York Academy of Sciences, 1307*, 82–88.

Luppa, M., Sikorski, C., Luck, T., Ehreke, L., Konnopka, A., Wiese, B., . . . Riedel-Heller, S. G. (2012). Age- and gender-specific prevalence of depression in latest life—Systematic review and meta-analysis. *Journal of Affective Disorders, 136*, 212–221.

Lüscher, C., Nicoll, R. A., Malenka, R. C., & Muller, D. (2000). Synaptic plasticity and dynamic modulation of the postsynaptic membrane. *Nature Neuroscience, 3*, 545–550.

Lustig, C., Shah, P., Seidler, R., & Reuter-Lorenz, P. (2009). Aging, training, and the brain: A review and future directions. *Neuropsychology Review, 19*, 504–522.

Lutz, A., Slagter, H. A., Dunne, J. D., & Davidson, R. J. (2008). Attention regulation and monitoring in meditation. *Trends in Cognitive Sciences, 12*, 163–169.

Maassen, G. H. (2000). Principles of defining reliable change indices. *Journal of Clini- cal and Experimental Neuropsychology, 22*(5), 622–632.

Maassen, G. H., Bossema, E., & Brand, N. (2008). Reliable change and practice effects: Outcomes of various indices compared. *Journal of Clinical and Experimental Neuropsychology, 31*(3), 339–352.

MacCallum, F., & Bryant, R. A. (2013). A cognitive attachment model of prolonged grief: Integrating attachments, memory, and identity. *Clinical Psychology Review, 33*, 713–727.

MacDonald, S. W., DeCarlo, C. A., & Dixon, R. A. (2011). Linking biological and cog- nitive aging: Toward improving characterizations of developmental time. *Journals of Gerontology Series B, Psychological Sciences and Social Sciences, 66*(Suppl. 1), i59–i70.

MacDonald, S. W., Dixon, R. A., Cohen, A. L., & Hazlitt, J. E. (2004). Biological age and 12-year cognitive change in older adults: Findings from the Victoria Longitu- dinal Study. *Gerontology, 50*(2), 64–81.

MacKnight, C., Rockwood, K., Awalt, E., & McDowell, I. (2002). Diabetes mellitus and the risk of dementia, Alzheimer's disease and vascular cognitive impairment in the Canadian Study of Health and Aging. *Dementis Geriatric Cognitive Disor- ders, 14*(2), 77–83.

MacLean, K. A., Ferrer, E., Aichele, S. R., Bridwell, D. A., Zanesco, A. P., Jacobs, T. L., ... Saron, C. D. (2010). Intensive meditation training improves perceptual dis- crimination and sustained attention. *Psychological Science, 21,* 829-839.

Maki, P. M. (2012). Minireview: Effects of different HT formulations on cognition. *Endocrinology, 153*(8), 3564-3570.

Maki, Y., Amari, M., Yamaguchi, T., Nakaaki, S., & Yamaguchi, H. (2012). Anosog- nosia: Patients' distress and self-awareness of deficits in Alzheimer's disease. *Amer- ican Journal of Alzheimer's Disease and Other Dementias, 27,* 339-345.

Malkinson, R., & Bar-Tur, L. (2014). Cognitive grief therapy: Coping with the inevi- tability of loss and grief in later life. In N. A. Pachana & K. Laidlaw (Eds.), *The Oxford handbook of clinical geropsychology* (pp. 837-855). New York: Oxford University Press.

Malloy, P., Tremont, G., Grace, J., & Frakey, L. (2007). The Frontal Systems Behavior Scale discriminates frontotemporal dementia from Alzheimer's disease. *Alzheim- er's and Dementia, 3,* 200-203.

Manly, J. J. (2006). Cultural issues. In D. K. Attix & K. A. Welsh-Bohmer (Eds.),- *Geriatric neuropsychology: Assessment and intervention* (pp. 198-222). New York: Guilford Press.

Manly, J. J., Byrd, D., Touradji, P., Sanchez, D., & Stern, Y. (2004). Literacy and cogni- tive change among ethnically diverse elders. *International Journal of Psychology, 39*(1), 47-60.

Manly, J. J., & Mungas, D. (2015). JGPS special series on race, ethnicity, life experi- ences, and cognitive aging. *Journals of Gerontology: Series B: Psychological Sci- ences and Social Sciences, 70*(4), 509-511.

Markowitz, J. C., & Weissman, M. M. (2004). Interpersonal psychotherapy: Principles and applications. *World Psychiatry, 3,* 136-139.

Márquez-González, M. O., Losada, A., & Romero-Moreno, R. (2014). Acceptance and commitment therapy with dementia caregivers. In N. A. Pachana & K. Laid- law (Eds.), *The Oxford handbook of clinical geropsychology* (pp. 658-674). New York: Oxford University Press.

Martin, M., & Hofer, S. M. (2004). Intraindividual variability, change, and aging: Conceptual and analytical issues. *Gerontology, 50*(1), 7-11.

Mastellos, N., Gunn, L. H., Felix, L. M., Car, J., & Majeed, A. (2014). Transtheoretical model stages of change for dietary and physical exercise modification in weight loss management for overweight and obese adults. *Cochrane Database of Systematic Reviews, 2,* CD008066.

Mateer, C. A., & Smart, C. M. (2013). Cognitive rehabilitation—Innovation, applica- tion and evidence. In S. Koffler, J. Morgan, I. S. Baron, & M. F. Griffenstein (Eds.), *Neuropsychology: Science and practice: I* (pp. 222-255). New York: Oxford Uni- versity Press.

Mather, M. (2012). The emotion paradox in the brain. *Annals of the New York Acad- emy of Sciences, 1251,* 33-49.

Mather, M. (2016). The affective neuroscience of aging. *Annual Review of Psychology, 67,* 213-238.

Matthews, B. R. (2010). Alzheimer disease update. *Continuum (Minneapolis, MN), 16*(2), 15-30.

Mattis, S. (1988). *Dementia Rating Scale: Professional manual.* Odessa, FL: Psycho- logical Assessment Resources.

Mauri, M., Sinforiani, E., Bono, G., Cittadella, R., Quattrone, A., Boller, F., & Nappi, G. (2006). Interaction between apolipoprotein epsilon 4 and traumatic brain injury in patients with Alzheimer's disease and mild cognitive impairment. *Functional Neurology, 21*(4), 223–228.

McCabe, D. P., & Loaiza, V. M. (2012). Working memory. In S. K. Whitbourne & M. J. Sliwinski (Eds.), *The Wiley-Blackwell handbook of adulthood and aging* (pp. 154–173). Oxford, UK: Wiley-Blackwell.

McCarron, M., McCallion, P., Reilly, E., & Mulryan, N. (2014). A prospective 14-year longitudinal follow-up of dementia in persons with Down syndrome. *Journal of Intellectual Disability Research, 58*(1), 61–70.

McComb, E., Tuokko, H., Brewster, P., Chou, P. H. B., Kolitz, K., Crossley, M., & Simard, M. (2011). Mental Alternation Test: Administration mode, age, and prac- tice effects. *Journal of Clinical and Experimental Neuropsychology, 33*(2), 234– 241.

McConnell, H. (2014). Laboratory testing in neuropsychology. In M. W. Parsons & T. A. Hammeke (Eds.), *Clinical neuropsychology: A pocket handbook for assessment* (3rd ed., pp. 53–73). Washington, DC: American Psychiatric Association.

McCurry, S. M., Gibbons, L. E., Uomoto, J. M., Thompson, M. L., Graves, A. B., Edland, S. D., . . . Larson, E. B. (2001). Neuropsychological test performance in a cognitively intact sample of older Japanese American adults. *Archives of Clinical Neuropsychology, 16*(5), 447–459.

McDonough, I., Haber, S., Bischof, S., & Park, D. C. (2015). The Synapse Project: Engagement in mentally challenging activities enhances neural efficiency. *Restor- ative Neurology and Neuroscience, 33,* 865–882.

McDowell, I., Xi, G., Lindsay, J., & Tierney, M. (2007). Mapping the connections between education and dementia. *Journal of Clinical and Experimental Neuro- psychology, 29*(2), 127–141.

McGlinchey, J. B., & Jacobson, N. S. (1999). Clinically significant but impractical?: A response to Hageman and Arrindell. *Behaviour Research and Therapy, 37*(12), 1211–1217.

McGrath, J. C. (2008). Post-acute in-patient rehabilitation. In A. Tyerman & N. S. King (Eds.), *Psychological approaches to rehabilitation after traumatic brain injury* (pp. 39–64). Malden, MA: Blackwell.

McGuire, J. (2009). Ethical considerations when working with older adults in psychol- ogy. *Ethics and Behavior, 19*(2), 112–128.

McKhann, G. M., Knopman, D. S., Chertkow, H., Hyman, B. T., Jack, C. R., Jr., Kawas, C. H., . . . Phelps, C. H. (2011). The diagnosis of dementia due to Alzheim- er's disease: Recommendations from the National Institute on Aging-Alzheimer's Association workgroups on diagnostic guidelines for Alzheimer's disease. *Alzheim- er's and Dementia, 7*(3), 263–269.

McShane, R., Areosa Sastre, A., & Minakaran, N. (2006). Memantine for dementia. *Cochrane Database Systematic Review,* CD003154.

McSweeney, A. J., Naugle, R. I., Chelune, G. J., & Luders, H. (1993). "T scores for change": An illustration of a regression approach to depicting change in clinical neuropsychology. *The Clinical Neuropsychologist, 7,* 300–312.

Meagher, D., O'Regan, N., Ryan, D., Connolly, W., Boland, E., O'Caoimhe, R., . . . Timmons, S. (2014). Frequency of delirium and subsyndromal delirium in an adult acute hospital population. *British Journal of Psychiatry, 205*(6), 478-485.

Medley, A. R., & Powell, T. (2010). Motivational interviewing to promote self-awareness and engagement in rehabilitation following acquired brain injury: A conceptual review. *Neuropsychological Rehabilitation, 20,* 481-508.

Meiberth, D., Scheef, L., Wolfsgruber, S., Boecker, H., Block, W., Träber, F., . . . Jessen, F. (2015). Cortical thinning in individuals with subjective memory impairment.*Journal of Alzheimer's Disease, 45,* 139-146.

Melby-Lervåg, M., & Hulme, C. (2013). Is working memory training effective?: A meta-analytic review. *Developmental Psychology, 49,* 270-291.

Melby-Lervåg, M., Redick, T. S., & Hulme, C. (2016). Working memory training does not improve performance on measures of intelligence or other measures of "far transfer": Evidence from a meta-analytic review. *Perspectives on Psychological Sci- ence, 11,* 512-534.

Meng, X., & D'Arcy, C. (2012). Education and dementia in the context of the cognitive reserve hypothesis: A systematic review with meta-analyses and qualitative analy- ses. *PLOS ONE, 7*(6), e38268.

Metternich, B., Kosch, D., Kriston, L., Härter, M., & Hüll, M. (2010). The effects of nonpharmacological interventions on subjective memory complaints: A systematic review and meta-analysis. *Psychotherapy and Psychosomatics, 79,* 6-19.

Meyer, A. N. D., & Logan, J. M. (2013). Taking the testing effect beyond the college freshman: Benefits for lifelong learning. *Psychology and Aging, 28,* 142-147.

Middleton, L. E., Barnes, D. E., Lui, L. Y., & Yaffe, K. (2010). Physical activity over the life course and its association with cognitive performance and impairment in old age. *Journal of the American Geriatrics Society, 58*(7), 1322-1326.

Miller, D. I., Taler, V., Davidson, P. S. R., & Messier, C. (2012). Measuring the impact of exercise on cognitive aging: Methodological issues. *Neurobiology of Aging, 33*(3), e29-e43.

Miller, G. E., Chen, E., & Parker, K. J. (2011). Psychological stress in childhood and susceptibility to the chronic diseases of aging: Moving toward a model of behav- ioral and biological mechanisms. *Psychological Bulletin, 137,* 959-997.

Miller, W. R., & Rollnick, S. (2002). *Motivational interviewing: Preparing people for change* (2nd ed.). New York: Guilford Press.

Miller, W. R., & Rollnick, S. (2009). Ten things that motivational interviewing is not. *Behavioural and Cognitive Psychotherapy, 37,* 129-140.

Miller, W. R., & Rose, G. S. (2009). Toward a theory of motivational interviewing. *American Psychologist, 64,* 527-537.

Mistridis, P., Egli, S. C., Iverson, G. L., Berres, M., Willmes, K., Welsh-Bohmer, K. A., & Monsch, A. U. (2015). Considering the base rates of low performance in cognitively healthy older adults improves the accuracy to identify neurocognitive impairment with the Consortium to Establish a Registry for Alzheimer's Disease— Neuropsychological Assessment Battery (CERAD-NAB). *European Archives of Psychiatry and Clinical Neuroscience, 265*(5), 407–417.

Mitchell, A. J., Beaumont, H., Ferguson, D., Yadegarfar, M., & Stubbs, B. (2014). Risk of dementia and mild cognitive impairment in older people with subjective memory complaints: Meta-analysis. *Acta Psychiatrica Scandinavica, 130,* 439–451.

Mitnitski, A., Song, X., & Rockwood, K. (2012). Trajectories of changes over twelve years in the health status of Canadians from late middle age. *Experimental Ger- ontology, 47*(12), 893–899.

Mitnitski, A., Song, X., & Rockwood, K. (2013). Assessing biological aging: The origin of deficit accumulation. *Biogerontology, 14*(6), 709–717.

Mitrushina, M., & Satz, P. (1991). Stability of cognitive functions in young–old versus old–old individuals. *Brain Dysfunction, 4*(4), 174–181.

Mitsis, E. M., Jacobs, D., Luo, X., Andrews, H., Andrews, K., & Sano, M. (2010). Evaluating cognition in an elderly cohort via telephone assessment. *International Journal of Geriatric Psychiatry, 25*(5), 531–539.

Möhler, H. (2013). The GABA system in anxiety and depression and its therapeutic potential. *Neuropsychopharmacology, 62,* 42–53.

Mohlman, J. (2008). More power to the executive?: A preliminary test of CBT plus Executive Skills Training for treatment of late-life GAD. *Cognitive and Behavioral Practice, 15,* 306–316.

Mohlman, J., & Gorman, J. M. (2005). The role of executive functioning in CBT: A pilot study with older adults. *Behaviour Research and Therapy, 43,* 447–465.

Molinuevo, J. L., Rabin, L. A., Amariglio, R., Buckley, R., Dubois, B., Ellis, K. A., . . . the Subjective Cognitive Decline Initiative (SCD-I) Working Group. (2017). Imple- mentation of subjective cognitive decline criteria in research studies. *Alzheimer's and Dementia, 13*(3), 296–311.

Moniz-Cook, E. D., Swift, K., James, I., Malouf, R., De Vugt, M., & Verhey, F. (2012). Functional analysis-based interventions for challenging behavior in dementia. *Cochrane Database Systematic Reviews, 2* CD006929.

Monsell, S. (2003). Task switching. *Trends in Cognitive Sciences, 7*(3), 134–140.

Montenegro, P. H., Baugh, C. M., Daneshvar, D. H., Mez, J., Budson, A. E., Au, R., . . . Stern, R. A. (2014). Clinical subtypes of chronic traumatic encephalopathy: Literature review and proposed research diagnostic criteria for traumatic encepha- lopathy syndrome. *Alzheimers Research and Therapy, 6*(5), 68.

Moriarty, O., McGuire, B. E., & Finn, D. P. (2011). The effect of pain on cognitive function: A review of clinical and preclinical research. *Progress in Neurobiology, 93*(3), 385–404.

Moroney, A. C. (July 2013a). Overview of pharmacodynamics. Retrieved October 15, 2016, from *www.merckmanuals.com/professional/clinical-pharmacology/ phar- macodynamics/overview-of-pharmacodynamics*.

Moroney, A. C. (July 2013b). Dose–response relationship. Retrieved October 15, 2016, from *www.merckmanuals.com/professional/clinical-pharmacology/ pharmacody- namics/dose-response-relationships*.

Morris, J. C. (2012). Revised criteria for mild cognitive impairment may compromise the diagnosis of Alzheimer disease dementia. *Archives of Neurology, 69,* 700–708. Morris, M. C., Tangney, C. C., Wang, Y., Sacks, F. M., Bennett, D.

A., & Aggarwal, N. T. (2015). MIND diet associated with reduced incidence of Alzheimer's disease. *Alzheimer's and Dementia, 11*(9), 1007–1014.

Morris, J. K., Vidoni, E. D., Honea, R. A., & Burns, J. M. (2014). Impaired glycemia increases disease progression in mild cognitive impairment. *Neurobiology of Aging, 35*(3), 585–589.

Mosconi, L., De Santi, S., Brys, M., Tsui, W. H., Pirraglia, E., Glodzik-Sobanska, L., . . . de Leon, M. J. (2008). Hypometabolism and altered cerebrospinal fluid mark- ers in normal apolipoprotein E E4 carriers with subjective memory complaints. *Biological Psychiatry, 63,* 609–618.

Mowszowski, L., Lampit, A., Walton, C. C., & Naismith, S. L. (2016). Strategy- -based cognitive training for improving executive functions in older adults: A systematic review. *Neuropsychology Review, 26,* 252–270.

Mulligan, B. P., Smart, C. M., & Ali, J. I. (2016). Relationship of subjective and objec- tive performance indicators in subjective cognitive decline. *Psychology and Neu- roscience, 9,* 362–378.

Mundt, J. C., Kinoshita, L. M., Hsu, S., Yesavage, J. A., & Greist, J. H. (2007). Tel- ephonic Remote Evaluation of Neuropsychological Deficits (TREND): Longitu- dinal monitoring of elderly community-dwelling volunteers using touch-tone tele- phones. *Alzheimer Disease and Associated Disorders, 21*(3), 218–224.

Mungas, D., Beckett, L., Harvey, D., Tomaszewski Farias, S., Reed, B., Carmichael, O., . . . DeCarli, C. (2010). Heterogeneity of cognitive trajectories in diverse older persons. *Psychology and Aging, 25*(3), 606–619.

Murray, A. M., Bell, E. J., Tupper, D. E., Davey, C. S., Pederson, S. L., Amiot, E. M., . . . Knopman, D. S. (2016). The Brain in Kidney Disease (BRINK) Cohort Study: Design and baseline cognitive function. *American Journal of Kidney Disease, 67*(4), 593–600.

Napoles, A. M., Chadiha, L., Eversley, R., & Moreno-John, G. (2010). Reviews: Devel- oping culturally sensitive dementia caregiver interventions: Are we there yet? *American Journal of Alzheimer's Disease and Other Dementias, 25,* 389–406.

National Task Group on Intellectual Disabilities and Dementia Practices. (2012). Early Detection Screen for Dementia (NTG-EDSD). Retrieved from *https:// aadmd.org/ index.php?q=ntg/screening*.

Nesselroade, J. R., Stigler, S. M., & Baltes, P. B. (1980). Regression toward the mean and the study of change. *Psychological Bulletin, 88,* 622–637.

Nestor, P. J., Graham, K. S., Bozeat, S., Simons, J. S., & Hodges, J. R. (2002). Memory consolidation and the hippocampus: Further evidence from studies of autobio- graphical memory in semantic dementia and frontal variant frontotemporal demen- tia. *Neuropsychologia, 40*(6), 633–654.

Newkirk, L. A., Kim, J. M., Thompson, J. M., Tinklenberg, J. R., Yesavage, J. A., & Taylor, J. L. (2004). Validation of a 26-point telephone version of the Mini-Mental State Examination. *Journal of Geriatric Psychiatry Neurology, 17*(2), 81–87.

Newson, R. S., & Kemps, E. B. (2005). General lifestyle activities as a predictor of current cognition and cognitive change in older adults: A cross-sectional and lon- gitudinal examination. *Journal of Gerontology Series B: Psychology Sciences and Social Sciences, 60*(3), 113–120.

Nicolia, V., Lucarelli, M., & Fuso, A. (2015). Environment, epigenetics and neurode- generation: Focus on nutrition in Alzheimer's disease. *Experimental Gerontology, 68,* 8–12.

Nieuwenhuis-Mark, R. E. (2009). Diagnosing Alzheimer's dementia in Down syn- drome: Problems and possible solutions. *Research in Developmental Disabilities, 30*(5), 827–838.

Nishimura, K., Yokoyama, K., Yamauchi, N., Koizumi, M., Harasawa, N., Yasuda, T., . . . Ishigooka, J. (2016). Sensitivity and specificity of the Confusion Assessment Method for the Intensive Care Unit (CAM-ICU) and the Intensive Care Delirium Screening Checklist (ICDSC) for detecting post-cardiac surgery delirium: A single- center study in Japan. *Heart Lung, 45*(1), 15–20.

Noggle, C. A., Dean, R. S., Bush, S. S., & Anderson, S. W. (2015). *The neuropsychol- ogy of cortical dementias.* New York: Springer.

Nooyens, A. C., Milder, I. E., van Gelder, B. M., Bueno-de-Mesquita, H. B., van Box- tel, M. P., & Verschuren, W. M. (2015). Diet and cognitive decline at middle age: The role of antioxidants. *British Journal of Nutrition, 113*(9), 1410–1417.

Norton, M. C., Dew, J., Smith, H., Fauth, E., Piercy, K. W., Breitner, J. C., . . . Welsh- Bohmer, K. (2012). Lifestyle behavior pattern is associated with different levels of risk for incident dementia and Alzheimer's disease: The Cache County study. *Journal of American Geriatric Society, 60*(3), 405–412.

Norton, M. C., Tschanz, J. A. T., Fan, X., Plassman, B. L., Welsh-Bohmer, K. A., West, N., . . . Breitner, J. C. S. (1999). Telephone adaptation of the Modified Mini- Mental State Exam. *Neuropsychiatry, Neuropsychology, and Behavioral Neurol- ogy, 12*(4), 270–276.

Novakovic-Agopian, T., Chen, A. J.-W., Rome, S., Abrams, G., Castelli, H., Rossi, A., . . . D'Esposito, M. (2010). Rehabilitation of executive functioning with training in attention regulation applied to individually defined goals: A pilot study bridging theory, assessment, and treatment. *Journal of Head Trauma Rehabilitation, 26,* 325–338.

Nunnemann, S., Kurz, A., Leucht, S., & Diehl-Schmid, J. (2012). Caregivers of patients with frontotemporal lobar degeneration: A review of burden, problems, needs, and interventions. *International Psychogeriatrics, 24,* 1368.

Nygaard, H. A., Naik, M., & Geitung, J. T. (2009). The Informant Questionnaire on Cognitive Decline in the Elderly (IQCODE) is associated with informant stress. *International Journal of Geriatric Psychiatry, 24*(11), 1185–1191.

O'Brien, J. T., & Thomas, A. (2015). Vascular dementia. *The Lancet, 386,* 1698–1706.

O'Connell, M. E., & Tuokko, H. (2010). Age corrections and dementia classification accuracy. *Archives of Clinical Neuropsychology, 25*(2), 126–138.

Office of Human Research Protections, U.S. Department of Health and Human Services, Policy and Guidance (2018). Retrieved March 1, 2018, from *www.hhs. gov/ohrp/regulations-and-policy/index.html.*

Okai, D., Askey-Jones, S., Samuel, M., O'Sullivan, S. S., Chaudhuri, K., Martin, A., . . . David, A. S. (2013). Trial of CBT for impulse control behaviors affecting Parkinson patients and their caregivers. *Neurology, 80,* 792–799.

Olichney, J. M., & Hillert, D. G. (2004). Clinical applications of cognitive event-related potentials in Alzheimer's disease. *Physical Medicine and Rehabilitation Clinics of North America, 15,* 205–233.

Onyike, C. U. (2006). Cerebrovascular disease and dementia. *International Review of Psychiatry, 18*(5), 423–431.

Orellano, E., Colon, W. I., & Arbesman, M. (2012). Effect of occupation and activity- based interventions on instrumental activities of daily living performance among community dwelling older adults: A systematic review. *American Journal of Occu- pational Therapy, 66,* 292–300.

Oslin, D., Ten Have, T. R., Streim, J. E., Datto, C. J., Weintraub, D., DiFilippo, S., & Katz, I. R. (2003). Probing the safety of medications in the frail elderly: Evidence from a randomized clinical trial of sertraline and venlafaxine in depressed nursing home residents. *Journal of Clinical Psychiatry, 64,* 875–882.

Ossher, L., Bialystok, E., Craik, F. I., Murphy, K. J., & Troyer, A. K. (2013). The effect of bilingualism on amnestic mild cognitive impairment. *Journal of Gerontology Series B: Psychology Sciences Social Sciences, 68*(1), 8–12.

Owen, A. M., Hampshire, A., Grahn, J. A., Stenton, R., Dajani, S., Burns, A. S., . . . Ballard, C. G. (2010). Putting brain training to the test. *Nature, 465,* 775–778.

Ownby, R. L., Crocco, E., Acevedo, A., John, V., & Loewenstein, D. (2006). Depres- sion and risk for Alzheimer disease: Systematic review, meta-analysis, and metare- gression analysis. *Archives of General Psychiatry, 63*(5), 530–538.

Padilla, C., & Isaacson, R. S. (2011). Genetics of dementia. *CONTINUUM: Lifelong Learning in Neurology, 17*(2), 326–342.

Pagano, G., Rengo, G., Pasqualetti, G., Femminella, G. D., Monzani, F., Ferrara, N., & Tagliati, M. (2015). Cholinesterase inhibitors for Parkinson's disease: A systematic review and meta-analysis. *Journal of Neurology Neurosurgery and Psychiatry, 86,* 767–773.

Palmer, B. W., Boone, K. B., Lesser, I. M., & Wohl, M. A. (1998). Base rates of "impaired" neuropsychological test performance among healthy older adults. *Archives of Clinical Neuropsychology, 13,* 503–511.

Papa, L., Mendes, M. E., & Braga, C. F. (2012). Mild traumatic brain injury among the geriatric population. *Current Translational Geriatrics Experimental Gerontology Reports, 1*(3), 135–142.

Parikh, M., Grosch, M. C., Graham, L. L., Hynan, L. S., Weiner, M., Shore, J. H., & Cullum, C. M. (2013). Consumer acceptability of brief videoconference--based neu- ropsychological assessment in older individuals with and without cognitive impair- ment. *The Clinical Neuropsychologist, 27*(5), 808–817.

Park, D. C., Lodi-Smith, J., Drew, L., Haber, S., Hebrank, A., Bischof, G. N., & Aamodt, W. (2013). The impact of sustained engagement on cognitive function in older adults: The Synapse Project. *Psychological Science, 25,* 103–112.

Park, D. C., & McDonough, I. M. (2013). The dynamic aging mind: Revelations from functional neuroimaging research. *Perspectives on Psychological Sciences, 8,* 62–67.

Park, D. C., & Reuter-Lorenz, P. (2009). The adaptive brain: Aging and neurocognitive scaffolding. *Annual Review of Psychology, 60,* 173–196.

Park, D. C., & Schwarz, N. (2000). *Cognitive aging: A primer.* New York: Psychology Press.

Park, L. Q., Harvey, D., Johnson, J., & Farias, S. T. (2015). Deficits in everyday func- tion differ in AD and FTD. *Alzheimer Disease and Associated Disorders, 29*(4), 301–306.

Parks, R. W., Zec, R. F., & Wilson, R. S. (1993). *Neuropsychology of Alzheimer's dis- ease and other dementias.* New York: Oxford University Press.

Patja, K., Iivanainen, M., Vesala, H., Oksanen, H., & Ruoppila, I. (2000). Life expec- tancy of people with intellectual disability: A 35-year follow-up study. *Journal of Intellectual Disability Research, 44*(5), 591–599.

Patterson, C., Feightner, J., Garcia, A., & MacKnight, C. (2007). General risk factors for dementia: A systematic evidence review. *Alzheimer's and Dementia, 3*(4), 341–347. Pauker, J. D. (1988). Constructing overlapping cell tables to maximize the clinical use- fulness of normative test data: Rationale and an example from neuropsychology.
Journal of Clinical Psychology, 44(6), 526–534.

Paukert, A. L., Calleo, J., Kraus-Schuman, C., Snow, L., Wilson, N., Petersen, N. J.,
... Stanley, M. A. (2010). Peaceful mind: An open trial of cognitive-behavioral therapy for anxiety in persons with dementia. *International Psychogeriatrics, 22,* 1012–1021.

Paukert, A. L., Kraus-Schuman, C., Wilson, N., Snow, L., Calleo, J., Kunik, M. E., & Stanley, M. A. (2013). The Peaceful Mind manual: A protocol for treating anxiety in persons with dementia. *Behavior Modification, 37,* 631–634.

Payne, R. W., & Jones, H. G. (1957). Statistics for the investigation of individual cases.
Journal of Clinical Psychology, 13, 115–121.

Peavy, G. M., Salmon, D. P., Rice, V. A., Galasko, D., Samuel, W., Taylor, K. I., .. . Thal, L. (1996). Neuropsychological assessment of severely demeted elderly: The severe cognitive impairment profile. *Archives of Neurology, 53*(4), 367–372.

Pedraza, O., Lucas, J. A., Smith, G. E., Petersen, R. C., Graff-Radford, N. R., & Ivnik,
R. J. (2010). Robust and expanded norms for the Dementia Rating Scale. *Archives of Clinical Neuropsychology, 25*(5), 347–358.

Pedraza, O., & Mungas, D. (2008). Measurement in cross-cultural neuropsychology.
Neuropsychology Review, 18(3), 184–193.

Pendlebury, S. T., Welch, S. J., Cuthbertson, F. C., Mariz, J., Mehta, Z., & Rothwell, P.
M. (2013). Telephone assessment of cognition after transient ischemic attack and stroke: Modified telephone interview of cognitive status and telephone Montreal Cognitive Assessment versus face-to-face Montreal Cognitive Assessment and neu- ropsychological battery. *Stroke, 44*(1), 227–229.

Perkins, E. A., & Moran, J. A. (2010). Aging adults with intellectual disabilities. *JAMA, 304*(1), 91–92.

Perquin, M., Schuller, A. M., Vaillant, M., Diederich, N., Bisdorff, A., Leners, J. C.,

... Lair, M. L. (2012). The epidemiology of mild cognitive impairment (MCI) and Alzheimer's disease (AD) in community-living seniors: Protocol of the MemoVie cohort study, Luxembourg. *BioMed Central Public Health, 12,* 519.

Perquin, M., Vaillant, M., Schuller, A. M., Pastore, J., Dartigues, J. F., Lair, M. L., & Diederich, N. (2013). Lifelong exposure to multilingualism: New evidence to sup- port cognitive reserve hypothesis. *PLOS ONE, 8*(4), e62030.

Perrotin, A., de Flores, R., Lamberton, F., Poisnel, G., La Joie, R., de la Sayette, V., ... Chételat, G. (2015). Hippocampal subfield volumetry and 3D surface mapping in subjective cognitive decline. *Journal of Alzheimer's Disease, 48*(Suppl. 1), S141–S150.

Perrotin, A., Mormino, E. C., Madison, C. M., Hayenga, A. O., & Jagust, W. J. (2012). Subjective cognition and amyloid deposition imaging: A Pittsburgh Compound B positron emission tomography study in normal elderly individuals. *Archives of Neurology, 69,* 223–229.

Perry, D. C., Sturm, V. E., Peterson, M. J., Pieper, C. F., Bullock, T., Boeve, B. F., . . . Welsh-Bohmer, K. A. (2016). Association of traumatic brain injury with subse- quent neurological and psychiatric disease: A meta-analysis. *Journal of Neurosur- gery, 124*(2), 511–526.

Perusini, G. (1910). Uber klinisch und histologisch eigenartige psychische Erkrankun- gen des spateren Lebensalters. In F. Nissl & A. Alzheimer (Eds.), *Histologische und Histopathologische Arbeiten Über die Grosshirnrinde: Mit Besonderer Berüock- sichtigung der Pathologischen Anatomie der Geistekrankheiten* (pp. 297–352). Jena, Germany: Fischer.

Peter, J., Scheef, L., Abdulkadir, A., Boecker, H., Heneka, M., Wagner, M., ... the Alzheimer's Disease Neuroimaging Initiative. (2014). Gray matter atrophy pattern in elderly with subjective memory impairment. *Alzheimer's and Dementia, 10,* 99–108.

Peters, E., Hess, T. M., Västfjäll, D., & Auman, C. (2007). Adult age differences in dual information processes: Implications for the role of affective and deliberative processes in older adults' decision making. *Perspectives on Psychological Science, 2,* 1–23.

Peters, R., Poulter, R., Warner, J., Beckett, N., Burch, L., & Bulpitt, C. (2008). Smok- ing, dementia and cognitive decline in the elderly: A systematic review. *BMC Geri- atrics, 8,* 36.

Petersen, R. C. (2004). Mild cognitive impairment as a diagnostic entity. *Journal of Internal Medicine, 256,* 183–194.

Petersen, R. C., Caracciolo, B., Brayne, C., Gauthier, S., Jelic, V., & Fratiglioni, L. (2014). Mild cognitive impairment: A concept in evolution. *Journal of Internal Medicine, 275,* 214–228.

Petersen, R. C., & Morris, J. C. (2005). Mild cognitive impairment as a clinical entity and treatment target. *Archives of Neurology, 62,* 1160–1163.

Petersen, R. C., Smith, G. E., Waring, S. C., Ivnik, R. J., Tangalos, E. G., & Kokmen, E. (1999). Mild cognitive impairment: Clinical characterization and outcome. *Archives of Neurology, 56,* 303–308.

Petkus, A. J., & Wetherell, J. L. (2013). Acceptance and commitment therapy with older adults: Rationale and considerations. *Cognitive and Behavioral Practice, 20,* 47–56. Petrova, M., Pavlova, R., Zhelev, Y., Mehrabian, S., Raycheva,

M., & Traykov, L. (2016). Investigation of neuropsychological characteristics of very mild and mild dementia with Lewy bodies. *Journal of Clinical and Experimental Neuropsychology, 38*(3), 354–360.

Pfeffer, R. I., Kurosaki, T. T., Harrah, C. H., Jr., Chance, J. M., & Filos, S. (1982). Measurement of functional activities in older adults in the community. *Journals of Gerontology, 37,* 323–329.

Pharr, J. R., Francis, C. D., Terry, C., & Clark, M. C. (2014). Culture, caregiving, and health: Exploring the influence of culture on family caregiver experiences. *Interna- tional Scholarly Research Notices, Public Health,* 689826.

Piccinin, A. M., & Hofer, S. M. (2008). Integrative analysis of longitudinal studies on aging: Collaborative research networks, meta-analysis, and optimizing future studies. In S. M. Hofer & D. F. Alwin (Eds.), *Handbook of cognitive aging: Inter- disciplinary perspectives* (pp. 446–476). Thousand Oaks, CA: SAGE.

Pickering, G., & Lussier, D. (2015). Pharmacological pain management: For better or for worse? In G. Pickering & S. Gibson (Eds.), *Pain, emotion and cognition: A complex nexus* (pp. 137–151). New York: Springer.

Pietrzak, R. H., Lim, Y. Y., Ames, D., Harrington, K., Restrepo, C., Martins, R. N., . . . the Australian Imaging, Biomarkers, and Lifestyle (AIBL) Research Group. (2015b). Trajectories of memory decline in preclinical Alzheimer's disease: Results from the Australian Imaging, Biomarkers and Lifestyle Flagship Study of Ageing. *Neurobiology of Aging, 36,* 1231–1238.

Pietrzak, R. H., Lim, Y. Y., Neumeister, A., Ames, D., Ellis, K. A., Harrington, K., . . . the Australian Imaging, Biomarkers, and Lifestyle (AIBL) Research Group. (2015a). Amyloid-b, anxiety, and cognitive decline in preclinical Alzheimer dis- ease. *JAMA Psychiatry, 72,* 284–291.

Pillai, J. A., & Verghese, J. (2009). Social networks and their role in preventing demen- tia. *Indian Journal of Psychiatry, 51*(Suppl. 1), S22–S28.

Pinquart, M., & Duberstein, P. R. (2007). Treatment of anxiety disorders in older adults: A meta-analytic comparison of behavioral and pharmacological interven- tions. *American Journal of Geriatric Psychiatry, 15,* 639–651.

Plassman, B. L., Havlik, R. J., Steffens, D. C., Helms, M. J., Newman, T. N., Drosdick, D., . . . Breitner, J. C. (2000). Documented head injury in early adulthood and risk of Alzheimer's disease and other dementias. *Neurology, 55*(8), 1158–1166.

Polich, J. (2004). Clinical application of the P300 event-related brain potential. *Physical Medicine and Rehabilitation Clinics of North America, 15,* 133–161.

Poortinga, W. (2007). The prevalence and clustering of four major lifestyle risk factors in an English adult population. *Preventive Medicine, 44*(2), 124–128.

Postal, K., & Armstrong, K. (2013). *Feedback that sticks: The art of communicating neuropsychological assessment results.* New York: Oxford University Press.

Potter, G. G., & Attix, D. K. (2006). An integrated model for geriatric neuropsychological assessment. In D. K. Attix & K. A. Welsh-Bohmer (Eds.), *Geriatric neuropsychology: Assessment and intervention* (pp. 5–26). New York: Guilford Press.

Pouryamout, L., Dams, J., Wasem, J., Dodel, R., & Neumann, A. (2012). Economic evaluation of treatment options in patients with Alzheimer's disease: A systematic review of cost-effectiveness analyses. *Drugs, 72,* 789–802.

Power, M. C., Weuve, J., Gagne, J. J., McQueen, M. B., Viswanathan, A., & Blacker, D. (2011). The association between blood pressure and incident Alzheimer disease: A systematic review and meta-analysis. *Epidemiology, 22*(5), 646–659.

Preston, J. D., O'Neal, J. H., & Talaga, M. C. (2013). *Handbook of clinical psychopharmacology for therapists* (8th ed.). Oakland, CA: New Harbinger.

Prochaska, J. O., & DiClemente, C. C. (1983). Stages and processes of self-change of smoking: Toward an integrative model of change. *Journal of Consulting and Clini- cal Psychology, 51,* 390–395.

Prochaska, J. O., DiClemente, C. C., & Norcross, J. C. (1992). In search of how people change: Applications to the addictive behaviors. *The American Psychologist, 47,* 1102–1114.

Pryor, K. (2006). *Don't shoot the dog!: The new art of teaching and training.* Lydney, UK: Ringpress Books.

Puente, A. E., & McCaffrey, R. J., III. (1992). *Handbook of neuropsychological assess- ment: A biopsychosocial perspective.* New York: Plenum Press.

Pyo, G., Kripakaran, K., Curtis, K., Curtis, R., & Markwell, S. (2007). A preliminary study of the validity of memory tests recommended by the Working Group for individuals with moderate to severe intellectual disability. *Journal of Intellectual Disability Research, 51*(5), 377–386.

Qina, T., Sanjo, N., Hizume, M., Higuma, M., Tomita, M., Atarashi, R., ... Mizusawa, H. (2014). Clinical features of genetic Creutzfeldt–Jakob disease with V180I mutation in the prion protein gene. *BMJ Open, 4*(5), e004968.

Qiu, C., & Fratiglioni, L. (2015). A major role for cardiovascular burden in age--related cognitive decline. *Nature Reviews Cardiology, 12,* 267–277.

Qiu, C., von Strauss, E., Fastbom, J., Winblad, B., & Fratiglioni, L. (2003). Low blood pressure and risk of dementia in the Kungsholmen project: A 6-year follow-up study. *Archives of Neurology, 60*(2), 223–228.

Qiu, C., Winblad, B., & Fratiglioni, L. (2005). The age-dependent relation of blood pressure to cognitive function and dementia. *The Lancet of Neurology, 4*(8), 487– 499.

Qualls, S. H. (2014). Family therapy with ageing families. In N. A. Pachana & K. Laid- law (Eds.), *The Oxford handbook of clinical geropsychology* (pp. 710–732). New York: Oxford University Press.

Rabin, L. A., Borgos, M. J., Saykin, A. J., Wishart, H. A., Crane, P. K., Nutter-Upham, E., & Flashman, L. A. (2007). Judgment in older adults: Development and psychometric evaluation of the Test of Practical Judgment (TOP-J). *Journal of Clinical and Experimental Neuropsychology, 29,* 752–767.

Rabin, L. A., Burton, L. A., & Barr, W. B. (2007). Utilization rates of ecologically oriented instruments among clinical neuropsychologists. *The Clinical Neuropsy- chologist, 21,* 727–743.

Rabin, L. A., Chi, S. Y., Wang, C., Fogel, J., Kann, S. J., & Aronov, A. (2014). Prospec- tive memory on a novel clinical task in older adults with mild cognitive impairment and subjective cognitive decline. *Neuropsychological Rehabilitation, 24,* 868–893.

Rabin, L. A., Saykin, A. J., Wishart, H. A., Nutter-Upham, K. E., Flashman, L. A., Pare, N., & Santulli, R. B. (2007). The Memory and Aging Telephone Screen: Develop- ment and preliminary validation. *Alzheimer's and Dementia, 3*(2), 109–121.

Rabin, L. A., Smart, C. M., & Amariglio, R. E. (2017). Subjective cognitive decline in preclinical Alzheimer's disease. *Annual Review of Clinical Psychology, 13,* 369–396.

Rabin, L. A., Smart, C. M., Crane, P. K., Amariglio, R. E., Berman, L. M., Boada M., . . . the Subjective Cognitive Decline Initiative (SCD-I) Working Group. (2015). Subjective cognitive decline in older adults: An overview of self-report measures used across 19 international research studies. *Journal of Alzheimer's Disease, 48*(Suppl. 1), S63–S86.

Rabin, L. A., Wang, C., Katz, M. J., Derby, C. A., Buschke, H., & Lipton, R. B. (2012). Predicting Alzheimer's disease: Neuropsychological tests, self reports, and infor- mant reports of cognitive difficulties. *Journal of the American Geriatric Society, 60,* 1128–1134.

Rabinovici, G. D., & Miller, B. L. (2010). Frontotemporal lobar degeneration: Epidemi- ology, pathophysiology, diagnosis and management. *CNS Drugs, 24*(5), 375–398. Rafii, M., Taylor, C., Coutinho, A., Kim, K., & Galasko, D. (2011). Comparison of the memory performance index with standard neuropsychological measures of cog- nition. *American Journal of Alzheimer's Disease and Other Dementias, 26*(3),
235–239.

Rajji, T. K., Miranda, D., & Mulsant, B. H. (2014). Cognition, function, and disability in patients with schizophrenia: A review of longitudinal studies. *Canadian Journal of Psychiatry, 59*(1), 13–17.

Rajji, T. K., & Mulsant, B. H. (2008). Nature and course of cognitive function in late- life schizophrenia: A systematic review. *Schizophrenia Research, 102*(1–3), 122– 140.

Rajji, T. K., Voineskos, A. N., Butters, M. A., Miranda, D., Arenovich, T., Menon, M., . . . Mulsant, B. H. (2013). Cognitive performance of individuals with schizophrenia across seven decades: A study using the MATRICS consensus cognitive battery. *American Journal of Geriatric Psychiatry, 21*(2), 108–118.

Rapoport, M., Wolf, U., Herrmann, N., Kiss, A., Shammi, P., Reis, M., . . . Feinstein, A. (2008). Traumatic brain injury, apolipoprotein E-epsilon4, and cognition in older adults: A two-year longitudinal study. *Journal of Neuropsychiatry and Clinical Neurosciences, 20*(1), 68–73.

Rapp, S. R., Legault, C., Espeland, M. A., Resnick, S. M., Hogan, P. E., Coker, L. H., . . . Shumaker, S. A. (2012). Validation of a Cognitive Assessment Battery administered over the telephone. *Journal of the American Geriatrics Society, 60*(9), 1616–1623.

Raskin, S., & Buckheit, C. (2010). *Memory for Intentions Test.* Lutz, FL: Psychological Assessment Resources.

Rathlev, N. K., Medzon, R., Lowery, D., Pollack, C., Bracken, M., Barest, G., . . . Mower, W. R. (2006). Intracranial pathology in elders with blunt head trauma. *Academic Emergency Medicine, 13*(3), 302–307.

Raz, N., & Rodrigue, K. M. (2006). Differential aging of the brain: Patterns, cog- nitive correlates and modifiers. *Neuroscience and Biobehavioral Reviews, 30*(6), 730–748.

Raz, N., Rodrigue, K. M., Kennedy, K. M., & Acker, J. D. (2007). Vascular health and longitudinal changes in brain and cognition in middle-aged and older adults. *Neuropsychology, 21*(2), 149–157.

Razay, G., Williams, J., King, E., Smith, A. D., & Wilcock, G. (2009). Blood pressure, dementia and Alzheimer's disease: The OPTIMA longitudinal study. *Dementia and Geriatric Cognitive Disorders, 28*(1), 70–74.

Rebok, G. W., Ball, K., Guey, L. T., Jones, R. N., Kim, H.-Y., King, J. W., . . . Willis, S.

for the ACTIVE Study Group. (2014). Ten-year effects of the Advanced Cognitive Training for Independent and Vital Elderly cognitive training trial on cogni- tion and everyday functioning in older adults. *Journal of the American Geriatrics Society, 62*, 16–24.

Rediess, S., & Caine, E. D. (1996). Aging, cognition, and DSM-IV. *Aging, Neuropsy- chology, and Cognition, 3*, 105–117.

Reed, A. E., Chan, L., & Mikels, J. A. (2014). Meta-analysis of the age-related positiv- ity effect: Age differences in preferences for positive over negative information. *Psychology and Aging, 29*, 1–15.

Reed, B. R., Dowling, M., Tomaszewski Farias, S., Sonnen, J., Strauss, M., Schneider, J. A., . . . Mungas, D. (2011). Cognitive activities during adulthood are more impor- tant than education in building reserve. *Journal of the International Neuropsycho- logical Society, 17*(4), 615–624.

Reinhardt, M. M., & Cohen, C. I. (2015). Late-life psychosis: Diagnosis and treatment.
Current Psychiatry Reports, 17, 1.

Reisberg, B., & Gauthier, S. (2008). Current evidence for subjective cognitive impair- ment (SCI) as the pre-mild cognitive impairment (MCI) stage of subsequently man- ifest Alzheimer's disease. *International Psychogeriatrics, 20*, 1–16.

Reisberg, B., Monteiro, I., Torossian, C., Auer, S., Shulman, M. B., Ghimire, S., . . . Xu, J. (2014). The BEHAVE-AD Assessment System: A perspective, a commentary
on new findings, and a historical review. *Dementia and Geriatric Cognitive Disorders, 38*(1–2), 89–146.

Reisberg, B., Prichep, L., Mosconi, L., John, E. R., Glodzik-Sobanska, L., Boksay, I.,
. . . de Leon, M. J. (2008). The pre-mild cognitive impairment, subjective cognitive impairment stage of Alzheimer's disease. *Alzheimer's and Dementia, 4*, S98–S108. Reisberg, B., Shulman, M. B., Torossian, C., Leng, L., & Zhu, W. (2010). Outcome over seven years of healthy adults with and without subjective cognitive impairment. *Alzheimer's and Dementia, 6*(1), 11–24.

Reisberg, B., Wegiel, J., Franssen, E., Kadiyala, S., Auer, S., Souren, L., . . . Golomb,

(2006). Clinical features of severe dementia: Staging. In A. Burns & B. Winblad (Eds.), *Severe dementia* (pp. 83–115). New York: Wiley.

Rentz, D. M., Calvo, V. L., Scinto, L. F. M., Sperling, R. A., Budson, A. E., & Daffner, R. (2000). Detecting early cognitive decline in high-functioning elders. *Journal of Geriatric Psychiatry, 33*(1), 27–49.

Rentz, D. M., Huh, T. J., Faust, R. R., Budson, A. E., Scinto, L. F. M., Sperling, R. A., & Daffner, K. R. (2004). Use of IQ-adjusted norms to predict progressive cognitive decline in highly intelligent older individuals. *Neuropsychology, 18*, 38–49.

Resnik, D. B. (2009). The clinical investigator–subject relationship: A contextual approach. *Philosophy, Ethics, and Humanities in Medicine, 4*, 16.

Reuter-Lorenz, P. (2013). Aging and cognitive neuroimaging: A fertile union. *Perspec- tives on Psychological Sciences, 8*, 68–71.

Reuter-Lorenz, P. A., & Park, D. C. (2014). How does it STAC up?: Revisiting the Scaffolding Theory of Aging and Cognition. *Neuropsychology Review, 24*(3), 355–370.

Reynolds, C. F., III, Dew, M. A., Pollock, B. G., Mulsant, B. H., Frank, E., Miller, M. D., . . . Kupfer, D. J. (2006). Maintenance treatment of major depression in old age. *New England Journal of Medicine, 354*, 1130–1138.

Reynolds, C. F., III, Frank, E., Perel, J. M., Imber, S. D., Cornes, C., Miller, M. D., . . . Kupfer, D. J. (1999). Nortriptyline and interpersonal psychotherapy as maintenance therapies for recurrent major depression: A randomized controlled trial in patients older than 59 years. *Journal of the American Medical Association, 281*, 39–45.

Richardson, T. J., Lee, S. J., Berg-Weger, M., & Grossberg, G. T. (2013). Caregiver health: Health of caregivers of Alzheimer's and other dementia patients. *Current Psychiatry Reports, 15*, 1–7.

Riley, K. P., Snowdon, D. A., Desrosiers, M. F., & Markesbery, W. R. (2005). Early life linguistic ability, late life cognitive function, and neuropathology: Findings from the Nun Study. *Neurobiology of Aging, 26*(3), 341–347.

Ritchie, L. J., Frerichs, R. J., & Tuokko, H. (2007). Effective normative samples for the detection of cognitive impairment in older adults. *The Clinical Neuropsychologist, 21*(6), 863–874.

Rizzo, M., & Kellison, I. L. (2010). The brain on the road. In T. D. Marcotte & I. Grant (Eds.), *Neuropsychology of everyday functioning* (pp. 168–208). New York: Guilford Press.

Roberts, R. O., Cerhan, J. R., Geda, Y. E., Knopman, D. S., Cha, R. H., Christianson, T. J., . . . Petersen, R. C. (2010). Polyunsaturated fatty acids and reduced odds of MCI: The Mayo Clinic Study of Aging. *Journal of Alzheimers Disease, 21*(3), 853–865.

Robertson, J. H., Ward, A., Ridgeway, V., & Nimmo-Smith, I. (1996). Test of everyday attention. *Journal of the International Neurological Society, 2*, 525–534.

Roccaforte, W. H., Burke, W. J., Bayer, B. L., & Wengel, S. P. (1992). Validation of a telephone version of the Mini-Mental State Examination. *Journal of American Geriatrics Society, 40*(7), 697–702.

Roccaforte, W. H., Burke, W. J., Bayer, B. L., & Wengel, S. P. (1994). Reliability and validity of the Short Portable Mental Status Questionnaire administered by tele- phone. *Journal of Geriatric Psychiatry and Neurology, 7*(1), 33–38.

Rodda, J., Okello, A., Edison, P., Dannhauser, T., Brooks, D. J., & Walker, Z. (2010). (11)C-PIB PET in subjective cognitive impairment. *European Psychiatry, 25,* 123– 125.

Rodríguez-Aranda, C., & Sundet, K. (2006). The frontal hypothesis of cognitive aging: Factor structure and age effects on four frontal tests among healthy individuals. *Journal of Genetic Psychology: Research and Theory on Human Development, 167*(3), 269–287.

Roebuck-Spencer, T., Sun, W., Cernich, A. N., Farmer, K., & Bleiberg, J. (2007). Assess- ing change with the Automated Neuropsychological Assessment Metrics (ANAM): Issues and challenges. *Archives of Clinical Neuropsychology, 22*(Suppl.), S79–S87. Rohrer, J. D., Guerreiro, R., Vandrovcova, J., Uphill, J., Reiman, D., Beck, J., . . . Ros- sor, M. N. (2009). The heritability and genetics of frontotemporal lobar degeneration. *Neurology, 73*(18), 1451–1456.

Rolinski, M., Fox, C., Maidment, I., & McShane, R. (2012). Cholinesterase inhibi- tors for dementia with Lewy bodies, Parkinson's disease dementia and cognitive impairment in Parkinson's disease. *Cochrane Database Systematic Review, 14,* CD006504.

Rönnberg, L., & Ericsson, K. (1994). Reliability and validity of the Hierarchic Demen- tia Scale. *International Psychogeriatrics, 6*(1), 87–94.

Rosenblatt, P. C. (2012). Family grief in cross-cultural perspective. *Family Science, 4,*
12–19.

Rossato-Bennett, M. (2014). *Alive inside* [Motion picture].

Rovio, S., Kareholt, I., Helkala, E. L., Viitanen, M., Winblad, B., Tuomilehto, J., . . . Kivipelto, M. (2005). Leisure-time physical activity at midlife and the risk of dementia and Alzheimer's disease. *The Lancet Neurology, 4*(11), 705–711.

Rueda, A. D., Lau, K. M., Saito, N., Harvey, D., Risacher, S. L., Aisen, P. S., . . . the Alzheimer's Disease Neuroimaging Initiative. (2015). Self-rated and informant- rated everyday function in comparison to objective markers of Alzheimer's disease. *Alzheimer's and Dementia, 11,* 1080–1089.

Ruscin, J. M., & Linnebaur, S. A. (2014). Pharmacodynamics in the elderly. Retrieved October 15, 2016, from *www.merckmanuals.com/professional/geriatrics/drug- therapy-in-the-elderly/pharmacodynamics-in-the-elderly#v1132595.*

Russ, T. C., & Morling, J. R. (2012). Cholinesterase inhibitors for mild cognitive impairment. *Cochrane Database of Systematic Reviews 9,* CD009132.

Russo, A. C., Bush, S. S., & Rasin-Waters, D. (2013a). Ethical considerations in the neuropsychological assessment of older adults. In L. D. Ravdin & H. L. Katzen (Eds.), *Handbook on the neuropsychology of aging and dementia* (pp. 225–235). New York: Springer Science + Business Media.

Russo, A. C., Bush, S. S., & Rasin-Waters, D. (2013b). Professional competence as the foundation for ethical neuropsychological practice with older adults. In L. D. Ravdin & H. L. Katzen (Eds.), *Handbook on the neuropsychology of aging and dementia* (pp. 217–223). New York: Springer Science + Business Media.

Ryan, J. J., Paolo, A. M., & Brungardt, T. M. (1992). WAIS—R test-retest stability in normal persons 75 years and older. *The Clinical Neuropsychologist, 6*(1), 3–8.

Sabat, S. R., & Lee, J. M. (2012). Relatedness among people diagnosed with dementia: Social cognition and the possibility of friendship. *Dementia: The International Journal of Social Research and Practice, 11*(3), 315–327.

Sabbagh, M. N., Malek-Ahmadi, M., Kataria, R., Belden, C. M., Connor, D. J., Pear- son, C., . . . Singh, U. (2010). The Alzheimer's Questionnaire: A proof of concept study for a new informant-based dementia assessment. *Journal of Alzheimer's Dis- ease, 22*(3), 1015–1021.

Saczynski, J. S., Pfeifer, L. A., Masaki, K., Korf, E. S., Laurin, D., White, L., & Launer,
L. J. (2006). The effect of social engagement on incident dementia: The Honolu- lu– Asia Aging Study. *American Journal of Epidemiology, 163*(5), 433–440.

Sahakian, B. J., & Owen, A. M. (1992). Computerized assessment in neuropsychiatry using CANTAB: Discussion paper. *Journal of the Royal Society of Medicine, 85*(7), 399–402.

Sahathevan, R., Brodtmann, A., & Donnan, G. A. (2011). Dementia, stroke, and vascu- lar risk factors: A review. *International Journal of Stroke, 7*, 61–73.

Salive, M. E. (2013). Multimorbidity in older adults. *Epidemiological Reviews, 35*, 75–83.

Salthouse, T. A. (1992). Shifting levels of analysis in the investigation of cognitive aging.
Human Development, 35, 321–342.

Salthouse, T. A. (1996). Constraints on theories of cognitive aging. *Psychnomic Bul- letin and Review, 3*(3), 287–299.

Salthouse, T. A. (1997). The processing speed theory of adult age differences in cogni- tion. *Psychological Review, 103*, 403–429.

Sambati, L., Calandra-Buonaura, G., Poda, R., Guaraldi, P., & Cortelli, P. (2014). Orthostatic hypotension and cognitive impairment: A dangerous association? *Neu- rological Sciences, 35*(6), 951–957.

Sattler, C., Toro, P., Schönknecht, P., & Schröder, J. (2012). Cognitive activity, educa- tion and socioeconomic status as preventive factors for mild cognitive impairment and Alzheimer's disease. *Psychiatry Research, 196*(1), 90–95.

Saunders, N. L., & Summers, M. J. (2011). Longitudinal deficits to attention, executive, and working memory in subtypes of mild cognitive impairment. *Neuropsychology, 25*(2), 237–248.

Saxton, J., Kastango, K. B., Hugonot-Diener, L., Boller, F., Verny, M., Sarles, C. E., . . . DeKosky, S. T. (2005). Development of a short form of the Severe Impairment Bat- tery. *American Journal of Geriatric Psychiatry, 13*(11), 999–1005.

Saxton, J., McGonigle-Gibson, K. L., Swihart, A. A., Miller, V. J., & Boller, F. (1990). Assessment of the severely impaired patient: Description and validation of a new neuropsychological test battery. *Psychological Assessment: A Journal of Consult- ing and Clinical Psychology, 2*(3), 298–303.

Saxton, J., Morrow, L., Eschman, A., Archer, G., Luther, J., & Zuccolotto, A. (2009). Computer assessment of mild cognitive impairment. *Postgraduate Medical, 121*(2), 177–185.

Saxton, J., Ratcliff, G., Munro, C. A., Coffey, C. E., Becker, J. T., Fried, L., & Kuller, L. (2000). Normative data on the Boston Naming Test and two equivalent 30-item short forms. *The Clinical Neuropsychologist, 14*(4), 526–534.

Saykin, A. J., Wishart, H. A., Rabin, L. A., Santulli, R. B., Flashman, L. A., West, J. D., ... Mamourian, A. C. (2006). Older adults with cognitive complaints show brain atrophy similar to that of amnestic MCI. *Neurology, 67*, 834–842.

Scarmeas, N., Levy, G., Tang, M. X., Manly, J., & Stern, Y. (2001). Influence of leisure activity on the incidence of Alzheimer's disease. *Neurology, 57*(12), 2236–2242.

Schatzberg, A., & Roose, S. A. (2006). A double-blind, placebo-controlled study of venlafaxine and fluoxetine in geriatric outpatients with major depression. *Ameri- can Journal of Geriatric Psychiatry, 14*, 361–370.

Scheef, L., Spottke, A., Daerr, M., Joe, A., Striepens, N., Kölsch, H., ... Jessen, F. (2012). Glucose metabolism, gray matter structure, and memory decline in subjec- tive memory impairment. *Neurology, 79*, 1332–1339.

Schicktanz, S., Schweda, M., Ballenger, J. F., Fox, P. J., Halpern, J., Kramer, J. H., ... Jagust, W. J. (2014). Before it is too late: Professional responsibilities in late-onset Alzheimer's research and pre-symptomatic prediction. *Frontiers in Human Neu- roscience, 8*, 921.

Schmucker, D. L. (2001). Liver function and phase I metabolism in the elderly: A para- dox. *Drugs and Aging, 18*, 837–851.

Schneider, J. A., Arvanitakis, Z., Bang, W., & Bennett, D. A. (2007). Mixed brain pathologies account for most dementia cases in community-dwelling older persons. *Neurology, 69*, 2197–2204.

Schooler, C., Mulatu, M. S., & Oates, G. (2004). Occupational self-direction, intel- lectual functioning, and self-directed orientation in older workers: Findings and implications for individuals and societies. *American Journal of Sociology, 110*(1), 161–197.

Schroder, J., Kratz, B., Pantel, J., Minnemann, E., Lehr, U., & Sauer, H. (1998). Preva- lence of mild cognitive impairment in an elderly community sample. *Journal of Neural Transmissions Supplementa, 54*, 51–59.

Schwarz, N., Strack, F., Hippler, H.-J., & Bishop, G. (1991). The impact of admi- nistra- tion mode on response effects in survey measurement. *Applied Cognitive Psychol- ogy, 5*(3), 193–212.

Schweizer, T. A., Ware, J., Fischer, C. E., Craik, F. I., & Bialystok, E. (2012). Bilin- gual- ism as a contributor to cognitive reserve: Evidence from brain atrophy in Alzheim- er's disease. *Cortex, 48*(8), 991–996.

Sclan, S. G., Foster, J. R., Reisberg, B., & Franssen, E. (1990). Application of Piaget- ian measures of cognition in severe Alzheimer's disease. *Psychiatric Journal of the University of Ottawa, 15*(4), 221–226.

Sclan, S. G., & Reisberg, B. (1992). Functional Assessment Staging (FAST) in Alzheim- er's disease: Reliability, validity, and ordinality. *International Psycho- geriatrics, 4*(Suppl. 1), 55–69.

Scogin, F., Welsh, D., Hanson, A., Stump, J., & Coates, A. (2005). Evidence-based psychotherapies for depression in older adults. *Clinical Psychology: Science and Practice 12*, 222–237.

Seeman, T. E., Lusignolo, T. M., Albert, M., & Berkman, L. (2001). Social relationships, social support, and patterns of cognitive aging in healthy, high-functioning older adults: MacArthur studies of successful aging. *Health Psychology, 20*(4), 243–255.

Seetharaman, S., Andel, R., McEvoy, C., Aslan, A. K. D., Finkel, D., & Pedersen, N. L. (2015). Blood glucose, diet-based glycemic load and cognitive aging among dementia-free older adults. *Journals of Gerontology: Series A: Biological Sciences and Medical Sciences, 70A*(4), 471–479.

Segal, D. L., June, A., Payne, M., Coolidge, F. L., & Yochim, B. (2010). Development and initial validation of a self-report assessment tool for anxiety among older adults: The Geriatric Anxiety Scale. *Journal of Anxiety Disorders, 24*(7), 709–714.

Segal, Z., Williams, M., & Teasdale, J. (2012). *Mindfulness-based cognitive therapy for depression* (2nd ed.). New York: Guilford Press.

Seidler, R. D., Bo, J., & Anguera, J. A. (2012). Neurocognitive contributions to motor skill learning: The role of working memory. *Journal of Motor Behavior, 44*, 445– 453.

Seliger, S. L., Wendell, C. R., Waldstein, S. R., Ferrucci, L., & Zonderman, A. B. (2015). Renal function and long-term decline in cognitive function: The Baltimore Longi- tudinal Study of Aging. *American Journal of Nephrology, 41*(4–5), 305–312.

Seppi, K., Weintraub, D., Coelho, M., Perez-Lloret, S., Fox, S. H., Katzenschlager, R., ... Sampaio, C. (2011). The Movement Disorder Society Evidence-Based Medicine Review update: Treatments for the non-motor symptoms of Parkinson's disease. *Movement Disorders, 26*(Suppl. 3), S42–S50.

Sexton, C. E., McKay, C. E., & Ebmeier, K. P. (2013). A systematic review and meta- analysis of magnetic resonance imaging studies in late-life depression. *American Journal of Geriatric Psychiatry, 21*, 184–195.

Shah, J. N., Qureshi, S. U., Jawaid, A., & Schulz, P. E. (2012). Is there evidence for late cognitive decline in chronic schizophrenia? *Psychiatric Quarterly, 83*(2), 127–144. Shaik, M. A., Xu, X., Chan, Q. L., Hui, R. J. Y., Chong, S. S. T., Chen, C. L.-H., &

Dong, Y. (2015). The reliability and validity of the informant ad8 by comparison with a series of cognitive assessment tools in primary healthcare. *International Psychogeriatrics, 28*(3), 443–452.

Shankle, W. R., Mangrola, T., Chan, T., & Hara, J. (2009). Development and vali- dation of the Memory Performance Index: Reducing measurement error in recall tests. *Alzheimer's and Dementia, 5*(4), 295–306.

Sharp, E. S., & Gatz, M. (2011). Relationship between education and dementia: An updated systematic review. *Alzheimer Disease and Associated Disorders, 25*(4), 289–304.

Shea, T. B., & Remington, R. (2015). Nutritional supplementation for Alzheimer's dis- ease? *Current Opinion in Psychiatry, 28*(2), 141–147.

Shear, M. K. (2015). Complicated grief. *New England Journal of Medicine, 372,* 153–160.

Shear, M. K., Wang, Y., Skritskaya, N., Duan, N., Mauro, C., & Ghesquiere, A. (2014). Treatment of complicated grief in elderly persons: A randomized clinical trial. *JAMA Psychiatry, 71,* 1287–1295.

Short, P., Cernich, A., Wilken, J. A., & Kane, R. L. (2007). Initial construct validation of frequently employed ANAM measures through structural equation modeling. *Archives of Clinical Neuropsychology, 22*(Suppl.), S63–S77.

Shultz, J., Aman, M., Kelbley, T., LeClear Wallace, C., Burt, D. B., Primeaux-Hart, S., . . . Tsiouris, J. (2004). Evaluation of screening tools for dementia in older adults with mental retardation. *American Journal on Mental Retardation, 109*(2), 98–110.

Sikkes, S. A. M., Crane, P., Jones, R., Rabin. L., & the Subjective Cognitive Decline Ini- tiative (SCD-I) Working Group. (2017). Subjective cognitive decline and preclinical Alzheimer's disease: Harmonization of measurement instruments. *Journal of the International Neuropsychological Society.*

Sikkes, S. A. M., Knol, D. L., van den Berg, M. T., de Lange-de Klerk, E. S. M., Schel- tens, P., Klein, M., . . . Uitdehaag, B. M. J. (2011). An informant questionnaire for detecting Alzheimer's disease: Are some items better than others? *Journal of the International Neuropsychological Society, 17*(4), 674–681.

Silveri, M. C., Reali, G., Jenner, C., & Puopolo, M. (2007). Attention and memory in the preclinical stage of dementia. *Journal of Geriatric Psychiatry and Neurology, 20*(2), 67–75.

Simmons, B. B., Hartmann, B., & DeJoseph, D. (2011). Evaluation of suspected demen- tia. *American Family Physician, 84,* 895–902.

Simons, D. J., Boot, W. R., Charness, N., Gathercole, S. E., Chabris, C. F., Hambrick,

D. Z., & Stine-Morrow, E. A. L. (2016). Do "brain training" programs work? *Psychological Science in the Public Interest, 17,* 103–186.

Sitzer, D. I., Twamley, E. W., & Jeste, D. V. (2006). Cognitive training in Alzheimer's disease: A meta-analysis of the literature. *Acta Psychiatrica Scandinavica, 114,* 75–90.

Skrobot, O. A., O'Brien, J., Black, S., Chen, C., DeCarli, C., Erkinjuntti, T., . . . Kehoe,

P. G. (2017). The ascular Impairment of Cognition Classification Consensus Study.

Alzheimer's and Dementia, 13(6), 624–633.

Slavin, M. J., Brodaty, H., Kochan, N. A., Crawford, J. D., Trollor, J. N., Draper, B., & Sachdev, P. S. (2010). Prevalence and predictors of "subjective cognitive com- plaints" in the Sydney Memory and Ageing Study. *American Journal of Geriatric Psychiatry, 18,* 701–710.

Slavin, M. J., Sachdev, P. S., Kochan, N. A., Woolf, C., Crawford, J. D., Giskes, K., . . . Brodaty, H. (2015). Predicting cognitive, functional, and diagnostic change over 4 years using baseline subjective cognitive complaints in the Sydney Memory and Ageing Study. *American Journal of Geriatric Psychiatry, 23,* 906–914.

Sliwinski, M., Buschke, H., Stewart, W. F., Masur, D., & Lipton, R. B. (1997). The effect of dementia risk factors on comparative and diagnostic selective remin-

ding norms. *Journal of the International Neuropsychological Society, 3*(4), 317–326.
Sliwinski, M., Lipton, R., Buschke, H., & Wasylyshyn, C. (2003). Optimizing cognitive test norms for detection. In R. C. Petersen (Ed.), *Mild cognitive impairment: Aging to Alzheimer's disease* (pp. 89–104). New York: Oxford University Press.
Slot, R. E. R., Sikkes, S. A. M., Verfaillie, S. C. J., Wolfsgruber, S., Brodaty, H., Buck- ley, R. F., . . . van der Flier, W. M. (2016). Subjective cognitive decline and progres- sion to dementia due to AD and non-AD in memory clinic and community-based cohorts. *Alzheimer's and Dementia, 12*(Suppl.), 1073.
Smart, C. M., Karr, J. E., Areshenkoff, C. N., Rabin, L. A., Hudon, C., Gates, N., . . . the Subjective Cognitive Decline Initiative (SCD-I) Working Group. (2017). Non- pharmacologic interventions for older adults with subjective cognitive decline: Sys- tematic review, meta-analysis, and preliminary recommendations. *Neuropsychol- ogy Review, 27*(3), 245–257.
Smart, C. M., Koudys, J., & Mulligan, B. P. (2015). Examining conscientiousness in older adults with subjective cognitive decline: Are we really measuring personality? *Alzheimer's and Dementia, 11*(Suppl. 7), 583.
Smart, C. M., & Krawitz, A. (2015). The impact of subjective cognitive decline on Iowa gambling task performance. *Neuropsychology, 29*, 971–987.
Smart, C. M., & Segalowitz, S. J. (2017). Respond, don't react: The influence of mind- fulness training on performance monitoring in older adults. *Cognitive, Affective, and Behavioral Neuroscience, 17*, 1151–1163.
Smart, C. M., Segalowitz, S. J., Mulligan, B. P., Koudys, J., & Gawryluk, J. (2016). Mindfulness training for older adults with subjective cognitive decline: Results from a pilot randomized controlled trial. *Journal of Alzheimer's Disease, 52*, 757–774.
Smart, C. M., Segalowitz, S. J., Mulligan, B. P., & MacDonald, S. W. S. (2014a). Atten- tion capacity and self-report of subjective cognitive decline: A P300 ERP study. *Biological Psychology, 103*, 144–151.
Smart, C. M., Spulber, G., & Garcia-Barrera, M. A. (2014b). Structural brain changes
evident in default mode network areas in older adults with subjective cogni- tive decline compared to healthy peers. *Alzheimer's and Dementia, 10*(4, Suppl.), 608.
Smith, M. M., Tremont, G., & Ott, B. R. (2009). A review of telephone-adminis- tered screening tests for dementia diagnosis. *American Journal of Alzheimer's Disease and Other Dementias, 24*(1), 58–69.
Smits, L. L., van Harten, A. C., Pijnenburg, Y. A. L., Koedam, E. L. G. E., Bouwman, F. H., Sistermans, N., . . . van der Flier, W. M. (2015). Trajectories of cognitive decline in different types of dementia. *Psychological Medicine, 45*(5), 1051–1059.
Smoski, M. J., McClintock, A., & Keeling, L. (2016). Mindfulness training for emo- tional and cognitive health in late life. *Current Behavioral Neuroscience Reports, 3*, 301–307.
Snowden, M. B., Atkins, D. C., Steinman, L. E., Bell, J. F., Bryant, L. L., Copeland, C., & Fitzpatrick, A. L. (2015). Longitudinal association of dementia and depression. *American Journal of Geriatric Psychiatry, 23*(9), 897–905.

Snyder, H. M., Corriveau, R. A., Craft, S., Faber, J. E., Greenberg, S. M., Knopman, D., . . . Carrillo, M. C. (2015). Vascular contributions to cognitive impairment and dementia including Alzheimer's disease. *Alzheimer's and Dementia, 11*(6), 710–717.

Sofi, F., Abbate, R., Gensini, G. F., & Casini, A. (2010). Accruing evidence on benefits of adherence to the Mediterranean diet on health: An updated systematic review and meta-analysis. *American Journal of Clinical Nutrition, 92*(5), 1189–1196.

Sohlberg, M. M., & Mateer, C. A. (2001). *Cognitive rehabilitation: An integrative neuropsychological approach* (2nd ed.). New York: Guilford Press.

Song, X., Mitnitski, A., & Rockwood, K. (2010). Prevalence and 10-year outcomes of frailty in older adults in relation to deficit accumulation. *Journal of the American Geriatrics Society, 58*(4), 681–687.

Song, X., Mitnitski, A., & Rockwood, K. (2011). Nontraditional risk factors combine to predict Alzheimer disease and dementia. *Neurology, 77*(3), 227–234.

Speer, D. C. (1992). Clinically significant change: Jacobson and Truax (1991) revisited.
Journal of Consulting and Clinical Psychology, 60(3), 402–408.

Sperling, R. A., Aisen, P. S., Beckett, L. A., Bennett, D. A., Craft, S., Fagan, A. M., . . . Phelps, C. H. (2011). Toward defining the preclinical stages of Alzheimer's disease: Recommendations from the National Institute on Aging and the Alzheimer's Asso- ciation workgroup. *Alzheimer's and Dementia, 7*, 280–292.

Starkstein, S. E., & Jorge, R. (2005). Dementia after traumatic brain injury. *Interna- tional Psychogeriatrics, 17*(Suppl. 1), S93–S107.

Steffens, D. C., & Potter, G. G. (2008). Geriatric depression and cognitive impairment
Psychological Medicine, 38, 163–175.

Stein, J., Luppa, M., Brähler, E., König, H.-H., & Riedel-Heller, S. G. (2010). The assessment of changes in cognitive functioning: Reliable change indices for neu- ropsychological instruments in the elderly—A systematic review. *Dementia and Geriatric Cognitive Disorders, 29*(3), 275–286.

Stephan, B. C., Hunter, S., Harris, D., Llewellyn, D. J., Siervo, M., Matthews, F. E., & Brayne, C. (2012). The neuropathological profile of mild cognitive impairment (MCI): A systematic review. *Molecular Psychiatry, 17*, 1056–1076.

Stern, C., & Munn, Z. (2010). Cognitive leisure activities and their role in preventing dementia: A systematic review. *International Journal of Evidence-Based Health- care, 8*(1), 2–17.

Stern, R. A., Daneshvar, D. H., Baugh, C. M., Seichepine, D. R., Montenigro, P. H.,
Riley, D. O., . . . McKee, A. C. (2013). Clinical presentation of chronic traumatic encephalopathy. *Neurology, 81*(13), 1122–1129.

Stern, Y. (2002). What is cognitive reserve?: Theory and research application of the reserve concept. *Journal of the International Neuropsychological Society, 8*(3), 448–460.

Stern, Y. (2009). Cognitive reserve. *Neuropsychologia, 47*, 2015–2028.

Stern, Y. (2012). Cognitive reserve in ageing and Alzheimer's disease. *The Lancet Neu- rology, 11*, 1006–1012.

Stern, Y., Albert, S., Tang, M. X., & Tsai, W. Y. (1999). Rate of memory decline in AD is related to education and occupation: Cognitive reserve? *Neurology, 53*(9), 1942–1947.

Stern, Y., Alexander, G. E., Prohovnik, I., Stricks, L., Link, B., Lennon, M. C., & Mayeux, R. (1995). Relationship between lifetime occupation and parietal flow: Implications for a reserve against Alzheimer's disease pathology. *Neurology, 45*(1), 55–60.

St. John, P., & Montgomery, P. (2002). Are cognitively intact seniors with subjective memory loss more likely to develop dementia? *International Journal of Geriatric Psychiatry, 17,* 814–820.

Strauss, E., Sherman, E. M. S., & Spreen, O. (2006). *A compendium of neuropsychological tests: Administration, norms, and commentary* (3rd ed.). New York: Oxford University Press.

Stroebe, M., Schut, H., & van den Bout, J. (2013). *Complicated grief: Scientific foun- dations for health care professionals.* New York: Routledge.

Strydom, A., Chan, T., Fenton, C., Jamieson-Craig, R., Livingston, G., & Hassiotis, A. (2013). Validity of criteria for dementia in older people with intellectual disability. *American Journal of Geriatric Psychiatry, 21*(3), 279–288.

Suhr, J. A., & Gunstad, J. (2002). "Diagnosis threat": The effect of negative expecta- tions on cognitive performance in head injury. *Journal of Clinical and Experimen- tal Neuropsychology, 24*(4), 448–457.

Suhr, J. A., & Gunstad, J. (2005). Further exploration of the effect of "diagnosis threat" on cognitive performance in individuals with mild head injury. *Journal of the International Neuropsychological Society, 11*(1), 23–29.

Suo, C., Singh, M. F., Gates, N., Wen, W., Sachdev, P., Brodaty, H., . . . Valenzuela, M. J. (2016). Therapeutically relevant structural and functional mechanisms triggered by physical and cognitive exercise. *Molecular Psychiatry, 21,* 1633–1642.

Supiano, K. P., & Luptak, M. (2014). Complicated grief in older adults: A random- ized controlled trial of complicated grief group therapy. *The Gerontologist, 54,* 840–856.

Swan, G. E., & Lessov-Schlaggar, C. N. (2007). The effects of tobacco smoke and nicotine on cognition and the brain. *Neuropsychology Review, 17*(3), 259–273.

Szeto, J. Y., Mowszowski, L., Gilat, M., Walton, C. C., Naismith, S. L., & Lewis, S. J. (2015). Assessing the utility of the Movement Disorder Society Task Force Level 1 diagnostic criteria for mild cognitive impairment in Parkinson's disease. *Parkin- sonism and Related Disorders, 21,* 31–35.

Tales, A., Jessen, F., Butler, C., Wilcock, G., Phillips, J., & Bayer, T. (2015). Subjective cognitive decline. *Journal of Alzheimer's Disease, 48*(Suppl. 1), S1–S3.

Tan, C.-C., Yu, J.-T., Wang, H.-F., Tan, M.-S., Meng, Z.-F., Wang, C., . . . Tan, L. (2014). Efficacy and safety of donepezil, galantamine, rivastigmine, and memantine for the treatment of Alzheimer's disease: A systematic review and meta-analysis. *Journal of Alzheimer's Disease, 41,* 615–631.

Tangney, C. C. (2014). DASH and Mediterranean-type dietary patterns to maintain cognitive health. *Current Nutrition Reports, 3*(1), 51–61.

Tanwani, P., Fernie, B. A., Nik¹evi°, A. V., & Spada, M. M. (2015). A systematic review of treatments for impulse control disorders and related behaviors in Parkinson's disease. *Psychiatry Research, 225,* 402–406.

Tarter, R. E., Butters, M., & Beers, S. R. (2001). *Medical neuropsychology* (2nd ed.).

Dordrecht, The Netherlands: Kluwer.

Tate, R. L., Perdices, M., Rosenkoetter, U., Shadish, W., Vohra, S., Barlow, D. H., ... Wilson, B. (2016). The Single-Case Reporting guideline In BEehavioural interven- tions (SCRIBE) 2016 statement. *Journal of School Psychology, 56,* 133–142.

Taulbee, L. R., & Folsom, J. C. (1966). Reality orientation for geriatric patients. *Hos- pital and Community Psychiatry, 17,* 133–135.

Taylor, W. D. (2014). Depression in the elderly. *New England Journal of Medicine, 371,*
1228–1236.

Temkin, N. R., Heaton, R. K., Grant, I., & Dikmen, S. S. (1999). Detecting signifi- cant change in neuropsychological test performance: A comparison of four models. *Journal of the International Neuropsychological Society, 5*(4), 357–369.

Teng, E., Becker, B. W., Woo, E., Knopman, D. S., Cummings, J. L., & Lu, P. H. (2010). Utility of the Functional Activities Questionnaire for distinguishing mild cognitive impairment from very mild Alzheimer's disease. *Alzheimer's Disease and Associ- ated Disorders, 24,* 348–353.

Teri, L., McCurry, S. M., Edland, S. D., Kukull, W. A., & Larson, E. B. (1995). Cog- nitive decline in Alzheimer's disease: A longitudinal investigation of risk factors for accelerated decline. *Journals of Gerontology Series A: Biological Sciences and Medical Sciences, 50*(1), M49–M55.

Teri, L., Truax, P., Logsdon, R., Uomoto, J., Zarit, S., & Vitaliano, P. P. (1992). Assess- ment of behavioral problems in dementia: The Revised Memory and Behavior Problems Checklist. *Psychology and Aging, 7*(4), 622–631.

Terry, R. D. (2006). Alzheimer's disease and the aging brain. *Journal of Geriatric Psy- chiatry and Neurology, 19*(3), 125–128.

Terry, R. D. (2007). Alzheimer's disease and the aging brain. In T. Sunderland, D. V. Jeste, O. Baiyewu, P. J. Sirovatka, & D. A. Regier (Eds.), *Diagnostic issues in dementia: Advancing the research agenda for DSM-V* (pp. 1–7). Arlington, VA: American Psychiatric Association.

Testa, J. A., Malec, J. F., Moessner, A. M., & Brown, A. W. (2005). Outcome after trau- matic brain injury: Effects of aging on recovery. *Archives of Physical Medicines and Rehabilitation, 86*(9), 1815–1823.

Thal, L. J. (2006). Prevention of Alzheimer disease. *Alzheimer Disease and Asso- ciated Disorders, 20,* S97–S99.

The Economist. (2013, August 10). Commercialising neuroscience: Brain sells. Retrieved December 27, 2016, from *www.economist.com/news/busi- ness/21583260- cognitive-training-may-be-moneyspinner-despite-scientists- -doubts-brain-sells.*

The FTD Disorders. (2016). Retrieved from *www.theaftd.org/understandingftd/ dis- orders.*

Theisen, M. E., Rapport, L. J., Axelrod, B. N., & Brines, D. B. (1998). Effects of prac- tice in repeated administrations of the Wechsler Memory Scale—Revised in nor- mal adults. *Assessment, 5*(1), 85–92.

Thompson, L. W., Dick-Siskin, L., Coon, D. W., Powers, D. V., & Gallagher-Thompson, D. (2010). *Treating late-life depression: A cognitive behavioral therapy approach workbook.* New York: Oxford University Press.

Thorvaldsson, V., Macdonald, S. W., Fratiglioni, L., Winblad, B., Kivipelto, M., Laukka, E. J., . . . Backman, L. (2011). Onset and rate of cognitive change before dementia diagnosis: Findings from two Swedish population-based longitudinal studies. *Journal of the International Neuropsychological Society, 17*(1), 154–162. Tierney, M. C., & Lermer, M. A. (2010). Computerized cognitive assessment in pri- mary care to identify patients with suspected cognitive impairment. *Journal of Alzheimer's Disease, 20*(3), 823–832.

Tornatore, J. B., Hill, E., Laboff, J. A., & McGann, M. E. (2005). Self-administe- red screening for mild cognitive impairment: Initial validation of a computerized test battery. *Journal of Neuropsychiatry and Clinical Neurosciences, 17*(1), 98–105.

Toro, P., Degen, C., Pierer, M., Gustafson, D., Schroder, J., & Schonknecht, P. (2014). Cholesterol in mild cognitive impairment and Alzheimer's disease in a birth cohort over 14 years. *European Archives of Psychiatry and Clinical Neurosciences, 264*(6), 485–492.

Trenkle, D. L., Shankle, W. R., & Azen, S. P. (2007). Detecting cognitive impairment in primary care: Performance assessment of three screening instruments. *Journal of Alzheimer's Disease, 11*(3), 323–335.

Troyer, A. (2001). Improving memory knowledge, satisfaction, and functioning via an education and intervention program for older adults. *Aging, Neuropsychology, and Cognition, 8,* 256–268.

Trustram Eve, C., & de Jager, C. A. (2014). Piloting and validation of a novel self- administered online cognitive screening tool in normal older persons: The Cogni- tive Function Test. *International Journal of Geriatric Psychiatry, 29*(2), 198–206.

Trzepacz, P. T., Mittal, D., Torres, R., Kanary, K., Norton, J., & Jimerson, N. (2001). Validation of the Delirium Rating Scale–Revised–98: Comparison with the Delir- ium Rating Scale and the Cognitive Test for Delirium. *Journal Neuropsychiatry and Clinical Neurosciences, 13*(2), 229–242.

Tschanz, J. T., Norton, M. C., Zandi, P. P., & Lyketsos, C. G. (2013). The Cache County Study on Memory in Aging: Factors affecting risk of Alzheimer's disease and its progression after onset. *International Review of Psychiatry, 25*(6), 673–685.

Tsuboi, K., Harada, T., Ishii, T., Morishita, H., Ohtani, H., & Ishizaki, F. (2009). Evaluation of the usefulness of a simple touch-panel method for the screening of dementia. *Hiroshima Journal of Medical Sciences, 58*(2–3), 49–53.

Tun, P. A., & Lachman, M. E. (2006). Telephone assessment of cognitive function in adulthood: The Brief Test of Adult Cognition by Telephone. *Age and Ageing, 35*(6), 629–632.

Tuokko, H. A., Chou, P. H. B., Bowden, S. C., Simard, M., Ska, B., & Crossley, M. (2009). Partial measurement equivalence of French and English versions of the Canadian Study of Health and Aging neuropsychological battery. *Journal of the International Neuropsychological Society, 15*(3), 416-425.

Tuokko, H., Crockett, D., Holliday, S., & Coval, M. (1987). The relationship between performance on the Multi-focus Assessment Scale and functional status. *Canadian Journal on Aging, 6*(1), 33-45.

Tuokko, H., & Hadjistavropoulos, T. (1998). *An assessment guide to geriatric neuro- psychology*. Mahwah, NJ: Erlbaum.

Tuokko, H. A., & Hultsch, D. F. (2006a). *Mild cognitive impairment: International perspectives*. Philadelphia: Taylor & Francis.

Tuokko, H. A., & Hultsch, D. F. (2006b). The future of mild cognitive impairment. In

H. A. Tuokko & D. F. Hultsch (Eds.), *Mild cognitive impairment: International perspectives* (pp. 291-304). Philadelphia: Taylor & Francis.

Tuokko, H. A., & McDowell, I. (2006). An overview of mild cognitive impairment. In

H. A. Tuokko & D. F. Hultsch (Eds.), *Mild cognitive impairment* (pp. 3-28). New York: Taylor & Francis.

Tuokko, H., & Ritchie, L. (2016). Impairment in the geriatric population. In S. Gold- stein & J. A. Naglieri (Eds.), *Assessing impairment: From theory to practice* (2nd ed., pp. 91-122). New York: Springer Science + Business Media.

Tuokko, H. A., & Smart, C. M. (2014). Functional sequelae of cognitive decline in later life. In N. A. Pachana & K. Laidlaw (Eds.), *The Oxford handbook of clinical gero- psychology* (pp. 306-334). New York: Oxford University Press.

Tuokko, H. A., & Woodward, T. S. (1996). Development and validation of a demo- graphic correction system for neuropsychological measures used in the Canadian Study of Health and Aging. *Journal of Clinical and Experimental Neuropsychol- ogy, 18*(4), 479-616.

Turner, R. C., Lucke-Wold, B. P., Robson, M. J., Lee, J. M., & Bailes, J. E. (2016). Alzheimer's disease and chronic traumatic encephalopathy: Distinct but possibly overlapping disease entities. *Brain Injury, 30*(11), 1279-1292.

Turvey, C., Coleman, M., Dennison, O., Drude, K., Goldenson, M., Hirsch, P., ... Bernard, J. (2013). ATA practice guidelines for video-based online mental health services. *Telemedicine and e-Health, 19*(9), 722-731.

Tyas, S. L., Manfreda, J., Strain, L. A., & Montgomery, P. R. (2001). Risk factors for Alzheimer's disease: A population-based, longitudinal study in Manitoba, Canada. *International Journal of Epidemiology, 30*(3), 590-597.

United Nations. (2013). *World Population Ageing 2013*. Retrieved from www. un.org/ en/development/desa/population/publications/pdf/ageing/WorldPo- pulationAge- ing2013.pdf.

Valkanova, V., Rodriguez, R. E., & Ebmeier, K. P. (2014). Mind over matter—what do we know about neuroplasticity in adults? *International Psychogeriatrics, 26*, 891-909.

van de Rest, O., Berendsen, A. A., Haveman-Nies, A., & de Groot, L. C. (2015). Dietary patterns, cognitive decline, and dementia: A systematic review. *Advances in Nutrition, 6*(2), 154-168.

van den Berg, E., Kant, N., & Postma, A. (2012). Remember to buy milk on the way home!: A meta-analytic review of prospective memory in mild cognitive impair- ment and dementia. *Journal of the International Neuropsychological Society, 18,* 706–716.

van den Berg, N., Schumann, M., Kraft, K., & Hoffmann, W. (2012). Telemedicine and telecare for older patients—A systematic review. *Maturitas, 73,* 94–114.

van der Flier, W. M., van Buchem, M. A., Weverling-Rijnsburger, A. W., Mutsaers, E. R., Bollen, E. L., Admiraal-Behloul, F., . . . Middelkoop, H. A. (2004). Memory complaints in patients with normal cognition are associated with smaller hippo- campal volumes. *Journal of Neurology, 251,* 671–675.

van Gelder, B. M., Tijhuis, M. A., Kalmijn, S., Giampaoli, S., Nissinen, A., & Krom- hout, D. (2004). Physical activity in relation to cognitive decline in elderly men: The FINE Study. *Neurology, 63*(12), 2316–2321.

van Harten, A. C., Visser, P. J., Pijnenburg, Y. A., Teunissen, C. E., Blankenstein, M. A., Scheltens, P., & van der Flier, W. (2013). Cerebrospinal fluid Ab42 is the best predictor of clinical progression in patients with subjective complaints. *Alzheim- er's and Dementia, 9,* 481–487.

Van Hooren, S. A. H., Valentijn, S. A. M., Bosma, H., Ponds, R. W. H. M., van Box- tel, M. P. J., . . . Jolles, J. (2007). Effect of a structured course involving goal
management training in older adults: A randomized controlled trial. *Patient Education and Counseling, 65,* 205–213.

van Oijen, M., de Jong, F. J., Hofman, A., Koudstaal, P. J., & Breteler, M. M. (2007). Subjective memory complaints, education, and risk of Alzheimer's disease. *Alzheimer's and Dementia, 3,* 92–97.

Van Petten, C., Plante, E., Davidson, P. S. R., Kuo, T. Y., Bajuscak, L., & Glisky, E. L. (2004). Memory and executive function in older adults: Relationships with temporal and prefrontal gray matter volumes and white matter hyperintensities. *Neuropsychologia, 42*(10), 1313–1335.

Vandermorris, S., Davidson, S., Au, A., Sue, J., Fallah, S., & Troyer, A. K. (2016). "Accepting where I'm at"—a qualitative study of the mechanisms, benefits, and impact of a behavioral memory intervention for community-dwelling older adults. *Aging and Mental Health, 4,* 1–7.

Verdoux, H., Lagnaoui, R., & Begaud, B. (2005). Is benzodiazepine use a risk factor for cognitive decline and dementia?: A literature review of epidemiological studies. *Psychological Medicine, 35*(3), 307–315.

Verghese, J., LeValley, A., Derby, C., Kuslansky, G., Katz, M., Hall, C., . . . Lipton, R.
B. (2006). Leisure activities and the risk of amnestic mild cognitive impairment in the elderly. *Neurology, 66*(6), 821–827.

Verghese, J., Lipton, R. B., Katz, M. J., Hall, C. B., Derby, C. A., Kuslansky, G., . . . Buschke, H. (2003). Leisure activities and the risk of dementia in the elderly. *New England Journal of Medicine, 348*(25), 2508–2516.

Verhaeghen, P. (2013). *The elements of cognitive aging: Meta-analyses of age-related differences in processing speed and their consequences.* New York: Oxford Uni- versity Press.

Veroff, A. E., Bodick, N. C., Offen, W. W., Sramek, J. J., & Cutler, N. R. (1998). Effi- cacy of xanomeline in Alzheimer disease: Cognitive improvement measured using the Computerized Neuropsychological Test Battery (CNTB). *Alzheimer Disease and Associated Disorders, 12*(4), 304–312.

Veroff, A. E., Cutler, N. R., Sramek, J. J., Prior, P. L., Mickelson, W., & Hartman, J. K. (1991). A new assessment tool for neuropsychopharmacologic research: The Computerized Neuropsychological Test Battery. *Journal of Geriatric Psychiatry and Neurology, 4*(4), 211–217.

Versijpt, J. (2014). Effectiveness and cost-effectiveness of pharmacological treatment for Alzheimer's disease and vascular dementia. *Journal of Alzheimer's Disease, 42*, S19–S25.

Victoroff, J. (2013). Traumatic encephalopathy: Review and provisional research diag- nostic criteria. *NeuroRehabilitation, 32*(2), 211–224.

Visser, P. J., Verhey, F., Knol, D. L., Scheltens, P., Wahlund, L. O., Freund-Levi, Y., . . . Blenow, K. (2009). Prevalence and prognostic value of CSF markers of Alzheimer's disease pathology in patients with subjective cognitive impairment or mild cogni- tive impairment in the DESCRIPA study: A prospective cohort study. *The Lancet Neurology, 8*, 619–627.

Voelcker-Rehage, C. (2008). Motor-skill learning in older adults—a review of age- related differences. *European Review of Aging and Physical Activity, 5*, 5–16.

Volkert, J., Schulz, H., Härter, M., Wlodarczyk, O., & Andreas, S. (2013). The preva- lence of mental disorders in older people in Western countries: A meta-analysis. *Ageing Research Reviews, 12*, 339–353.

Wang, H. X., Karp, A., Winblad, B., & Fratiglioni, L. (2002). Late-life engagement in social and leisure activities is associated with a decreased risk of dementia: A longitudinal study from the Kungsholmen project. *American Journal of Epidemiology, 155*(12), 1081–1087.

Wang, J. Y., Zhou, D. H., Li, J., Zhang, M., Deng, J., Tang, M., . . . Chen, M. (2006). Leisure activity and risk of cognitive impairment: The Chongqing Aging Study. *Neurology, 66*(6), 911–913.

Wang, P. N., Wang, S. J., Fuh, J. L., Teng, E. L., Liu, C. H., Lin, C. H., . . . Liu, H. C. (2000). Subjective memory complaint in relation to cognitive performance and depression: A longitudinal study of a rural Chinese population. *Journal of the American Geriatrics Society, 48*(3), 295–299.

Ward, A., Arrighi, H. M., Michels, S., & Cedarbaum, J. M. (2012). Mild cognitive impairment: Disparity of incidence and prevalence estimates. *Alzheimer's and Dementia, 8*, 14–21.

Wechsler, D. (1987). *Wechsler Memory Scale—Revised*. San Antonio, TX: Pearson Assessments.

Wechsler, D. (1997). *Wechsler Memory Scale* (3rd ed.). San Antonio, TX: Pearson Assessments.

Wechsler, D. (2008). *Wechsler Adult Intelligence Scale* (4th ed.). San Antonio, TX: Pearson Assessments.

Wechsler, D. (2009). *Wechsler Memory Scale* (4th ed.). San Antonio, TX: Pearson Assessments.

Weller, F. (2015). *The wild edge of sorrow: Rituals of renewal and the sacred work of grief*. Berkeley, CA: North Atlantic Books.

Wengreen, H., Munger, R. G., Cutler, A., Quach, A., Bowles, A., Corcoran, C., . . . Welsh-Bohmer, K. A. (2013). Prospective study of Dietary Approaches to Stop Hypertension- and Mediterranean-style dietary patterns and age-related cognitive change: The Cache County Study on Memory, Health and Aging. *American Jour- nal of Clinical Nutrition, 98*(5), 1263–1271.

Werner, P., & Korczyn, A. D. (2008). Mild cognitive impairment: Conceptual, assess- ment, ethical, and social issues. *Clinical Interventions in Aging, 3*(3), 413–420.

Werner, P., & Korczyn, A. D. (2012). Willingness to use computerized systems for the diagnosis of dementia: Testing a theoretical model in an Israeli sample. *Alzheimer Disease and Associated Disorders, 26*(2), 171–178.

West, R. L. (1996). An application of prefrontal cortex function theory to cogni- tive aging. *Psychological Bulletin, 120*(2), 272–292.

Westerhof, G. J., Bohlmeijer, E., & Webster, J. D. (2010). Reminiscence and men- tal health: A review of recent progress in theory, research and interventions. *Ageing and Society, 30*, 697–721.

Weuve, J., Kang, J. H., Manson, J. E., Breteler, M. M., Ware, J. H., & Grodstein, F. (2004). Physical activity, including walking, and cognitive function in older women. *JAMA, 292*(12), 1454–1461.

Whitbourne, S. K., Whitbourne, S. B., & Konnert, C. (2015). *Adult development and aging: Biopsychosocial perspectives* (Canadian ed.). Toronto, Ontario: Wiley & Sons Canada.

White, L., Katzman, R., Losonczy, K., Salive, M., Wallace, R., Berkman, L., . . . Hav- lik, R. (1994). Association of education with incidence of cognitive impairment in three established populations for epidemiologic studies of the elderly. *Journal of Clinical Epidemiology, 47*(4), 363–374.

Whitmer, R. A., Sidney, S., Selby, J., Johnston, S. C., & Yaffe, K. (2005). Midlife cardio- vascular risk factors and risk of dementia in late life. *Neurology, 64*(2), 277–281.

Wiegand, M. A., Troyer, A. K., Gojmerac, C., & Murphy, K. J. (2013). Facilitating change in health-related behaviours and intentions: A randomized controlled trial of a multidimensional memory program for older adults. *Aging and Mental Health, 17*, 806–815.

Wild, K., Howieson, D., Webbe, F., Seelye, A., & Kaye, J. (2008). Status of com- puter- ized cognitive testing in aging: A systematic review. *Alzheimer's and Dementia, 4*(6), 428–437.

Willis, S. L. (1996). Assessing everyday competence in the cognitively challenged elderly. In M. A. Smyer, K. W. Schaie, & M. B. Kapp (Eds.), *Older adults' decision-making and the law* (pp. 87–127). New York: Springer.

Wilson, B. A., Baddeley, A., Evans, J. J., & Shiel, A. J. (1994). Errorless learning in the rehabilitation of memory impaired people. *Neuropsychological Reha- bilitation, 4*, 307–326.

Wilson, B. A., Watson, P. C., Baddeley, A. D., Emslie, H., & Evans, J. J. (2000). Improvement or simply practice?: The effects of twenty repeated assessments on people with and without brain injury. *Journal of the International Neuropsycho- logical Society, 6,* 469–479.

Wilson, R. S., Bennett, D. A., Bienias, J. L., Aggarwal, N. T., Mendes De Leon, C. F., Morris, M. C., . . . Evans, D. A. (2002). Cognitive activity and incident AD in a population-based sample of older persons. *Neurology, 59*(12), 1910–1914.

Wilson, R. S., Boyle, P. A., Capuano, A. W., Shah, R. C., Hoganson, G. M., Nag, S., & Bennett, D. A. (2016). Late-life depression is not associated with dementia-related pathology. *Neuropsychology, 30*(2), 135–142.

Wilson, R. S., Boyle, P. A., Yu, L., Barnes, L. L., Schneider, J. A., & Bennett, D. A. (2013). Life-span cognitive activity, neuropathologic burden, and cognitive aging. *Neurology, 81*(4), 314–321.

Wilson, R. S., Hebert, L. E., Scherr, P. A., Barnes, L. L., Mendes de Leon, C. F., & Evans, D. A. (2009). Educational attainment and cognitive decline in old age. *Neu- rology, 72*(5), 460–465.

Wilson, R. S., Li, Y., Aggarwal, N. T., Barnes, L. L., McCann, J. J., Gilley, D. W., & Evans, D. A. (2004). Education and the course of cognitive decline in Alzheimer disease. *Neurology, 63*(7), 1198–1202.

Winblad B., Palmer, K., Kivipelto, M., Jelic, V., Fratiglioni, L., Wahlund, L. O., . . . Petersen, R. C. (2004). Mild cognitive impairment—beyond controversies, towards a consensus: Report of the International Working Group on Mild Cognitive Impair- ment. *Journal of Internal Medicine, 256,* 240–246.

Winner, B., Kohl, Z., & Gage, F. H. (2011). Neurodegenerative disease and adult neu- rogenesis. *European Journal of Neuroscience, 33,* 1139–1151.

Winslow, B. T., Onysko, M. K., Stob, C. M., & Hazlewood, K. A. (2011). Treatment of Alzheimer disease. *American Family Physician, 83,* 1403–1412.

Wolfsgruber, S., Kleineidam, L., Wagner, M., Mösch, E., Bickel, H., Lühmann, D., . . . AgeCoDe Study Group. (2016). Differential risk of incident Alzheimer's disease dementia in stable versus unstable patterns of subjective cognitive decline. *Journal of Alzheimer's Disease, 54,* 1135–1146.

Wolfson, C., Kirkland, S. A., Raina, P. S., Uniat, J., Roberts, K., Bergman, H., . . . Meneok, K. S. (2009). Telephone-administered cognitive tests as tools for the iden- tification of eligible study participants for population-based research in aging. *Canadian Journal on Aging, 28*(3), 251–259.

Wolitzky-Taylor, K. B., Castriotta, N., Lenze, E. J., Stanley, M. A., & Craske, M. G. (2010). Anxiety disorders in older adults: A comprehensive review. *Depression and Anxiety, 27,* 190–211.

Woods, B., Aguirre, E., Spector, A. E., & Orrell, M. (2012). Cognitive stimulation to improve cognitive functioning in people with dementia. *Cochrane Database of Systematic Reviews, 2,* CD005562.

Woolcott, J. C., Richardson, K. J., Wiens, M. O., Patel, B., Marin, J., Khan, K. M., & Marra, C. A. (2009). Meta-analysis of the impact of 9 medication classes on falls in elderly. *Archives of Internal Medicine, 169,* 1952–1960.

World Health Organization. (1993). *International classification of diseases and related health problems* (10th ed.). Geneva, Switzerland: Author.

World Health Organization. (2001). *International classification of functioning, dis- ability and health: ICF.* Geneva, Switzerland: Author.

World Health Organization. (2015). *International classification of diseases—10th edition—Clinical modification.* Geneva, Switzerland: Author. Retrieved from *www.icd10data.com.*

Worthy, D. A., Gorlick, M. A., Pacheco, J. L., Schyner, D. M., & Maddox, W. T. (2011). With age comes wisdom: Decision-making in younger and older adults. *Psycho- logical Science, 22,* 1375–1380.

Wykes, T., Steel, C., Everitt, B., & Tarrier, N. (2008). Cognitive behavior therapy for schizophrenia: Effect sizes, clinical models, and methodological rigor. *Schizophre- nia Bulletin, 34,* 523–537.

Wylie, S. A., Ridderinkhof, K. R., Eckerle, M. K., & Manning, C. A. (2007). Inefficient response inhibition in individuals with mild cognitive impairment. *Neuropsycho- logia, 45*(7), 1408–1419.

Wynne, H. A., Cope, L. H., Mutch, E., Rawlins, M. D., Woodhouse, K. W., & James,

O. F. (1989). The effect of age upon liver volume and apparent liver blood flow in healthy man. *Hepatology, 9,* 297–301.

Xing, Y., Qin, W., Li, F., Jia, X. F., & Jia, J. (2013). Associations between sex hormones and cognitive and neuropsychiatric manifestations in vascular dementia (VaD). *Archives of Gerontology and Geriatrics, 56*(1), 85–90.

Xu, W., Caracciolo, B., Wang, H. X., Winblad, B., Backman, L., Qiu, C., & Fratiglioni,

L. (2010). Accelerated progression from mild cognitive impairment to dementia in people with diabetes. *Diabetes, 59*(11), 2928–2935.

Yaffe, K., Vittinghoff, E., Lindquist, K., Barnes, D., Covinsky, K. E., Neylan, T., . . . Marmar, C. (2010). Posttraumatic stress disorder and risk of dementia among US veterans. *Archives of General Psychiatry, 67*(6), 608–613.

Yakovenko, I., Quigley, L., Hemmelgarn, B. R., Hodgins, D. C., & Ronksley, P. (2015). The efficacy of motivational interviewing for disordered gambling: Systematic review and meta-analysis. *Addictive Behaviors, 43,* 72–82.

Yau, S., Gil-Mohapel, J., Christie, B. R., & So, K. (2014). Physical exercise-induced adult neurogenesis: A good strategy to prevent cognitive decline in neurodegenera- tive diseases? *BioMed Research International, 2014,* 403120.

Yesavage, J. A., Brink, T., Rose, T., Lum, O., Huang, V., Adey, M., & Leirer, V. O. (1983). Development and validation of a geriatric depression screening scale: A preliminary report. *Journal of Psychiatric Research, 17,* 37–49.

Young, R., Camic, P. M., & Tischler, V. (2016). The impact of community-based arts and health interventions on cognition in people with dementia: A systematic litera- ture review. *Aging and Mental Health, 20,* 337–351.

Zahodne, L. B., Schofield, P. W., Farrell, M. T., Stern, Y., & Manly, J. J. (2014). Bilin- gualism does not alter cognitive decline or dementia risk among Spanish-speaking immigrants. *Neuropsychology, 28*(2), 238–246.

Zaudig, M. (1992). A new systematic method of measurement and diagnosis of "mild

cognitive impairment" and dementia according to ICD-10 and DSM-III-R criteria. *International Psychogeriatrics, 4,* 203–219.

Zeilinger, E. L., Stiehl, K. A. M., & Weber, G. (2013). A systematic review on assess- ment instruments for dementia in persons with intellectual disabilities. *Research in Developmental Disabilities, 34*(11), 3962–3977.

Zhou, X., Zhang, J., Chen, Y., Ma, T., Wang, Y., Wang, J., & Zhang, Z. (2014). Aggra- vated cognitive and brain functional impairment in mild cognitive impairment patients with type 2 diabetes: A resting-state functional MRI study. *Journal of Alzheimer's Disease, 41*(3), 925–935.

Zigman, W. B., Schupf, N., Devenny, D. A., Miezejeski, C., Ryan, R., Urv, T. K., . . . Silverman, W. (2004). Incidence and prevalence of dementia in elderly adults with mental retardation without Down syndrome. *American Journal of Mental Retar- dation, 109*(2), 126–141.

Zunzunegui, M. V., Alvarado, B. E., Del Ser, T., & Otero, A. (2003). Social networks, social integration, and social engagement determine cognitive decline in community-dwelling Spanish older adults. *Journal of Gerontology Series B: Psy- chological Sciences and Social Sciences, 58*(2), S93–S100.

Zygouris, S., & Tsolaki, M. (2015). Computerized cognitive testing for older adults: A review. *American Journal of Alzheimer's Disorder and Other Dementias, 30*(1), 13–28.

Zylowska, L., Ackerman, D. L., Yang, M. H., Futrell, J. L., Horton, N. L., Hale, T. S., . . . Smalley, S. L. (2008). Mindfulness meditation training in adults and ado- lescents with ADHD: A feasibility study. *Journal of Attention Disorders, 11*(6), 737–746.

Índice remissivo

A

abordagem neuropsicológica 4
abstenção alcoólica 178
acalculia 187
acatisia 257
acidente vascular cerebral 40, 162, 246
adaptação funcional 300
adolescência 29
agnosia 177
    ambiental 187
    digital 187
agrafia 177, 187
alteração
    da marcha 177
    de humor 61, 184

ambiente social 27
anomalias nos movimentos oculares 177
anorexia 241
anosognosia 155, 213
ansiedade 60, 124, 207
    social 303, 312
apatia 184
apoio social 27
apraxia 177
    oculomotora 187
arteterapia 269
assistência
    domiciliar 281
    global integrada 264
ataxia óptica 187

atenção 7, 93
atitudes sociais 109
atividade(s)
   básicas da vida diária 169
   cognitivas de lazer 25
   da vida diária 145, 282
   física 28
   instrumentais da vida diária 128, 160, 169, 272
   sociais 27, 38
autodeterminação 76
autoeficácia 211
autonomia 76, 168, 211
avaliação neuropsicológica 59, 313

B

bradicardia 241

C

capacidade(s)
   compensatória 127
   de atenção 124
   de reserva cerebral 9
   funcional 300
   visuoespaciais 167
cefaleia 253
coma 178
comportamento(s)
   desafiadores 335
   perseverativo 185
comprometimento
   cognitivo 10, 36
      leve 39, 55, 117, 143
         amnéstico 23
   episódico de memória 145
concentração 176

condição ocupacional 24
condicionamento cognitivo 206
condições nutricionais 179
conduta social 184
confusão mental 235
conhecimento semântico 134
conscienciosidade 133
consumo de álcool 23
contato social 27, 42
contexto
   psicossocial 314
   social 8, 210
controle de atenção 134
convulsões 178

D

declínio
   cognitivo 19, 36, 55, 143, 232, 263
      subjetivo 55, 116, 143
   progressivo 171
deficiência(s)
   de tiamina 179
   de vitaminas 155
   intelectuais 108
déficit(s)
   cognitivos 3
   neurológico 171
degeneração frontotemporal 184
delírio 176, 331
demandas ambientais 76
demência(s) 4, 19, 36, 55, 116, 143, 167, 208, 264
   com corpos de Lewy 40, 247
   da doença de Parkinson 247
   degenerativas 37
   frontotemporal 24, 136, 146, 184

incidental 42
pós-AVC 181
reversível 42, 128
subcortical 246
vascular 19, 38, 117, 176, 321
depressão 26, 41, 60, 133, 184, 207, 234, 312
desempenho cognitivo 8
desenvolvimento pessoal 59
desequilíbrios hormonais 42
desinibição 184
desorientação direita-esquerda 187
desregulação
   da glicemia 314
   imunológica 222
deterioração cognitiva 42
diabetes 188
   melito 39
   tipo II 60, 218
diarreia 241
dieta
   com baixo teor de gordura 279
   mediterrânea 30
dificuldades
   de linguagem 329
   perceptuais 335
dignidade 76
   do idoso 168
direitos humanos 76
disartria 184
disfunção
   executiva 184
   renal 43
distonia 257
distúrbio(s)
   da tireoide 42
   de ansiedade generalizada 132
   de movimento 173
   do sistema imunológico 179
   gastrintestinal 256
   mentais 234, 250
   metabólicos 155
   neurais 32
diversidade
   cultural 107
   linguística 107
doença(s)
   cardiovascular 106, 253
   cerebrovascular 135
   de Alzheimer 4, 19, 37, 55, 116, 144, 168, 208, 321
   degenerativa 123
   de Huntington 173
   de Parkinson 40, 135, 147, 173, 206
   isquêmicas 136
   mentais 314
   neurodegenerativas 136
   vascular 123
domínios cognitivos 145
dor 317
   crônica 43, 253

E

eletrofisiologia cognitiva 299
encefalopatia traumática crônica 183
engajamento social 27
envelhecimento 3, 235, 265, 316
   cerebral 11
   cognitivo 5, 18, 93, 116
   frontal 9
   saudável 18, 148, 206, 268
envolvimento social 266

esclerose
    lateral amiotrófica 185
    múltipla 36, 249
escolaridade 19, 37
estado cognitivo basal 26
estágio mais avançado da vida 5
estilo de vida 6, 23
estimulação cognitiva 25, 267
estratégias compensatórias 269
estresse 229
    crônico 60
estupor 178
exercício
    aeróbico 279
    anaeróbico 279
exposições ambientais 59

F

fadiga 317
farmacocinética 234
fase precoce da vida 24
fatores culturais 76
flexibilidade
    cognitiva 249
    mental 171
fluência verbal 249
frequência cardíaca 222
função
    cerebral 36
    executiva 134
funcionamento
    biopsicossocial 205
    cognitivo 3, 55
    sensorial 59
funções
    executivas 93

    intelectuais 207
    linguísticas 167
    motoras 59
    sensoriais 26

G

ganho de peso 258
gnose 171

H

habilidades
    cognitivas 8
    visuoespaciais 278
higiene pessoal 169
hipercolesterolemia 43, 60
hiperoralidade 185
hipertensão 40, 60, 218, 256
hipoglicemia 179
hipotensão 40
    ortostática 241
hipotireoidismo 179, 256
hipóxia 179
humor 124, 156, 169, 314

I

ideias suicidas 314
idosos saudáveis 33
implicações sociais 162
imunossenescência 60, 222
incapacidade(s)
    intelectual 188
    vitalícias 108
índice glicêmico 279
infecção do trato urinário 42, 178, 331
influências genéticas 44
insuficiência cardíaca e renal 179

inteligência 93
   cristalizada 93
   fluida 93
intenções suicidas 207
intervenção(ões)
   cognitivas 210, 263
   farmacológica 232
   não farmacológicas 263
   não medicamentosa 263
isolamento social 37
isquemia 246

J

jogos de tabuleiro 26
juventude 29

L

laços sociais 38
lazer 25
leitura 26
lesão cerebral 163
   adquirida 214, 266
   traumática 168, 334
linguagem 134, 207, 278
lúpus eritematoso sistêmico 179
luto profundo 252

M

mapeamento genético 3
memória 3, 93, 124, 144, 167, 207, 269
   de reconhecimento 249
   de trabalho 93, 278
   episódica 134, 186
   implícita 295
   objetiva 211

   recente 187
   semântica 93
   subjetiva 275
   verbal episódica 271
mindfulness 210
Miniexame do Estado Mental 19, 125
modelo biopsicossocial 10
multilinguismo 21

N

náusea 241
neurodegeneração 122
neurogênese 265
neuroimageamento 265
neuropatologia 60, 147
neuroplasticidade 222, 264
neuropsicologia 63
neuroticismo 124, 314
nível educacional 19
novos aprendizados 134

O

obesidade 40

P

padrões alimentares saudáveis 29
palavras cruzadas 26
paralisia supranuclear progressiva 173, 249
paranoia 184
parkinsonismo 257
percepção visual 171
perda de empatia ou simpatia 185
personalidade 167
pesquisas neurocognitivas 33
plasticidade

estrutural 265
funcional 265
polifarmácia 239
prática ética 76
práxis 171
preservação da independência 145
privacidade 76
processamento
   visuoespacial 7
   visuoperceptivo 207
processo neurodegenerativo 4
processos infecciosos 155
psicoeducação 273
psicofarmacologia 232
psicose 248
psicoterapia 208

Q

qualidade de vida 117, 207, 278, 321
quebra de sigilo 164
queixas cognitivas 42, 117
quimioterapia 36

R

raciocínio 3, 167, 271
radioterapia 36
raiva explosiva 184
rastreamento neuropsicométrico 238
reações medicamentosas 178
realidade virtual 281
realização educacional 24, 108
recuperação da memória 93
   episódica 265
redes sociais 27
redução da consciência 161
reflexo metacognitivo 294

relações interpessoais 59
relaxamento 282
reserva cognitiva 21, 127, 266
risco
   de suicídio 139, 184, 324
   elevado de suicídio 257
   neurodegenerativo 47
   vascular 218, 256, 291

S

saúde
   cardiovascular 291
   física 266
   mental 257, 315
simultanagnosia 187
síndrome(s)
   da degeneração corticobasal 173, 177
   da encefalopatia traumática 183
   de Balint 187
   de desregulação dopaminérgica 313
   de Gerstmann 187
   de Stevens-Johnson 256
   neurocomportamental 313
   neuropsiquiátricas 315
sintomas neuropsiquiátricos 278
situação socioeconômica 6
sociabilidade 303
socialização em grupo 269
sono inadequado 314
suplementos alimentares 29

T

tabagismo 23, 38, 214
tai chi 279

tarefas visuoespaciais 93
tecnologia 64
tendência ao crime 184
teoria
    da seletividade socioemocional 8
    do *scaffolding* compensatório 11
terapia
    cognitivo-comportamental 263, 317
    existencial 224
    hormonal 36
teste(s)
    neuropsicológico(s) 81, 99, 127, 170
        padronizados 281
    neuropsicométricos 148
tontura 235
toxicidade medicamentosa 235
transtorno(s)
    bipolar 42, 250
        geriátrico 256
    de ansiedade 254
    depressivo 174
    do controle de impulsos 331
    do estresse pós-traumático 312
    do humor 174, 315
    neurocognitivo 4, 18
        vascular 168
    psiquiátricos 250
traumatismo craniano 43
treinamento cerebral 269
tremor 177
tristeza 252

U

uso abusivo de substâncias químicas 184

V

valores culturais 108
variante
    agramática frontotemporal 177
    comportamental frontotemporal 177
    semântica frontotemporal 177
velocidade
    de processamento 271
    motora 93
visuoconstrução 171
vômitos 241